# Conoce todo sobre domótica e inmótica

## Viviendas y edificios inteligentes

3.ª Edición

# Conoce todo sobre domótica e inmótica

## Viviendas y edificios inteligentes

### 3.ª Edición

*Francisco Vázquez*
*Cristóbal Romero*
*Carlos de Castro*

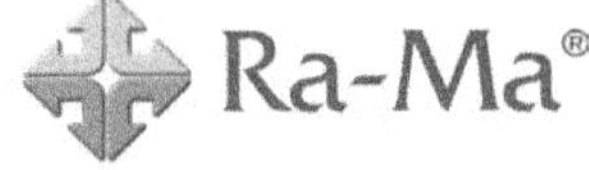

Editado por:
RA-MA Editorial
Madrid, España

Colección American Book Group - Ingeniería y Tecnología - Volumen 9.
ISBN No. 978-168-165-771-4
Biblioteca del Congreso de los Estados Unidos de América: Número de control 2019935284
www.americanbookgroup.com/publishing.php

Maquetación: Gustavo San Román Borrueco
Diseño Portada: David López
Arte: Pikisuperstar / Freepik

# ÍNDICE

# AGRADECIMIENTOS

La elaboración de este libro ha sido posible gracias a la ayuda de multitud de personas, tanto del Departamento de Informática y Análisis Numérico de la Universidad de Córdoba como de grupos de otras universidades, empresas y personas particulares. Por ello los autores quieren agradecer en especial:

Al grupo de Investigación Chico de la Universidad de Castilla la Mancha, en especial a Miguel Ángel Redondo, por facilitar el *software* de Aprendizaje DomoSim-TCP e información sobre él.

Al grupo de Investigación Genia de la Universidad de Oviedo, en especial a Felipe Mateos Martín, por facilitar el *software* VISIR y Somática e información sobre él.

Al grupo de Domótica de la Universidad Pública de Navarra e Ingeniería Domótica S.A.L, en especial a Carlos Fernández, por facilitar información sobre el *software* DOMOSOFT.

Al profesor J.L. Villanueva, autor del *software* de simulación y del SCADA del S7-200.

A la revista ya desaparecida *El Mundo de la Domótica. Control, Gestión y Mantenimiento de Edificios* de la editorial Cetisa Editores S.A., en especial a Eva Montero, por proporcionar números atrasados de la revista y facilitar la publicación de varios artículos.

A la empresa ABB Automation Products S. A., en especial a Julián Antón, por su ayuda en la elaboración del libro.

A la empresa HOMESYSTEMS, en especial a Eduardo Suller, por facilitar información sobre el sistema X-10 y por la confianza ofrecida a la universidad para el desarrollo de *software* domótico.

A la empresa SIEMENS por facilitar información sobre los diferentes autómatas y entornos de programación descritos.

A la empresa OMRON por facilitar información sobre los diferentes autómatas y entornos de programación descritos.

A la empresa EBV ELEKTRONIK, en especial a Beatriz del Viso, por facilitar información sobre el sistema LonWorks.

A la empresa SIMON por facilitar información sobre el sistema Simon-VIS.

Al portal web domotica.net, en especial a Andrés Manso, por permitir utilizar la información publicada en dicho portal.

Al área de domótica TPI de Páginas Amarillas-Telefónica, y en especial a Borja Berzosa, por facilitar el emulador domótico de dicha empresa.

A la Fundación Privada Institut Cerdá por facilitar diferentes manuales sobre Instalaciones Domóticas.

Al profesor de sociología Santiago Lorente, de la Escuela Técnica Superior de Ingenieros de Telecomunicación, por permitir utilizar la información de varios artículos suyos sobre los Edificios Inteligentes.

A los alumnos de Escuela Politécnica Superior de la Universidad de Córdoba José Luis Parra, Antonio Cruz, David Barrios, Aurelio Urbano, Juan Galán y Miguel Hortelano por el desarrollo realizado en sus proyectos fin de carrera, el desarrollo del *software* Casactiva.com y su ayuda en los Cursos de Domótica impartidos.

# PRÓLOGO

Nuestras aficiones y nuestros intereses y necesidades nos han hecho a veces pensar cómo solucionar, tanto en nuestras viviendas como en nuestros lugares de trabajo y en los entornos que habitamos, determinadas necesidades que se nos han planteado a la hora de automatizar ciertas funciones y tareas simples a primera vista. Para ello hemos recurrido a la electrónica, a la informática y, según el caso, a expertos en diferentes segmentos y materias relacionadas con la automatización. Por otro lado, durante los últimos años, los fabricantes de equipos y aparatos del sector eléctrico han estado desarrollando equipos y sistemas capaces de realizar dichas tareas de forma que éstas pudiesen estar integradas dentro de un único sistema, que admitiesen plena flexibilidad en cuanto a modificaciones, ampliaciones y mantenimiento del sistema y que cubriesen las necesidades del usuario final. En la actualidad se han desarrollado en el mercado diversas tecnologías que están convergiendo en un único estándar europeo y que pretende ser el impulsor definitivo de este sector.

La Administración española se ha involucrado en la existencia de este tipo de instalaciones eléctricas, las cuales han quedado tipificadas en el actual Reglamento Electrotécnico de Baja Tensión en la Instrucción Técnica Complementaria 051. Por otro lado también existe la tipificación de este tipo de instalador de Instalaciones Eléctricas Automatizadas en Edificios y Viviendas.

La Administración europea también se ha involucrado en este tipo de instalaciones a través del Comité 205 del CENELEC (organismo de estandarización eléctrica en Europa) con la aprobación de varias partes de la norma EN 50090 relacionada con los Sistemas Electrónicos en Viviendas y Edificios (HBES). Dicha norma define ya un sistema estándar a seguir para su aplicación en viviendas y edificios.

En este libro se definen de forma clara los conceptos importantes y claves relacionados con este nuevo mercado del sector eléctrico, así como todas las involucraciones que conlleva este tipo de tecnologías y sistemas. Tanto a nivel de definición de una instalación, como de ejecución, del mantenimiento de la misma y de las funciones y beneficios que proporciona al usuario.

Julián Antón Quirce

ABB Automation Products, S. A.

Capítulo 1

# INTRODUCCIÓN A LOS EDIFICIOS INTELIGENTES

## 1.1 INTRODUCCIÓN

La evolución tecnológica de diferentes disciplinas, como la informática, la microelectrónica, las telecomunicaciones, la arquitectura y la automática, ha posibilitado una interacción de las mismas que ha desembarcado en el concepto de edificio inteligente. Las nuevas funciones y necesidades de los edificios/viviendas y de sus usuarios, nos han conducido a desarrollar nuevos productos capaces de satisfacerlas. Y todo ello, nos ha llevado a ser espectadores del nacimiento de diferentes sistemas con muy diversas cualidades, capaces de realizar dichas funciones y de comunicarse por distintos medios de transmisión. Estos sistemas además de posibilitar los niveles de automatización demandados han estado persiguiendo una serie de cualidades que se han llegado a considerar factores clave en el desarrollo de los mismos. Los factores determinantes son la facilidad de uso, la integración de las funciones y la interactividad tanto entre ellos mismos como con el usuario.

En este primer tema se va a hacer una introducción a este nuevo concepto de los edificios inteligentes, que pronto pasará a ser básico en un futuro próximo.

## 1.2 DEFINICIONES

El paradigma de los edificios inteligentes ha experimentado un crecimiento importante en los últimos años. Esta evolución ha fraguado definiciones difíciles de asimilar que han suscitado largas discusiones y sobre las que, parece, se ha llegado a cierto consenso. En este primer apartado se va a intentar resumir el gran número de términos utilizados actualmente para referirse a los edificios inteligentes, tanto en español como en otras lenguas, tales como domótica (*domotique*), casa inteligente (*smart house*), sistemas domésticos (*home systems*), automatización de viviendas (*home automation*), inmótica, urbótica, gestión técnica de la vivienda y de los edificios, bioconstrucción, viviendas ecológicas, sostenibles, edificios inteligentes (*intelligent buildings*), etc. Como se pondrá de manifiesto en las siguientes líneas, la frontera entre muchas de las definiciones presentadas es difusa, y muchas veces se utilizan de forma indistinta para referirse a un mismo concepto. A continuación se describen algunas de las definiciones más utilizadas:

### 1.2.1 Edificio

Un edificio, según la clasificación de la tipología de la construcción, "*es una obra de construcción cubierta que puede utilizarse de manera independiente y que se ha construido con carácter permanente y sirve o está pensado para la protección de personas, animales u objetos*". Según el artículo 3 de la LOE (Ley de Ordenación de la Edificación de 1999) los requisitos básicos que debe cumplir toda edificación son:

- Utilización, de tal forma que la disposición y las dimensiones de los espacios y la dotación de las instalaciones faciliten la adecuada realización de las funciones previstas en el edificio.

- Accesibilidad, de tal forma que se permita, a las personas con capacidad de movilidad y comunicación reducidas, el acceso y la circulación por el edificio en los términos previstos en su normativa específica.

- Acceso a los servicios de telecomunicación, audiovisuales y de información de acuerdo con lo establecido en su normativa específica.

- Seguridad estructural, de tal forma que no se produzcan en el edificio, o partes del mismo, daños que tengan su origen o afecten a la cimentación, los soportes, las vigas, los forjados, los muros de carga u otros elementos estructurales, y que comprometan directamente la resistencia mecánica y la estabilidad del edificio.

- Seguridad en caso de incendio, de tal forma que los ocupantes puedan desalojar el edificio en condiciones seguras, se pueda limitar la extensión del incendio dentro del propio edificio y de los colindantes y se permita la actuación de los equipos de extinción y rescate.

- Seguridad de utilización, de tal forma que el uso normal del edificio no suponga riesgo de accidente para las personas.

- Higiene, salud y protección del medio ambiente, de tal forma que se alcancen condiciones aceptables de salubridad y estanqueidad en el ambiente interior del edificio y que éste no deteriore el medio ambiente en su entorno inmediato, garantizando una adecuada gestión de toda clase de residuos.

- Protección contra el ruido, de tal forma que el ruido percibido no ponga en peligro la salud de las personas y les permita realizar satisfactoriamente sus actividades.

- Ahorro de energía y aislamiento térmico, de tal forma que se consiga un uso racional de la energía necesaria para la adecuada utilización del edificio.

- Otros aspectos funcionales de los elementos constructivos o de las instalaciones que permitan un uso satisfactorio del edificio.

Los edificios se pueden clasificar dentro de dos grandes grupos dependiendo de cuál sea su objetivo de uso: edificios residenciales y edificios no residenciales.

- **Los edificios residenciales** son aquellas construcciones de las que se utiliza por lo menos la mitad para fines residenciales. Los edificios residenciales pueden ser de distintos tipos, dependiendo de si disponen de una o varias viviendas.

- **Los edificios no residenciales** son las construcciones utilizadas o concebidas principalmente para fines no residenciales. Los edificios de tipo no residencial se clasifican según su utilización específica, pudiendo ser concebidos para varios fines como, por ejemplo, un edificio que combine los aspectos residencial, hotelero y de oficinas.

*Figura 1.1. Edificio residencial*

## 1.2.2 Edificio automatizado

Edificio automatizado es un término clásico utilizado para referirse a un edificio o vivienda que tiene algún tipo de automatismo. De forma que, ante una solicitud prevista, da una respuesta adecuada dentro de una gama acotada y ordenada al mecanismo correspondiente para que actúe en consecuencia. Incluye tres áreas: confort, ahorro energético y seguridad. Surge de la aplicación directa de la automatización, que comenzó en el siglo XIX, con el desarrollo industrial. De hecho, los primeros sistemas de control aplicados a edificios fueron los mismos autómatas que se aplicaban en la industria.

El automatismo comenzó durante el siglo XIX con el desarrollo industrial, que permitía controlar y establecer secuencialmente los procesos productivos. En los edificios las primeras funciones que se controlaban eran el clima, para lograr un grado de confort y el control energético, para conseguir un óptimo consumo. Posteriormente se comenzó a controlar otras funciones como el grado de humedad, la presión, el caudal de aire, etc. Además el desarrollo de la electrónica permitió un control descentralizado de estos procesos, y finalmente la informática permitió una gestión del edificio en su control y centralización.

Los ejemplos más típicos de edificios automatizados son los grandes centros comerciales y los edificios de oficinas y bancos, a los cuales desde hace años se han ido añadiendo servicios: las escaleras mecánicas, la calefacción centralizada, control de la iluminación, sistemas antiincendio y antirrobo, etc.

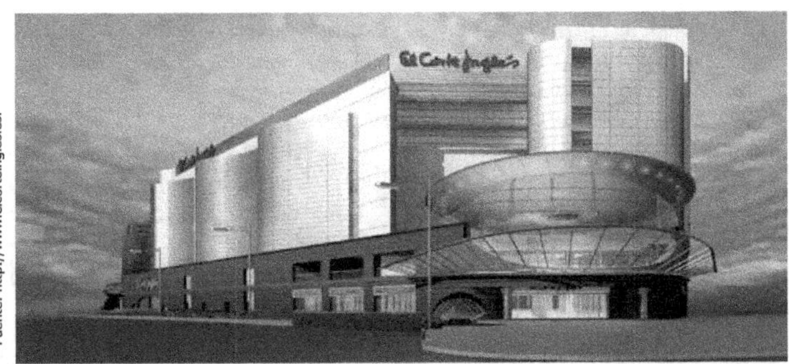

Fuente: http://www.elcorteingles.es.

*Figura 1.2. Edificio automatizado*

Un concepto muy relacionado con el de edificio automatizado es el de la ecotrónica, que consiste en el uso o servicio que puede hacer toda la automatización electrónica y mecánica para mejorar la calidad de vida de las personas.

## 1.2.3 Edificio domótico

El término domótica es ampliamente utilizado en la actualidad, aunque a veces de forma incorrecta, ya que se usa casi siempre para indicar cualquier tipo de automatización. La palabra domótica, proviene de la unión de la palabra "domo" y el sufijo "tica". La palabra "domo" etimológicamente proviene del latín *domus* que significa casa, y el sufijo "tica" proviene de la palabra automática, aunque algunos autores también diferencian entre "tic" de tecnologías de la información y de la comunicación y "a" de automatización. Este término proviene de la palabra francesa *domotique*, que la enciclopedia Larousse definía en 1988 como "el concepto de vivienda que integra todos los automatismos en materia de seguridad, gestión de la energía, comunicaciones, etc.". Es decir, el objetivo es asegurar al usuario de la vivienda un aumento del confort, de la seguridad, del ahorro energético y de las facilidades de comunicación. Por lo que domótica se refiere al conjunto de técnicas utilizadas para la automatización de la gestión y la información de las viviendas unifamiliares.

El CEDOM (Asociación Española de Domótica) define la domótica como "*la incorporación al equipamiento de nuestras viviendas y edificios de una sencilla tecnología que permita gestionar de forma energéticamente eficiente, segura y confortable para el usuario los distintos aparatos e instalaciones domésticas tradicionales que conforman una vivienda (la calefacción, la lavadora, la iluminación, etc.)*".

La Asociación de Domótica e Inmótica Avanzada (AIDA) define la domótica como "*la integración en los servicios e instalaciones residenciales de toda tecnología que permita una gestión energéticamente eficiente, remota, confortable y segura, posibilitando una comunicación entre todos ellos*".

Fuente: Interdomo 2003 (Alberto Ferrer).

*Figura 1.3. Edificio Domótico*

Existe otro término equivalente al de domótica o vivienda domotizada, la gestión técnica de la vivienda (GTV) también denominada gestión técnica doméstica (GTD). Su objetivo es permitir una mayor calidad de vida a través de la tecnología, al ofrecer una reducción del trabajo doméstico, un aumento del bienestar y de la seguridad de sus habitantes y una racionalización de uso de la energía.

## 1.2.4 Edificio inmótico

Es un término algo desconocido que se refiere a la gestión técnica de edificios, y por tanto está orientado a grandes edificios: hoteles, ayuntamientos, bloques de pisos, museos, oficinas, bancos, etc. A diferencia de la domótica, más orientada a casas unifamiliares, la inmótica abarca edificios más grandes, con distintos fines específicos y orientados no sólo a la calidad de vida, sino a la calidad del trabajo. Por lo tanto la parte más importante es determinar qué funciones se desea gestionar automáticamente, cuándo y cómo. Para ello se emplearán las mismas técnicas de automatización de la domótica pero particularizadas a los sistemas de automatización que se desea incorporar. Por ejemplo, en un museo arqueológico puede automatizar la humedad del ambiente en las distintas salas y vitrinas, lo que es poco habitual en una vivienda normal.

El CEDOM define la inmótica como "*la incorporación al equipamiento de edificios singulares o privilegiados, comprendidos en el mercado terciario e industrial, de sistemas de gestión técnica automatizada de las instalaciones*".

Un nuevo término, que se empieza a utilizar con fuerza, es la gestión técnica del edificio (GTE) que es equivalente al de inmótica. La gestión técnica del edificio, consiste en la aplicación de las técnicas domóticas a las instalaciones comunitarias de los edificios que son susceptibles de ser gestionadas de forma eficiente. Se aplica principalmente al sector terciario. En este tipo de edificios se suele dar más importancia a la seguridad del edificio y a la gestión eficiente de la energía que a otros servicios, como el confort y las comunicaciones.

Fuente: *Revista Tecnológica* Marzo 2004.

*Figura 1.4. Edificio Inmótico*

Aunque normalmente se tiende a emplear siempre el concepto de sistemas domóticos cuando se trata indistintamente de viviendas o edificios, el concepto apropiado que se debe de emplear cuando se refiere a grandes edificios es el de inmótica y no el de domótica.

## 1.2.5 Edificio digital

El edificio digital, también denominado hogar digital, es un nuevo concepto que está comenzando a utilizarse con asiduidad como idea de lo que puede ser el hogar del futuro próximo. Su objetivo es la materialización de la convergencia de los servicios de entretenimiento, comunicaciones, gestión digital del hogar y de infraestructuras y equipamiento mediante las comunicaciones por redes de banda ancha, formando las nuevas *home networks* o redes del hogar.

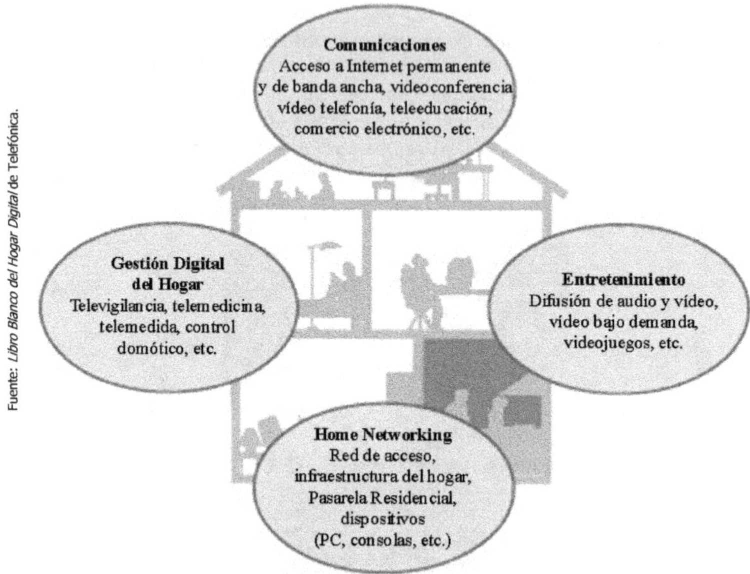


*Figura 1.5. Edificio digital*

Hay que diferenciar los conceptos de red domótica y de red doméstica o del hogar (*Home Networking*), ya que este último es un concepto más amplio que ha evolucionado de la tradicional de red informática local instalada en casa, es decir, una red Ethernet con ordenadores, impresoras, etc., y a la que actualmente se le están añadiendo nuevas redes de aplicaciones, de entretenimiento y de comunicaciones, que se comunican entre sí a través de una pasarela residencial dando lugar a las nuevas Redes del Hogar o *Home Networking* (ver Figura 1.6) incluso la red domótica puede estar incluida dentro de ella, de forma que sea un componente más, que puede o no compartir el mismo medio de transmisión. De esta forma las nuevas *Home Networking* engloban distintas redes físicas (red de datos, multimedia y domótica), elementos y equipamientos (pasarela residencial, línea de banda ancha, etc.) para acceder a los diferentes posibles servicios del hogar.

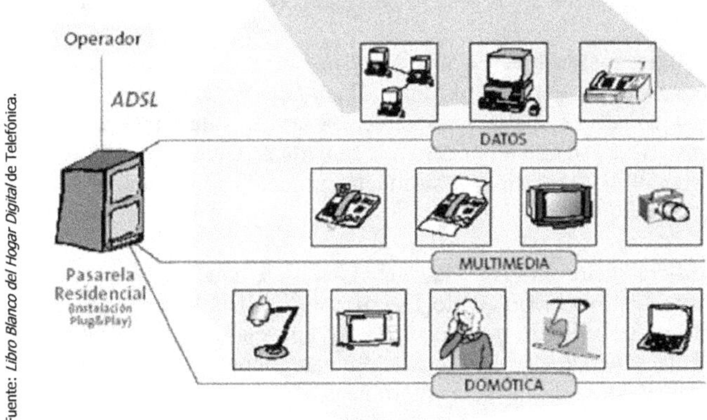


Fuente: *Libro Blanco del Hogar Digital* de Telefónica.

*Figura 1.6. Infraestructura integrada del hogar*

## 1.2.6 Edificio ecológico

Este tipo de viviendas son las que optimizan el uso de los recursos energéticos y de los materiales en la construcción, conservación, mantenimiento y reciclaje de los mismos. El edificio ecológico sigue un proceso de bioconstrucción que aborda amplios aspectos del hábitat: un exhaustivo examen del terreno donde edificar, para lo que se realiza también un estudio geobiológico, la correcta elección de los materiales, pinturas ecológicas, instalación eléctrica; técnicas de ahorro energético, racionalización del espacio, energías renovables, bioclima, etc. Todo ello para añadir a los aspectos técnicos y de calidad confort biológico y salubridad. De esta forma el edificio debe aprovechar los recursos del lugar, estar integrado con el medio ambiente y trabajar en sinergia con él.

Fuente: *http://www.ados.com/*.

*Figura 1.7. Edificio ecológico*

Existen varios conceptos muy relacionados con el edificio ecológico:

- **Edificio sostenible**. Es aquél capaz de producir toda la energía que necesita y no generar residuos. Este tipo de edificio se integra en el paisaje, adopta las aportaciones culturales autóctonas del entorno y consume, básicamente, energías renovables. Cumple con el concepto de sostenibilidad, puesto que su funcionamiento sería duradero y respetuoso con el medio.

- **Edificio geobiológico**. Es aquel edificio que tiene en cuenta los diferentes fenómenos tanto físicos como sutiles que pueden darse en el entorno del edificio o vivienda, y que pueden afectar a la calidad de vida y a la salud de las personas. Algunas alteraciones geobiológicas son: circulaciones de agua subterráneas, la red geomagnética Hartman, grietas, fisuras, fallas en el suelo, canalizaciones de aguas o líneas eléctricas enterradas y zonas geopatógenas. También tiene en cuenta los campos electromagnéticos producidos por las líneas de alta tensión y por los distintos aparatos del hogar.

- **Edificio bioclimático**. Es aquél donde el elemento fundamental es la optimización del propio diseño arquitectónico y su integración en el entorno donde se ubique, el objetivo es lograr un interior con las condiciones de confort térmico adecuadas empleando la menor cantidad posible de sistemas convencionales de climatización.

- **Bioconstrucción**. Es aquél que tiene en cuenta una serie de aspectos biológicos y ecológicos para integrase con su entorno más próximo. Es una definición muy relacionada con la del edificio bioclimático, geobiológico y sostenible.

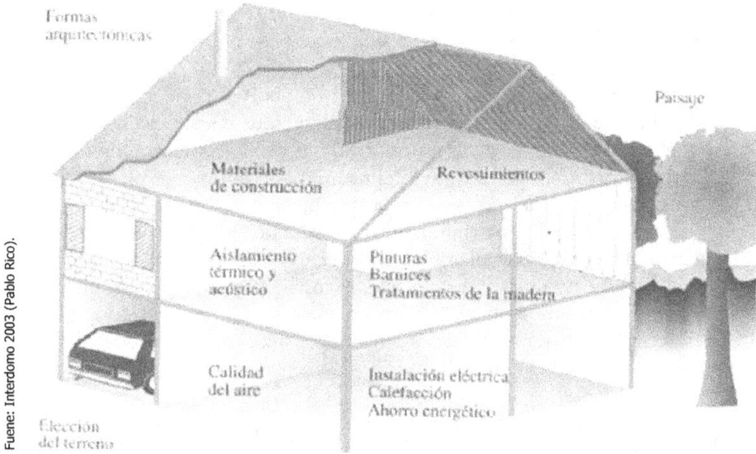


Fuene: Interdomo 2003 (Pablo Rico).

*Figura 1.8. Diferentes aspectos de un edificio ecológico*

En contraposición a los términos referentes a edificios ecológicos, tenemos el síndrome del edificio enfermo. El edificio enfermo presenta unos niveles altos de humo, polen y polvo, ozono, bacterias y virus, fibras, $CO/NO_2$, mohos y hongos, agentes químicos orgánicos e inorgánicos, etc. perjudiciales para la salud de las personas que lo habitan. Los síntomas típicos que pueden presentar los habitantes de estos edificios son: irritación de los ojos, resecación de la garganta, catarro, jaqueca, sinusitis, tos, fatiga, etc.

## 1.2.7 Edificios inteligentes

El término de edificios inteligentes es muy utilizado en la actualidad, aunque el calificativo de inteligente puede ser pretencioso. Fue en foros informáticos donde se comenzó a utilizarse para referirse a sistemas con capacidad de procesar datos y conseguir un comportamiento similar al humano. De esta manera en principio se podría entender por edificio inteligente un edificio domotizado al que se le incorpora inteligencia artificial para simplificar el mantenimiento, hacerlo tolerante a fallos, etc. Pero el término inteligente es muy amplio y se puede referir a muchos otros aspectos del edificio, como la interacción con el usuario (ambiente inteligente) y la interacción con el medio ambiente (edificio sostenible y ecológico), etc. Por lo tanto, un edificio inteligente debe ser un edificio domótico o inmótico que además presente alguna característica que se pueda considerar como inteligente, como por ejemplo: el manejo inteligente de la información, la integración con el medio ambiente, la facilidad de la interaccionar con los habitantes y anticiparse a sus necesidades, etc.

- **Inteligencia artificial**. Para que un edificio pueda considerarse inteligente, no sólo ha de incorporar elementos o sistemas basados en las nuevas tecnologías de la información y de la comunicación, sino que debe utilizarlos de forma inteligente para optimizar el control y el mantenimiento del edificio. Esta inteligencia se refiere a la simulación de comportamientos inteligentes mediante técnicas de inteligencia artificial como, por ejemplo, los sistemas expertos, redes neuronales, algoritmos evolutivos, etc., que permite que el sistema inmótico o domótico pueda responder automáticamente y una forma óptima ante diferentes situaciones diarias sin la necesidad de una orden directa del usuario.

- **Ambiente inteligente**. Aunque este nuevo concepto se podría integrar dentro de la inteligencia artificial, se ha diferenciado debido a sus características particulares. El ambiente inteligente está formado por una concentración de nuevos conceptos, como la computación ubicua, la computación móvil o sin cables, el reconocimiento y adaptación de usuarios, los interfaces de usuario y de la información multimodales, etc. Un ambiente inteligente es un entorno donde los usuarios interactúan de forma transparente con multitud de dispositivos conectados entre sí, en un sentido sociológico de realización de tareas. Por otro lado la computación ubicua permite este ambiente inteligente mediante una tecnología de cálculo y comunicación integrada con el usuario. Este concepto de ambiente inteligente está relacionado con la idea de sociedad de la información donde se facilita el uso eficiente de los servicios y las interacciones naturales con el ser humano.

- **Medio ambiente**. La conservación del medio ambiente es un aspecto muy de actualidad que también se empieza a tener en cuenta en la construcción de los edificios. Tanto es así que también se ha empezado a denominar edificios inteligentes a aquéllos que integran tanto su exterior como su interior a su medioambiente para producir el mínimo impacto y aprovechar todos los sistemas pasivos de climatización, ventilación e iluminación de forma natural y/o complementarlos con sistemas electromecánicos eficientes. Este tipo de edificios inteligentes desde un punto de vista medioambiental se han denominado edificios ecológicos, edificios sostenibles, etc.

Fuente: Película *Minority Report* (Steven Spielberg).

*Figura 1.9. Edificio inteligente*

Hay que diferenciar claramente entre edificios inteligentes y domótica e inmótica, ya que tienden a utilizarse indistintamente. Los términos domótica e inmótica pueden incluirse dentro del de edificios inteligentes, pero estos pueden además tener en cuenta más factores además de la automatización del edificio, como la ecología, la inteligencia artificial, la computación ubicua, etc. En cambio, los edificios que sólo poseen instalaciones como climatización, seguridad, ascensores, etc., no son inteligentes sino sólo automatizados.

## 1.2.8 Edificio urbótico

Es un término poco utilizado y algo futurista, y que se refiere a la aplicación de las tecnologías domóticas y de edificios inteligentes a las ciudades, a las que se denominaría ciudades inteligentes. Es un paso más de la evolución de la domótica a la inmótica, de ella a la urbótica y, en un futuro, a la posible globótica. Se define como la ciudad inteligente donde se aplican conceptos de ordenación urbana, distribución de espacios, telecomunicaciones digitales y automatización de una forma coherente, que conduzcan a un buen grado de calidad de vida de sus habitantes y de competitividad económica. Muchos arquitectos e ingenieros se han aventurado a predecir cuál va a ser la ciudad del futuro. Todos ellos señalan las TICs (tecnologías de la información y las telecomunicaciones) como el verdadero motor que transformará las ciudades. Ya existen algunas propuestas de ciudades inteligentes, como son la ciudad tridimensional diseñada por Paolo Soleri, la Torre Biónica o Ciudad Vertical, Torre la Llum, las ciudades Putrajaya y Cyberjaya en Malasia, etc.

*Figura 1.10. Edificio urbótico "Torre La Llum"*

# 1.3 ESTADO ACTUAL

La convergencia de tres áreas tecnológicas (electrónica, informática y telecomunicaciones) posibilitó desde los años 70 hasta los 80 del siglo XX el desarrollo de la domótica y la inmótica. Posteriormente ha ido apareciendo el concepto más amplio de edificio inteligente, que engloba nuevas áreas como arquitectura y medio ambiente. Pero estos conceptos de domótica e inmótica, referidos a vivienda y a edificios, han llevado una evolución distinta hasta la actualidad.

- **Vivienda**. El control domótico de la vivienda inteligente es una evolución de la tradicional vivienda, donde tras la entrada de la electricidad en las ciudades, surgieron múltiples electrodomésticos que al principio podrían parecer artefactos futuristas para planchar, para tostar el pan y para lavar la ropa inasequibles para las mayoría de las personas. Pero esto cambió y ya son dispositivos habituales en los hogares, que han dado lugar a la línea de productos blanca (electrodomésticos) y posteriormente la línea marrón (audio y vídeo). Igualmente, en un futuro, pasará con la necesidad de los dispositivos domóticos o línea de productos violeta, ayudados con el *boom* de las nuevas tecnologías de la información y la comunicación (línea beige). Actualmente, la casa inteligente parece estar sólo al alcance de algunos bolsillos, aunque esta tendencia ha variado debido a la disminución del precio de los productos de alta tecnología y a los nuevos sistemas inalámbricos que permiten un control domótico sin un costoso precableado previo.

- **Edificio**. En los años 60 del siglo XX, para que a un edificio se le denominara moderno, debía disponer al menos de escaleras y puertas automatizadas, ascensores, climatización, y sistemas de detección de fuego y de intrusos. En los años 90, los edificios inteligentes empiezan a ser más numerosos y pretenden integrar todos los sistemas en el mismo cerebro central. En la actualidad han aparecido multitud de sistemas y estándares, que pretenden utilizar la misma red de cableado para las diferentes funciones y de esta forma integrar todos los sistemas, reducir costes de instalación, proyecto y mantenimiento. Así se fomenta que surja la industria especializada del sector. Sin embargo uno de los grandes problemas actuales en el mundo de los edificios inteligentes es que no existe un único estándar sino multitud de ellos.

Aunque la disciplina surgió en los años 70, cuando un grupo de investigadores de la empresa Escocesa Pico Electronics Ltd. desarrollaron el protocolo X-10, los países donde más se ha desarrollado han sido Estados Unidos y Japón. De hecho en la actualidad existen diferentes visiones del concepto o idea de edificio inteligente a nivel mundial, que distinguen según domotica.net tres visiones principales: la americana, la japonesa y la europea.

*Figura 1.11. Distintas visiones a nivel mundial*

## 1.3.1 Visión americana

En Estados Unidos se piensa que las consecuencias del uso de las nuevas tecnologías son puramente económicas. Su orientación se dirige hacia el hogar interactivo e intercomunicado, lo que permite el control a distancia y con servicios como teletrabajo, teleenseñanza, etc. Ha sido el primer país en promover y realizar un estándar para la gestión técnica de los edificios: el CEBus (Consumer Electronic Bus), al que se han adherido mas de 17 fabricantes americanos (AT & T, Johnson, Tandy, Panasonic y otros). En 1984 se lanzó el Proyecto *Smart House*, originado por la Asociación Nacional de Constructores (NAHB: National Association of Home Builders). El principio esencial del *Smart House* es la utilización de un cable unificado que sustituye a los distintos sistemas que pueden existir en una vivienda actual: electricidad, antenas, periféricos de audio-vídeo, teléfono, informática, alarmas, etc. Los sistemas más utilizados actualmente en los Estados Unidos son: CEBus, X-10, LonWorks y sistemas propietarios.

## 1.3.2 Visión japonesa

La consigna en Japón es la de utilizar los sistemas informáticos todo lo que se pueda. En la actualidad la orientación japonesa no es hacia el hogar interactivo (como en los Estados Unidos), sino hacia el hogar automatizado. La tendencia es incorporar el máximo de aparatos electrónicos de consumo (equipos de audio, vídeo, TV, fax, etc.). La asociación más activa en Japón es la EIAJ (Electronic Industries Association of Japan) con su proyecto de bus HBS (*Home Bus System*). En el principal proyecto de demostración se realizó una proyección sociológica en el tiempo, es decir, que la casa fue preparada para simular el modo de vida de la próxima generación. Esto produjo cierto rechazo popular en un país con evoluciones sociológicas tan lentas.

## 1.3.3 Visión europea

En Europa se sigue un objetivo técnico-económico que da más importancia a la ecología, la salud y el bienestar de los ocupantes y a los aspectos organizativos. Se orienta hacia la idea completa de edificio inteligente y hacia el establecimiento de un estándar único. En Europa, las iniciativas inmóticas empezaron en el año 1984. Dentro del programa *Eureka*, seis empresas europeas iniciaron el primer proyecto IHS (*Integrated Home System*) que fue desarrollado con intensidad en los años 1987-88 y que dio lugar al actual programa ESPRIT (*European Scientific Programme for Research & Development in Information Technology*), con el objetivo de continuar los trabajos iniciados bajo el *Eureka*. El objetivo final es definir una norma de integración de los sistemas electrónicos domésticos y analizar cuáles son los campos de aplicación de un sistema de estas características. De este modo se pretende obtener un estándar que permita una evolución hacia las aplicaciones integradas de la vivienda. Los países que más han invertido en inmótica han sido Francia y Alemania, por lo que han impuesto sus soluciones. En Francia Batibus, GHS, X2D, Mediabus, CAD y sistemas propietarios, en Alemania EIBus y sistemas propietarios. Su objetivo es establecer un estándar único, de hecho EIB, EHS y Batibus se van a unir en un estándar único, dentro del proyecto *Konnex*.

En España, con cierto retraso respecto a las propuestas anteriormente citadas, las iniciativas más importantes la están realizando las empresas eléctricas. En la actualidad la domótica y la inmótica ya no se ven como un artículo de lujo, debido al bajo precio de muchos sistemas. De hecho se están instalando cada vez más sistemas gracias a la aparición de sistemas inalámbricos que no necesitan precableado, creación de ingenierías específicas en inmótica y domótica, la orientación como producto informático potenciado por el boom de Internet, etc. Pero aun así, todavía hay un cierto miedo generalizado a esta nueva tecnología que está impidiendo una amplia utilización en España. Por lo que se espera que en un futuro próximo la línea violeta (domótica e inmótica) se integre de manera generalizada junto a la línea blanca (electrodomésticos), la línea marrón (audio y vídeo) y la línea beige (tecnologías de la información y de la comunicación).

Las principales iniciativas de fomento de la domótica y la inmótica en España han sido:

- **Empresas prividas e ingenierías**. La Fundación Privada Institut Cerdá fue la pionera en España en inmótica. Actualmente, ya existen multitud de empresas (ver en el apéndice final del libro el apartado sobre empresas) dedicadas en mayor o menor grado a la domótica y la inmótica.

- **Ferias**. Multitud de ferias específicas o muy relacionadas como: FIDMA, MATELEC, REHABITEC, DOMOGAR, FIRELECTRIC, INTERDOMO, CONSTRUMAT, CLIMAT, etc.

- **Congresos y jornadas**. Celebración de diferentes congresos y jornadas nacionales sobre domótica e inmótica como: las Jornadas Nacionales de Domótica, el Congreso Nacional de Arquitectura y Domótica, etc.

- **Creación de asociaciones específicas**. Creación y participación en el CEDOM (Comité español para el desarrollo de la gestión técnica de edificios y la domótica), AIDA (Asociación de Domótica e Inmótica Avanzada), ANAVIF (Asociación Nacional para la Vivienda del Futuro), etc.

- **Respaldo del ministerio de ciencias y tecnologías**. Apoyos a proyectos de I+D en el sector de la domótica como el programa PROFIT y Torres Quevedo, la iniciativa NEOTEC, los créditos del CDTI, etc.

- **Cursos de formación**. Se imparten diferentes cursos ofrecidos por empresas privadas (Saku, PLC Madrid, etc.), centros de formación (Fondo formación Asturias, centro de formación de APIEM, etc.), organizaciones (CEDOM, etc.). Cursos de Extensión o de verano en universidades (Córdoba, Granada, Jaén, Burgos, etc.).

- **Master específicos**. Master organizados por universidades y empresas (Master en Edificios Inteligentes y Construcción sostenible, Master en Tecnologías Avanzadas en Construcción Arquitectónica de la UPM de Madrid, Master en control de edificios y arquitectura sostenible de La Salle, etc.).

- **Asignaturas en la universidad**. Aparición de asignaturas dentro de los planes de estudios de enseñanzas técnicas superiores sobre domótica y edificios inteligentes (Universidades de Córdoba, Politécnica de Madrid, Alicante, Pública de Navarra, Politécnica de Valencia, Oviedo, etc.).

- **Portales web dedicados a domótica e inmótica**. Aparición de varios portales web (domotica.net, casadomo.com, domodek.com, etc.).

- **Bibliografía**. Publicaciones en español de libros, cuadernos, guías, prensa especializada, etc. (en el apéndice final del libro, dentro del apartado de publicaciones, se describen) específicos del área de domótica e inmótica.

- **Módulo en los ciclos formativos**. En los ciclos formativos de grado superior de instalaciones electrotécnicas, existe un módulo específico denominado "técnicas y procesos en las instalaciones automatizadas en los edificios".

Pero en la práctica, ¿cuál es el estado de las edificaciones que realmente se han realizado en España bajo esta denominación de edificios inteligentes? Según los primeros datos del Colegio Oficial de Arquitectos de Madrid, de los edificios censados como inteligentes, en el año 1995, el 75% son edificios de oficinas, el 15% son hospitales y el 10% restante son comercios y viviendas.

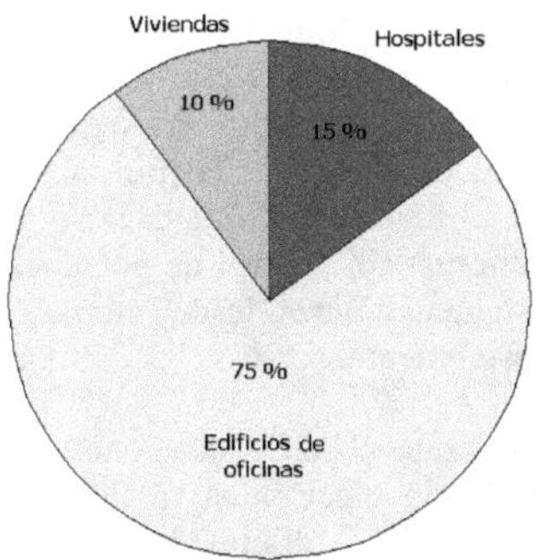


*Figura 1.12. Porcentajes de edificios inteligentes construidos por tipo en 1995*

En un informe más actual realizado en el Proyecto MERCADOM, se puede apreciar la evolución del sector de la domótica y la inmótica en España y cómo, en el año 2001, ya se superaban el número de 12.000 viviendas domóticas.

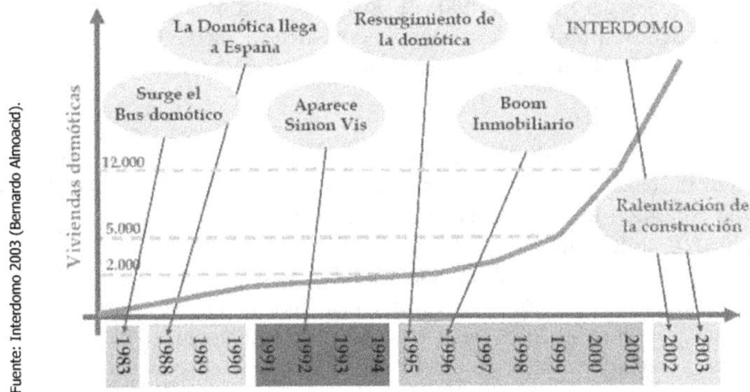


*Figura 1.13. Evolución del sector en España*

Según Santiago Lorente (experto en temas de la Sociedad de la Información y Domótica) uno de los principales problemas de la implantación concreta de la domótica es la creencia extendida de que es algo muy caro y por tanto son casas sólo para personas con alto poder adquisitivo. Pero esta idea no es totalmente cierta, pues existen sistemas más modestos y también más económicos. De hecho el precio de una casa domótica sube como mínimo un 2% el precio de la casa de nueva construcción; la subida dependerá del sistema utilizado y del número de componentes. Al no ser en principio nada caro, algunas constructoras empiezan ya a utilizar pequeños sistemas domóticos como valor añadido y factor diferenciador. Con respecto a las viviendas de segunda mano la domotización costaría más o menos dinero dependiendo de las prestaciones que se instalen, desde únicamente gestión de la seguridad (robo, inundación, detección de gas y humo) hasta la gestión de ahorro energético, control de persianas, iluminación, escenas e incluso, telecontrol, teleasistencia, control desde Internet, etc., con lo que el precio lógicamente se eleva progresivamente.

Pero como ya ha ocurrido en otras ocasiones, existe el problema de que cada fabricante de productos de electrónica o electrodomésticos desarrolle su propia versión de lo que una casa u oficina inteligente debe ser y cómo debe hacerse. En cuanto al "cómo debe ser" hay bastante uniformidad en los criterios y todos encuentran necesarias o interesantes determinadas aplicaciones, teniendo en cuenta que los elementos deben ser Plug and play, la configuración debe ser fácil y fiable, etc. Sobre el "cómo hacerlo", la cosa no es tan sencilla pero, a pesar de todo, parece que la experiencia acumulada en situaciones semejantes en el pasado va sirviendo de algo y hay en estos momentos unos pocos sistemas estándar a los que los fabricantes se van sumando para aportar sus productos, antes que hacer el suyo particular. La existencia de multitud de sistemas incompatibles (X-10, EIB, Lonworks, etc.) demuestra que la tecnología doméstica se encuentra en su infancia. En un futuro deberá haber una convergencia hacia estándares comunes entre todos los sistemas.

Las emergentes tecnologías inalámbricas (WLAN, IEEE802.11, Bluetooth, etc.) prometen un cambio, pero el usuario aún está abierto para ver cuál de estas opciones que compiten le ofrecerá la mejor solución. Como con todas las nuevas tecnologías de red, todo empieza con la elección de un estándar adecuado. Además, debido al actual uso de Internet, las nuevas tecnologías y la comunicación, se habla cada vez más de conceptos como la vivienda en red, el hogar digital y la casa conectada, que permiten nuevas funciones: control a distancia o teleoperación, entretenimiento, trabajo en casa, etc. Pero esto ha producido que surjan distintas redes dentro de la misma vivienda: red domótica, red de datos y red de entretenimiento, interconectadas con pasarelas residenciales.

Para finalizar, hay que destacar la iniciativa del CEDOM junto con Telefónica, Gas Natural SDG, Securitas e Iberdrola para definir un proceso conjunto de certificación domótica bajo el nombre de Domótica Compatible. Con esta iniciativa, estas Compañías pretenden impulsar la implantación de tecnología domótica en los hogares españoles y facilitar su adopción por parte de las inmobiliarias de nuestro país.

## 1.4 CARACTERÍSTICAS

Las principales características o rasgos generales que debe tener un sistema de gestión técnica de un edificio inteligente se pueden resumir en los siguientes puntos:

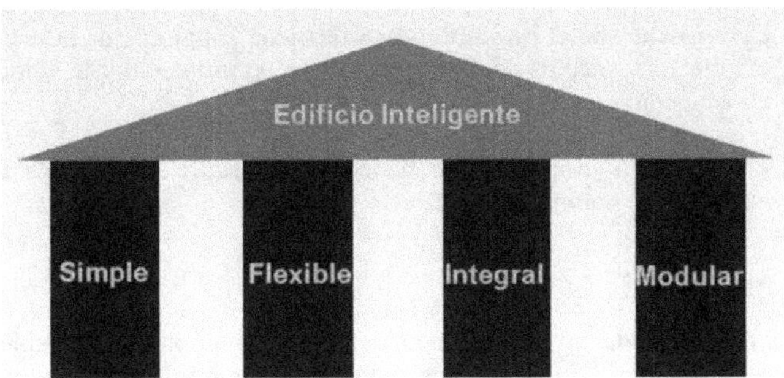


*Figura 1.14. Pilares que sustenta un sistema domótico o inmótico*

- **Simple y fácil de utilizar**. El sistema de control debe de ser simple y fácil de utilizar para que sea aceptado por los usuario finales. La interfaz de usuario deberá ser sencilla e intuitiva de utilizar, para permitir un aumento del confort.

- **Flexible**. Debe tener prevista la posibilidad de adaptaciones futuras, de forma que ampliaciones y modificaciones se puedan realizar sin un costo elevado ni un esfuerzo grande.

- **Modular**. El sistema de control del edificio debe ser modular, para evitar fallos que puedan llegar a afectar a todo el edificio, y además debe permitir la fácil ampliación de nuevos servicios.

- **Integral**. El sistema debe de permitir el intercambio de información y la comunicación entre diferentes áreas de gestión del edificio, de forma que los diferentes subsistemas estén perfectamente integrados.

Pero además se pueden apreciar otras características más específicas desde el punto de vista del usuario final o del punto de vista técnico.

- **Criterios referentes al usuario final**. Hay que dar la posibilidad de realizar preinstalación del sistema en la fase de construcción. Facilidad de ampliación e incorporación de nuevas funciones. Simplicidad de uso.

Grado de estandarización e implantación del sistema. Variedad de elementos de control y funcionalidades disponibles. Tipo de servicio postventa. Control remoto desde dentro y fuera del edificio. Facilidad de programación del sistema. Acceso a servicios externos: telecompra, teleformación, teletrabajo, etc.

- **Criterios desde el punto de vista técnico**. Topología de la red, tipo de arquitectura, medios de transmisión, tipo de protocolo y la velocidad de transmisión.

A continuación se van a describir con más detalle los criterios desde el punto de vista técnico (según domotica.net).

## 1.4.1 Topología de la red

La topología de la red, también denominada topología de cableado, se define como la distribución física de los elementos de control respecto al medio de comunicación (cable). Existen muchos tipos distintos de tipologías: bipunto, estrella, anillo, árbol, malla, línea o bus, totalmente conectada, parcialmente conectada, etc. Las más utilizadas en los edificios inteligentes se muestran en la siguiente figura.

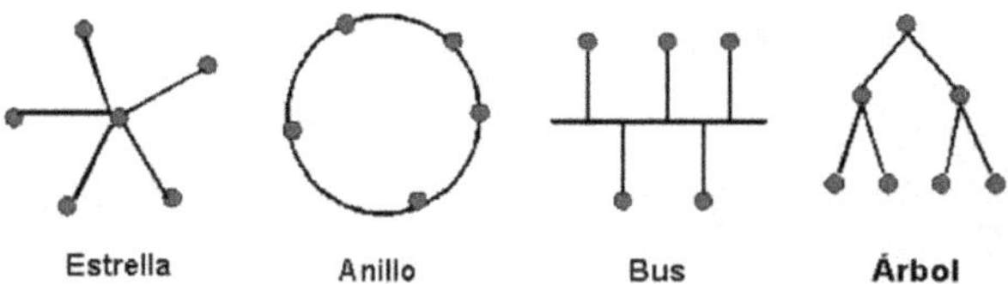


*Figura 1.15. Distintas topologías de redes*

- **Topología en estrella**. Donde todos los elementos están unidos entre sí a través del controlador principal. Sus ventajas son: facilidad para añadir nuevos elementos y un fallo de un elemento (no central) no afecta al resto. Sus inconvenientes son: un fallo en el controlador principal provoca un fallo de todo el sistema, necesita una gran cantidad de cableado y se produce un cuello de botella en el elemento central.

- **Topología en bus**. Los elementos comparten la misma línea o bus de comunicación. Cada elemento suele estar identificado por una dirección única y se pueden comunicar dos elementos de forma simultánea. Sus principales ventajas son: facilidad para añadir y eliminar elementos, no necesita un controlador principal, un error en un elemento no afecta al resto, la velocidad de transmisión es elevada y el cableado se minimiza con respecto a la anterior configuración. Sus desventajas son: los elementos deben tener un grado de inteligencia y necesita mecanismos de control para evitar que más de dos elementos accedan a la vez al bus.

- **Topología en anillo**. Los elementos se encuentran interconectados formando un anillo cerrado, por lo que la información pasa por todos los elementos. Sus principales ventajas son: control sencillo y mínimo cableado. Sus principales desventajas son: la vulnerabilidad a fallos debido a que si falla un elemento falla toda la red y para añadir elementos es más complicado debido a que hay que paralizar el funcionamiento de la red.

- **Topología en árbol**. Es una topología que mezcla parte de las anteriores, en particular de la estrella y del bus, y permite además el establecimiento de una jerarquía entre los elementos de la red. Sus ventajas y desventajas dependen de la topología específica (estrella o bus) que se utilice.

## 1.4.2 Tipo de arquitectura

La arquitectura de un sistema inmótico especifica el modo en que los diferentes elementos de control del sistema se van a ubicar. Existen dos arquitecturas básicas: la arquitectura centralizada y la distribuida.

- **Arquitectura centralizada**. Es aquélla en la que los elementos a controlar y supervisar (sensores, luces, válvulas, etc.) han de cablearse hasta el sistema de control del edificio (autómata, PC, etc.). Todos los elementos sensores reúnen la información del sistema y se la envían al controlador para que tome las decisiones y se las comunique a los elementos actuadores. El sistema de control es el corazón del edificio, ante cuyo fallo todo deja de funcionar.

- **Arquitectura descentralizada**. Como el nombre indica es justamente la arquitectura opuesta a la centralizada. En la arquitectura descentralizada todos los elementos del sistema disponen de inteligencia, en el sentido de que son totalmente independientes. El sistema debe disponer de un bus compartido que permita la comunicación de todos los elementos.

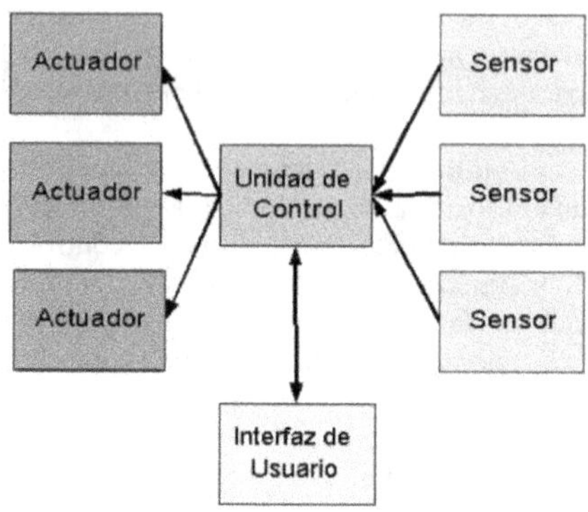


*Figura 1.16. Arquitectura centralizada*

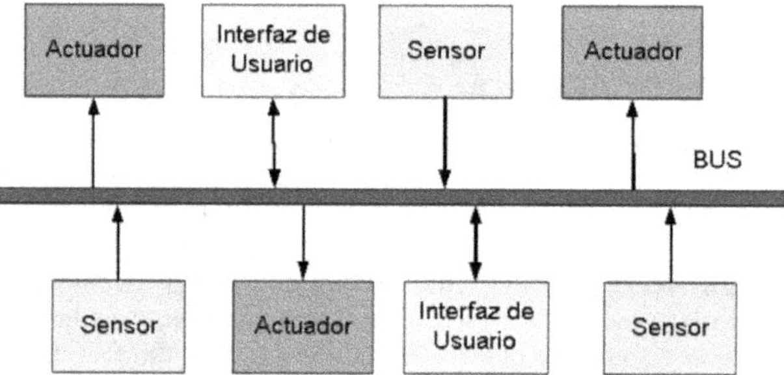


*Figura 1.17. Arquitectura descentralizada*

- **Arquitectura distribuida**. La idea de la arquitectura distribuida es mejorar las dos arquitecturas anteriores, para ello el elemento de control se sitúa próximo al elemento a controlar. Ahora no existe un único elemento de control que gobierna todo el sistema, sino que existen varios elementos entre los que se reparte la tarea de control. Estos nuevos elementos de control se denominan nodos, y a ellos se conectan los elementos básicos.

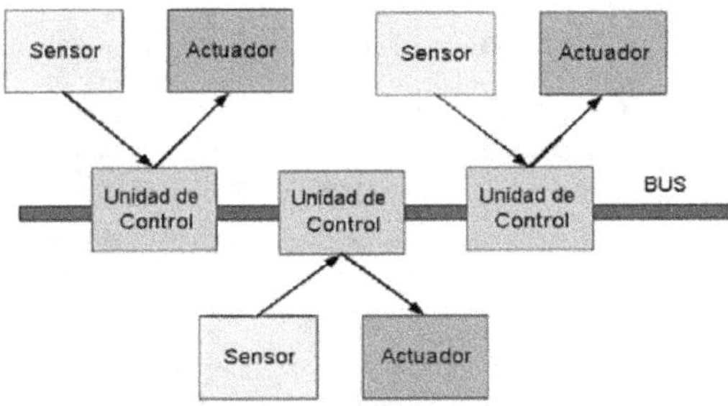


*Figura 1.18. Arquitectura distribuida*

### 1.4.3 Medio de transmisión

El medio de transmisión es el soporte físico que utilizan los diferentes elementos para intercambiar información unos con otros (par trenzado, línea de potencia o red eléctrica, radio, infrarrojos, etc.).

- **Corrientes portadoras**. Utilizan líneas de distribución ya existentes en la vivienda para la transmisión de datos. Las más utilizadas son las líneas de distribución de energía eléctrica, aunque también se está comenzando a utilizar la línea telefónica tradicional. Si bien no es el medio más adecuado para la transmisión de datos, sí es una alternativa a tener en cuenta para las comunicaciones domésticas dado el bajo coste que implica su uso, ya que se trata de una instalación existente. Las especiales características de este medio lo hacen idóneo para su uso en las instalaciones domésticas ya existentes. Sus principales ventajas son el nulo coste de la instalación y la facilidad de conexionado. Y sus inconvenientes son la poca fiabilidad en la transmisión de los datos y la baja velocidad de transmisión.

- **Soportes metálicos**. Son cables metálicos de cobre como soporte de transmisión de las señales eléctricas que procesa. En general se pueden distinguir dos tipos de cables metálicos :

  - **Par metálico**. Los cables formados por varios conductores de cobre pueden dar soporte a un amplio rango de aplicaciones. Este tipo de cables pueden transportar: datos, voz y alimentación. Los denominados cables de pares están formados por cualquier combinación de los tipos de conductores que a continuación se detallan:

| Tipos de conductores de par metálico |
|---|
| Cables formados por un solo conductor con un aislamiento exterior plástico (por ejemplo los utilizados para la transmisión de las señales telefónicas). |
| Par de cables, cada uno de los cables está formado por un arrollamiento helicoidal de varios hilos de cobre (por ejemplo los utilizados para la distribución de señales de audio). |
| Par apantallado, formado por dos hilos recubiertos por un trenzado conductor en forma de malla cuya misión consiste en aislar las señales que circulan por los cables de las interferencias electromagnéticas exteriores (por ejemplo los utilizados para la distribución de sonido de alta fidelidad o datos). |
| Par trenzado, está formado por dos hilos de cobre recubiertos cada uno por un trenzado en forma de malla (por ejemplo los utilizados para interconexión de ordenadores). |

- **Coaxial**. Un par coaxial es un circuito físico asimétrico, constituido por un conductor filiforme que ocupa el eje longitudinal del otro conductor en forma de tubo, se mantiene el carácter coaxial de ambos mediante un dieléctrico apropiado. Este tipo de cables permite el transporte de las señales de vídeo y señales de datos a alta velocidad. Dentro del ámbito de la vivienda, el cable coaxial puede ser utilizado como soporte de transmisión para:

| Utilidades del cable coaxial |
|---|
| Señales de teledifusión que provienen de las antenas (red de distribución de las señales de TV y FM). |
| Señales procedentes de las redes de TV por cable. |
| Señales de control y datos a media y baja velocidad, fidelidad o datos). |

- **Fibra óptica**. La fibra óptica esta constituida por un material dieléctrico transparente, conductor de luz, compuesto por un núcleo con un índice de refracción menor que el del revestimiento que envuelve a dicho núcleo. Estos dos elementos forman una guía para que la luz se desplace por la fibra. La luz transportada es generalmente infrarroja, y por lo tanto no es visible por el ojo humano. Sus ventajas son: fiabilidad en la transferencia de datos, inmunidad frente a interferencias electromagnéticas, alta seguridad en la transmisión de datos, distancia entre los puntos de la instalación ilimitada, y transferencia de gran cantidad de datos. Su principal inconveniente es el elevado coste de los cables y las conexiones.

- **Conexión sin hilos**. Existen dos posibilidades: infrarrojos y radiofrecuencia.

  - **Infrarrojos**. El uso de mandos a distancia basados en transmisión por infrarrojos está ampliamente extendido en el mercado residencial para controlar a distancia equipos de audio y vídeo. La comunicación se realiza entre un diodo emisor que emite una luz en la banda de IR, sobre la que se superpone una señal, convenientemente modulada con la información de control, y un fotodiodo receptor cuya misión consiste en extraer de la señal recibida la información de control. Los controladores de equipos domésticos basados en la transmisión de ondas en la banda de los infrarrojos tienen las ventajas de comodidad, flexibilidad y admisión de un gran número de aplicaciones.

  - **Radiofrecuencias**. La introducción de radiofrecuencias como soporte de transmisión en la vivienda ha venido precedida por la proliferación de los teléfonos inalámbricos y sencillos telemandos. Este medio de transmisión puede parecer, en principio, idóneo para el control a distancia de los sistemas domóticos e inmóticos, dada la gran flexibilidad que supone su uso. Sin embargo resulta particularmente sensible a las perturbaciones electromagnéticas producidas tanto por los medios de transmisión como por los equipos domésticos.

## 1.4.4 Protocolo de comunicaciones

El protocolo de comunicaciones es el idioma o formato de los mensajes que los diferentes elementos de control del sistema deben utilizar para entenderse unos con otros y poder intercambiar información de una manera coherente. Dentro de los protocolos existentes, se puede realizar una primera clasificación atendiendo a su estandarización:

- **Protocolos estándar**. Son publicados y abiertos a terceras personas y suelen estar respaldados por alguna organización. Los protocolos estándar son utilizados ampliamente por diferentes empresas que fabrican productos que son compatibles entre sí. Algunos ejemplos son:

EIB, EHS, X-10, Lonworks, Batibus, etc. Tienen la ventaja de que puede haber varios fabricantes del estándar y podremos mantener y ampliar nuestra instalación con diferentes fabricantes. El inconveniente es que suelen ser más caros que los propietarios.

- **Protocolos propietarios**. Son aquéllos desarrollados por una empresa, y únicamente pueden comunicarse con otros productos de dicha empresa. Algunos ejemplos son: Simon Vis, Domaike, Amigo, etc. Tienen la ventaja de que suelen ser más económicos, pero el inconveniente de que si la empresa desaparece, desaparece también el soporte técnico, al ser rehenes de sus productos.

En la actualidad en España se pueden encontrar más de treinta sistemas domóticos distintos (ver capítulo 4, Estándares y Sistemas Comerciales), muchos de los cuales utilizan protocolos diferentes, con sus ventajas e inconvenientes. Esto provoca que el usuario (ingeniero/instalador) se vea un poco perdido y tenga que elegir entre una multitud de sistemas.

### 1.4.5 Velocidad de transmisión

Es la velocidad de intercambio de información entre los diferentes elementos de control de la red. Esta velocidad depende tanto del medio de transmisión como del protocolo utilizado. Los sistemas domóticos e inmóticos suelen utilizar un único protocolo y permitir varios medios de transmisión, con lo que obtenienen distintas velocidades. Por ejemplo, existen tres tipos distintos del sistema EIB: el EIB-TP, que utiliza par trenzado; el EIB-PL, que utiliza línea de fuerza y el EIB-RF, que utiliza radio frecuencia, por lo que cada uno tendrá una velocidad de transmisión diferente.

## 1.5 SISTEMAS A GESTIONAR

En un edificio inteligente existe una gran cantidad de sistemas a gestionar. Estos sistemas también se suelen denominar servicios o aplicaciones y se pueden utilizar diferentes criterios de clasificación a la hora de agruparlos.

La clasificación más habitual de los sistemas a gestionar es aquélla que los agrupa dependiendo del tipo de servicio, formando los siguientes sistemas: gestión de la energía, gestión de la seguridad, gestión del confort y gestión de las comunicaciones.

*Figura 1.19. Principales servicios a gestionar*

A estos servicios clásicos habría que añadir los nuevos servicios de entretenimiento que se integrarían dentro del hogar digital. También es necesario mencionar los servicios que ofrecen los sistemas domóticos para personas mayores o discapacitadas. En estas circunstancias algunas medidas de confort se convierten en necesidades vitales y los mecanismos de seguridad cobran un interés específico evidente. En este tipo de viviendas el principal objetivo es la seguridad y las alarmas, el control de los distintos elementos en la casa y facilitar las tareas diarias, por ello incluyen alarmas técnicas y alarmas personales en caso de necesidad de ayuda urgente. También incluyen interfaces de interacción para el control y la automatización que deben estar adaptados a las necesidades y capacidades de las personas que van a utilizar el sistema, pueden ser pulsadores normales, mandos a distancia, navegadores web o interfaces de voz que evitan la necesidad de desplazarse par controlar distintos elementos en la casa.

Por último, debemos indicar que los servicios a gestionar en edificios pueden ser de muchos más tipos, dependiendo del uso específico del mismo (laboratorios, museos, bancos, oficinas...), y requieren controles muy personalizados como el de la humedad, la calidad del aire, etc.

El CEDOM (Comité Español de Domótica) ha creado una simbología para representar los principales grupos a gestionar, y dentro de ellos cada uno de los distintos servicios específicos.

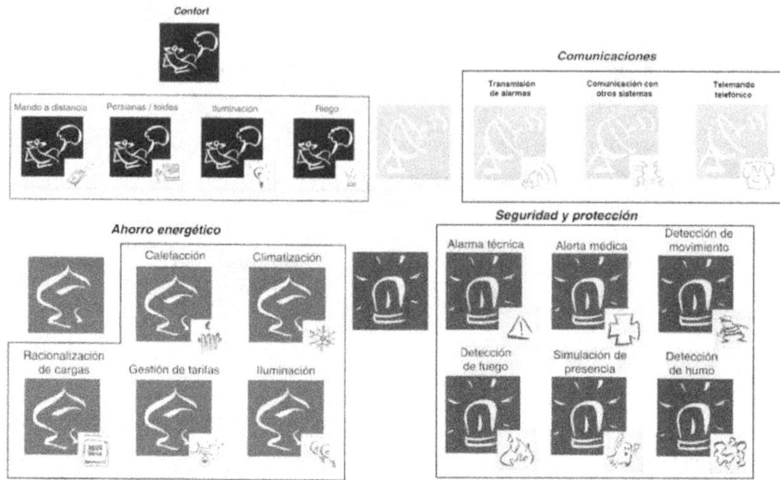


*Figura 1.20. Simbología de servicios del CEDOM*

## 1.5.1 Gestión de la energía

La gestión de la energía se encarga de gestionar el consumo de energía mediante temporizadores, relojes programadores, termostatos, etc.

| **Funciones de la gestión de la energía** |
| --- |
| Programación y zonificación de la climatización y equipos domésticos. |
| Racionalización de cargas eléctricas: desconexión de equipos de uso no prioritario en función del consumo eléctrico en un momento dado. Reduce la potencia contratada. |
| Gestión de tarifas eléctricas, derivando el funcionamiento de algunos aparatos a horas de tarifa reducida, o aprovechándolas mediante acumuladores de carga. |
| Detección de apertura de ventanas y puertas. |
| Zonas de control de iluminación con encendido y apagado de luces interiores y exteriores dependiendo del grado de luminosidad, detección de presencia, etc. |

## 1.5.2 Gestión del confort

La gestión del confort y la calidad de vida nos proporciona una serie de comodidades, como el control automático de los servicios de calefacción, agua caliente, refrigeración, iluminación y la gestión de elementos tales como accesos, persianas, toldos, ventanas, riego automático, etc.

| Funciones de la gestión del confort |
|---|
| Apagado general de todas las luces de la vivienda y automatización del apagado/encendido de cada punto de luz. |
| Regulación automática de la iluminación según el nivel de luminosidad ambiente. |
| Integración del portero electrónico al teléfono, o del videoportero al televisor. |
| Accionamiento automático de persianas y toldos, y control del sistema de riego. |
| Automatización de todos los distintos sistemas/instalaciones/ equipos dotándolos de control eficiente y de fácil manejo. |
| Supervisión automatizada de cualquier dispositivo electrónico. |
| Control de la climatización y ventilación hidrorregulable, que permite una mayor ventilación a mayor humedad y mejora de la salubridad. |

## 1.5.3 Gestión de la seguridad

La gestión de la seguridad y vigilancia que proporciona un sistema domótico es más amplia que la que nos puede proporcionar cualquier otro sistema, pues integra tres campos de la seguridad que normalmente están controlados por sistemas distintos.

| Seguridad de los bienes |
|---|
| Gestión del control de acceso con reconocimiento o identificación de los usuarios. |
| Control de presencia y detección de intrusismo y de la posterior persuasión. |
| Detección de rotura de cristales y forzado de puertas. |

| Simulación de presencia, memorizando acciones cotidianas para su repetición. |
|---|
| Video vigilancia a través de cámaras. |

| **Seguridad de las personas** |
|---|
| Teleasistencia y telemedicina para las personas mayores, enfermos o discapacitados. |
| Acceso a los servicios de vigilancia sanitaria, policía, etc. |

| **Incidentes y averías** |
|---|
| La detección de todo tipo de averías de agua, gas, etc. y control de las mismas. |
| Detección de incendios y alarmas. |
| Detectar averías en los accesos, en los ascensores, o cualquier otro sistema. |

## 1.5.4 Gestión de las comunicaciones

La gestión de las comunicaciones, o gestión técnica de la información, se encarga de captar, transportar, almacenar, procesar y difundir datos o información. Es decir, la gestión de la información de la casa a distancia: salud de los ocupantes, teleformación, teletrabajo, etc. La principal aplicación de la gestión técnica de la información es:

- Control y monitorización remotos, de la instalación domótica y poder comprobar su estado actual utilizando línea telefónica, Internet, etc.
- Transmisión de alarmas activadas a centrales de alarmas, llamadas telefónicas, SMS/alertas, mensajes de voz, etc.
- Intercomunicación interior de todos los servicios electrónicos del hogar como vídeo portero con el televisor, portero automático en el teléfono, etc.
- Comunicación de información con el exterior, con servicios telemáticos.

| Capacidades telemáticas de Internet |
|---|
| Ocio y tiempo libre, radio y televisión (películas, conciertos, deportes...), vídeo bajo demanda, Hi-Fi bajo demanda, apuestas (en programas de TV), videojuegos, etc. |
| Salud, teleasistencia sanitaria: consultoría sobre alimentación y dieta, asistencia a discapacitados y necesitados (niños, ancianos), historia clínica, ayuda al diagnóstico, solicitud de pruebas, prescripciones, etc. |
| Compra y almacenamiento, publicidad, catálogos, tele-compra, telereservas, etc. |
| Finanzas, tele-banca y consultoría financiera (inversiones, planes de pensiones, etc.). |
| Aprendizaje, teleformación, reciclaje, etc. |
| Actividad profesional (trabajo), teletrabajo, teleconferencia, etc. |
| Mensajería instantánea, chat, agenda, tablero de mensajes, etc. |

## 1.5.5 Gestión del entretenimiento

Este nuevo tipo de servicio está muy relacionado con los servicios de gestión de las comunicaciones, y en principio es más típico en las viviendas que en los edificios. Permitiría los siguientes servicios:

| Servicios de gestión del entretenimiento |
|---|
| Vídeo bajo demanda, videoconferencia y grabaciones de vídeo. |
| TV interactiva, publicidad interactiva y canales virtuales. |
| Emisiones deportivas, noticias, vídeos musicales y audio en tiempo real. |
| Control de visionados y guía de programación. |
| Juegos de consolas y juegos de TV interactiva. |
| Descargas de CD, MP3, etc. |

### 1.5.6 Gestión de servicios para discapacitados

Para personas mayores o con problemas de movilidad, cognitivos o con algún tipo de minusvalía, la domótica ofrece una serie de servicios como son:

| Servicios para discapacitados |
|---|
| Telegestión. Conexión directa con el exterior y contar con un apoyo exterior. |
| Automatización de todos los elementos de la vivienda. |
| Mando de control a distancia único y de fácil funcionamiento, mediante un pulsador, por barrido o mediante la voz. |
| Luces guías, interruptores con símbolos y sensibles al tacto. |
| Apertura automática de puertas. |

### 1.5.7 Gestión de servicios específicos de edificios

Para algunos tipos de edificios, se necesitan unos servicios más específicos dependiendo de la funcionalidad u objetivo final de dicho edificio. De forma que dependiendo de cuál sea la utilidad del edificio, se necesitarán unos servicios concretos.

- En los hoteles se potencia todos los servicios (confort, energía, seguridad y comunicaciones), que requieren un control de accesos personalizado en las habitaciones y salas o zonas de pago, supervisión de la ocupación y la productividad, etc.

- En los hospitales los servicios más controlados son la energía y seguridad personal, requieren un control de la calidad ambiental y de aislamientos en quirófanos y zonas con posibilidades de contagios, control de ocupación de las habitaciones, etc.

- En los museos, donde sobre todo se requiere un control de la seguridad y el mantenimiento adecuado del contenido, requiere de un control ambiental, de la humedad, de la calidad del aire y de otras variables que puedan afectar en la conservación de las obras de arte, etc.

# 1.6 TIPOS DE EDIFICACIÓN

En general se pueden distinguir dos tipos de edificaciones dependiendo de si el edificio está orientado a vivienda o a servicios. Los edificios orientados para vivienda o edificios residenciales, donde las aplicaciones están más orientadas al confort y seguridad, y los grandes edificios o edificios no residenciales, donde los servicios están orientados al ahorro energético y a mejorar el ambiente de trabajo.

## 1.6.1 Edificios residenciales

Los edificios residenciales pueden ser de distintos tipos, dependiendo de si disponen de una o varias viviendas:

| **Tipos de edificios residenciales** |
| --- |
| Edificios de una sola vivienda. |
| Edificios de dos o más viviendas. |
| Residencias para colectivos de personas. |

Se pueden distinguir también distintas tipologías de viviendas, diferenciando entre vivienda de nueva construcción o de rehabilitación profunda (donde se recomienda la colocación de un cableado específico que transmita la información necesaria entre los diferentes elementos del sistema) y el caso de vivienda existente (puede ser posible aprovechar la propia red eléctrica de la vivienda y la tecnología radio como medio de transmisión).

- **Vivienda de nueva construcción**. En el caso de una vivienda o edificio de nueva construcción o de una rehabilitación profunda, no existe en principio ninguna limitación. Anque si se recomienda la colocación de un cableado específico que permita transmitir la información necesaria entre los diferentes elementos del sistema.

- **Reforma de vivienda existente**. En cambio en el caso de vivienda/edificio existente se recomienda una solución no cableada donde los requisitos de instalación son mínimos ya que es posible aprovechar o bien la propia red eléctrica de la vivienda y o bien la tecnología radiofrecuencia como medio de transmisión. En cualquier caso, son sencillos de utilizar y su coste se ha reducido sensiblemente en los últimos años.

También se pueden diferenciar las viviendas dependiendo del tipo de usuario que las habita. No es deseable pensar en el mismo modelo de casa inteligente para la totalidad de la población. En otras palabras, el concepto de casa inteligente no debe ser unívoco. Existen tres especificaciones que determinan el tipo:

1. Tamaño y composición del hogar: mono o multi-personal, número de personas, presencia de niños y edad.

2. División de trabajo en la casa (parejas con ambos miembros activos o no).

3. Edad y estadio en el ciclo vital de la familia (jóvenes adultos con niños pequeños, familias en su edad media con hijos más mayores; familias mayores con sus hijos emancipados; familias de tercera edad).

Según el sociólogo Santiago Lorente, estas tres características conducen a distintos tipos de hogares:

| **Tipos de hogares dependiendo de los habitantes** | |
|---|---|
| Hogares mono-personales | Jóvenes solos y personas mayores solas. |
| Hogares de parejas | Jóvenes parejas sin hijos, parejas mayores sin hijos, parejas cuyos hijos ya se han ido. |
| Hogares familiares | Familias con hijos menores de 10 años, familias con hijos mayores de 10 años, familias mono-parentales y familias con más de dos generaciones. |

En cuanto a la tipología con referencia a las personas, es necesario mencionar la importancia de los sistemas domóticos para personas mayores o discapacitadas. En estas circunstancias algunas medidas de confort se convierten en necesidades vitales y los mecanismos de seguridad cobran un interés específico evidente.

## 1.6.2 Edificios no residenciales

Los edificios de tipo no residencial se clasifican según su objetivo o utilización específica, pudiendo ser concebidos para varios fines (por ejemplo, un edificio que combine los aspectos residencial, hotelero y de oficinas). De forma que se pueden diferenciar los siguientes tipos de edificios:

| Tipos de edificios no residenciales |
|---|
| Hoteles, hostales, albergues y edificios similares. |
| Inmuebles para oficinas y edificios dedicados para el comercio al por mayor y al por menor. |
| Edificios para transporte y comunicaciones. |
| Edificios industriales, almacenes y para explotaciones agrarias. |
| Edificios de uso cultural, recreativo, educativo o sanitario, y dedicados al culto y a la religión. |
| Monumentos declarados de interés artístico o histórico. |
| Otros edificios no comprendidos en otras partidas. |

# 1.7 BENEFICIOS Y FACTORES

En este apartado se van a describir tanto los principales beneficios que ofrecen domótica y la inmótica, como los principales factores que afectan en su actual implantación en España.

## 1.7.1 Beneficios

La domótica y la inmótica aportan una gran cantidad de beneficios, no sólo a los usuarios de la propia vivienda o edificio sino también a otros actores o sectores involucrados. Las relaciones que existen entre estos sectores se pueden ver desde un punto de vista general de la oferta y la demanda de vivienda en la siguiente figura.

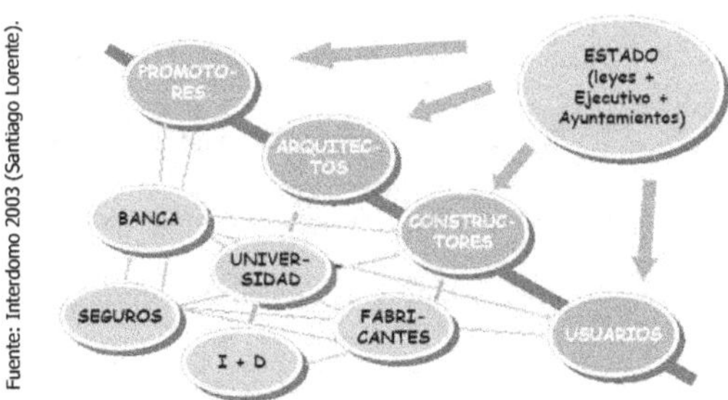


*Figura 1.21. Oferta y demanda en la vivienda*

Los principales beneficios que proporciona la domótica según Santiago Lorente, son:

- **A los promotores constructores**: nuevas prestaciones para la vivienda y revaloración de la vivienda, además incremento de ventas. En un mercado que se espera se constriña, la domótica se torna en valor añadido, y por tanto, a igualdad de precio, se venderán más las que más domótica oferten, incrementando la relación calidad-precio.

- **A los instaladores eléctricos**: un incremento de la calidad y posibilidades de la instalación, nuevas oportunidades de negocio en la instalación y servicios adicionales de mantenimiento. Además de un incremento del volumen de negocio.

- **A la banca**: aunque no tiene una relación estricta, sino sólo el prestigio de conceder hipotecas a casas domóticas.

- **A la universidad**: posibilidades de investigación y de más actividad de postgrado, sobre todo (aunque no exclusivamente) en las titulaciones de arquitectura, ingeniería industrial, ingeniería de telecomunicaciones e ingeniería informática.

- **A la I+D+i (con la "i" de innovación)**: como en el apartado anterior de la universidad, una mayor capacidad de actividad.

| Beneficios que proporciona la domótica a los usuarios finales |
|---|
| Ahorro energético de los sistemas y consumos. |
| Potenciación de la propia red de comunicaciones. |
| Aumento de la seguridad personal y patrimonial. |
| Aumento del confort y la calidad de vida. |
| Gestión remota de instalaciones y equipos domésticos. |
| Disponibilidad de servicios telemáticos. |

- **A los fabricantes**: obviamente, más ventas. Y además, como en la ley de Darwin, supervivencia de los más poderosos (léase, los que hagan productos más inteligentes, más ergonómicos, más amigables, más útiles, más prestigiosos, etc.).

- **Al estado y a la administración pública**: un ahorro energético general, una reducción del número de emisiones contaminantes y actividad económica generada alrededor de los edificios inteligentes. Abrir una nueva vía de financiación de la investigación, desarrollo e innovación, como debería haber sido la de la energía fotovoltaica. Mayor capacidad de coordinación y control (por ejemplo, en el cumplimiento de las ICT) y en la calidad domótica de las viviendas.

- **A los usuarios**: les proporciona ahorro energético, incremento del confort, seguridad personal y patrimonial, control de equipos y sistemas domésticos y gestión remota de instalación y equipos. Aumento insospechado del nivel de *standing* de la casa, y por tanto, incremento del prestigio. Igual que casi un tercio de coches se compran de gama alta (Mercedes, BMW, Volvo, etc.), porque la gente busca alto estatus y prestigio social, igual pasará con la introducción de la domótica en el hogar: yo soy más porque tengo sensores de humo, fuego y agua, y motores de persianas y toldos, etc.

## 1.7.2 Factores

En la actualidad existen muchos factores que contribuyen al buen desarrollo de los edificios inteligentes. Estos factores se pueden ver desde el punto de vista de los edificios o desde el punto de vista de las viviendas, debido a que su objetivo es distinto.

| **Factores específicos para la inmótica** |
| --- |
| *Boom* de la información y las comunicaciones. |
| Aumento de la seguridad de las personas y de las instalaciones. |
| Aumento de la productividad de la empresa. |
| Encarecimiento de los costos energéticos. |
| Mejora del ambiente de trabajo. |

| Factores específicos para la domótica |
|---|
| Seguridad de las personas y los bienes. |
| Incorporación de la mujer al trabajo. |
| Mayor tamaño de las viviendas. |
| Aumento del tiempo libre y ocio. |
| Mejora del ambiente doméstico. |
| Salud y bienestar. |

Además existe una serie de factores genéricos, como son:

| Factores genéricos |
|---|
| Reducción de los precios de electrónica e informática. |
| Aumento de los tipos de redes, Internet, bus campo, etc. |
| Ayuda a la sostenibilidad de los edificios y conciencia medioambiental. |
| Aumento de la oferta y sobre todo de la demanda social de esa tecnológica. |

Pero también hay factores que ralentizan el desarrollo de los edificios inteligentes, limitando su implantación:

- Reducido conocimiento por parte del gran público. Desconocimiento de los términos y significado de domótica e inmótica.

- Actitud frente a los avances tecnológicos, se ve como futuro o lujo, cuando en realidad ya lo tenemos disponible y llegará a ser una necesidad como lo son el teléfono, la televisión, etc.

- Elevado precio de los elementos inteligentes, sistemas y dispositivos.

- Número elevado de estándares y sistemas distintos que no son compatibles entre ellos. Existencia de diversos protocolos de comunicación.
- Ausencia de normativa específica.
- Dificultad de utilización, programación y mantenimiento.
- Exceso de control que quita libertad a las personas; no hay intimidad.

Finalmente, el Institut Cerdá también indica cuáles son los factores claves para el desarrollo de la domótica y la inmótica, son:

- Hay que cambiar de mentalidad en la oferta, no en la demanda.
- Hay que conocer las necesidades reales de los usuarios.
- Los productos deben diseñarse para satisfacer estas necesidades y no otras.
- Hay que recordar que se pretende introducir productos y servicios en un entorno sagrado para el usuario: "su hogar".
- El control domótico será sólo un valor añadido cuando cubra necesidades concretas, siendo la tipología de vivienda lo de menos relevancia.
- Al usuario no le importa la tecnología que hay detrás de un producto, sistema o instalación. Lo que desea es funcionalidad, fiabilidad, ergonomía, facilidad de uso y aprendizaje, y servicio posventa.
- Debe venderse bien el coste de una instalación domótica.
- El negocio está en prácticamente todos los actores del mercado residencial (desde la promoción hasta la prestación de servicios, pasando por la venta de producto y su instalación).

Capítulo 2

# COMPONENTES BÁSICOS

## 2.1 INTRODUCCIÓN

Un edificio inteligente está dotado de un sistema de control que pretende optimizar de forma integrada ciertas funciones inherentes a la operatividad, administración y mantenimiento del edificio. Para conseguir esta finalidad, el sistema de control necesita comunicarse con el entorno y es necesario un conjunto de sensores que le suministren información, una serie de actuadores que ejecuten sus acciones de control, así como una infraestructura de comunicaciones que los conecte entre sí, y las interfaces y acondicionadores de señal que adapten la señal entre el controlador y los sensores y actuadores. En dicho sistema de control, la elección del *hardware* será importante, pero también lo es el diseño adecuado del *software* de control.

En este capítulo se mostrarán las características principales de cada uno de estos componentes, y se describirán las fases de una instalación domótica.

## 2.2 COMPONENTES BÁSICOS

En esta apartado se van a describir algunos de los elementos de forman parte de cualquier instalación domótica o inmótica, como pueden ser los tipos de señales, implicados, los sensores, los acondicionadores de señal, los actuadores, las diferentes interfaces, la infraestructura, las diferentes unidades de control así como el *software* necesario para la configuración, parametrización o visualización.

### 2.2.1 Tipo de señales

Antes de comenzar a describir los diferentes componentes que intervienen en una instalación domótica es necesario hacer referencia a los distintos tipos de señales que pueden aparecer. En concreto, se pueden clasificar en torno a dos grandes grupos.

| Tipo | Características |
|---|---|
| Continuas | Varían de forma continua con el tiempo, pudiendo tomar infinitos valores posibles. |
| Discretas | Varían de forma discreta con el tiempo, pudiendo tomar sólo un número finito de valores. |

En la figura siguiente se muestra una señal analógica. Como puede observarse, ésta varía de forma continua en el tiempo y puede presentar cualquier valor dentro de su rango.

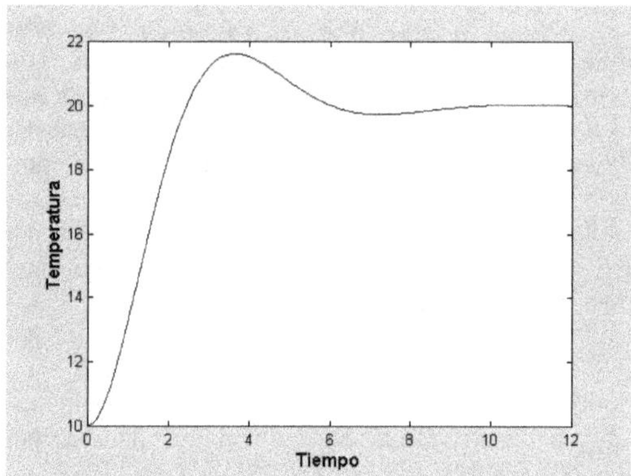


*Figura 2.1. Variable continua*

Ejemplos de señales de este tipo serían presiones, niveles, temperaturas (la anterior puede representar la de una sala después de activar la calefacción y puesta una consigna de 20° C) y un largo etcétera.

Las señales discretas se caracterizan porque sólo pueden presentar un número finito de valores. De especial interés resultan aquéllas que pueden tener únicamente dos estados, ya que muchos dispositivos disponen de estos dos modos de funcionamiento: encendido o apagado. A éstas se les denomina señales binarias.

En la siguiente figura se muestra la evolución de una señal de este tipo, donde se aprecia que sólo puede oscilar entre dos valores diferentes. Podría ser la señal enviada a un relé para que active la calefacción en determinados instantes.

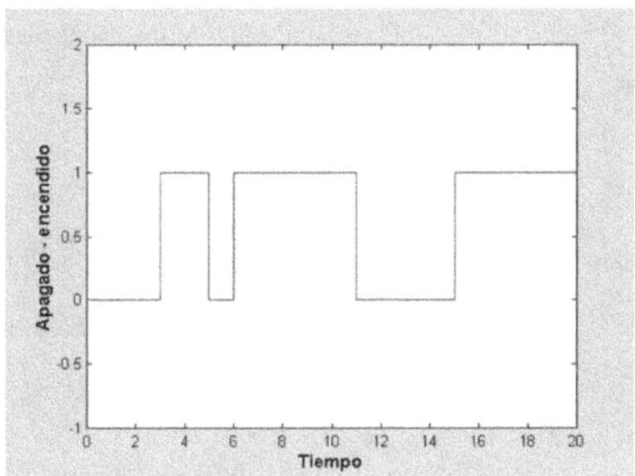


*Figura 2.2. Variable de carácter discreto*

Son muchos los dispositivos que manejan señales de este tipo. Existe gran variedad de sensores como los de presencia, humos, de apertura de puertas (pueden estar activos o no), actuadores, como válvulas (abiertas o cerradas), relés, contactores (accionan o no sus cargas), y todos los dispositivos que puedan conmutar entres dos estados.

Algunos de estos ejemplos se ilustrarán con mayor detalle en las siguientes páginas.

## 2.2.2 Sensores

La misión de un sensor es la conversión de magnitudes de una determinada naturaleza a otra, generalmente eléctrica (también se suelen denominar transductores). Estas magnitudes pueden ser físicas, químicas, biológicas, etc.

En un edificio, se encargarán de proporcionar toda la información necesaria para su posterior gestión. Sensores habituales son los de temperatura, humedad, presencia, iluminación, etc.

En la mayoría de los casos, los sensores disponen de un encapsulado mediante el cual consigue un correcto funcionamiento al evitar que no le afecten condiciones externas distintas de la magnitud a medir.

Para valorar la calidad de un sensor hay que atender a sus características:

| Característica | Definición |
|---|---|
| Amplitud | Diferencia entre los límites de medida. |
| Calibración | Patrón conocido de la variable medida que se aplica mientras se observa la señal de salida. |
| Error | Diferencia entre valor medido y valor real. |
| Exactitud | Concordancia entre valor medido y valor real. |
| Factor de escala | Relación entre la salida y la variable medida. |
| Fiabilidad | Probabilidad de no error. |
| Histéresis | Diferente recorrido de la medida al aumentar o disminuir ésta. |
| Precisión | Dispersión de los valores de salida. |
| Ruido | Perturbación no deseada que modifica el valor. |
| Sensibilidad | Relación entre la salida y el cambio en la variable medida. |
| Temperatura de servicio | Temperatura de trabajo del sensor. |
| Zona de error | Banda de desviaciones permisibles de la salida. |

### 2.2.2.1 TIPOS DE SENSORES

Existen muchos tipos distintos de sensores que se pueden agrupar en función de determinados criterios de clasificación. A continuación se mostrarán algunos de ellos.

| Tipo | Atendiendo a su alimentación |
|---|---|
| Activos | Deben ser alimentados eléctricamente a los niveles apropiados (tensión, corriente, etc.). Son los más habituales. |
| Pasivos | No necesitan alimentación eléctrica. |

Un ejemplo del primer tipo son las sondas de temperatura, como las PT-100, sensores cuya resistencia varía con la temperatura, haciendo variar por tanto la corriente que los recorre, y que tiene que ser suministrada por el generador correspondiente.

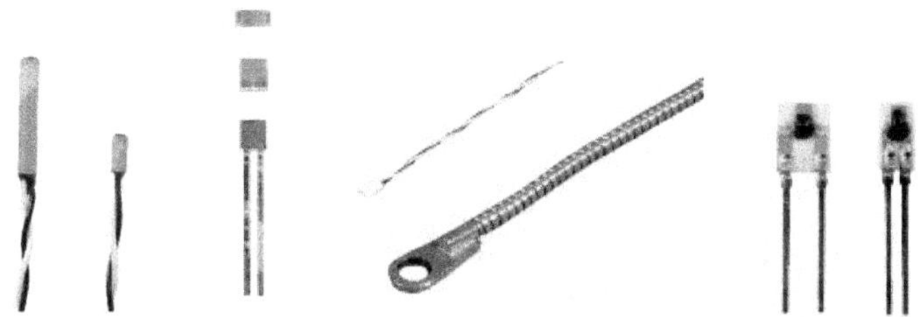

*Figura 2.3. Distintos tipos de sensores de temperatura*

El segundo tipo no suele usarse en aplicaciones industriales o domótica, aunque un termómetro de mercurio y un indicador de presión serían ejemplos de los mismos.

| Tipo | Atendiendo al tipo de señal implicada |
|---|---|
| Continuos | Cuando las señales que proporcionan son continuas. |
| Discretos | Cuando las señales que proporcionan son discretas. |

Un sensor discreto dispone de un número finito de salidas posibles, que corresponden a un número finito de estados posibles de la variable a medir: presencia o no presencia, circuito abierto o cerrado, iluminación o no, etc. Suelen ser más sencillos, baratos y de gran fiabilidad. Algunos ejemplos son los sensores magnéticos de detección de apertura de puertas o ventanas, los de presencia de humos, agua, gas, los de rotura de cristales, los de infrarrojos (proximidad o presencia), y un largo etcétera. En la mayoría de los casos son denominados detectores, ya que su funcionalidad es la detección de la presencia o ausencia (dos estados posibles) de alguna de las variables anteriores (humo, gas, agua, etc).

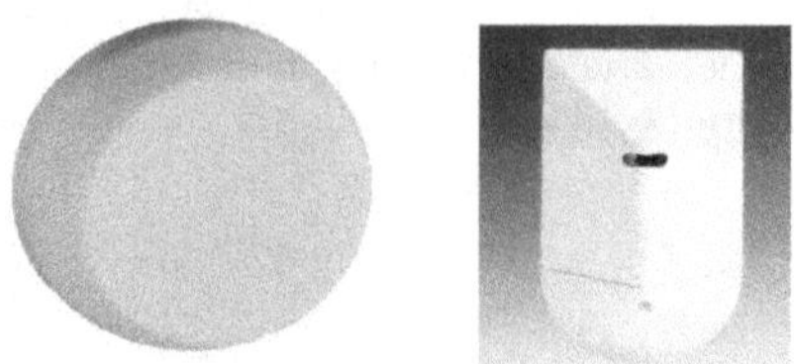

*Figura 2.4. Detectores crepuscular y de luminosidad de SIMON*

*Figura 2.5. Detectores de humo, gas y agua de SIMON*

*Figura 2.6. Detectores de intrusión*

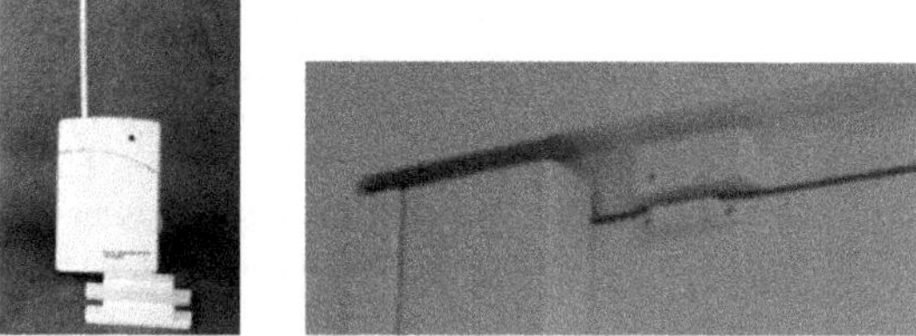

*Figura 2.7. Detector de apertura de puerta y su instalación*

Al contrario que los anteriores, que transmiten solamente dos posibles estados, o más en concreto, que transmiten la ocurrencia de esos dos estados (cuando detectan la presencia de humo, o de agua, o de un intruso), la salida de un sensor continuo es una magnitud cuyo valor varía de forma continua en función de la variable medida. Algunos ejemplos son los de iluminación, de temperatura, de presión, de humedad, de viento.

*Figura 2.8. Ejemplos de sensores continuos: a) presión (Rosemont) b) temperatura (SIMON) c)temperatura con termostato (X-10)*

Uno de los criterios más habituales de clasificación corresponde al ámbito de utilización. En el capítulo 4, se mostrarán algunos ejemplos de estos sensores incluidos dentro de sus ámbitos de utilización. A continuación se muestran algunos:

| Tipo | Atendiendo al ámbito de aplicación |
|---|---|
| Gestión climática | Sensores de temperatura (resistivos, semiconductores, termopares...), termostatos, sondas de temperatura para inmersión, para conductos, para tuberías, sensores de humedad, sensores de presión, etc. |
| Gestión contra incendio | Sensores iónicos, termovelocimétricos, sensores ópticos, infrarrojos, de barrera óptica, sensores ópticos de humos, de dilatación, etc. |
| Gestión contra intrusión/robo | Sensores de presencia por infrarrojos, por microondas o por ultrasonidos, sensores de apertura de puertas o ventanas, sensores de rotura de cristales, sensores microfónicos, sensores de alfombra pisada, etc. |
| Control de presencia | Lector de teclado, lector de tarjetas, identificadores corporales (biométricos). |
| Control de la iluminación | Sensor de luminosidad. |
| Otros sistemas | Sensores de lluvia, de viento, de CO, de gas, de inundación, de consumo eléctrico, de consumo de agua, de nivel de depósitos. |

## 2.2.3 Acondicionadores de señal

Las señales que entrega un sensor, en la mayoría de los casos deben ser acondicionadas y/o adaptadas al controlador o sistema que las recibe. Para efectuar esta conversión se utilizan los acondicionadores de señal. Existen varios estándares de acondicionamiento de señales, algunos de tensión (0-5V, 0-10V) y otros de corriente (0-20 mA, 4-20 mA).

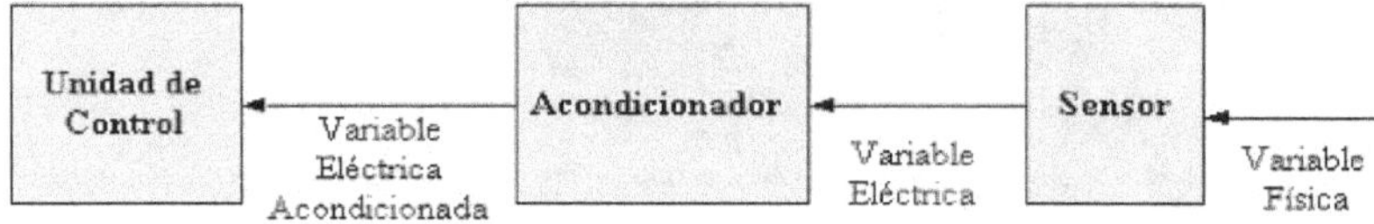


*Figura 2.9. Acondicionadores de señal*

Los acondicionadores de señal son muy variados, pudiendo ser acondicionadores para señales discretas, para sensores resistivos, atenuadores pasivos para señales continuas, amplificadores, filtros de señal, convertidores de tensión a frecuencia (V/F) y de frecuencia a tensión (F/V), convertidores analógicos digitales (A/D) y digitales analógicos (D/A).

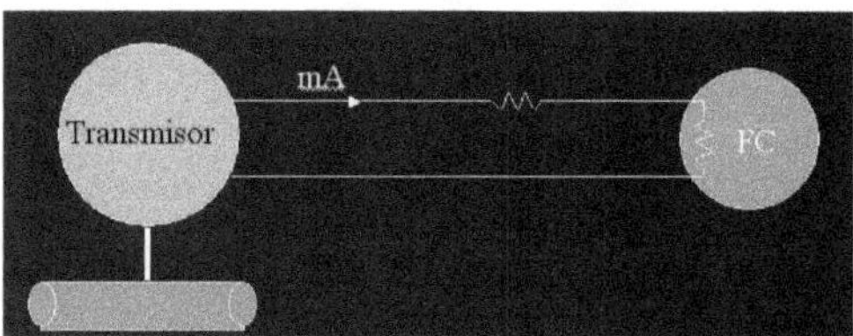


*Figura 2.10. Transmisión de señal mediante estándar de corriente*

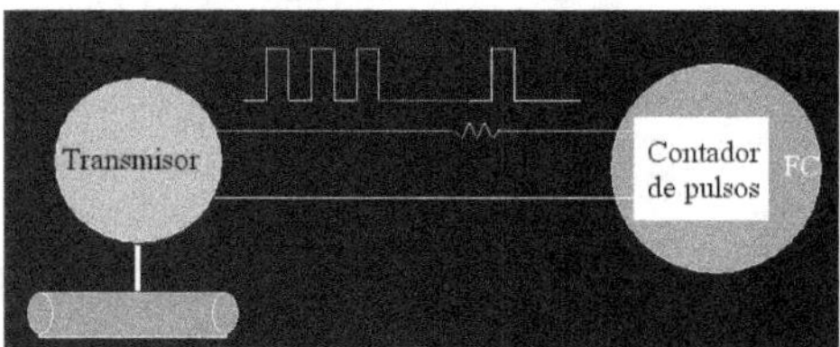


*Figura 2.11. Transmisión de señal mediante pulsos*

La mayoría de los fabricantes incluyen en sus catálogos dispositivos que adaptan las señales que provienen de los diferentes sensores al formato de las señales propias del sistema. En la figura siguiente se muestra un módulo de entradas de SIMON:

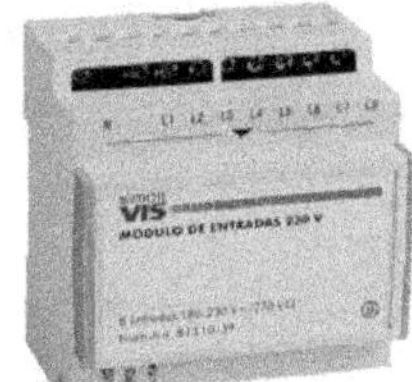

*Figura 2.12. Módulo de entradas de SIMON*

## 2.2.4 Actuadores

Son los dispositivos electromecánicos que actúan sobre el medio exterior y afectan físicamente al edificio. Convierten una magnitud eléctrica en otra de otro tipo (mecánica, térmica, etc.), realizando, de alguna manera, un proceso inverso al de los sensores. Los actuadores pueden mantener niveles de salida continuos o discretos. Ejemplos de actuadores pueden ser el motor de una persiana, los contactores de un circuito de iluminación, lámparas, radiadores, sirenas, etc.

Entre el controlador y los actuadores están los interfaces, que no son otra cosa que acondicionadores que adaptan la señal a la entrada del actuador.

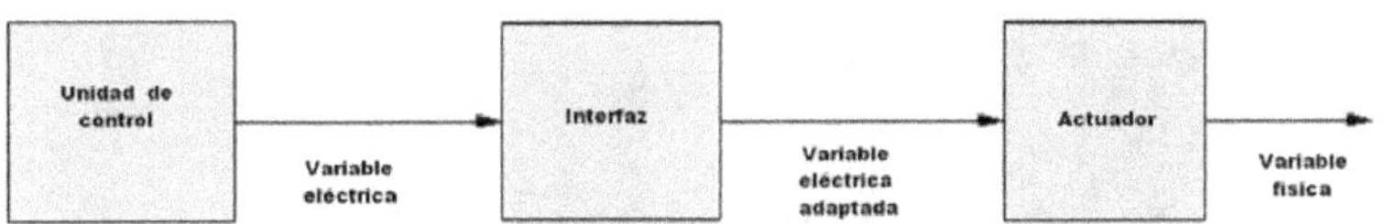


*Figura 2.13. Actuadores*

Los actuadores se conectan a las tarjetas de salida de un sistema inteligente. Si la actuación es todo/nada, los actuadores serán gobernados por señales digitales, mientras que si la actuación es variable los actuadores serán gobernados por señales analógicas. A continuación se muestran algunos dispositivos que pueden englobarse dentro del concepto de actuador.

- **Relé**: son interruptores que permiten conmutar circuitos de potencia más elevada mediante una señal de baja potencia. Generalmente es un dispositivo electromecánico que basa su funcionamiento en la actuación de un solenoide recorrido por una corriente continua. Al pasar la corriente por la bobina se magnetiza el núcleo de hierro y atrae a la armadura, lo que provoca la apertura y el cierre de contactos eléctricos. Muchos de los estándares existentes disponen de módulos especiales que incorporan relés para conmutar carga de diversos tipos. Es recomendable leer las hojas de catálogo para conocer la carga máxima conmutable y el tipo de la misma.

*Figura 2.14. Módulo de salidas de SIMON*

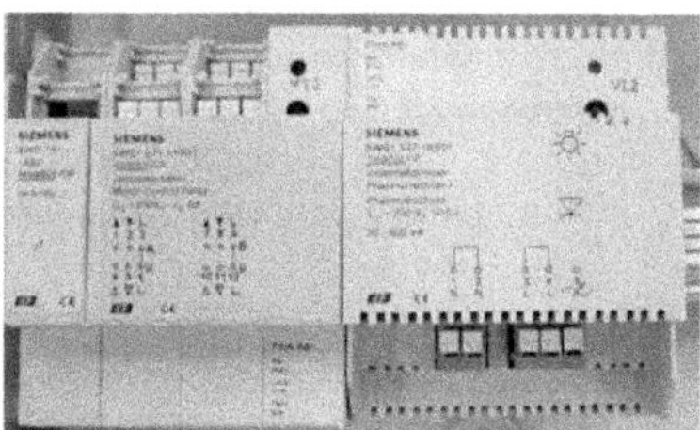

*Figura 2.15. Módulo de salida binaria y de dimmer para carril DIN de EIB (ABB)*

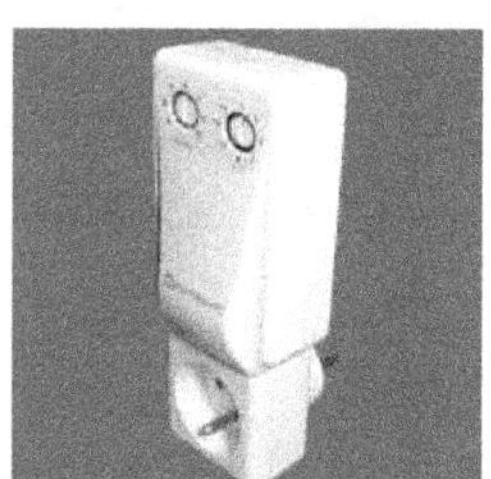

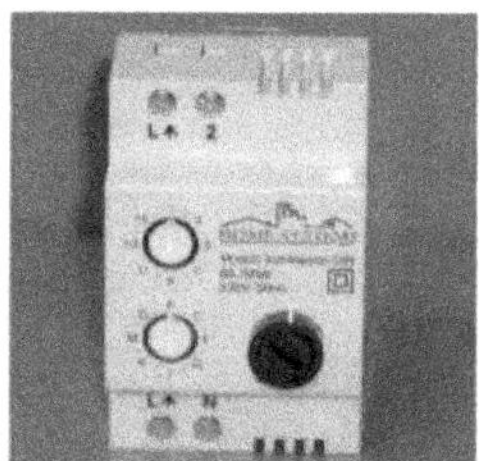

*Figura 2.16. Módulo X-10 a) aparato de pared b) iluminación de carril DIN*

- **Contactores**: son relés de potencia. Una bobina se excita con la tensión de alimentación y cierra unas pletinas de cobre, cuya anchura y disposición permiten el paso de más o menos corriente.

- **Reguladores o *dimmers***: son dispositivos basados en semiconductores, como los *diacs* o los *triacs*, que permiten regular la potencia que llega a una carga. En instalaciones domóticas se suelen utilizar para regular la intensidad de bombillas, luminarias, etc. Para su uso hay que prestar especial atención a las especificaciones de los fabricantes, no sólo para conocer la carga máxima que puede conectárseles sino también el tipo de la misma: resistiva, inductivas, tubos fluorescentes, halógenos, etc.

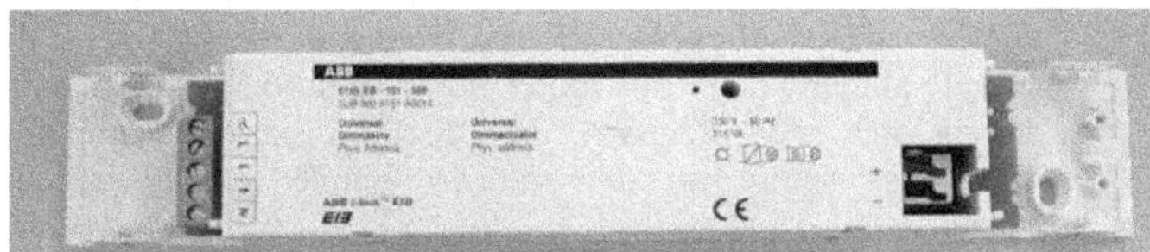


*Figura 2.17. Módulo de dimmer para falso techo de EIB (ABB)*

*Figura 2.18. Módulos de dimmer: a) y b) de empotrar X-10, instalado y desmontado c) de carril DIN de SIMON*

- **Electroválvulas**: son válvulas cuya apertura es controlada mediante una señal eléctrica externa. Se utilizan principalmente para controlar caudales de líquidos o gases; en edificios se usan para control de gas o agua, así como en sistemas de aire acondicionado. Pueden ser analógicas o digitales binarias, es decir, de paso variable o proporcionales (en cuyo caso también se denominan servoválvulas) o todo/nada. Está formada por dos piezas, el cuerpo, que se ajusta a la tubería, y el cabezal, encargado de mover el dispositivo de apertura o cierre.

*Figura 2.19. Electroválvulas de Danfoss y de Honeywell*

- **Motores eléctricos**: convierten energía eléctrica en mecánica para generar, de esta forma, un movimiento. Como ejemplos de aplicaciones en inmótica se pueden citar los ventiladores, bombas, posicionadores, etc. Los tipos más comunes de motores son los de corriente continua, en los que la variación de tensión controla la velocidad del mismo. Son precisos y de gran rapidez, pero de baja potencia. También se suelen utilizar los de corriente alterna, muy útiles en el ámbito domótico debido a que no necesitan de fuentes de alimentación adicionales diferentes de la propia red. En ellos, la velocidad depende de la frecuencia de la tensión de alimentación. Los motores paso a paso suelen utilizarse como posicionadores de precisión, en algunos casos acompañando a servoválvulas (giran un determinado ángulo a cada secuencia de impulsos).

- **Resistencias eléctricas**: se utilizan para elevar la temperatura del medio donde se encuentran. Su fundamento es hacer pasar a través de conductor una corriente eléctrica que produce el calentamiento del conductor. Algunos ejemplos son los radiadores, calefactores, secadores, etc.

## 2.2.5 Interfaces

La señal que entrega un controlador, ya sea analógico o digital, no siempre presenta unas características eléctricas compatibles con el actuador. Para solucionarlo, se deben colocar interfaces que actúen de etapa de potencia, amplificando en tensión o en corriente las señales que suministran los controladores digitales o analógicos de baja potencia. Algunos tipos de interfaces son las etapas de conmuta-ción con transistores, la conmutación de cargas en corriente alterna con triacs o en corriente continua con tiristores, las interfaces para señales de corriente alterna en baja frecuencia, las interfaces de potencia mediante circuitos integrados o las interfaces de salida optoacopladas.

Algunos ejemplos se han mostrado en el apartado anterior, ya que la mayoría de los fabricantes incluye en el mismo módulo el actuador y su interface adecuada. La figura siguiente muestra un esquema que muestra cómo conectar un módulo de salidas de SIMON, que hace de interface entre la unidad central y un actuador compatibles, en este caso un módulo de regulación.

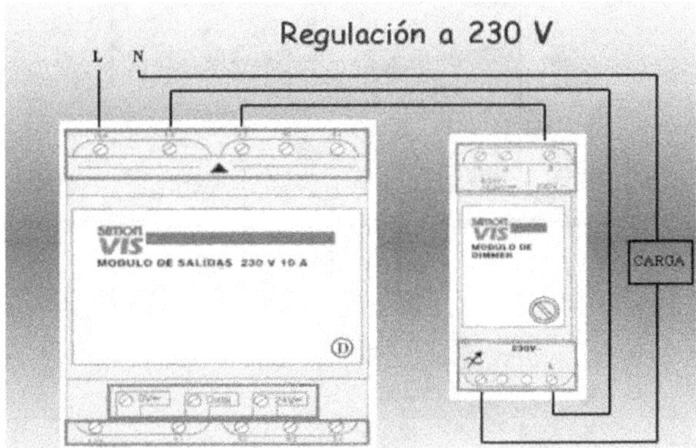


*Figura 2.20. Esquema de conexión de módulo de salida con módulo dimmer SIMON*

## 2.2.6 Infraestructura

La infraestructura de un sistema domótico o inmótico es la encargada de llevar la información que producen los sensores hasta el sistema de control, y de alimentarlos con una tensión eléctrica adecuada, es decir, el cableado de datos y el cableado de alimentación. Actualmente los datos se pueden trasmitir también de forma inalámbrica.

De entre las diferentes topologías de cableado de un edificio se pueden distinguir las siguientes:

| Topología | Características |
|---|---|
| Bus | Un medio de transmisión común recorre todos los dispositivos. |
| Centralizada | Todos los dispositivos conectados a la unidad central. |
| Mixta | Híbrida entre las dos anteriores. |

**Topología en bus, sistemas distribuidos**: un cable recorre todos los dispositivos a controlar o extraer información. Un posible esquema se muestra en la siguiente figura donde se observa en el mismo bus la unidad de control (si la hubiera), los sensores y los actuadores.

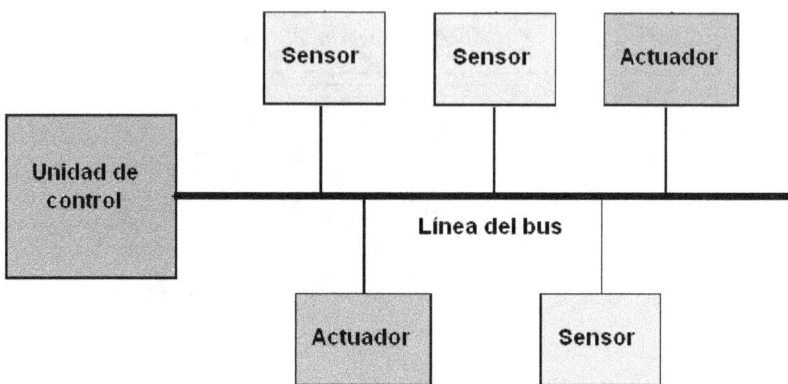


*Figura 2.21. Esquema de un sistema basado en bus*

Se pueden diferenciar entre varias posibilidades que se muestran a continuación:

- Sistemas cuyos dispositivos se comunican entre sí mediante un cable que les proporciona además la energía para funcionar. Es decir, el cable hace de bus de comunicaciones y de transmisor de la alimentación. Este tipo de estructura es la habitual en los sistemas basados en transmisión por corrientes portadoras, como X-10, que aprovechan la propia red eléctrica convencional como medio de transmisión de información, es decir, como bus. El ahorro en la instalación es evidente, aunque tiene otras limitaciones, como la velocidad de transmisión y otros problemas que se comentarán más adelante.

- Sistemas que necesitan un cable para el propio bus de datos y otro diferente para la energía. Estándares como el EIB se basan en este sistema. Hay un cableado para el bus de datos, y a aquellos dispositivos que requieren potencia, como las salidas binarias, debe llegar también el cable de red.

- Sistemas híbridos entre los dos anteriores.

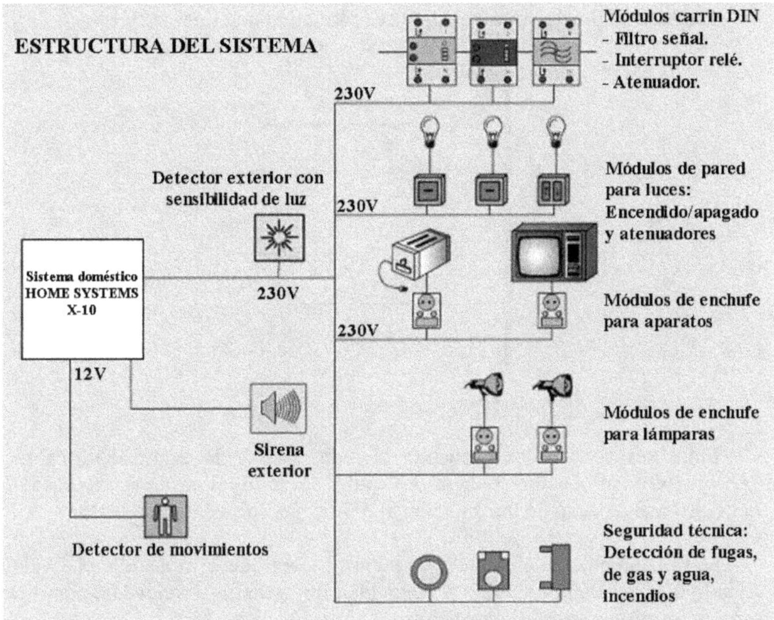


*Figura 2.22. Esquema de un sistema basado en bus compartido para datos y energía (X-10 por portadoras)*

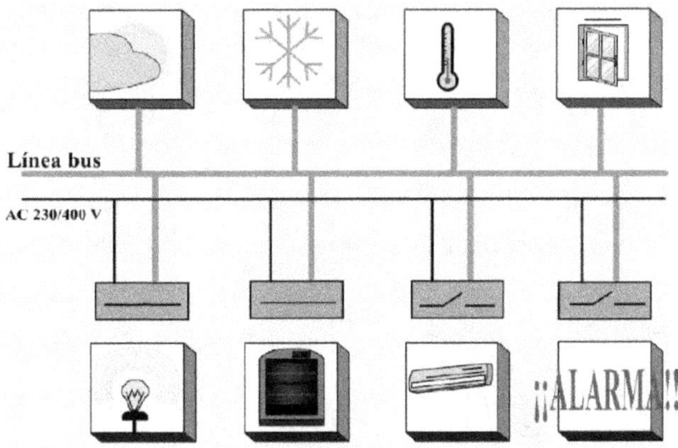


*Figura 2.23. Esquema de un sistema basado en bus con líneas de datos y de energía (EIB)*

También se pueden unir varios buses formando una línea de buses.

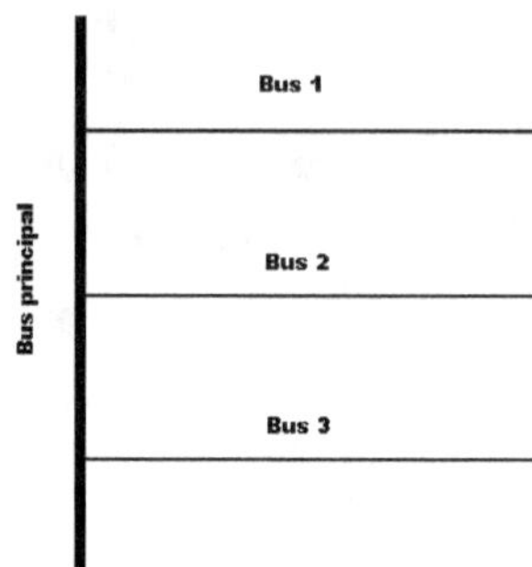


*Figura 2.24. Configuración con varios buses*

Entre sus ventajas se encuentra la reducción de la cantidad de cable a utilizar, y entre sus inconvenientes la caída de todo el sistema en caso de cortocircuito o el colapso de información al existir una sobrecarga de datos.

Se utilizan cuando el número de puntos a controlar es reducido, el nivel de seguridad no es muy importante o la velocidad no necesita ser elevada, como por ejemplo en los sistemas de climatización.

**Topología en estrella, sistemas centralizados**: desde el núcleo central de proceso de datos sale una línea a cada sensor o actuador del sistema de gobierno.

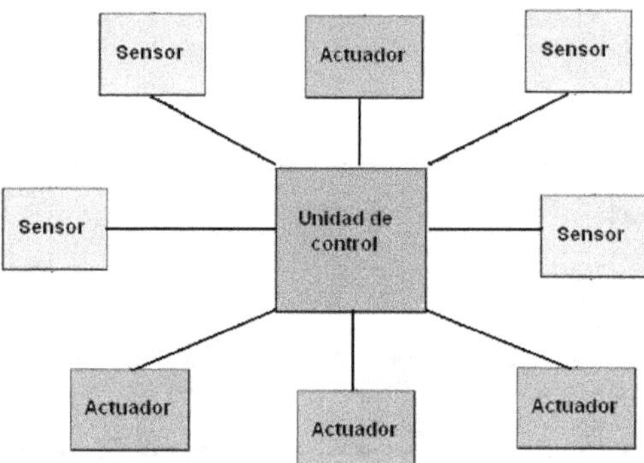


*Figura 2.25. Topología centralizada*

La desventaja principal de este tipo de sistemas estriba en la mayor cantidad de cableado, y entre sus ventajas, la de simplificar la electrónica, la de permitir independizar e identificar rápidamente las averías, el multiplicar la velocidad de transmisión de la información, el incremento de la seguridad, así como sus posibilidades de expansión.

Existen multitud de ejemplos de sistemas que utilizan este tipo de infraestructura, tanto en sistemas específicamente diseñados como soluciones domótica (como SIMON VIS) como en sistemas industriales que se han extendido a aplicaciones de ámbito domótico o inmótico (como la solución SIMATICA de SIEMENS para los autómatas S7-200, ampliamente utilizados en la industria). En este último sentido, muchos fabricantes de autómatas industriales han ampliado su oferta de gama baja, ofreciendo microautómatas para pequeñas aplicaciones domésticas (como pueden ser el ZEN de OMRON, el LOGO de SIEMENS, etc.).

**Topologías mixtas**: aparecen combinadas las topologías anteriores:

- **Mixta bus/estrella**: se tiene varias estrellas unidas por un bus. Ejemplo: un edificio donde cada planta tiene una estrella y la unión entre plantas se realiza mediante una sola línea.

- **Mixta estrella/estrella o súper estrella**: cada planta tiene una estrella y todas las estrellas están unidas al núcleo, formando una súper estrella.

Con este tipo de infraestructura se pretende combinar las ventajas de las dos anteriores, combinándolas.

## 2.2.7 Unidad de control

Una unidad de control gestiona toda la instalación, recibe las señales que proporcionan los sensores y emite las señales que llegarán a los actuadores. Además posibilita la conexión con las interfaces de usuario adecuados, como pantallas táctiles, mandos a distancia, botoneras, u ordenadores.

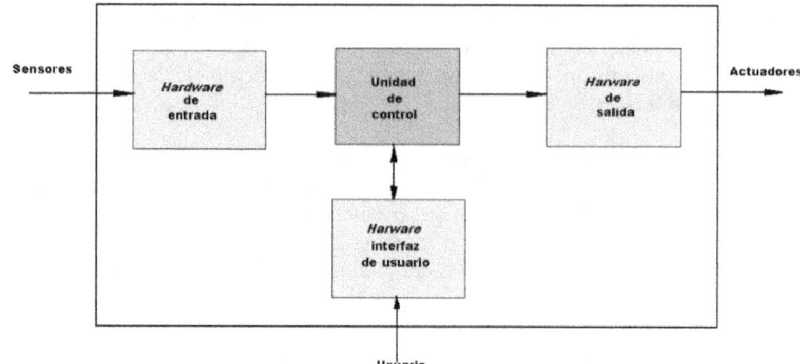


*Figura 2.26. Unidad de control*

No cabe duda de que la primera distinción que hay que hacer en lo que respecta a la unidad de control es la que diferencia a los sistemas centralizados y a los distribuidos, tal y como se han definido en el apartado anterior.

- **Sistemas centralizados**: en ellos la unidad de control está concentrada en un único dispositivo, en el que se ejecuta un programa previamente introducido. Las soluciones generalmente se basan en adaptaciones de sistemas industriales, ampliamente utilizados y experimentados. Como inconveniente cabe citar que su fallo inutiliza al sistema completo.

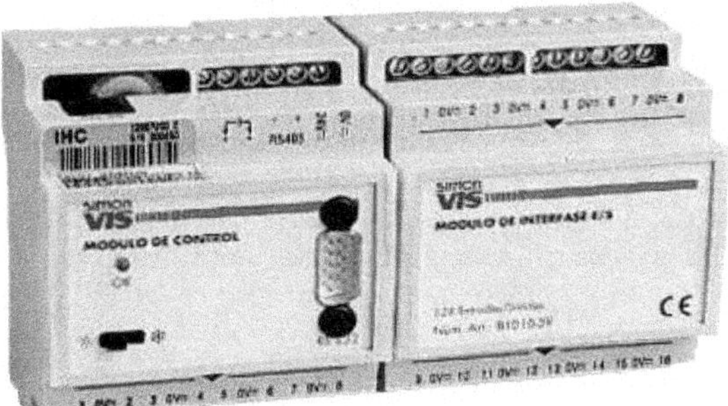

*Figura 2.27. Unidad central de SIMON VIS: módulo de control*

*Figura 2.28. Unidad central de ZEN de OMRON montado en caja de conexiones*

- **Sistemas distribuidos**: en ellos el control de encuentra descentralizado, y se alberga parte en cada uno de los componentes. Las instalaciones son, de esta forma, mucho más flexibles e independientes, aunque la programación se vuelve más complicada al tener que hacerlo sobre cada uno de los componentes individuales. Deberá existir algún protocolo de comunicaciones entre los diferentes componentes. Esta idea también se está aplicando en sistemas industriales, como los conocidos buses de campo. En este tipo de sistemas, por tanto, puede que no exista como tal un módulo o unidad central. En algunos casos, los sistemas distribuidos pueden requerir una unidad que permita albergar una estrategia de control, como puede ser una simulación de presencia, la realización de macros o rutinas, la generación de escenarios, etc. En estos casos se puede añadir un módulo al bus, pero con la distinción de que éste no lleva el control sobre los otros, sólo les transmite las instrucciones adecuadas para llevar a cabo alguna de las tareas comentadas. Además si este módulo se desconectara, accidental o intencionadamente, el sistema seguiría funcionando. Así funcionan por ejemplo, el módulo programador de X-10, que además de la conexión con el PC, permite la gestión de macros, para que se cree una secuencia de instrucciones X-10 que se activarían ante un evento determinado y que no requiere la presencia de ningún ordenador.

*Figura 2.29. Módulo de programación de macros de X-10*

La unidad central, en caso de que exista como tal, se caracteriza principalmente por el número de entradas y salidas que permite conectar. Éstas pueden ser de los siguientes tipos:

- **Entradas digitales**: permiten a la unidad central conectarse a algún sensor o dispositivo que emita una señal digital binaria. Detectan dos posibles estados, relacionados con la ausencia o presencia de señal en el sensor, como se vio en el capítulo 1. Son de este tipo los sensores de presencia, de detección de humos, etc. La mayoría de las unidades centrales permiten 4, 8 ó 16 entradas digitales, con niveles de tensión de acuerdo a alguno de los estándares existentes. Así pueden aceptar 0-5 VCC para detectar ausencia o presencia de señal, 0-220 VAC, ó 0-24 VCC. La señal que emite un sensor de presencia, por ejemplo, debe llevarse a una de las entradas digitales de la unidad.

- **Entradas analógicas**: permiten conectar algún dispositivo o sensor que proporcione una señal analógica, es decir, que pueda variar de forma continua entre dos límites. El manual de la unidad indicará el tipo estándar que cumplen sus entradas analógicas, siendo los más habituales la variación de la señal entre 0 y 5 VCC, entre 0 y 10 VCC o, en estándares de corriente, entre 4 y 20 mA, o entre 0 y 20 mA. Un sensor de temperatura por ejemplo, debe conectarse a este tipo de entradas.

- **Salidas digitales**: similares en características a las entradas digitales, pero se utilizan para atacar a algún actuador, que admita señales todo/nada. Se tendrá en cuenta la potencia máxima que es capaz de suministrar cada salida, siendo necesaria la utilización de relés en caso de que ésta se supere. Como ejemplo, se puede ordenar la apertura de una electroválvula conectada a una salida digital, para cerrar el paso del agua en caso de que se detecte una fuga. En caso de que la corriente que absorbe la bobina de la electroválvula fuese mayor que la especificada en la salida digital, ésta atacaría a un relé, que a su vez se conectaría a la electro-válvula.

- **Salidas analógicas**: de características similares a las entradas analógicas, pero se utilizan para accionar algún dispositivo que requiera este tipo de entrada. Una servoválvula o válvula proporcional, sería un dispositivo que se podría conectar a este tipo de salidas. Su utilización en ámbitos domóticos o inmóticos es menor que las salidas digitales.

Como ejemplo, puede citarse un microautómata comercial (como puede ser el ZEN de OMRON o el LOGO de SIEMENS) que disponga de ocho entradas digitales, seis salidas digitales, dos entradas analógicas y ninguna salida analógica.

Además de sus entradas y salidas, la unidad de control puede estar compuesta de diversos componentes, como son el *hardware* de proceso de datos, el de entrada/salida y el *hardware* de relación con el usuario, aunque en la mayoría de los casos, los dispositivos vienen de forma compacta en un único aparato. Éstos se describen a continuación:

**Hardware de proceso de datos**: es el cerebro del sistema que decide cómo actuar en función de los datos recibidos. Se pueden diferenciar varios tipos de procesadores:

- **Centrales microprocesadoras**: se caracterizan por su sencillez de instalación y poca flexibilidad en cuanto a crecimiento. Gobierna las luces, la calefacción, escapes de gas e incluso sistemas antiintrusión. Pero no emite mensajes de despertador, ni digitaliza imágenes de vídeo, etc.

- **Autómatas programables**: son sistemas utilizados con gran éxito en la industria. Actúan sobre el exterior en función de los datos recibidos. Tienen ciertas carencias como el almacenamiento masivo de datos, reconocimiento de voz, digitalización de imágenes, etc. al tener poca capacidad computacional. Son idóneos para sistemas distribuidos, ya que pueden hacer su trabajo e informar y recibir órdenes de sistemas superiores.

- **Ordenadores**: aventaja a los anteriores sistemas debido a que dispone de microprocesadores más potentes y más rápidos, son programables en lenguajes de propósito general, tienen capacidad de memoria y almacenamiento grandes, pueden transmitir información a otros ordenadores a grandes velocidades, poseen tarjetas accesorias para todo tipo de tareas, digitalización, síntesis y reconocimiento de voz, etc.

- **Controladores embebidos**: son sistemas generalmente monoplaca que disponen de un microcontrolador, junto con los sensores y actuadores necesarios. Son habituales en electrodomésticos (frigoríficos, lavadoras, microondas, etc.) y en general en sistemas cuya elevada venta justifique tal elección de diseño, ya que ésta implica una mayor inversión en el diseño.

- **Hardware de entrada/salida**: las tarjetas de entrada y salida analógicas o digitales son la parte más distintiva de un control inteligente. Son el nexo de unión entre el procesador inteligente y los sistemas externos, sensores y actuadores. Pueden estar incluidas en la propia unidad central o como módulos independientes que se conecten a las anteriores.

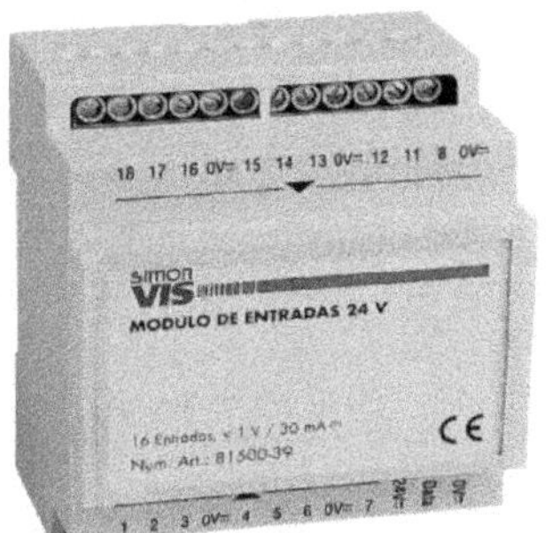

*Figura 2.30. Módulos de entradas (24V) y salidas (220v, 10 A) de SIMON VIS*

- **Hardware de relación con el usuario**: se utilizan para generar registro de históricos, monitorización de alarmas, reprogramar el sistema o permitir la actuación directa sobre ciertos elementos. El interfaz más avanzado sería un propio ordenador aunque también existen interfaces específicos, como los mostrados en las figuras siguientes. Se suelen utilizar menús gráficos, pantallas táctiles, sistemas de reconocimiento de voz, accesorios de realidad virtual, etc. El centro de control de un edificio inteligente generalmente está formado por una serie de ordenadores denominados consolas, y cada una se encarga de supervisar y monitorizar una tarea.

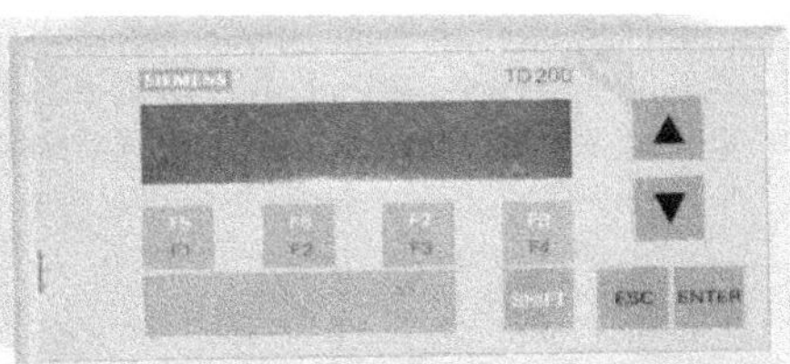


*Figura 2.31. Pantalla TD200 para los S7-200 de SIEMENS*

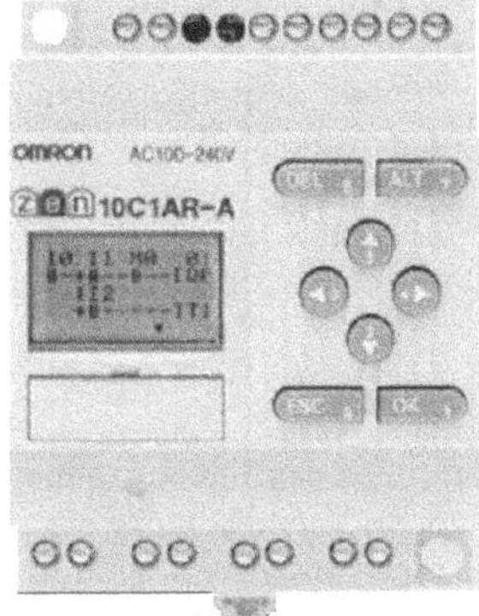


*Figura 2.32. Microautómata (ZEN) con pantalla LCD incorporada en la propia unidad central*

La interacción que puede tener el usuario con los diferentes dispositivos instalados en el edificio se puede agrupar dentro de tres tipos:

- **Programación diaria**. Es la interacción habitual, donde el usuario realiza acciones tales como entrar a una dependencia, accionar un pulsador de luz, etc.

- **Parametrización**. Consiste en la modificación de la programación de cada sistema para cambiar la actuación del mismo según los deseos de cada usuario. Por ejemplo, tramos horarios, temperaturas en cada habitación, luminosidad, etc.

- **Simulación de presencia**. El sistema acciona diversos dispositivos simulando presencia humana. Muy eficaces en períodos de ausencias prolongados.

- **Control y monitorización remota**. Ésta puede ser mediante vía telefónica o mediante Internet.

Además de las aplicaciones relativas al *hardware* de interacción con el usuario comentadas, actualmente existe un gran número de dispositivos que pueden comunicarse con las aplicaciones domóticas o inmóticas, como podrían ser los siguientes:

- Ordenadores con interfaces web .
- PDAs (Pocket PCs, Palms...) que son interfaces inalámbricos portátiles.
- Mandos multimedia. Estos han tenido su origen en el control de los equipos de audio y vídeo domésticos pero tienen nuevas aplicaciones relacionadas con el mundo domótico e inmótico. Algunos ejemplos se verán en capítulos siguientes.
- Telefonía móvil, utilizando los mensajes cortos como medio de transmitir eventos entre el usuario y la instalación domótica.

### 2.2.8 *Software* de gobierno

Es el *software* de control que permite la parametrización, puesta en marcha y seguimiento o mantenimiento del sistema. Controla al *hardware* de control y se comunica con él. El *software* puede estar basado en distintos sistemas operativos. En los capítulos siguientes se describirá algún *software* de este tipo. Normalmente se ha utilizado el lenguaje de programación C para el desarrollo de este *software*. En la actualidad se están utilizando páginas web y lenguaje Java.

Se suele dividir en varios módulos, cada uno encargado de un subsistema, como pueden ser.

- **Control de la iluminación**. Permite observar y decidir cuándo encender y apagar las luces de un edificio. Suelen permitir hacer una programación de encendido y apagado automático.
- **Control de la climatización**. Gestiona la climatización en las diferentes zonas, habitaciones o plantas, así como la optimización del consumo energético.
- **Control de persianas**. Permite controlar la apertura de las persianas en función de algún parámetro (luz solar, hora del día...).

- **Control de interfonía**. Consiste en la comunicación de forma hablada. Permite gestionar los altavoces de un edificio, dando mensajes o emitiendo música.

# 2.3 FASES DE UNA INSTALACIÓN

A continuación se muestran algunas recomendaciones a tener en cuenta en cada una de las fases de instalación de un sistema domótico o inmótico. La mayoría de las mismas han sido extraídas del folleto "Recomendaciones prácticas para instalaciones domóticas" elaborado por el Institut Cerdá y el Ministerio de Ciencia y Tecnología.

Desde que se toma la decisión de llevar a cabo un proyecto de edifico o vivienda inteligentes, hasta que ya se encuentra funcionando, hay que cubrir diferentes etapas, que se resumen en la siguiente tabla.

| **FASES DE UNA INSTALACIÓN DOMÓTICA** |
|---|
| PREPARACIÓN DE LA INSTALACIÓN |
| TRABAJO EN OBRA |
| PUESTA EN MARCHA |
| MANTENIMIENTO |

En los siguientes apartados se describen algunas de ellas, pero hay que tener en cuenta que la variedad tecnológica existente hace imposible determinadas generalizaciones. Estas particularidades serán descritas en el capítulo correspondiente.

## 2.3.1 Preparación de la instalación

Consiste en preparar el edificio durante la construcción para poder añadirle en ese momento o más adelante (preinstalación) un sistema inmótico o bien implementarlo en una instalación ya existente. En esta fase hay que realizar las siguientes tareas:

- **Definición de la preinfraestructura**, sobre todo la de cableado, para hacer que llegue a todos los elementos de campo y se tengan presente futuras ampliaciones. La preinfraestructura es la previsión en cuanto a un posterior despliegue de una infraestructura inteligente. Consiste en dejar canales, volúmenes a través de los cuáles pasar en un futuro las bandejas, tubos o cables que intercomuniquen los elementos de campo con el procesador central. Pueden distinguirse dos tipos de infraestructura, según esté orientada a viviendas o edificios.

- **Viviendas**: suelen tener topología bus. Hay que tener previsto el alojamiento donde albergar la futura central domótica con la entrada general de tensión. Así mismo es habitual en las nuevas edificaciones dejar tubos vacíos desde el mencionado alojamiento hasta el centro de los techos de todas las habitaciones.

- **Edificios**: la topología habitual es la estrella. Lo ideal es disponer de falso techo, falso suelo (suelo registrable o suelo técnico) o ambos. En cada planta del edificio se debe dejar un hueco para albergar el cuadro inteligente por planta. Se suele dejar una habitación destinada al centro de monitorización del edificio.

- **Coordinación de sistemas**, integrando todos los sistemas del edificio, tanto los sistemas autónomos como sistemas no autónomos. En esta fase hay que tener en cuenta ciertas recomendaciones:

  - **Cuadro eléctrico**: será necesario prever en el cuadro eléctrico el espacio suficiente para la colocación de protección adicional y contactores (relés de maniobra) así como de los dispositivos domóticos necesarios. Además, en los sistemas basados en corrientes portadoras puede ser preciso prever la colocación de un filtro en el cuadro eléctrico (ver capítulo 4).

*Figura 2.33. Cuadro eléctrico (fotografía de BJC)*

- **Circuitos eléctricos**: hay que prever la existencia de un mayor número de circuitos eléctricos en el edificio.

- **Cableado**: considerar la existencia de un entubado específico para las señales de control. Sin embargo, las necesidades de cableado son muy diferentes según la tecnología a emplear: así en sistemas basados en corrientes portadoras no es necesario instalar cableado adicional diferente del de red eléctrica. En sistemas distribuidos hay que instalar el cableado del bus y en sistemas centralizados (el que requiere más en este aspecto) un cable desde cada componente hasta la central. En el caso de dejar preparado el edificio para una instalación inmótica posterior, será preciso dotarla de un entubado mínimo. Los cables de control domótico y/o seguridad (señales de alarma) deben ser instalados de tal manera que no sean interferidos por las señales del propio cableado de la red eléctrica del edificio.

A modo de resumen se incluye la siguiente tabla:

| Instalación | Recomendaciones |
|---|---|
| Cuadro eléctrico | Prever espacio suficiente para protección adicional y contactores. En sistemas basados en corrientes portadoras incluir filtro. |
| Circuitos eléctricos | Prever la existencia de un mayor número de circuitos. |
| Tubulado | Tener en cuenta la existencia de un tubulado específico independiente del de red eléctrica. |

## 2.3.2 Trabajos en la obra

Consiste en la instalación propiamente dicha del sistema inmótico o domótico. Es necesario instalar correctamente los dispositivos propios de un sistema domótico, como los sensores y los actuadores, siguiendo las pautas que la topología del sistema de control requiera. El momento de empezar la labor es simultáneo a la entrada en obra de los electricistas convencionales. Es muy importante documentar bien la instalación: cada bandeja, cada caja de registro, cada tubo, cada cable deben estar bien identificados en el plano y hojas de la obra, de forma que sea fácil su futuro mantenimiento.

Es conveniente tener en cuenta los siguientes puntos:

- **Unidad de control central**: no todas las tecnologías requieren este tipo de unidad, como se ha comentado anteriormente. Si existen y están incluidas en el cuadro eléctrico, es necesario haber dejado previamente el espacio suficiente en el mismo, dimensionándolo correctamente. En aquellas unidades centrales instaladas en la pared, se deberá considerar la ergonomía de uso, colocándola en un lugar de fácil acceso para el usuario y que no influya en la decoración de la estancia.

- **Los sensores y actuadores**: hay que examinar con detenimiento su ubicación, elegir un lugar desde donde se mida bien el valor o puedan actuar de forma correcta y que esté alejado de fenómenos externos que le puedan afectar. A continuación se muestran algunos esquemas ilustrativos con recomendaciones para la correcta instalación, así como unas tablas resumen.

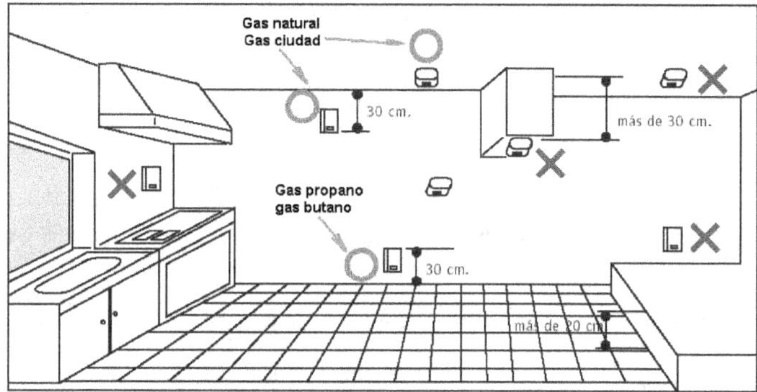


*Figura 2.34. Sensores de gas (obtenida de BJC Diálogo)*

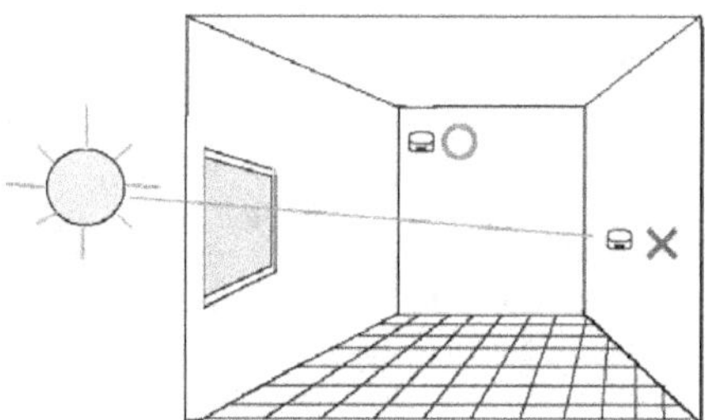

*Figura 2.35. Sensores de temperatura*

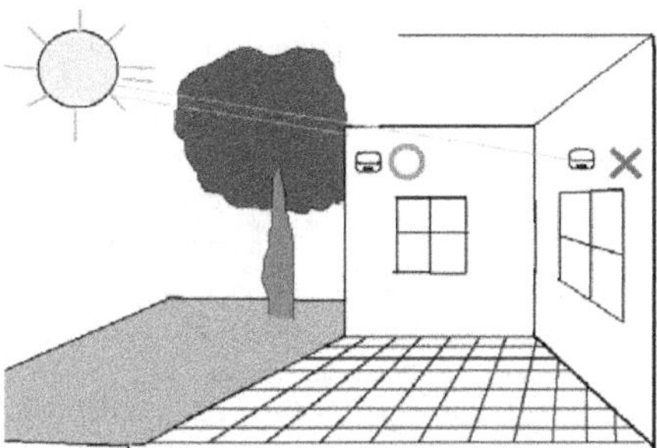

*Figura 2.36. Sensores de temperatura exterior*

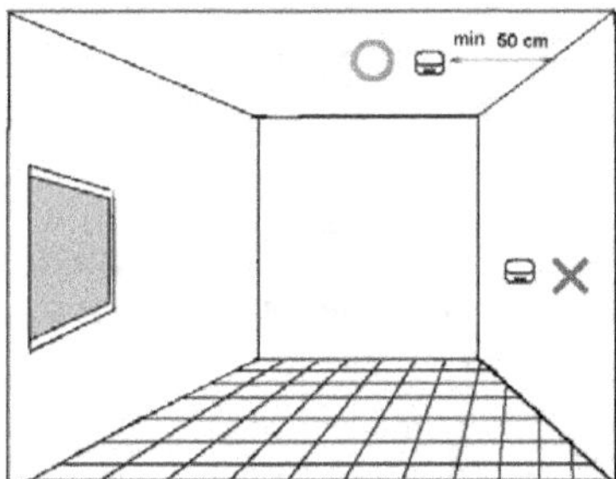


*Figura 2.37. Sensores de detección de incendios*

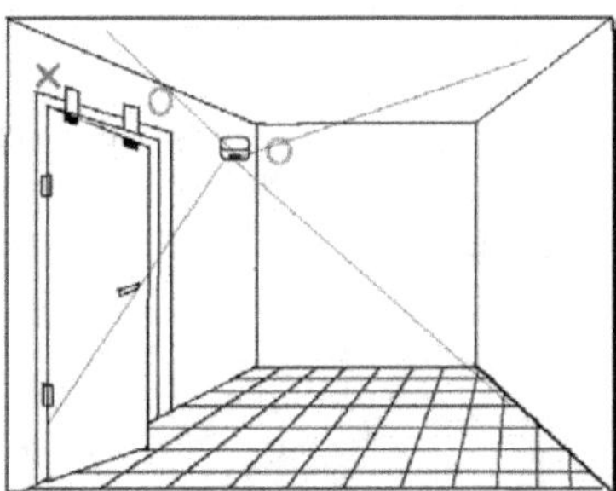

*Figura 2.38. Sensores de intrusión (volumétricos y perimetrales)*

| | **Recomendaciones en sensores** |
|---|---|
| Gas | A una distancia no superior a 1,5 m del gasodoméstico más utilizado.<br>Lejos de ventanas y extractores.<br>En posición vertical.<br>Los de gas natural o ciudad por encima del nivel de la posible fuga a 30 cm del techo.<br>Los de gas butano o propano por debajo del nivel de la posible fuga a 30 cm del suelo.<br>Alejado de humedades, calor, corrientes, grasa, polvo... |
| Termostato | El de ambiente se centrará en la pared enfrente de la fuente de calor, a 1,5 m del suelo, en un lugar accesible.<br>Lejos de corrientes .<br>Sin incidencia directa del sol.<br>Lejos de electrodomésticos. |
| De temperatura | Igual que los termostatos.<br>Las sondas de exterior se instalarán en la zona norte de la vivienda, sin incidencia directa del sol.<br>Las sondas de suelo en el interior de tubos.<br>Las sondas de contacto en tuberías, alejadas 1,5 m de la fuente de calor. |
| Incendios | Los detectores de humo de tipo iónico u óptico no deben instalarse en la cocina.<br>Deben instalarse en el techo de la estancia, centrados y a una distancia mínima de 50 cm de la pared. |
| Humedad /agua | La sonda quedará en contacto directo con el suelo, evitando falsas detecciones.<br>En cuartos de baño se seguirán recomendaciones del Reglamento Electrotécnico de Baja Tensión (RBT). |
| Receptor radio-frecuencia | En aplicaciones de alarmas médicas, deben asegurar el alcance de la señal en toda la vivienda. |
| De intrusión | Se colocarán en las esquinas de las estancias y en la parte superior, alejados de fuentes de calor.<br>Se recomiendan los de tipo infrarrojo<br>La parte imantada colocada en puertas o ventanas de los detectores perimetrales con contactos magnéticos se colocará en los marcos, en la parte contraria a las bisagras. |

| Recomendaciones en actuadores | |
|---|---|
| Electroválvulas de corte de suministro (agua y gas) | Se utilizarán electroválvulas tipo "normalmente abierta" (NA) de 200 VAC.<br>Se colocarán en el interior de la vivienda, después de la llave de paso, y accesible al usuario.<br>Podrá disponer de un *by-pass*.<br>Deben soportar la máxima presión de la red.<br>Las de gas se situarán en un lugar ventilado, sin humedad, con la dirección de flujo adecuada. |
| Filtros | Se instalarán aguas arriba de la válvula. |
| Relés de maniobra | Asegurar que no produzcan picos de corriente.<br>Elegir su potencia acorde a la instalación.<br>Las sondas de suelo en el interior de tubos.<br>Las sondas de contacto en tuberías, alejadas 1,5 m de la fuente de calor. |
| Transmisor telefónico | Comprobar que cumpla la reglamentación vigente<br>Deben ser compatibles con la existencia de contestadores automáticos |

## 2.3.3 Puesta en marcha

Consiste en el arranque o puesta en funcionamiento del sistema inmótico previamente instalado. Se deben realizar ensayos y verificaciones. La puesta en marcha abarca tres puntos: comprobaciones, formación y programas de monitorización.

- **Comprobaciones**: el instalador debe comprobar que toda la instalación funciona de forma adecuada, que los sensores captan y emiten información correctamente, que los actuadores son controlados por el sistema, que el núcleo de proceso u ordenador central opera de forma apropiada y que el interfaz con el usuario funciona correctamente. Además se ha de comprobar que la instalación física coincide con el plano y las especificaciones aprobadas, que se ha previsto la continuidad de cortocircuitos a otras redes o a tierra, y que existe resistencia de aislamiento.

- **Formación**: el instalador o personal especializado debe enseñar al usuario tanto el funcionamiento del sistema, como conceptos sobre seguridad, control de climatizacion, iluminación, etc. Cuanto mejor conozca el usuario el sistema de control mayor partido y satisfacción le proporcionará.

- **Monitorización**: Consiste en la instalación y puesta en funcionamiento de un *software* o programa informático que permite monitorizar el sistema.

### 2.3.4 Mantenimiento

Consiste en la comprobación del correcto funcionamiento y reparación del sistema domótico o inmótico cada cierto tiempo. Es necesario conocer las necesidades de mantenimiento de los elementos domóticos para poder realizar las acciones apropiadas, bien por parte del propio usuario o bien a través del correspondiente servicio ofrecido por el instalador del sistema domótico. Además se recomienda comprobar el estado de los sensores y actuadores, ver cuál es su vida útil para prever su sustitución y provocar el funcionamiento de sensores y actuadores con el fin comprobar que lo hacen bien.

Capítulo 3

# SERVICIOS A GESTIONAR

## 3.1 INTRODUCCIÓN

Existe una gran cantidad de aplicaciones susceptibles de ser automatizadas en los edificios, como pueden ser la calefacción, la ventilación, el aire acondicionado, la sonorización, la seguridad, la iluminación, el control de energía, etc. Todas éstas se pueden agrupar en servicios tales como confort, seguridad, energía o comunicaciones.

| **Resumen de servicios a gestionar** |
|---|
| CONFORT |
| SEGURIDAD |
| AHORRO ENERGÉTICO |
| COMUNICACIONES |

Esta clasificación, a la que se le dedica este capítulo, no es excesivamente estricta, ya que hay aplicaciones que se pueden encajar en varias áreas de las anteriores. Por ejemplo, el control de la iluminación de una habitación puede estar incluido dentro de confort o energía.

El CEDOM (Asociación Española de Domótica) ha potenciado la definición de una simbología que permita a los fabricantes presentar de forma unificada las principales prestaciones de sus productos, agrupándolos en los siguientes servicios:

**Confort**

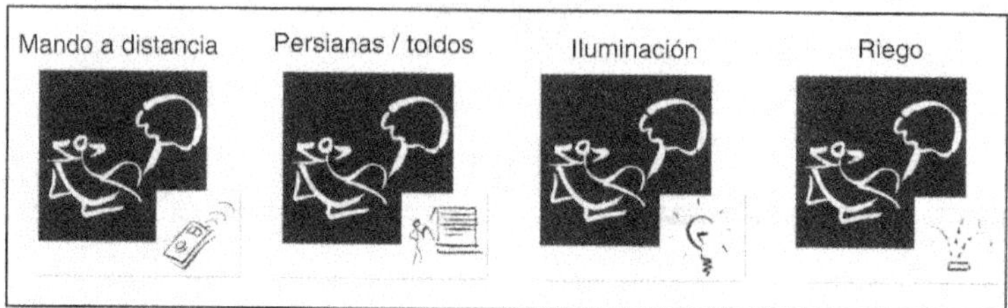


*Figura 3.1. Simbología del CEDOM: confort*

**Seguridad y protección**

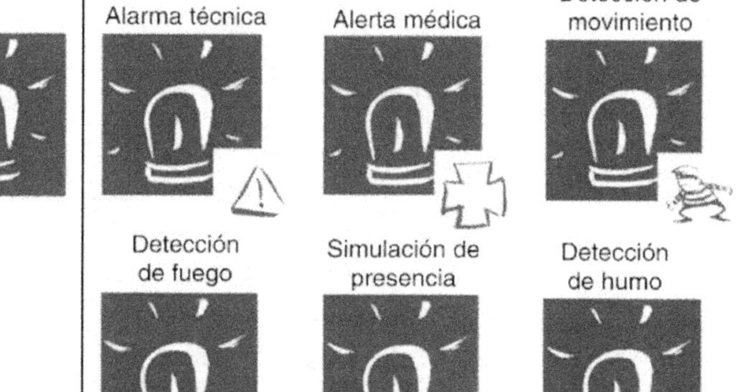

*Figura 3.2. Simbología del CEDOM: seguridad*

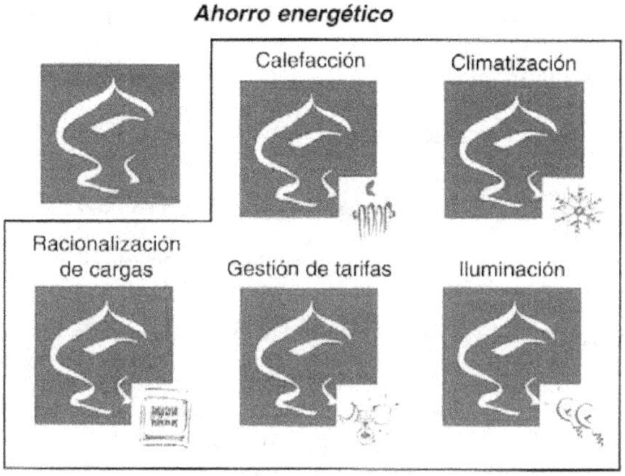

**Ahorro energético**

Calefacción

Climatización

Racionalización de cargas

Gestión de tarifas

Iluminación

*Figura 3.3. Simbología del CEDOM: energía*

**Comunicaciones**

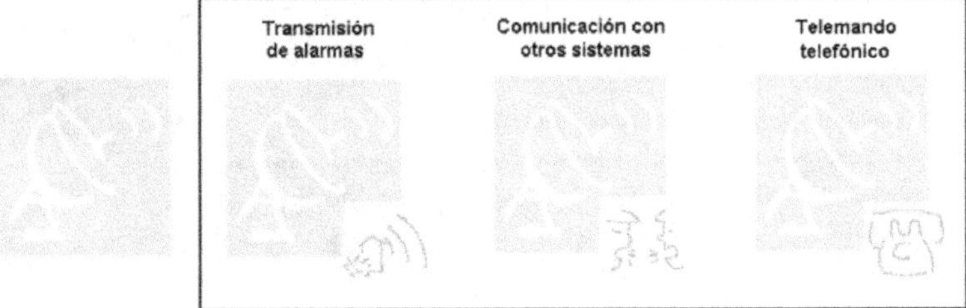


*Figura 3.4. Simbología del CEDOM: comunicaciones*

En los siguientes apartados se describirán las características de cada uno de estos servicios, que pueden ser gestionados por una instalación inmótica o domótica.

## 3.2 GESTIÓN DEL CONFORT

La gestión del confort se encarga de facilitar al usuario la obtención de un mayor nivel de comodidad en las actividades que desarrolle dentro de la vivienda o edificio. No tienen relevancia el consumo energético o la seguridad. Su principal objetivo es la interacción del individuo con el medio que le rodea, para lo cuál se debe poder controlar, en el mayor grado posible, las variables físicas que afectan y/o modifican el hábitat. En este tipo de servicios importa el bienestar y el rendimiento de trabajo de las personas: calidad de luz, temperatura, ergonomía, acceso a los elementos, etc.

Tiene dos orientaciones distintas:

| Orientaciones de la gestión del confort | |
|---|---|
| En viviendas | El objetivo es el confort y comodidad de sus habitantes por calidad de vida. |
| En edificios | El objetivo es el confort de los trabajadores para lograr una mejor calidad en las condiciones de trabajo. |

Las aplicaciones que están incluidas dentro de la gestión del confort pueden ser la regulación de la iluminación, de la temperatura, el control de automatismos así como otras aplicaciones y elementos auxiliares. A continuación se describen en mayor detalle.

## 3.2.1 Regulación de la iluminación

Permite controlar el grado de iluminación o cantidad de luz de las habitaciones. Se basa en conceptos como cantidad de luz, número de puntos de luz, su intensidad, tipo de regulación de ese tipo de luz, (encendido/apagado, variable, etc). El sistema de regulación puede ser manual o automático. En éste, el propio sistema controla a partir de un valor que le da el usuario. El gobierno del sistema de iluminación puede ser:

Simon Vis

- **Autónomo**: cada habitación independientemente.
- **Centralizado**: controla la unidad central, utiliza programación horaria.

Existen diferentes modos de control:

| Modos de control | |
|---|---|
| Modo biestable | Es el más sencillo, todo o nada, las lámparas encendidas o apagadas.<br>Si se quiere variar la intensidad se deben de encender varias luces. |

| | |
|---|---|
| Modo analógico sin regulador | Modifica el grado de luminosidad de una o varias lámparas mediante el control electrónico de la tensión o de la corriente suministrada.<br>El gobierno se puede hacer mediante impulsos, tiempo de pulsación o potenciómetro regulable, siendo en general necesario el uso de electrónica de potencia. |
| Modo analógico con regulador | El más complejo.<br>Permite modificar el nivel de iluminación teniendo en cuenta distintas variables (nivel de iluminación exterior, nivel de iluminación interior, valor de consigna o iluminación deseada, hora, día de la semana, estado de las persianas, detector de presencia de personas, etc.).<br>El sistema funciona atendiendo a los valores de los sensores que hacen que la intensidad de las lámparas asociadas al regulador sea mayor o menor. |

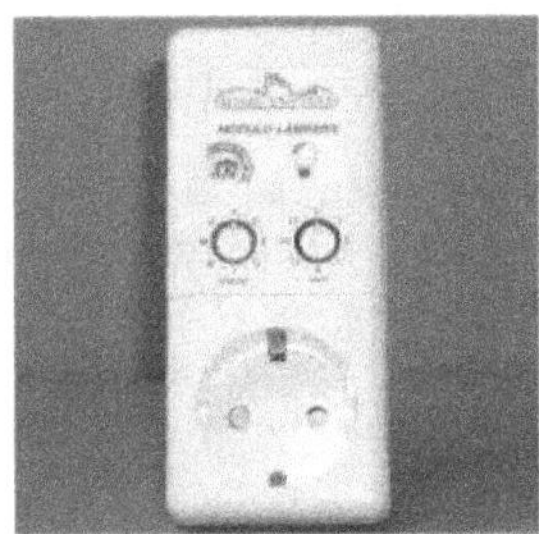

*Figura 3.5. a) Módulo de casquillo X-10 con modo biestable (encienda/apaga) b) Módulo de pared X-10 con modo analógico sin regulador c) Módulo de pared de BJC con modo analógico con regulación (detector de iluminación interior)*

## 3.2.2 Regulación de la temperatura

Simon Vis

Fue una de las primeras aplicaciones de la automatización de los edificios. Dependiendo de si pretende aumentar o disminuir la temperatura, existirán dos sistemas: calefacción o aire acondicionado. Para un funcionamiento correcto y óptimo es muy importante el diseño previo por parte del arquitecto y constructor de aislamientos, localización, canalizaciones, etc. Los sistemas de climatización consumen mucha energía por lo que hay que hacer un control energético.

- **Calefacción**: el control de los elementos de calefacción (radiadores) dependerá del tipo de fluido térmico y del sistema empleado. El sistema de calefacción puede utilizar combustibles gaseosos (gas natural, metano o propano, gas ciudad), líquidos (fuel-oil, gasoil, gasolina) o sólidos (carbones, hulla, antracita y leña). El equipo de control de calefacción gestionará a multitud de radiadores. Es el sistema encargado de controlar a más alto nivel toda la instalación de calefacción: activa o desactiva el flujo energético principal, dispone de señales de entrada (temperatura exterior, paro/marcha manual, temporización de activación y desactivación, gobierno a distancia por modem, etc.). Disponen de un termostato, un dispositivo que regula automáticamente la temperatura y la mantiene a un valor determinado.

- **Refrigeración**: su objetivo es disminuir la temperatura ambiente. Consumen gran cantidad de energía. Su esquema es el mismo, si se sustituyen los radiadores por generadores de aire o aire acondicionado.

- **Regulación del aire o ventilación**: su objetivo es aportar aire fresco y purificado en las habitaciones o locales de trabajo y la evacuación del aire viciado por humos, gases, etc. Existen dos tipos distintos: la ventilación natural, que suele ser por rendijas, por ventanas, por chimeneas... y la ventilación artificial, una ventilación forzada utilizando un sistema de extracción de aire.

- **Sistema VAV**: el sistema VAV o Volumen de Aire Variable es un sistema que permite regular de forma individual cada habitación. Utiliza un circuito de circulación por donde se impulsa el aire que luego retorna. Un regulador controla el servomotor que ataca a una compuerta que deja pasa el aire que ya viene impulsado. Un ventilador se encarga de distribuirlo por toda la habitación y el aspirador vuelve a tomar aire de la habitación y lo lleva de retorno para su depuración. Un sistema muy relacionado es el de deshumidificación. Su idea es aspirar el aire de la habitación y absorber toda su humedad convirtiéndola en agua.

## 3.2.3 Control de automatismos

Son sistemas que controlan algún tipo de automatismo. Están apareciendo mu-chos y a una gran velocidad. La idea es controlar cualquier tipo de dispositivo eléctrico. Controlan normalmente las acciones que conllevan cierto grado de incomodidad o necesitan precisión. Necesitan unas medidas de seguridad y protección para las personas y posibilidad de actuación manual sobre el sistema. Algunos ejemplos son:

- **Accionamiento automático de persianas y de toldos**: las ventanas son un punto muy importante en la automatización de un edificio. Se puede actuar abriendo o cerrando la persiana para regular la entrada de luz, el toldo o la apertura de las hojas de la propia ventana. Este sistema se puede utilizar también como simulador de presencia.

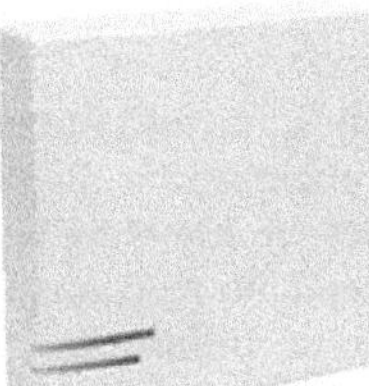

*Figura 3.6. Módulo de accionamiento de persianas de Honeywell*

- **Accionamiento automático de electrodomésticos**: consiste en el control de la puesta en marcha y parada de los distintos electrodomésticos. El accionamiento se puede realizar en función de la hora, la temperatura, la luz, la luminosidad, la presencia, etc. Se puede hacer un accionamiento individual o de un grupo de electrodomésticos.

*Figura 3.7. Esquema de conexión del módulo de salidas de SIMON VIS a un relé conectado a un electrodoméstico*

## 3.2.4 Elementos auxiliares aplicados al confort

Se denominan elementos auxiliares pues se utilizan en funciones complementarias en sistema de confort, como por ejemplo mandos a distancia infrarrojos, por radio frecuencia, por módem, temporizadores, etc.

Simon Vis

- **Mandos por infrarrojos**: es un sistema emisor de luz infrarroja que mediante un teclado emiten señales digitales codificadas en forma de luz infrarroja. Tiene un alcance limitado, entre 5 y 20 m. Tiene un amplio uso. Necesita de un elemento receptor de infrarrojos que, dotado de un receptor (fototransistor de infrarrojos), recibe la señal emitida por el emisor, la decodifica y la procesa para realizar la acción asociada a dicha señal.

- **Mando por radiofrecuencia**: son iguales que los infrarrojos pero la señal que emiten es de radiofrecuencia, normalmente una señal modulada en frecuencia sobre la que se codifica el código de la tecla pulsada. Tienen un alcance mucho mayor dependiendo de la potencia del emisor y del receptor.

*Figura 3.8. Mando a distancia de llavero, de sobremesa y universal*

- **Control a través del módem telefónico**: permite un control a distancia de los distintos sistemas, exploración del estado de los sensores y receptores, recepción automática de alarmas mediante sistemas de colgado automático. El acceso al módem se realiza mediante un teléfono normal, con una llamada al número telefónico asignado al punto de acceso donde está conectado el módem y se envían las señales codificadas con la información de la acción que se quiere realizar en la instalación. El módem también puede realizar llamadas al usuario para avisarle de alguna alarma.

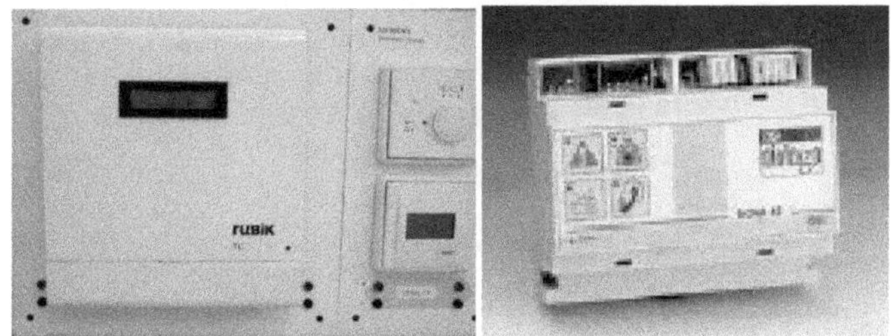


*Figura 3.9. MODEM de EIB y de BJC*

- **Control a través de Internet**: permite un control a distancia de los distintos sistemas utilizando un ordenador remoto que se conecta vía Internet a un ordenador local que gobierna la instalación. La forma de interacción del usuario con el sistema se realiza a través de una aplicación o página web. En la figura 3.10 se muestra un ejemplo.

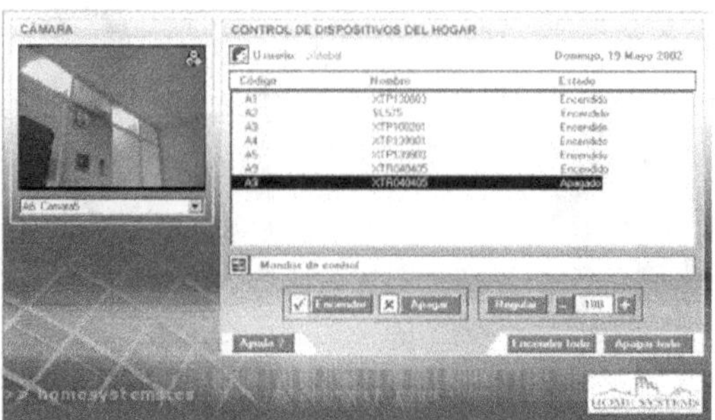


*Figura 3.10. Ventana de control de Casactiva.com*

**Temporizadores**: son programadores horarios. Permiten la generación de órdenes de actuación a distintos receptores dependiendo del plan o secuencia temporal, que puede ser diario, semanal, mensual, etc. Para ello, normalmente dispone de salidas que pueden estar o no activas durante una secuencia cíclica temporal. Una orden de temporización se suele configurar indicando: salida a activar, hora de actuación, duración de la señal activa, día de la semana.

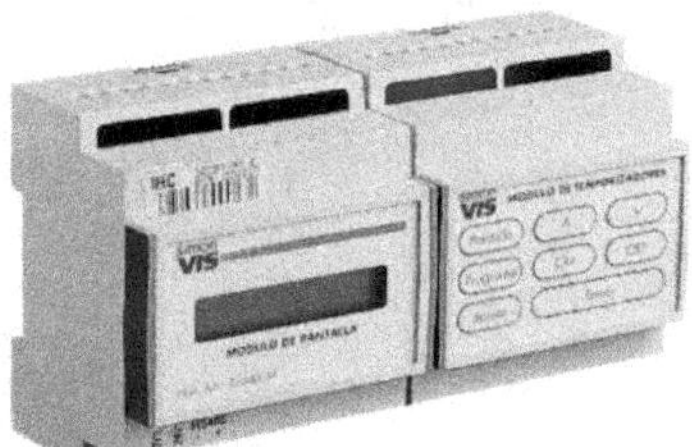

*Figura 3.11. Módulo temporizador de Simon VIS*

## 3.2.5 Otros servicios

Pueden citarse algunos servicios más que se suelen incluir en el área de gestión del confort.

- **Sonorización**: este tipo de servicio lo constituyen sistemas de sonido ambiental, megafonía e intercomunicación. El de sonido ambiental permite controlar desde un equipo central el sonido o música ambiente en cada una de las habitaciones de forma global o individual. Pueden existir mandos en cada habitación o un mando a distancia. Los de megafonía permiten mandar mensajes en directo o grabados a las distintas habitaciones de forma individual, por zonas o global. Se puede hablar directamente por el micrófono, grabar y reproducir mensajes digitales y reproducir los mensajes según eventos.

- **Aspiración**: la aspiración centralizada consiste en suplantar a la aspiradora convencional mediante un sistema de aspiración construido por todo el edificio. Está formado por una unidad central de aspiración situada normalmente en garajes, terraza, patio, etc. y un circuito de tuberías que recorre toda la casa y tiene unas tomas de aspiración en cada habitación donde se puede conectar una manguera de plástico que provoca la aspiración inmediata.

- **Ascensores**: el ascensor está pensado para casas de varias plantas, edificios de oficinas y casas de personas mayores o minusválidos. Permite llevar de una planta a otra a varias personas. Suelen incorporar sistemas de prevención de averías, alarma, paro y apertura de puerta, comunicación bidireccional para casos de personas atrapadas, línea telefónica, etc.

- **Accionamiento automático de riego**: permiten el control automatizado del riego. Está formado por un regulador de humedad que controla el valor de la humedad de la tierra comparándola con un valor de referencia y opera de manera todo/nada sobre la válvula de agua que da paso a un flujo de agua que mueve uno o más aspersores. Este sistema se puede controlar de forma manual, por módem, a través de temporizador, automática, etc.

Simon Vis

- **Unidades de control activadas por la voz**: son unidades de control de los actuadores que se activan por voz. Para ello disponen de un sistema de análisis de voz, capaz de interpretar sencillos mandatos que provocan las órdenes de activación. El sistema previamente realiza la grabación de los mensajes y les asocia a cada uno una salida de control. También pueden dar avisos y mensajes. Se utilizan generalmente con personas con algún tipo de discapacidad física o sensorial y con ancianos.

## 3.3 GESTIÓN DE LA SEGURIDAD

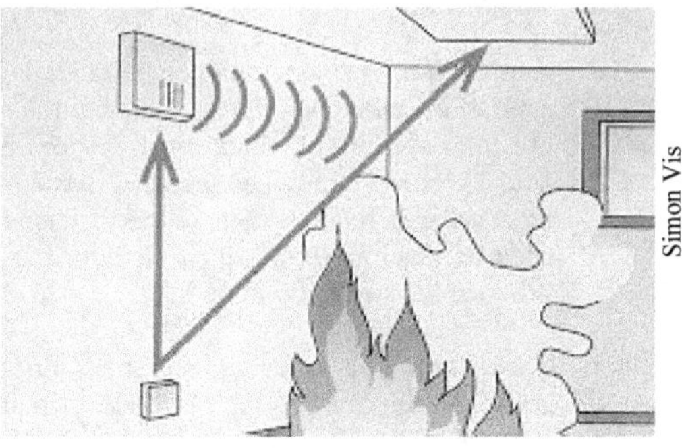


La seguridad es una de las áreas más importantes de la inmótica, ya que de ella depende la integridad física de las personas y del inmueble. Su principal objetivo es la protección frente a los distintos agentes y/o factores que ponen en peligro la seguridad. Normalmente consiste en una serie de sensores que actúan sobre unas señales acústicas, luminosas o un módem para enviar una señal de alarma a distancia. También pueden actuar sobre electroválvulas para activar válvulas de paso de agua si hay incendio, cerrar el gas, apertura de puertas, corte de aire acondicionado, etc. Existen muchos sistemas propietarios y una abundante legislación al respecto. Los objetivos más importantes son:

- Detectar situaciones de peligro o riesgo.
- Avisar mediante sistemas sonoros o vía módem.
- Realizar actuaciones orientadas a las personas y a las instalaciones.

Por tanto se pueden resumir las tareas de un sistema de seguridad en:

| Misiones de un sistema de seguridad | |
|---|---|
| Prevención | Se deben determinar potenciales fuentes de peligro. |
| Reconocimiento | Consiste en validar la señal autentificando su procedencia. Se suelen utilizar sistemas redundantes que protegen de falsas alarmas. |
| Reacción ante alarmas | Pueden ser de dos tipos: manual, donde el sistema envía una señal de alarma remota o telefónica a policía, hospital, etc, y las personas toman las decisiones, y la automática en la que el sistema actúa cortando la electricidad, cortando el gas, abriendo puertas, etc. |

De los elementos básicos que componen los sistemas de seguridad cabe citar los siguientes:

- **Elementos sensores**. Son componentes que detectan cambios físicos y químicos y envían la señal de aviso a la central de alarmas. Se colocan en las distintas áreas a controlar.

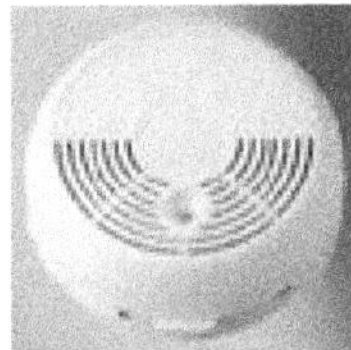

*Figura 3.12. Sensores de humos y gas*

- **Sistemas de control o gestión de las señales: Central de Alarmas**. Procesa las señales de los sensores. Suele estar compuesto de: fuente de alimentación, baterías, teclado, microprocesador y un marcador telefónico-módem. Suelen disponer de sistemas de conexión y desconexión codificadas o con cerraduras especiales, así como sistemas antisabotaje.

*Figura 3.13. Central de alarmas Powermax con sensores de presencia y perimetral*

- **Elementos de aviso y/o señalización**. Se encargan de avisar de la alarma y también de disuadir. Se pueden clasificar en:

  - Locales, que a su vez pueden ser acústicos (sistemas interiores, sirenas exteriores, campanas, zumbadores, timbres, altavoces, circuitos emisores de mensajes por síntesis de voz) u ópticos (pilotos, bombillas, luces de destellos).

- A distancia. Vía teléfono, vía radio, ultrasonidos.
- Especiales, como cámaras de circuito cerrado, cámaras fotográficas.

*Figura 3.14. Alarmas luminosas y sonoras*

- **Elementos de actuación**. Se encargan de realizar acciones para proteger a las personas o al edificio como: cerrar válvulas del gas, cortar la energía, cortar el paso del agua, cortar el aire acondicionado, activar el circuito contraincendios, abrir puertas y ventanas, etc.

## 3.3.1 Tipos de sistemas de seguridad

Se pueden diferenciar los siguientes:

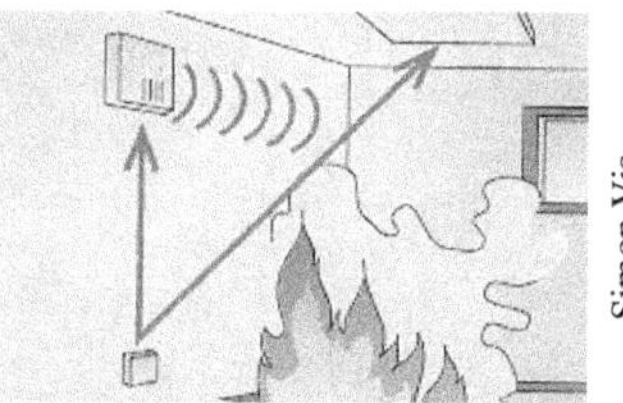

Simon Vis

Simon Vis

- **Sistemas de alarmas técnicas**: se activan cuando se produce una variación de un parámetro físico o químico en el medio. Sirven para detectar incendios, inundaciones, escapes de gas, etc. Cada sensor se asocia con un actuador que pueda paliar el efecto de la alarma. Se dispone de salidas acústicas, luminosas y telefónicas para avisar al usuario de la existencia de la alarma.
- **Sistemas antirrobo**: se encargan de impedir la entrada de personas ajenas al edificio o vivienda y de disuadirlas en sus intentos. Utilizan

detectores de presencia, sensores de rotura de cristales, etc, y simuladores de presencia que encienden luces y abren y cierran puertas.

- **Sistemas de control de acceso**: permiten controlar el paso de personas mediante detectores de metales, barreras infrarrojas, etc. Incluso identifican a las personas que entran y salen mediante tarjetas magnéticas de identificación, llaves codificadas, teclado con clave de apertura, lector de huellas dactilares, pupilas, activación por voz, o cualquier otra señal biométrica. También se puede hacer una identificación manual mediante videoportero con una pequeña cámara, un cable de vídeo y una pantalla.

- **Sistemas de alarmas médicas**: controlan parámetros biológicos como: presión arterial, azúcar en la sangre, etc. Disponen de sensores en el cuerpo y emisores de señales de alarma local o remota por módem.

*Figura 3.15. Pulsadores de pulsera y colgante de la central de alarmas Powermax*

## 3.4 GESTIÓN DE LA ENERGÍA

Trata de controlar y optimizar el gasto energético de todos y cada uno de los distintos sistemas que utilizan energía en el edificio. Su utilización es muy importante para reducir los gastos de los usuarios y bien recibida por las suministradoras y los gobiernos. Divide el edificio en circuitos prioritarios en los que no se corta nunca la corriente (iluminación, enchufes, etc.) y circuitos no prioritarios, que son los que se controlan en función de la energía consumida. La gestión de la energía se encarga de:

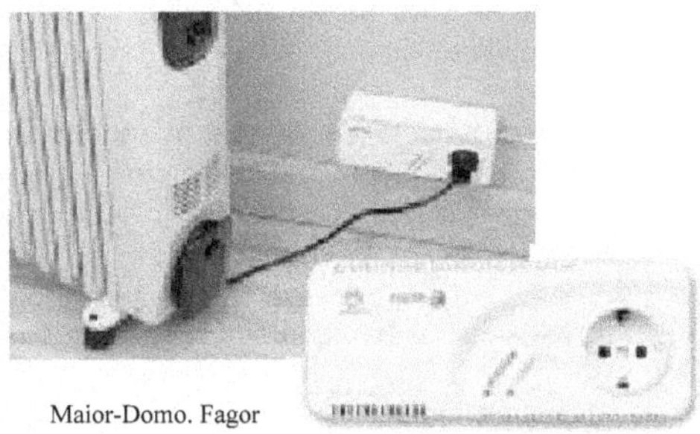

Maior-Domo. Fagor

- **Uso racional de la energía**. Estrategias para consumir sólo la energía necesaria sin despilfarros. Para ello el usuario debe estar informado y utilizar sistemas que permitan la regulación.

- **Prioridad en la conexión de cargas**. Establece una tasa máxima de consumo simultáneo y un orden de prioridades en los actuadores para desconectarlos en orden cuando se sobrepasa. Se necesita un sistema que lea los consumos de cada circuito. Permiten la desconexión de cargas eléctricas en función del consumo eléctrico instantáneo.

- **Uso de tarifas especiales**. Aprovecha las horas valle donde es más barato el Kwh y utilizar sistemas receptores que tengan funcionamiento acumulador como: sistemas acumuladores de agua caliente, calefacción por acumulación, lavadoras, etc. Deriva el funcionamiento de los equipos a zonas horarias con tarifas más económicas.

Simon Vis

- **Utilización de sistemas de acumulación**. Se alimentan en tramos horarios de menor coste y luego entregan la energía acumulada normalmente en forma de calor. Utilizan sistemas temporizadores para activarse, ya explicados anteriormente.

- **Zonificación de la calefacción y aire acondicionado**. Consiste en permitir la activación por habitación o zona según un horario, calendario, presencia en las habitaciones, temperatura, humedad, etc. La instalación de climatización en el edificio se divide en varias zonas independientes de regulación y programación.

- **Programación de la climatización**. El usuario puede programar el funcionamiento de la instalación según sus necesidades o deseos. El usuario puede modificar en cualquier momento la programación. Se puede seleccionar entre modo de funcionamiento manual o programado.

Entre los dispositivos utilizados para gestionar la energía, se encuentran:

- **Racionalizador**: es un aparato que mide el consumo energético de una instalación, y cuando se llega a unos niveles prefijados conecta o desconecta unos u otros dispositivos. Su objetivo es que en ningún momento se supere la máxima potencia contratada para la instalación. Existen dos tipos de racionalizadores:

- **Racionalizador amperimétrico**. Compara constantemente la energía eléctrica consumida con la de referencia o contratada y si se supera actúa sobre los circuitos no prioritarios.

- **Racionalizador cíclico**. Permite racionalizar las desconexiones para que no haya sistemas más penalizados que otros, estableciendo una rotación y tiempos de desconexión.

- **Sistemas acumuladores**: los sistemas acumuladores permiten utilizar las horas de tarifa nocturna, que tienen hasta un 50% de ahorro por Kwh que las horas diurnas. Actualmente el horario en España es de 23:00 a 7:00 en invierno y de 00:00 a 8:00 en verano.

*Figura 3.16. Acumuladores dinámicos y estáticos de Siemens*

- **Control selectivo de las cargas**: consiste en ir desconectando dispositivos por orden de prioridad en función del nivel de consumo sobrepasado con respecto al máximo. Hay un elemento general de desconexión de cargas y un elemento por dispositivo. El controlador recibe toda la información de las medidas de corriente y en función de los consumos y el orden de prioridad, desconecta o no la carga. El control de cargas puede estar en función de parámetros ambientales y de confortabilidad. El confort suele estar en contraposición del ahorro, pero la persona es responsable directamente y es ella la que tiene el control manual de todos los dispositivos y quien toma la decisión final. Tener en cuenta los parámetros ambientales puede mejorar el ahorro, por ejemplo, controlar la cantidad de luz exterior que entra para apagar o no las luces, subir persianas y apagar luces, controlar la temperatura abriendo ventanas y desconectando el aire acondicionado, etc.

## 3.5 GESTIÓN DE LAS COMUNICACIONES

Es el área menos desarrollada de la gestión técnica, aunque crece en la actualidad debido a las nuevas posibilidades de las telecomunicaciones. Aunque hay soluciones, son poco integradoras, debido al problema de enviar distintos tipos de señales por la misma línea. Se debe disponer de una red que permita la transmisión de información (voz, datos, imagen, control) por el mismo canal a altas velocidades.

Algunos de sus principales objetivos son:

- **Control remoto de equipos e instalaciones**. Activación remota de equipos e instalaciones domésticas o de edificios.
- **Transmisión de alarmas**. Envío hacia el exterior de cualquier alarma que se produzca en la vivienda o edificio.

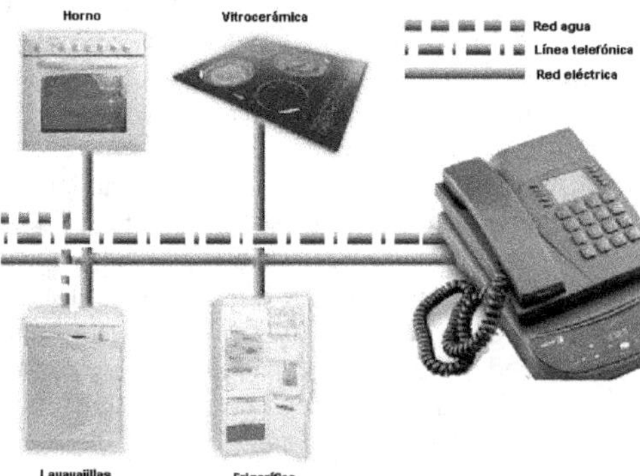


*Figura 3.17. Sistema de control telefónico de Fagor: Maior-Domo*

Los elementos de un sistema de comunicación son:

- **Emisores de señal**. Son los que generan la información, la codifican y la ponen en el medio. Pueden ser emisores o emisores/receptores. La información puede ser de dos tipos: datos y protocolos de control o señalización.

- **Receptores de señal**. Son los encargados de decodificar la información y presentarla al usuario o destinatario.

- **Medio físico de transmisión**. A través de ellos circula la información. Puede ser par o hilo trenzado, cable coaxial apantallado, fibra óptica, radiofrecuencia, infrarrojos, ultrasonidos.

Se pueden distinguir dos tipos de comunicaciones, internas y externas:

- **Comunicaciones internas**: permiten la transmisión y el intercambio de información dentro de la propia instalación. Algunos ejemplos son:

  - **Circuito cerrado de TV**. Son sistemas de vigilancia o seguridad que permiten la supervisión mediante cámaras de TV de diferentes zonas de una edificación en uno o varios monitores de TV.

  - **Sistemas avanzados de videoportería**. Permiten visualizar la señal del videoportero desde cualquier equipo de TV y el desvío de llamadas del portero automático a un número de teléfono programado.

  - **Sistema de gestión a distancia**. Permite la gestión de la instalación a distancia sin necesidad de cableado, utilizando telemandos, ya sea por radiofrecuencia o infrarrojos.

  - **Sistema de intercomunicación por telefonía**. Permiten la gestión eficaz de las comunicaciones de voz dentro del mismo edificio. Suelen aprovechar la infraestructura de la instalación interior de telefonía.

  - **Sistemas de comunicación de datos**. El sistema más conocido de comunicación de datos consiste en el uso de redes de área local, que permite compartir los recursos y la información de los diferentes ordenadores y dispositivos (impresoras, escáner, etc.) de la red local.

  - **Otros sistemas, como los de entretenimiento**: juegos, vídeo, multimedia, etc.

- **Comunicaciones externas**: permiten la transmisión o el intercambio de información de la instalación con el exterior. Algunos ejemplos son:

  - **Control remoto del sistema vía telefónica**. Permite la gestión de cargas desde un teléfono convencional aprovechando la línea telefónica.

  - **Control remoto del sistema a través de Internet**. Permite la gestión de cargas desde un ordenador remoto que se conecta vía Internet a un ordenador local conectado a la instalación.

  - **Centralitas telefónicas.** Distribuyen la señal telefónica.

  - **Sistema de recepción y distribución de la señal de TV**. Permite la recepción de la señal de TV ya sea terrestre, satélite o por cable y su distribución por el edificio.

En la actualidad están apareciendo las denominadas **pasarelas residenciales**, que permiten interconectar una red inmótica con una red de comunicación de datos como una red local o incluso con Internet. La convergencia entre estos tres tipos de redes (control, datos y entretenimiento) se realizará mediante la llamada pasarela residencial (un sistema de comunicaciones de nueva generación que permitirá integrar redes y servicios de una manera escalable) que facilitará una conexión transparente a Internet de cualquier dispositivo eléctrico (mediante redes de control), informático (mediante redes de datos) o de vídeo/ audio (mediante redes de entretenimiento).

Las posibilidades que abre son muy grandes, para poder controlar y monitorizar todos los servicios de la gestión técnica de edificios de forma remota desde una simple página web. Pero también trae consigo grandes peligros de privacidad y seguridad. Algunos ejemplos de aplicaciones se verán en el siguiente capítulo.

Capítulo 4

# ESTÁNDARES Y SISTEMAS COMERCIALES

## 4.1 INTRODUCCIÓN

En este tema se va a hacer un repaso de los principales sistemas existentes para automatización de edificios, aunque siguen surgiendo algunos nuevos y otros tienden a unificarse. Muchos han llegado a ser un estándar, aunque la gran mayoría son sistemas propietarios o distribuidos por fabricantes con nombre distinto al genérico. El capítulo está desarrollado en torno a tal clasificación: por un lado los sistemas no asociados a marcas concretas (sistemas no propietarios o abiertos) y los que sí lo están (o cerrados).

Se ha tratado de elegir algunos de los más representativos de cada uno de los dos tipos, aunque, por supuesto, por limitaciones de espacio, se han dejado sin describir muchos de ellos. Como se comenta a lo largo de este libro en diversas ocasiones, la existencia de tal cantidad de protocolos, estándares y sistemas propietarios existentes puede considerarse como uno de los factores que en mayor medida están limitando el crecimiento de la domótica y de la inmótica, por todos los problemas que ello conlleva en cuanto a falta de formación de los instaladores, desconfianza de promotores y clientes, incompatibilidad de equipos, y un largo etcétera.

En la tabla siguiente se muestran algunos de los principales sistemas.

| Tipo | Nombre | Característica |
|---|---|---|
| Sistemas estándar | X-10 | Sistema por corrientes portadoras. Descentralizado, distribuido. Apoyado por muchas marcas, como Marmitek, Home System, etc. |
| | EIB | Sistema basado en bus de datos descentralizado. Apoyado por muchas marcas, como ABB-Niessen, Siemens, etc. |
| | LonWorks | Sistema abierto y descentralizado de Echelon utilizado por multitud de empresas. |
| | Otros | EHS, Batibus, Konnex,HES Cebus, HBS, BACnet, etc. |
| Sistemas propietarios | SIMON-VIS | Uno de los sistemas más difundidos en España, es una solución centralizada. |
| | Amigo, Biodom, Cardio, Concelac, Dialogo, Domaike, PLC, SSI, Starbox, etc. | Son multitud de sistemas comerciales propietarios con cierta implantación en España. |
| Estándares relacionados | Bluetooth, HomeRF, Sharewave, OSGi, UPNP, UMTS, etc. | Corresponden a protocolos o sistemas provenientes de otros ámbitos, como las redes informática, la telefonía móvil, etc. |
| | Basados en sistemas industriales | Soluciones basadas en autómatas muy implantadas en ámbitos industriales. Infinitud de marcas, como Siemens, Omron, Schneider, etc. |

En capítulos siguientes se describirán en extenso varios de ellos:

- El sistema X-10, basado en la transmisión de mensajes por corrientes portadoras, en el capítulo 5.
- El sistema EIB, basado en un bus de datos específico, en el capítulo 6.
- LonWorks, basado también en un bus de datos específico, en el capítulo 7.
- El sistema Simon Vis, basado en sistema propietario, en el capítulo 8.

- Soluciones basadas en autómatas. Se verán algunas de las posibles soluciones en el capítulo 9.

Esta última solución, aunque no se considera como un estándar de control domótico o inmótico, juega un papel relevante en muchas aplicaciones, ya que son sistemas ampliamente difundidos, comprobados y utilizados en entornos industriales. Aunque su forma de programarlos no es accesible al gran público, salvo excepciones, es necesario considerar su utilidad, por lo que dos soluciones diferentes serán descritas en el citado capítulo 9 y no se enumeran a continuación.

## 4.2 PRINCIPALES ESTÁNDARES

Son sistemas específicos para la automatización de edificios que se han convertido en estándares de facto.

### 4.2.1 BACnet

BACnet es un protocolo norteamericano para la automatización de viviendas y redes de control que fue desarrollado bajo el patrocinio de una asociación norteamericana de fabricantes e instaladores de equipos de calefacción y aire acondicionado. El principal objetivo, a finales del siglo XX, era el de crear un protocolo abierto (no propietario) que permitiera interconectar los sistemas de aire acondicionado y calefacción de las viviendas y edificios con el único propósito de realizar una gestión energética inteligente de la vivienda. Se definió un protocolo que implementaba la arquitectura OSI de niveles y se decidió empezar usando, como soporte de nivel físico, la tecnología RS-485.

La parte más interesante de este protocolo es el esfuerzo que han realizado para definir un conjunto de reglas *hardware* y *software* que permiten comunicarse a dos dispositivos independientemente de si éstos usan protocolos como el EIB, el Batibus, el EHS, el LonTalk, TCP/IP, etc. El BACnet no quiere cerrarse a un nivel físico o a un protocolo de nivel de red concreto; realmente lo que pretende definir es la forma en que se representan las funciones que implementa cada dispositivo, llamadas "objetos" cada una con sus propiedades concretas. Existen objetos como entradas/salidas analógicas, digitales, bucles de control (PID, etc.), entre otros.

Actualmente existe una iniciativa en Europa para la estandarización del BACnet como herramienta para el diseño, gestión e interconexión de múltiples redes de control distribuido.

## 4.2.2 BatiBus

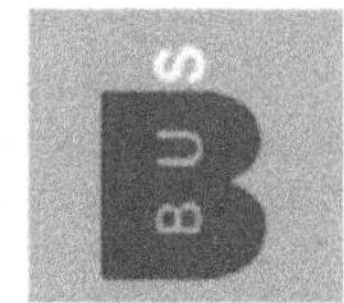

Fue uno de los primeros buses de campo del mercado. Es un estándar de facto europeo desarrollado por Merlin Gerin, AIRELEC, EDF y LANDIS & GYR, que formaron el BCI (Batibus Club International). Se trata de un bus totalmente abierto, donde cualquier empresa puede desarrollar su acceso compatible. Posteriormente tiene que ser certificado por el BCI, que garantiza la conformidad a la norma. Se prevé una convergencia de BatiBus con EIB y EHS, denominada Konnex.

Sus características son las siguientes:

- Es un bus simple de una sola línea que permite la intercomunicación entre todos los módulos en sistemas de control de edificios como: calor, aire acondicionado, luces y apertura y cierres.
- El medio físico utilizado es par trenzado, aunque puede utilizar cable telefónico o eléctrico.
- El protocolo de comunicación está basado en CSMA-CA, de forma que cada elemento está autorizado a comunicar cuando lo desee siempre que la línea esté disponible.
- Permite cualquier topología de red: anillo, estrella, árbol, etc.
- El cable también proporciona energía a los sensores.
- La dirección de los módulos se identifica al instalarlos.

## 4.2.3 CEBus

El CEBus (Consumer Electronics Bus) desarrollado por la EIA (Electronic Industries Association) es un estándar norteamericano. Sus características más destacables son:

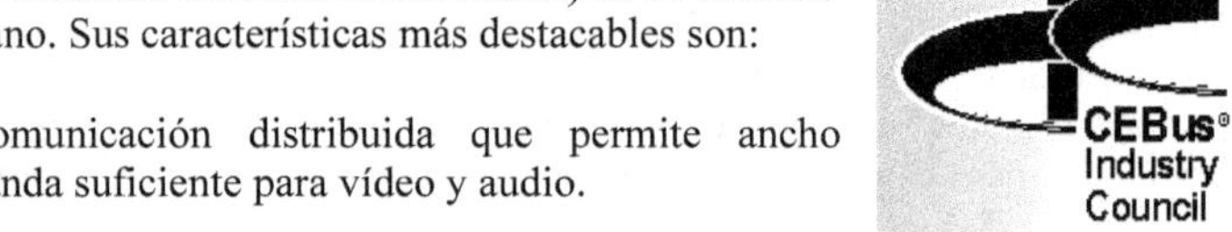


- Comunicación distribuida que permite ancho banda suficiente para vídeo y audio.
- Componentes Plug-and-Play (Home Plug-and-Play) que se autoconfiguran.

- Permite casi cualquier medio de comunicación: línea de alimentación, par trenzado, cable coaxial, infrarrojos, radio frecuencia, fibra óptica, bus vídeo y audio, etc.

- Transmisión a 8.000 bits/seg, utilizando mensajes en paquetes. Bus formado por cable de 8 pares trenzados: 3 para audio, 4 para vídeo y 1 para control CeBus.

- El mensaje es independiente del medio y lleva la dirección del destino. Los mensajes los envía un *router* y existen direcciones *broadcast* y de grupo.

## 4.2.4 EHS

El EHS (European Home System) es un sistema de red completo, con todas la funciones domóticas, de forma modular, expansible y configurable. Se trata de un sistema distribuido. Cada unidad conectada en la red negocia automáticamente su dirección de red, se da a conocer y busca otras unidades que pueden estar interesadas en ella o puedan interesarle. Está propulsado por la EHSA (European Home System Asocciation) y avalado por la Comisión Europea. Existe un intento de convergencia de BatiBus y EIBus en Konnex. De sus principales características destacan las siguientes

- Tiene presentes todos los niveles OSI.

- Niveles de direccionamiento jerárquicos: 256 direcciones en cada sección que se pueden unir por *routers*.

- Las unidades se autoconfiguran al conectarlas al bus.

## 4.2.5 EIB

EIB (European Installation Bus) es un estándar orientado a la gestión técnica de edificios. Está distribuido en España, entre otras, por las empresas ABB-Niessen, Foresis, Guijarro Hermanos, Jung, Siemens, Temper y Hager.

Se trata de un sistema por bus de datos, considerado como un estándar europeo, no por tanto, un sistema propietario. Es un sistema descentralizado, la programación de los elementos se realiza de forma individual y a través del PC. Cada componente tiene incorporado un controlador independiente. Se describirá con más detalle en el capítulo 6.

## 4.2.6 HBS

(HBS, IEEE1394)

El HBS (Home Bus System) es un estándar creado por un consorcio de empresas japonesas y el gobierno nipón. Como medio de comunicación puede utilizar cualquiera de los existentes, aunque normalmente utiliza par trenzado y coaxial. Inicialmente se basó en dos cables coaxiales y cuatro pares trenzados. Se desarrollaban los protocolos de comunicación para los mismos y así se podía reducir el número de cables en función de las aplicaciones a utilizar. Su objetivo es especificar un estándar de comunicación de dispositivos domóticos y asegurar la unión de pares trenzados y cables coaxiales con dispositivos telefónicos y audio/vídeo. Hay muy poca información y la que hay está en japonés.

## 4.2.7 HES

HES (Home Electronic System) es un estándar ISO/IEC en desarrollo a nivel *hardware* y *software* que pretende operar en una variedad de entornos de red doméstica. Existen tres tipos de clases de HES: para telecontrol (clase 1), para ancho de banda medio (clase 2) y para ancho de banda alto (clase 3).

Permite diferentes tipos de medios: par trenzado, infrarrojos, radio frecuencia, etc. Define dos interfaces para conectar cualquier dispositivo de cualquier fabricante: Universal Interface (UI) y el Process Interface (PI).

Hay dos tipos de conformidad con el estándar:

- Tipo A. Dispositivos independientes del medio.
- Tipo B. Dispositivos dependientes del medio que necesitan adaptador.

## 4.2.8 Konnex

El Konnex es una iniciativa de estándar de tres asociaciones europeas, EIBA (European Installation Bus Association), BCI (Batibus Club Internacional) y EHSA (European Home Systems Association), con el objeto de crear un único estándar europeo para la automatización de los edificios. Los objetivos de esta iniciativa, con el nombre de "Convergencia", son:

- Crear un único estándar para la domótica y la inmótica que cubra todas las necesidades y requisitos de las instalaciones profesionales y residenciales de ámbito europeo.
- Aumentar la presencia de estos buses domóticos en áreas como la climatización.
- Mejorar las prestaciones de los medios físicos de comunicación incidiendo en la tecnología de radiofrecuencia.
- Introducir nuevos modos de funcionamiento que permitan aplicar una filosofía Plug-and-Play a muchos de los dispositivos típicos de un edificio.
- Contactar con empresas proveedoras de servicios, como las de telecomunicaciones y las eléctricas, con el objeto de potenciar las instalaciones de telegestión técnica de los edificios.

En resumen, tomando como punto de partida los sistemas EIB, EHS y Batibus, se trata de crear un único estándar europeo que sea capaz de competir en calidad, prestaciones y precios con otros sistemas norteamericanos como el LonWorks o CEBus. Actualmente la asociación Konnex está terminando las especificaciones del nuevo estándar (versión 1.0), el cual será compatible con los productos EIB instalados. Se puede afirmar que el nuevo estándar tendrá lo mejor del EIB, del EHS y del BatiBus y que aumentará considerablemente la oferta de productos para el mercado residencial, el cual ha sido, hasta la fecha, la asignatura pendiente de este tipo de tecnologías.

## 4.2.9 LonWorks

El estándar LonWorks (Local Operating NetWork) fue definido por Echelon, y es reconocido por la EIA (Electronic Industries Association) como el EIA-709. Es similar al EIB pero mucho más difundido en Estados Unidos que en Europa. Se basa en la utilización del protocolo Lontalk (ANSI/EIA 709) para redes de control, que implementa las siete capas del modelo OSI.

En esencia se trata de un sistema de control distribuido, basado en un conjunto de nodos independientes, interconectados entre sí, y cuya red está formada por nodos. Cada uno de ellos dispone de un Neuron Chip, un circuito integrado que cuenta con tres procesadores, memoria de lectura/escritura RAM, memoria de sólo lectura ROM y subsistemas de comunicación y entrada y salida. Se programa con el lenguaje Neuron C, basado en el estándar ANSI C. Es independiente del medio de transmisión, aunque el más utilizado es el par trenzado o Link Power.

La comunicación se realiza mediante paquetes. Cada dispositivo dispone de una dirección y analiza todos los paquetes para determinar si corresponde con su dirección. Cada dispositivo tiene un transceptor para conectarse físicamente a la red, que es la interfaz de comunicación y está disponible para par trenzado, línea eléctrica, radiofrecuencia, fibra óptica, etc. La velocidad es de 1,25 Mbps. Se describirá con más detalle en el capítulo 7.

### 4.2.10 X-10

X-10 es uno de los protocolos más antiguos que se están usando en aplicaciones domóticas. Es un sistema descentralizado que utiliza como medio transmisor de mensajes la propia red eléctrica. Además, no es propietario, es decir, cualquier fabricante puede producir dispositivos X-10 y ofrecerlos en su catálogo, eso sí, está obligado a usar los circuitos del fabricante escocés que diseño esta tecnología. Se describirá con más detalle en el capítulo 5.

## 4.3 SISTEMAS PROPIETARIOS

En este apartado se verán algunos de los principales sistemas propietarios que son distribuidos por un único fabricante.

### 4.3.1 Amigo

De la empresa Eunea Merlin Gerin (Schneider Electric España, S.A.), Amigo es un sistema domótico descentralizado, formado por una serie de módulos (de entradas/salidas) que permanecen en comunicación a través de un bus de control, así como de una fuente de alimentación específica del sistema. El protocolo de comunicaciones usado es el BatiBus.

### 4.3.2 Biodom

De la empresa española Bioingeniería Aragonesa, S.L. Se basa en el estándar EHS (European Home System). Es un sistema domótico que puede controlar todos los aparatos conectados directa o indirectamente a la red eléctrica de la vivienda.

### 4.3.3 Cardio

De la empresa canadiense Secant, comercializado en España por DomoVal Electronic, S.L. CARDIO es un sistema domótico basado en una unidad central que gestiona sus diferentes entradas y salidas siguiendo perfiles de programación y configuración. Utiliza un protocolo propietario para la comunicación entre la central de gestión y los diferentes dispositivos conectados a ella.

### 4.3.4 Concelac

De la empresa española Logical Design, es un sistema propietario que se caracteriza por su capacidad de integrarse en una red de área local o ancha, y ejecutarse bajo servidores NT de Microsoft o Netware de Novell, con capacidad para gestionar como subsistema un Bus tipo Batibus, Eibus, X-10 o similar.

### 4.3.5 Dialoc

De la empresa alemana Weidmüller, el sistema Dialoc está formado por una amplia gama de módulos o controladores que se conectan entre sí formando una red de comunicaciones. Utiliza el protocolo LonWorks para comunicarse.

### 4.3.6 Dialogo

BJC Dialogo, de la empresa española BJC (Fábrica Electrónica Josa. S.A.), es un sistema domótico descentralizado, formado por una serie de módulos de 24 V que permanecen en comunicación a través de un bus de control LonWorks.

### 4.3.7 Domaike

De la empresa española Aike Tecnologies de l'Habitat, S.L., Domaike ha sido creado para integrar todas las funciones en una sola unidad central. Combina varias tecnologías de transmisión de datos: red eléctrica de la vivienda (corrientes portadoras), cableado dedicado, red telefónica, radiofrecuencia e infrarrojos.

### 4.3.8 Domolon

De la empresa española ISDE Ing. S.L. (Ingeniería de Sistemas Domóticos y Electrónicos) es un sistema formado por diferentes tipos de módulos individuales (denominados nodos) y autónomos que se conectan a una misma red de comunicaciones en forma de bus de control LonWorks.

### 4.3.9 DomoScope

El sistema DomoScope de Fagor es el resultado del desarrollo de una red domótica de equipos domésticos de Fagor Electrodomésticos dentro de la línea blanca de productos. Los electrodomésticos se comunican unos con otros utilizando la red eléctrica de 220V de la vivienda y con el exterior a través de la línea telefónica. El protocolo de comunicaciones utilizado se conoce también como bus Fagor.

### 4.3.10 Domotel

TCL Telecomsoft S.L. ha desarrollado un sistema integral de automatización de edificios que, en su primera versión, va dirigido al sector hotelero. Utiliza la tecnología LonWorks sobre pares trenzados y un conjunto de nodos LonWorks.

### 4.3.11 GIV

GIV (Gestor Integral de Vivienda) desarrollado por Ceilhity Eurocable, S.A. es un sistema domótico de baja capacidad no ampliable. Esta diseñado para soportar un número reducido de aplicaciones para la vivienda utilizando un cableado dedicado.

### 4.3.12 Hometronic

Hometronic de Honeywell es un nuevo sistema domótico muy avanzado. Está concebido para integrar inicial o sucesivamente todas las áreas de la domótica: confort, seguridad, gestión de la energía, automatización de aparatos eléctricos, comunicaciones, Internet, etc. El sistema controla, sin cables, mediante tecnología de radiofrecuencia, los diversos módulos para atenuar o apagar luces, controlar la calefacción, las persianas y los toldos, conectar electrodomésticos, etc. Hometronic centraliza también los sistemas de alarma, medida de consumos y comunicaciones.

### 4.3.13 Maior-Domo

Fabricado por la empresa Fagor, el Maior-Domo es un sistema de domótica modular y flexible que permite la activación, desactivación, programación y control de los distintos electrodomésticos mediante llamadas telefónicas con teléfono de tonos así como su confirmación por mensajes de voz pregrabados.

### 4.3.14 PLC

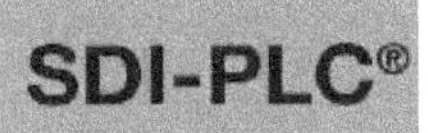


El sistema PLC Domosystem, de la empresa PLC Madrid, es un sistema basado en Autómatas Programables o PLC (Programmable Logic Controller).

### 4.3.15 PlusControl

PlusControl, fabricado por la compañía Belga Lifestyle Technologies N.V., sigue la filosofía de los sistemas modulares y distribuidos, que lo convierte en óptimo para la automatización de oficinas, residencias y hoteles. Se trata de un sistema cuya comunicación entre módulos se realiza a través de un bus. Las distintas configuraciónes posibles de conexionado del bus le dan una gran flexibilidad en su instalación.

### 4.3.16 Simon VIS

El sistema Simon VIS (Vivienda Inteligente de Simon) está desarrollado por Simon S.A. Entre sus características destacan las siguientes: es un sistema centralizado, está orientado a la gestión de pequeñas y medianas instalaciones. Se configura desde un *software* mediante preguntas y respuestas. El módulo de control tiene módulos de entrada y salida para recibir o enviar señales. Se puede ampliar con los módulos mediante módulos a través de una interfaz RS485: módulo de módem, de temporizadores o de dimmer. Todos los módulos trabajan a 24 VCC. Se describirá más ampliamente en el capítulo 8.

### 4.3.17 Simon Vox

Simon Vox es una central de telecontrol de servicios domésticos a través del teléfono de Simon. Puede utilizar cualquier teléfono interior o exterior de la vivienda mediante la previa introducción de un código personal que el usuario puede configurar. El sistema es compatible con Simon VIS. También se describirá más ampliamente en el capítulo 8.

### 4.3.18 SSI

De la empresa Española SGI sistemas, este sistema domótico es una versión reducida y actualizada del sistema Hestia desarrollado por la empresa francesa Hestia France. Se trata de un sistema domótico destinado a viviendas individuales (de segmento medio/alto) que permite, a la vez, disponer de aplicaciones colectivas.

### 4.3.19 Starbox

El Starbox CPL1, de la empresa Francesa Delta Dore, y comercializado en España por Delta Dore Electrónica S.A. es un sistema diseñado para la gestión de equipamiento eléctrico, se caracteriza por utilizar la propia red eléctrica de la vivienda como medio de transmisión a través de un protocolo de comunicaciones propietario denominado X2D.

### 4.3.20 Vantage

Sistema americano de gran implantación en el extranjero, posee una inteligencia centralizada en una o varias unidades, expandible para satisfacer cualquiera de las aplicaciones habituales. La comunicación entre unidades (tanto centrales como esclavas) y entre las unidades y los módulos de salida se realiza mediante protocolo propietario a través de un bus de dos cables.

### 4.3.21 VivimatPlus

Sistema de la empresa Dintel. Consta de una serie de sensores, distribuidos por la vivienda, que captan las incidencias del entorno y las envían a la central, la cual se encarga de activar las tareas definidas por el usuario como respuesta a dichas incidencias. El sistema se puede ampliar añadiendo un máximo de 10 nodos de expansión. Todos estos elementos se conectan a un bus de protocolo propietario.

## 4.4 OTROS SISTEMAS Y TECNOLOGÍAS

En la actualidad está apareciendo una gran cantidad de nuevos sistemas de comunicación aplicados a la automatización de edificios, sobre todo sistemas inalámbricos. También se comienza a integrar estándares procedentes de dominios como la informática, la telefonía móvil o el entretenimiento.

### 4.4.1 Bluetooth

Es una tecnología para comunicación a corto alcance sin cable. Emplea enlace de baja frecuencia o radiofrecuencia. Su origen está en los teléfonos GSM o móviles.

### 4.4.2 HAVi

HAVi (Home Audio Vídeo interoperability) es una arquitectura, actualmente en la especificación 1.0, que pretende llegar a ser un estándar de facto para la interoperabilidad entre aparatos de vídeo y audio en redes de alta calidad. Son ocho las empresas que lo han formado: Grunding, Hitachi, Matsushita, Panasonic, Philips, Sharp, Sony, Thomson y Toshiba. HAVi tiene interoperatividad con otros estándares de red como: JINI, HomeAPI, Universal Plug-and-Play, Bluetooth, Home RF, etc.

### 4.4.3 Hiperlan

HiperLAN2

HIPERLAN (High Performance Radio Local Area Networks) es un estándar para redes de área local de radio de alto rendimiento. Se puede utilizar como una extensión de una red LAN que permite aplicaciones multimedia, incluso la distribución de vídeos de alta calidad.

### 4.4.4 HomeAPI

Home API

Su objetivo es simplificar y reducir el costo en el desarrollo de aplicaciones de seguridad y confort. A diferencia de las otras iniciativas define un API (Especificación de Interfaz de programación) y no un protocolo. Se ha estandarizado el formato API mediante el desarrollo de SDK (Kit de desarrollo software). Existe una gran número de lenguajes que se pueden utilizar con Home API: C++, Java, Visual Basic, Java Script.

### 4.4.5 HomeConnex

Es una red doméstica de entretenimiento de la empresa Peracom Networks. Une los PCs, las televisiones, componentes de audio y vídeo (vídeos, DVD) y aparatos de sobremesa en un sistema integrado. El medio de transmisión utilizado puede ser infrarrojos, radiofrecuencia o cable coaxial. El producto comercial se llama AVCast.

### 4.4.6 HomePNA

HomePNA (Home Phoneline Network Alliance) es una asociación de compañías para asegurar la adopción de un estándar de red telefónica único y unificado para dar una solución rápida a las redes domésticas. Más que un estándar es una especificación, que se aprovecha del incremento del uso de Internet y del número de conexiones por casa, para crear una especificación simple, de alta velocidad y de bajo coste que utiliza la línea telefónica existente en edificios.

### 4.4.7 Home Plug-and-Play

Home Plug-and-Play pretende solucionar la interconexión de dispositivos de distintos fabricantes. Está basado en el protocolo EIA 600.81 o CAL que permite soportar muchos dispositivos. No especifica nada a bajo nivel o físico.

### 4.4.8 HomeRF

HomeRF (Home Radio Frequency Working Group) es un grupo de trabajo para la creación de una especificación industrial de comunicación digital por radiofrecuencia. Su idea

es que la casa se conecte a Internet (RDSI, modem, etc.) y luego todos los dispositivos estén controlados por radiofrecuencia, mediante mandos a distancia o desde un ordenador central.

### 4.4.9 IEEE1394-FireWire

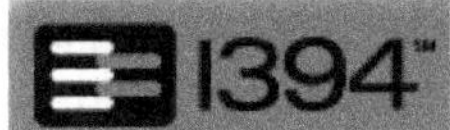


Es un bus de comunicaciones desarrollado por Apple, pensado para interconectar aparatos electrónicos digitales de consumo, tales como reproductores de DVD, videocámaras, televisores, impresoras, electrodomésticos, y, por su puesto, ordenadores personales. El bus permite soportar velocidades de hasta 400 Mbps (en un futuro podría llegar hasta el gigahercio).

### 4.4.10 IEEE 802.11

Permite mezclar en una misma red segmentos inalámbricos y cableados. Es la primera propuesta de estándar WLAN de una organización independiente y reconocida como es IEEE. Como desventaja no protege frente a potenciales interferencias de datos de los dispositivos en la red debido a la naturaleza de Ethernet por vía inalámbrica.

### 4.4.11 IrDa

En 1993 se creó la asociación IrDA (Infrared Data Association) con objetivo de desarrollar hardware y software que permitiera el que los equipos se comunicaran de forma inalámbrica mediante luz infrarroja. Es una tecnología barata y segura en la transmisión. Su principal inconveniente es que requiere línea de visión entre los dispositivos, que han de estar a una distancia relativamente corta.

### 4.4.12 Jini

Jini (Java Intelligent Network Infrastructure), de Sun Microsystems, es una tecnología de conexión basada en el simple concepto de que los aparatos deben conectarse y trabajar juntos sin necesidad de *drivers*, sin importar el sistema operativo. JINI se sustenta sobre una capa *software* situada sobre cualquier sistema operativo dentro de la máquina virtual Java.

## 4.4.13 OSGI

OSGI (Open Services Gateway Initiative) es un estándar abierto basado en Java para interconectar las redes domóticas con las redes de datos o Internet. Define la transacción entre la red global y la red doméstica. Pretende crear un conjunto de especificaciones para servicios que permitan interconectar redes de banda ancha con redes domésticas. Se basa en dispositivos inteligentes que utilizan JINI.

## 4.4.14 PowerPacket

De la empresa Intellon Corp. Utiliza línea de corriente con la tecnología PowerPacket o radiofrecuencia con la tecnología SSC. Posibilita la comunicación de alta velocidad y uso de Internet a dispositivos individuales sin añadir nuevos cables por medio del protocolo CEBus.

## 4.4.15 SCP

SCP (Simple Control Protocol) es una tecnología complementaria a UPNP de Microsoft, en colaboración con GE, SMART, ITRAN, Domosys, Mitsubishi y otros líderes de la industria. Pretende asegurar la interoperatividad entre estándares ya existentes y otros futuros de control doméstico. Es complementario con UPNP, ya que extiende sus capacidades para permitir su uso en redes y aparatos que no tienen capacidad de soportar la pila TCP/IP, o redes de baja velocidad.

## 4.4.16 Sharewave

Sharewave Digital Wireless es un conjunto de tecnologías que permiten capacidades digitales multimedia en tiempo real para conexiones inalámbricas entre varios dispositivos del hogar. Estos dispositivos son capaces de enviar y recibir datos multimedia que incluyen: vídeos, gráficos, audio con calidad CD, voz, datos y entradas de usuario, y todo de manera simultánea.

## 4.4.17 Swap

Swap define una interfaz común que permite soportar tanto servicios inalámbricos de voz como de datos. Ha sido diseñado para

operar junto con la red telefónica básica y con Internet. Opera en la banda de 2.4 GHz, la cual se encuentra disponible a nivel mundial, usando la tecnología de FHSS (Frequency Hopping Spread Spectrum) con extensiones para teléfonos móviles y Ethernet inalámbrica (IEEE 802.11).

### 4.4.18 UMTS

UMTS (Universal Mobile Telecommunications System) es el sistema universal de telecomunicaciones móviles que pretende llegar a ser un sistema global de dichas comunicaciones (3GP). Es una nueva tecnología para móviles con capacidades multimedia que serán los móviles de tercera generación. Entre sus usos previsibles está el de servir de mando a distancia para el control de los electrodomésticos.

### 4.4.19 UPnP

UPnP (Universal Plug-and-Play) es una iniciativa de Microsoft y grandes empresas del sector electrónico para la generación de dispositivos autoconfigurables y para la creación de redes domésticas.

### 4.4.20 VESA

La red doméstica VESA está formada por: una red central de comunicación, una o más redes, unos dispositivos que conectan la red doméstica a redes de acceso externas y a la red central, y otros dispositivos que proporcionan diversos servicios funcionales al usuario.

### 4.4.21 WRAP

WRAP (Web Ready Appliances Protocol) ha sido desarrollado por la empresa Ariston junto con el MIT de Boston. Es un protocolo de electrodomésticos preparados para la web.

### 4.4.22 ZigBee

ZigBee es el nombre de una asociación de compañías que trabajan juntas para permitir productos de control y monitorización de redes inalámbricas fiables, rentables de baja potencia, basándose en una estándar global abierto.

### 4.4.23 Z-Wave

Z-Wave es un lenguaje de control del hogar inalámbrico de Zensys, que es un proveedor importante de tecnología de redes inalámbricas para control y aplicaciones de lectura de estado. La tecnología de Z-Wave está basada en radiofrecuencia y utiliza un protocolo de comunicaciones que permite que cada aparato sea controlado y monitorizado de forma inalámbrica.

Z-Wave™

Capítulo 5

# X-10

## 5.1 INTRODUCCIÓN

X-10 es uno de los protocolos más antiguos que se están usando en aplicaciones domóticas. Fue diseñado en Escocia entre los años 1976 y 1978, por la empresa *PICO electronics*, dentro de un conjunto de proyectos que denominaron X, de los cuales el que más éxito y repercusión tuvo fue el 10.

El objetivo era transmitir datos por las líneas de baja tensión a bajo coste, aunque la velocidad fuese muy baja (60 bps en Estados Unidos y 50 bps en Europa). Al usar las líneas eléctricas de la vivienda, no es necesario tender nuevos cables para conectar dispositivos.

El protocolo X-10 es abierto, es decir, cualquier fabricante puede producir dispositivos X-10 y ofrecerlos en su catálogo. Eso sí, está obligado a usar los circuitos del fabricante escocés que diseño esta tecnología. Aunque, al contrario de lo que sucede con la firma Echelon y su NeuronChip que implementa Lonworks, los circuitos integrados que implementa el X-10 tienen un *royalty* muy bajo (casi simbólico).

Actualmente, pueden encontrarse en Europa tres grandes familias de produc-tos basadas en X-10, teóricamente compatibles entre sí, éstas son: Netzbus, Timac y Home Systems.

Gracias a su madurez (más de 20 años en el mercado) y a la tecnología empleada, los productos X-10 tienen un precio muy competitivo, de forma que es líder en el mercado norteamericano residencial y de pequeñas empresas, debido principalmente a que los proyectos son realizados por los usuarios finales o electricistas sin conocimientos de automatización.

Se puede afirmar que el X-10 es ahora mismo la tecnología más asequible para realizar una instalación domótica no muy compleja. Habrá que esperar a que aparezcan los primeros productos E.mode (*easy mode*) del protocolo Konnex en Europa para comprobar si el X-10 tendrá competencia real, por precio y prestaciones, en el mercado europeo.

Se basa en un formato de transmisión por corriente portadora *PLC (Power Line Carrier)*, que consiste en la transmisión de información codificada dentro de la señal senoidal de corriente alterna que nos suministra la compañía eléctrica.

Podemos *a priori* destacar las siguientes características técnicas:

| **Características del X-10** |
|---|
| Sistema de control domótico descentralizado, cualquier dispositivo puede tanto emitir como recibir información. |
| X-10 permite controlar hasta 256 dispositivos dentro de una misma instalación. |
| Reducido ancho de banda comparado con el de otras soluciones actuales. |
| Su ámbito de aplicación se suele reducir a viviendas unifamiliares. |
| Reconfigurable. |
| De instalación sencilla y fácil manejo. |
| Flexible y ampliable. |
| Utiliza la línea eléctrica para transmitir energía e información. |

## 5.2 CONCEPTOS BÁSICOS DE LA TECNOLOGÍA

El protocolo X-10 es un estándar para la transmisión de información por corrientes portadoras. Utiliza modulación de ondas, siendo la señal de red de 220 VAC la onda portadora. Como moduladora se utiliza una señal de muy bajo voltaje a 120 Khz. El resultado es una onda modulada como la de la figura:

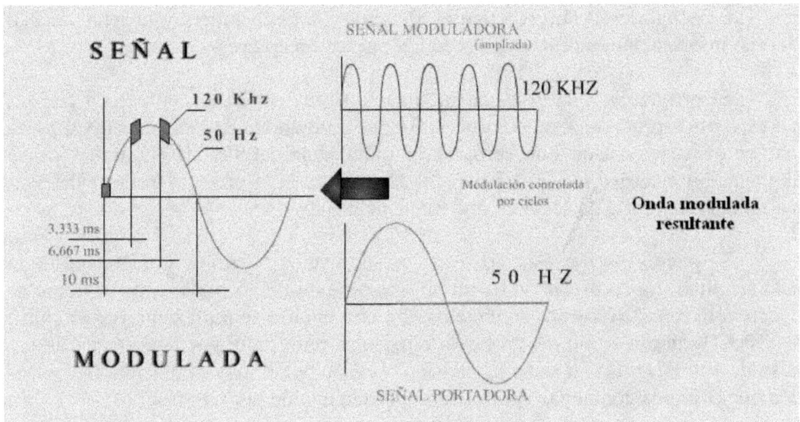


*Figura 5.1. Onda modulada resultante*

La onda modulada actúa a lo largo de los ciclos como generadora de código digital. El protocolo X-10 se sirve de 11 ciclos de tensión alterna de 220 VAC, la misma de red, para insertar o no en cada ciclo la señal de 120 Khz. En general, la existencia de esta señal representa un uno y su ausencia un cero. Los primeros cuatro bits representan el código de inicio. Son especiales en el sentido de que la ausencia de señal de 120 Khz en un semiciclo representa un cero y lo contrario un uno. Casi todos los protocolos tienen unos bits en su comienzo, que se utilizan para la sincronización y el alineamiento del transceptor, con un número codificado en binario que define al protocolo y lo mismo ocurre en el X-10.

Para una mayor claridad, las señales de la figura 5.1 se muestran en la figura 5.2 tal como se verían a través de un filtro paso/alto. La forma de la curva de 50 Hz sólo se muestra como referencia.

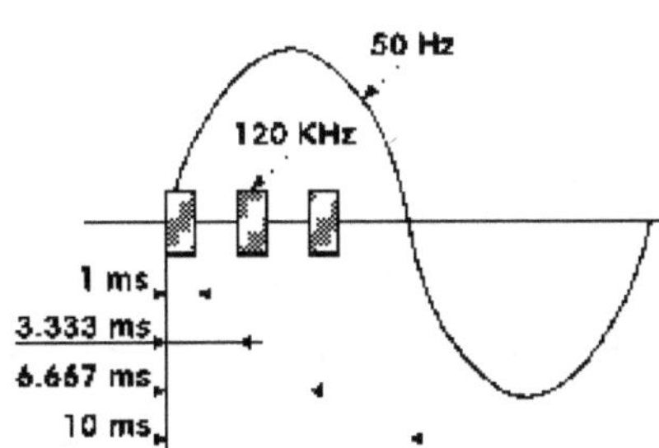


*Figura 5.2. Onda modulada resultante*

La señal de 50 Hz (corriente) alimenta a los receptores y la señal de 120 Khz (de información) se filtra y es recibida por los receptores.

El protocolo X-10 usa una modulación muy sencilla comparada con las que usan otros protocolos de control por ondas portadoras. El transceiver X-10 está pendiente de los pasos por cero de la onda senoidal de 50 Hz típica de la alimentación eléctrica (60 Hz en Estados Unidos) para insertar un instante después una ráfaga muy corta de señal en una frecuencia fija.

Se puede insertar esta señal en los semiciclos positivos y negativos de la onda senoidal. La codificación de un bit uno o de un bit cero, depende de cómo se inyecte esta señal en los dos semiciclos. Un uno binario se representa por un pulso de 120 KHz durante uno ms y el cero binario se representa por la ausencia de ese pulso de 120 KHz. En un sistema trifásico el pulso de un ms se transmite tres veces para que coincida con el paso por el cero en cada una de las tres fases.

Por lo tanto, el Tiempo de bit coincide con los 20 ms que dura el ciclo de la señal, de forma que la velocidad binaria de 50 bps (bit/s) viene impuesta por la frecuencia de la red eléctrica que tenemos en Europa (50 Hz). En Estados Unidos la velocidad binaria son 60 bps (bit/s), ya que su frecuencia de la red eléctrica es de 60 Hz.

La transmisión completa de una orden X-10 necesita once ciclos de corriente. Esta trama se divide en tres campos de información:

- Dos ciclos representan el código de inicio.
- Cuatro ciclos representan el código de casa (letras A-P).
- Cinco ciclos representan o bien el código numérico (1-16) o bien el código de función (encender, apagar, aumento de intensidad, etc.)

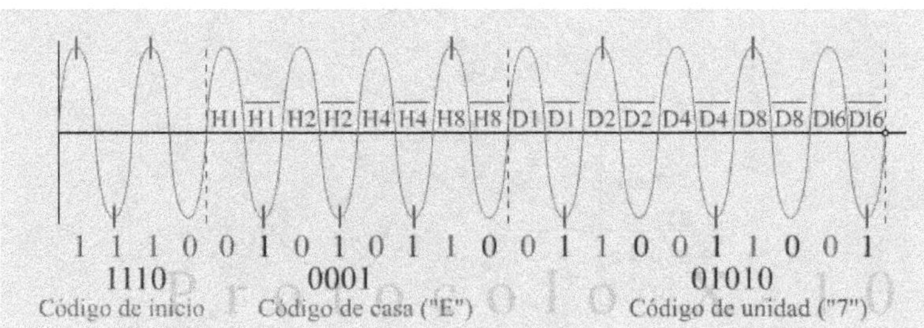


*Figura 5.3. Codificación de la trama X-10 dentro de la onda de corriente alterna*

En la figura, la línea vertical en cada cresta representa la señal de 120 Khz.

En la figura 5.3 se puede observar que inmediatamente después de los primeros dos ciclos que representan el código de inicio, cuatro bits, se tiene dos bloques: el primero representa el llamado código de casa y comprende otros cuatro bits y el segundo representa el llamado código de unidad y comprende los últimos cinco bits del protocolo.

La forma de extraer la codificación en estos dos últimos bloques es ligeramente distinta a como se hace en el primero. Mientras en el código de inicio se toman en cuenta los semiciclos, en el código de casa y en el de unidad sólo se extrae la información del primer semiciclo de cada ciclo, aprovechando el segundo semiciclo para transmitir la señal del primero pero complementada. Esto se hace por seguridad. Así, en un ciclo de cualquiera de estos dos últimos bloques no puede haber dos ceros o dos unos seguidos, sí entre ciclos distintos.

Para aumentar la fiabilidad del sistema, esta trama (código de inicio, código de casa y código de función o numérico) se transmite siempre dos veces, separándolas por tres ciclos completos de corriente. Hay una excepción, en funciones de regulación de intensidad se transmiten de forma continuada (por lo menos dos veces) sin separación entre tramas.

La nomenclatura Hn-Dn corresponde, respectivamente, al código de casa y al código de unidad y todas las combinaciones posibles se indican en la tabla inferior:

| **Códigos de casa** | | | | | **Códigos de unidad o dispositivo (número)** | | | | | |
|---|---|---|---|---|---|---|---|---|---|---|
| | H1 | H2 | H4 | H8 | | D1 | D2 | D4 | D8 | D16 |
| A | 0 | 1 | 1 | 0 | 1 | 0 | 1 | 1 | 0 | 0 |
| B | 1 | 1 | 1 | 0 | 2 | 1 | 1 | 1 | 0 | 0 |
| C | 0 | 0 | 1 | 0 | 3 | 0 | 1 | 1 | 0 | 0 |
| D | 1 | 0 | 1 | 0 | 4 | 1 | 0 | 1 | 0 | 0 |
| E | 0 | 0 | 0 | 1 | 5 | 0 | 0 | 0 | 1 | 0 |
| F | 1 | 0 | 0 | 1 | 6 | 1 | 0 | 0 | 1 | 0 |
| G | 0 | 1 | 0 | 1 | 7 | 0 | 1 | 0 | 1 | 0 |
| H | 1 | 1 | 0 | 1 | 8 | 1 | 1 | 0 | 1 | 0 |
| I | 0 | 1 | 1 | 1 | 9 | 0 | 1 | 1 | 1 | 0 |
| J | 1 | 1 | 1 | 1 | 10 | 1 | 1 | 1 | 1 | 0 |
| K | 0 | 0 | 1 | 1 | 11 | 0 | 0 | 1 | 1 | 0 |
| L | 1 | 0 | 1 | 1 | 12 | 1 | 0 | 1 | 1 | 0 |
| M | 0 | 0 | 0 | 0 | 13 | 0 | 0 | 0 | 0 | 0 |
| N | 1 | 0 | 0 | 0 | 14 | 1 | 0 | 0 | 0 | 0 |
| O | 0 | 1 | 0 | 0 | 15 | 0 | 1 | 0 | 0 | 0 |
| P | 1 | 1 | 0 | 0 | 16 | 1 | 1 | 0 | 0 | 0 |
| Funciones: apagar todas las unidades | | | | | | 0 | 0 | 0 | 0 | 1 |
| Encender todas las luces | | | | | | 0 | 0 | 0 | 1 | 1 |
| Encender | | | | | | 0 | 0 | 1 | 0 | 1 |
| Apagar | | | | | | 0 | 0 | 1 | 1 | 1 |
| Atenuar intensidad | | | | | | 0 | 1 | 0 | 0 | 1 |
| Aumentar intensidad | | | | | | 0 | 1 | 0 | 1 | 1 |
| Códigos de función para controladores OEM (Original Equipment Manufacturer) | | | | | | | | | | |
| Apagar todas las luces | | | | | | 0 | 1 | 1 | 0 | 1 |
| Código extendido | | | | | | 0 | 1 | 1 | 1 | 1 |
| Petición de saludo (1) | | | | | | 1 | 0 | 0 | 0 | 1 |
| Aceptación de saludo | | | | | | 1 | 0 | 0 | 1 | 1 |
| Atenuación preestablecida(2) | | | | | | 1 | 0 | 1 | X | 1 |
| Datos extendidos (analógicos) (3) | | | | | | 1 | 1 | 0 | 0 | 1 |
| Estado=on | | | | | | 1 | 1 | 0 | 1 | 1 |
| Estado=off | | | | | | 1 | 1 | 1 | 0 | 1 |
| Petición de estado | | | | | | 1 | 1 | 1 | 1 | 1 |

(1) La petición de saludo se transmite para comprobar si existen otros transmisores X-10 dentro del rango de escucha. Esto permite al OEM asignar un código de casa diferente si se recibe un mensaje de aceptación de saludo.

(2) En una instrucción de atenuación preestablecida, el bit D8 representa el bit más significativo del nivel. H1, H2, H4 y H8 representan los bits menos significativos.

(3) El código de datos extendidos se sigue de bytes que pueden representar información analógica (después de una conversión A/D). No debe existir separación entre los bytes de datos, ni entre el código de datos extendidos y de datos reales.

En la siguiente figura se muestra la estructura general del sistema domótico, con una topología flexible. Es posible sustituir elementos convencionales por dispositivos X-10 y un emisor puede activar distintos receptores.

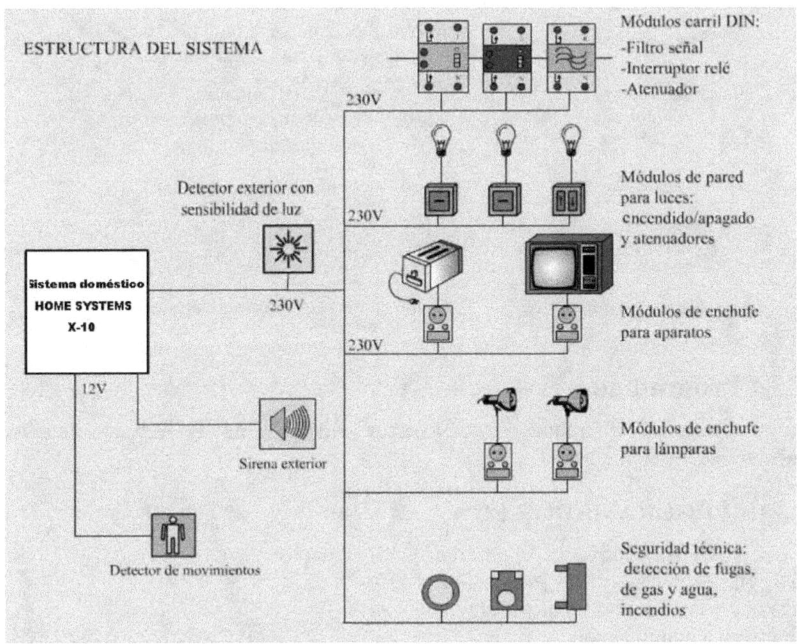


*Figura 5.4. Esquema general de una instalación domótica con X-10*

Además el cambio de direccionamiento es sencillo ya que a todos los elementos se les puede cambiar su dirección física manipulando el propio dispositivo. Cada elemento lleva una o dos ruedas giratorias susceptibles de ser manipuladas con un simple destornillador, con lo que se puede determinar el código de casa y el código de unidad. En el siguiente apartado se describirá la programación de algunos dispositivos.

## 5.3 DISPOSITIVOS

A continuación se describirán diferentes dispositivos habituales en una instalación con X-10. Para ello se utilizan datos obtenidos en el catálogo de la empresa Home-System. En particular se mostrarán agrupados en torno los siguientes:

| TIPO | CARACTERÍSTICAS |
|---|---|
| Programadores | Se utilizan para comunicar la red X-10 con un ordenador y para alojar macros. |
| Actuadores | Convierten la señal X-10 en una acción eléctrica (encender o apagar un aparato eléctrico, por ejemplo). |
| Emisores | Genera en la instalación una señal X-10 |
| Filtros | Aislan la red X-10 y el resto de la instalación eléctrica. |
| Otros sistemas compatibles | Como cámaras, sistemas de seguridad. |

### 5.3.1 Programadores

Entre los diferentes programadores existentes en el mercado pueden encontrarse los siguientes:

#### 5.3.1.1 PROGRAMADOR PC

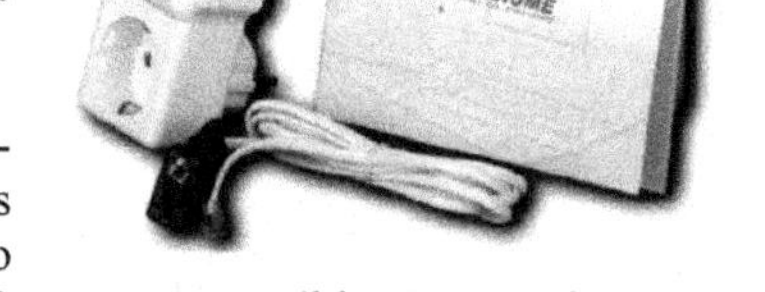


Este dispositivo es el interfaz habitual entre el PC y la instalación X-10. Dispone de varias funciones, que se describen a continuación.

La más importante es la de la comunicación directa entre el PC y los dispositivos de la instalación. Para ello se habrá instalado en el PC el *software* Active Home o algún otro compatible. Este *software* se describe más adelante.

Por otro lado permite alojar en su interior macros (órdenes agrupadas en una única instrucción virtual) y funciones de programación horaria sin necesidad de conectar el ordenador. De esta forma, cuando el programador detecta una señal X-10 en la red definida como macro, éste genera la serie de instrucciones asociadas a dicha instrucción mediante la macro. Por ejemplo, si se ha programado la macro A-2-ON, que hace que se encienda el elemento A-4 y se apague el A-5, cuando el programador detecte una instrucción A-2-ON en la red (actúa como receptor), generará a continuación primero la orden A-4 ON y luego la A-5 OFF (funcionando como un emisor). Además, como la orden A-2-ON llega a todos los dispositivos conectados en la misma red, obviamente si hay alguno con la propia dirección A-2, se activará.

El programador se alimenta de la propia red eléctrica, pero en caso de caída de suministro, y para almacenar los datos de las macros y funciones programadas dispone de una pila.

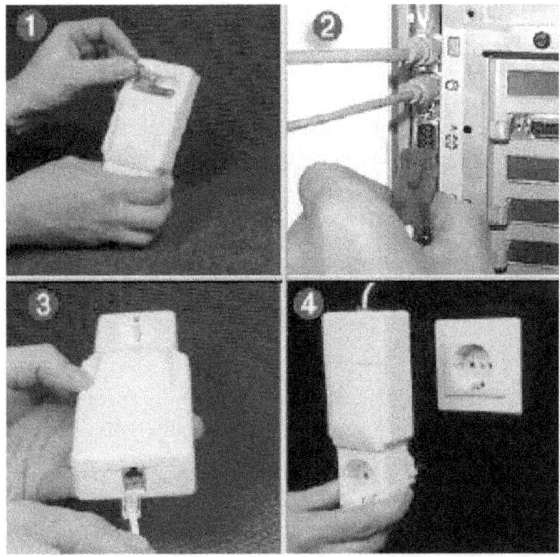


El programador dispone de un enchufe para su conexión a la red eléctrica a través del cual se comunica con los demás dispositivos, y de un conector RJ-11 al que se conecta un cable con este conector hembra en un extremo y otro RS-232 en el otro, que se conecta al puerto serie del PC. En la figura de la derecha se muestra esta pauta de conexión.

#### 5.3.1.2 PROGRAMADOR BIDIRECCIONAL

Este dispositivo está diseñado para aplicaciones O.E.M. (*Original Equipment Manufacturer*), es decir, aplicaciones donde se desee conectar en la red dispositivos externos que actúen como controladores. Algunos fabricantes como DSC, SIEMENS, ADICON, CARDIO, etc. complementan sus propios equipos de forma que utilizando este programador puedan comunicarse con los dispositivos X-10.

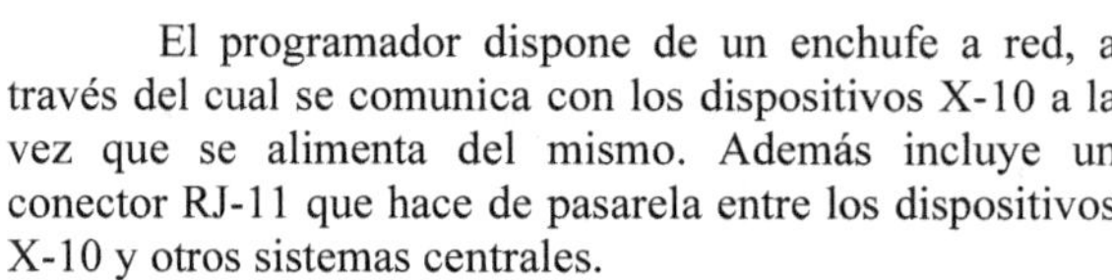

El programador dispone de un enchufe a red, a través del cual se comunica con los dispositivos X-10 a la vez que se alimenta del mismo. Además incluye un conector RJ-11 que hace de pasarela entre los dispositivos X-10 y otros sistemas centrales.

La misma funcionalidad que ofrece este dispositivo externo existe también en formato ASIC (circuito integrado para aplicaciones específicas). Este circuito integrado es incluido en dispositivos tales como centralitas de alarmas compatibles con el sistema X-10, y que no necesitan, por tanto, el programador bidireccional anterior, ya que lo tienen instalado en la propia placa.

### 5.3.2 Actuadores

A continuación se muestran algunos ejemplos de dispositivos X-10 que se encuentran en contacto directo con los dispositivos que se quieren controlar (luces, aparatos eléctricos, calefactores...).

Más que por funcionalidad, es decir, teniendo en cuenta el tipo de cargas que admiten, la descripción de los actuadores se hará por tipo de conexión, tal y como se muestra en esta tabla:

| TIPO DE ACTUADOR | CARACTERÍSTICAS |
|---|---|
| De pared | Se conectan directamente a una toma de enchufe de la pared. |
| De casquillo | Para conectar entre un casquillo convencional y la bombilla. |
| De carril DIN | Se conectan a un carril DIN, junto a otros dispositivos tales como magnetotérmicos, diferenciales... |

| Pulsadores empotrables | Se alojan en las cajas de mecanismos convencionales, sustituyendo a los interruptores habituales. |
|---|---|
| Con cable | Se alojan en las cajas de mecanismos convencionales instaladas en la pared o en los falsos techos. |

### 5.3.2.1 DE PARED

La ventaja principal de este tipo de dispositivo actuador X-10 es que para su conexión, no es necesario ningún tipo de cableado, instalación u obra adicional, ya que se conectan en cualquier toma de enchufe estándar de pared.

Su misión es detectar una instrucción X-10 que circule por la instalación eléctrica, y en caso de que ésta vaya dirigida hacia él, actuar en consecuencia conectando o apagando el aparato eléctrico que se encuentra enchufado al mismo, y siempre que este aparato no tenga su propio interruptor desconectado.

La forma de conectarlos es la que se muestra en la figura siguiente:

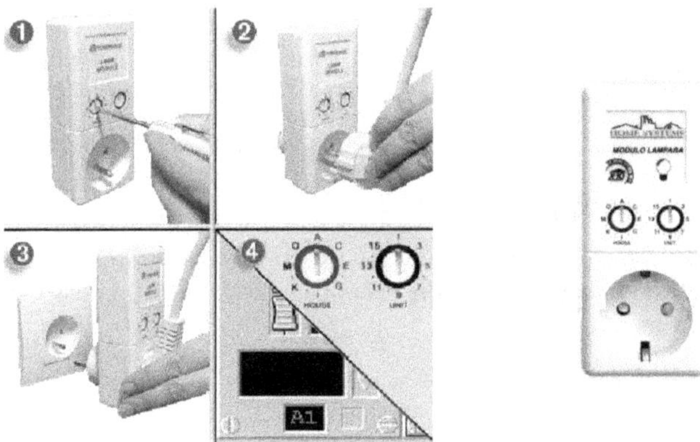


*Figura 5.5. Conexión de los módulos de pared*

1. En primer lugar hay que asignarles su dirección X-10. Para ello disponen de dos ruedas: una correspondiente a su código casa (A, B...) y otra a su código aparato (1, 2...). Cada una tiene 16 posibles valores.

2. Después hay que conectarle el aparato eléctrico que se quiera controlar con su propio interruptor en posición de encendido.

3. En tercer lugar, se enchufa a la red eléctrica.

4. Hecho esto, el dispositivo ya está listo para responder a cualquier instrucción X-10 que llegue al mismo a través de la red eléctrica y que incluya su misma dirección casa y aparato. En la imagen anterior se muestra cómo se ha configurado un dispositivo virtual en la aplicación Active Home para generar una instrucción X-10 mediante un ordenador.

Existen diferentes tipos de módulos de pared X-10 en función de la carga que puede conectárseles, y no sólo de la potencia que pueden conmutar, sino el tipo de la misma (inductiva, resistiva, halógena...). Algunos tipos se muestran en la siguiente tabla:

| TIPO DE MÓDULO DE PARED | CARACTERÍSTICAS TÍPICAS |
|---|---|
| De lámpara | Admiten funciones de ON/OFF y de atenuación (DIMMER) de lámparas de incandescencia desde 40 W hasta 300 W.<br>Responden también a las instrucciones “ALL LIGTHS ON” y “ALL LIGTHS OFF” que encienden y apagan respectivamente todas las luces. |
| De aparato | Admiten funciones de ON/OFF de aparatos de hasta 3500 W.<br>Admiten un máximo de 500 W para lámparas fluorescentes, y corrientes máximas de 1 A para motores y cargas inductivas, y 16 A para el resto de cargas.<br>No admiten funciones de atenuación (DIMMER) |

### 5.3.2.2 DE CASQUILLO

Al igual que los módulos de pared, este tipo de dispositivo actuador X-10 tiene una conexión muy simple, sin necesidad de cableado, ni de obra, ni de instalación previa.

Se puede utilizar sólo con bombillas incandescentes de hasta 60 W de potencia en lámparas cerradas, y 100 W en lám-paras abiertas, admiten instrucciones X-10 de encendido (ON), apagado (OFF), encendido de todas las luces (ALL LIGTHS ON) y apagado de todas las luces (ALL LIGTHS OFF), no permiten funciones de regulación.

Su programación es diferente de los anteriores: para ello hay que proceder de la siguiente forma:

1. Desconectar la corriente. Retirar la bombilla del casquillo e insertar el módulo de casquillo en la lámpara.

2. Insertar la bombilla en el casquillo.

3. Reestablecer la corriente. La lámpara no se encenderá.

4. Con cualquier controlador X-10 (por ejemplo un mando a distancia) con el código casa del casquillo, presionar tres veces seguidas, en intervalos de un segundo, el código unidad deseado para la bombilla, antes de que pasen 30 segundos desde que se restablezca la corriente. A la tercera vez que se pulse el código unidad, la lámpara se encenderá y el código quedará almacenado en la misma.

5. Para volver a cambiar el código, apagar la lámpara, desconectarla de la corriente, conectarla de nuevo y volver al punto 4.

### 5.3.2.3 DE CARRIL DIN

Su programación y funcionamiento son similares a los de los módulos de pared, pero, a diferencia de éstos, necesitan cableado adicional desde su ubicación en los carriles DIN hasta las cargas que se desean controlar, aunque en la mayoría de los casos estos cables ya se encuentran disponibles en la propia caja de conexiones donde se encuentra el carril DIN junto con otros dispositivos habituales en estas cajas como los elementos de protección (diferenciales, magnetotérmicos, etc.).

Estos dispositivos se utilizan cuando se quieren controlar todos los dispositivos de una sala, o de una parte de la casa, o de un tipo (luces, enchufes, etc.) ya que en este caso el cableado estaría disponible en la propia caja de conexiones.

La forma de ponerlo en operación se ilustra en las siguientes imágenes, donde se describe la conexión de un módulo de aparato carril DIN:

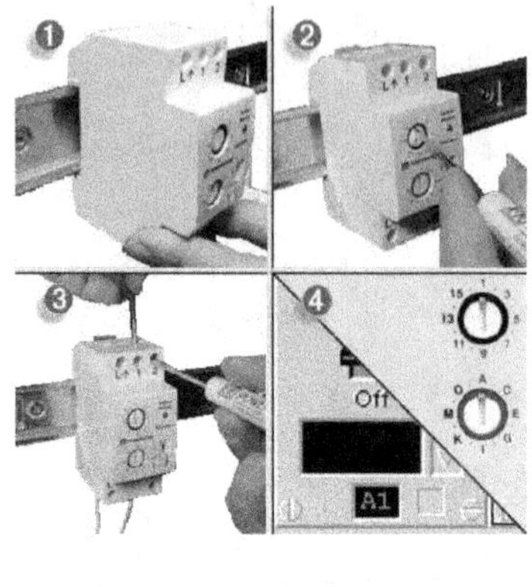


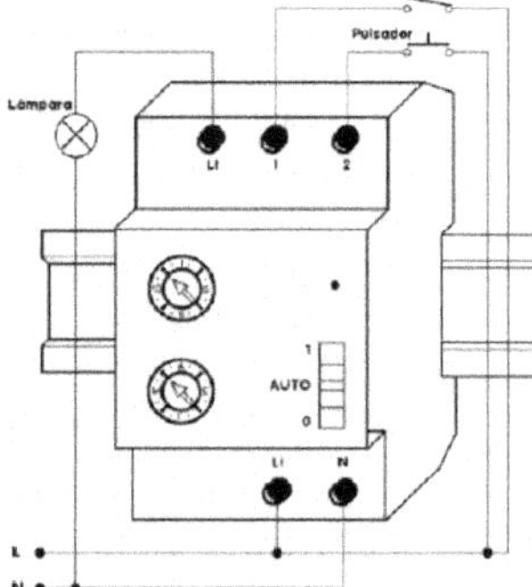


*Figura 5.6. Conexión de módulos de carril DIN*

1. Desconectar la corriente. Para ello operar sobre el magnetotérmico correspondiente. Montar el módulo sobre el carril DIN.

2. Mediante un destornillador asignar la dirección casa y aparato al módulo, haciendo girar las dos ruedas hasta la posición deseada.

3. Conectar los cables de fase al terminal L↑, el neutro a N y la salida de la carga al terminal L↓. El terminal uno del módulo está diseñado para utilizar interruptores de pared convencionales, de forma que se activa el relé del módulo de carril DIN en función de que estos interruptores estén

o no pulsados. El terminal dos está diseñado para utilizar pulsadores, de forma que cada vez que se pulsan, el relé cambia de estado (al pulsar la primera vez se activa, la segunda se desactiva, le siguiente se activa, etc.). Una vez conectado se volverá a dar tensión, rearmando el diferencial o el magnetotérmico y se comprobará el correcto funcionamiento del módulo de carril DIN pulsando el botón de test de su parte frontal. Si este botón se coloca en posición uno, la carga conectada permanecerá encendida y no se podrá apagar ni siquiera con los pulsadores de pared. Si se conecta en posición cero, la carga permanecerá apagada de forma permanente. En posición AUTO serán las señales X-10 o la de los pulsadores conectados los que activen o desactiven la carga.

4. Como el resto de los controladores X-10, se puede crear un componente virtual en el ordenador utilizando la aplicación Active Home, o cualquier otro *software* compatible. De esta forma, se podrá activar o desactivar el módulo desde un PC.

Existen varios tipos diferentes de módulos de carril DIN X-10, en función de la carga que puede conectárseles, y no sólo de la potencia que pueden soportar, sino del tipo de la misma (inductiva, resistiva, halógena...). La forma de conexión varía ligeramente de unos a otros. La anteriormente descrita corresponde a un módulo de aparato. En la tabla siguiente se muestran las características eléctricas de algunos tipos.

| TIPO DE MÓDULO CARRIL DIN | CARACTERÍSTICAS TÍPICAS |
|---|---|
| De lámpara | Diseñados para lámparas de 220 VAC o luces halógenas de 12 V. Admiten funciones de ON/OFF y de atenuación (DIMMER) de luces incandescentes desde 40 W hasta 700 W. Responden también a las instrucciones "ALL LIGTHS ON" y "ALL LIGTHS OFF" que encienden y apagan, respectivamente, todas las luces. |
| De aparato | Admiten funciones de ON/OFF de cargas con un máximo de 2.000 W para lámparas fluorescentes, corrientes máximas de tres A para motores, y de 16 A para cargas resistivas.<br>No admiten funciones de atenuación (DIMMER). |
| De persiana | Ocupa cuatro espacios en el carril DIN.<br>Carga máxima 500 VAC, motores de 220 V, 10 A. |

### 5.3.2.4 PULSADORES EMPOTRABLES

Estos dispositivos reemplazan a los interruptores y pulsadores convencionales para el control de luces y aparatos. Las cargas conectadas se activan o desactivan por dos razones: porque se accione el pulsador incluido en el dispositivo (también puede añadirse otro pulsador externo) o porque reciban una señal X-10 que coincida con la que tiene configurada. En la siguiente tabla se muestran los dos tipos de pulsadores existentes:

| TIPOS DE PULSADORES | CARACTERÍSTICAS TÍPICAS |
|---|---|
| De lámpara | Admiten funciones de ON/OFF y de atenuación (DIMMER) de luces incandescentes desde 60 W hasta 500 W.<br>Responden también a las instrucciones "ALL LIGTHS ON" y "ALL LIGTHS OFF" que encienden y apagan, respectivamente, todas las luces. |
| De aparato | Admiten funciones de ON/OFF de cargas con un máximo de 2.000 W para cargas resistivas.<br>No admiten funciones de atenuación (DIMMER). |

Para configurarle la dirección, hay que quitar el pulsador, y aparecerán a la vista las dos ruedas con la dirección casa y aparato (el uno en la figura). Hay que conectar las tomas de tensión, y conectar el dispositivo a la carga (luces, aparatos...) (2). Se vuelve a colocar la tapadera del pulsador (3) y ya está listo para recibir señales X-10 desde cualquier fuente, por ejemplo, desde un PC (son Active Home en el punto 4 de la figura 5.7). Por supuesto, estas acciones se efectuarán sin tensión en la red, que deberá cortarse accionando el magnetotérmico correspondiente.

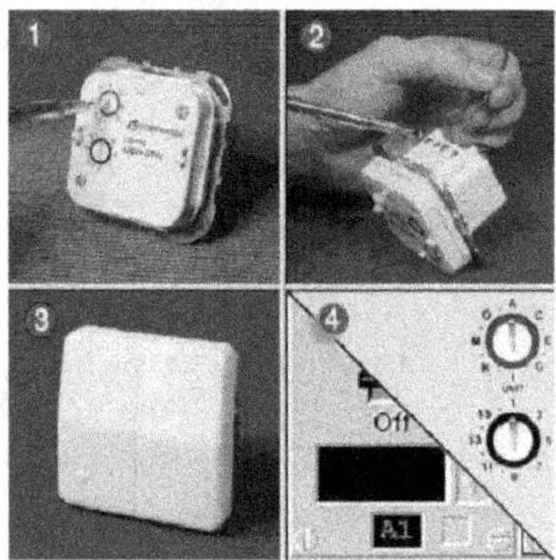


*Figura 5.7. Procedimiento de instalación de un módulo de empotrar*

#### 5.3.2.5 MÓDULOS DE CABLE

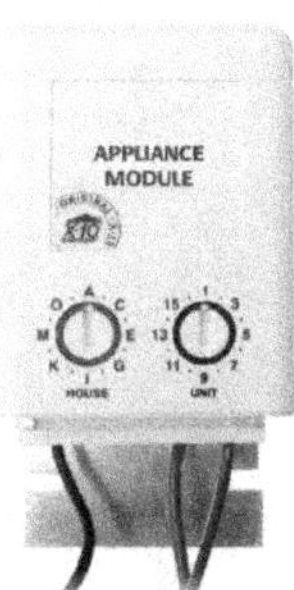


Los módulos de cable son dispositivos X-10, con la misma función que los de pared, que están diseñados para su instalación en falsos techos o en cajas universales. Los módulos deben conectarse con las cargas mediante cables. Así mismo, se alimentan de la red mediante una conexión que debe realizarse también con cables. A través de esta conexión cualquier información codificada en el formato X-10 accede al módulo, accionándolo en el caso de que la misma contenga los códigos de casa y de aparato con los que se ha configurado previamente el módulo.

Se configuran de la misma forma que los anteriores, mediante un destornillador, y haciendo girar cada una de sus dos ruedas, una para su dirección casa y otra para su dirección aparato.

De la misma forma que en dispositivos anteriormente descritos, existen diferentes tipos de módulo de cable, de los que cabe destacar los que se incluyen en la siguiente tabla:

| TIPO DE MÓDULO CON CABLE | CARACTERÍSTICAS |
|---|---|
| De lámpara | Admiten funciones de ON/OFF y de atenuación (DIMMER) de luces incandescentes desde 40 W hasta 300 W.<br>Responden también a las instrucciones "ALL LIGTHS ON" y "ALL LIGTHS OFF" que encienden y apagan, respectivamente, todas las luces. |
| De aparato | Admiten funciones de ON/OFF de cargas con un máximo de 3.500 W para cargas resistivas, 500 W para iluminación fluorescente, y corrientes máximas de un A para motores, y de16 A para cargas resistivas.<br>No admiten funciones de atenuación (DIMMER). |

### 5.3.3 Emisores

A continuación se muestran algunos ejemplos de dispositivos X-10 que generan, de alguna forma, señales X-10. En concreto se describen los siguientes dispositivos:

| TIPO DE EMISOR | CARACTERÍSTICAS |
|---|---|
| Receptor de RF | Recibe las señales que provienen de los mandos a distancia y la convierten a formato X-10. |
| Emisores de RF | Generan una señal de radiofrecuencia que debe ser recibida por un módulo receptor de RF para ser convertida en una señal X-10. Entre ello se encuentran los diversos tipos de mandos a distancia, los sensores de presencia, de temperatura, ... |
| De sobremesa | Son generadores de señales X-10 mediante una botonera, o mediante conexión telefónica |
| De cable | Para colocar en cajas de mecanismos o en falsos techos. Generan una señal X-10 cuando se cierra un relé. |
| Micromódulos | Se alojan en las cajas de mecanismos convencionales, junto a los interruptores habituales |

### 5.3.3.1 RECEPTOR DE RF

Este tipo de módulo es en realidad un emisor de X-10, ya que su misión es la de generar en la red eléctrica señales de este tipo cuando recibe señales de radiofrecuencia procedentes de cualquier dispositivo emisor compatible.

El que se muestra en la figura de la derecha es un módulo capaz de generar señales para ser enviadas hasta 16 aparatos. Sólo dispone de una rueda de configuración, la del código casa, y puede transmitir únicamente las señales destinadas a aparatos con código casa idéntico al suyo.

Además estos dispositivos se comportan también como módulo de aparato, capaz de conmutar cargas resistivas de hasta 5 A o inductivas de hasta 2 A (aunque hay diferentes versiones capaces de conmutar cargas diferentes). Su código aparato es el 1, y no puede cambiarse.

### 5.3.3.2 EMISORES DE RF

Existe una gran variedad de dispositivos que generan señales de radiofrecuencia que pueden ser interpretadas por el receptor RF anterior para ser convertidas al estándar X-10.

En la figura siguiente se muestran algunos tipos de mandos a distancia:

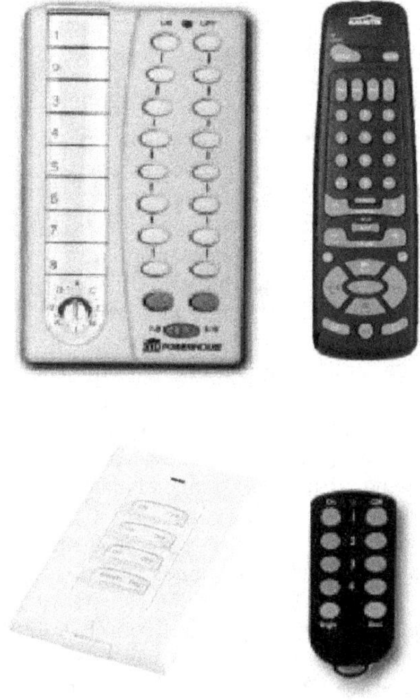

*Figura 5.8. Mandos a distancia, compatibles X-10*

Los dos primeros de la figura 5.8 son mandos a distancia de sobremesa, capaces de generar señales para tres y 16 aparatos distintos, respectivamente. El tercero es un mando de llavero que puede generar cuatro señales. El último es un mando universal, ya que además de generar señales compatibles X-10, emite señales para aparatos de televisión, vídeos, etc. Éste dispone de botones suficientes para generar señales X-10 para todos los aparatos, sólo es necesario únicamente programarle su código casa.

Cuando los mandos disponen de pocos botones, como el primero y el tercero de los anteriores, es necesario programarles el código casa y aparato del primero de sus botones y los siguientes generan las señales consecutivas. Es decir, si en el mando de llavero se programa la pareja de botones superiores como C4 (ON y OFF) los siguientes generarían las C5, C6 y C7.

Los cuatro mandos mostrados incluyen una pareja de botones para función de atenuación de luces (*dimmer*).

Existe otra variedad de dispositivos generadores de señales de radiofrecuencia compatibles con X-10. Entre ellos cabe señalar el mostrado en la imagen de la derecha.

Se trata de un sensor de presencia e iluminación. Éste funciona a pilas, y puede generar cuatro señales diferentes de X-10 para activar y desactivar dos aparatos o dos macros cuyas direcciones deben ser correlativas. Es decir, al sensor se le programa una única dirección (por ejemplo la C5), de forma que cuando detecta movimiento emite una señal que activa dicho código (C5.ON). Esta señal debe ser detectada por cualquier detector RF situado en su radio de acción. Cuando transcurre un tiempo (configurable) sin detectar movimiento, envía una señal con el código opuesto (C5.OFF). Por otro lado, cuando el sensor detecta ausencia de luz, emite una señal con el código correlativo (C6-ON) y cuando detecta luz, emite el opuesto (C6-OFF) .

Este sensor puede configurarse para detectar sólo movimiento o iluminación, así como para modificar los tiempos de activación.

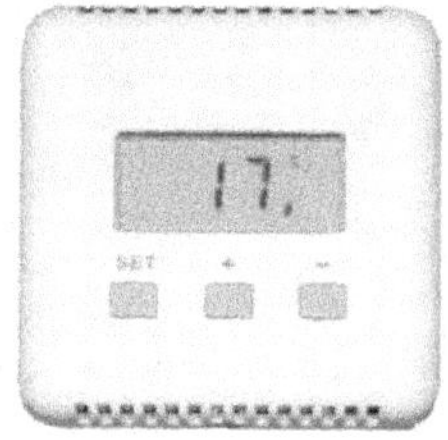

Del mismo tipo es el termostato de la figura. Éste requiere un receptor RF denominado Maxicontrolador, que será descrito en el apartado siguiente (emisores de sobremesa).

El termostato genera una señal cuando la temperatura desciende por debajo de la de consigna y otra cuando la temperatura aumenta por encima de la consigna. Su utilidad, por tanto, será la de accionar algún aparato calefactor (o de aire acondicionado) conectado a alguno de los actuadores X-10 descritos con anterioridad. Los maxicontroladores pueden gestionar las señales recibidas por hasta cuatro termostatos como el descrito.

### 5.3.3.3 EMISORES DE SOBREMESA

Hay disponibles varios tipos de emisores de señales X-10 de sobremesa. Estos dispositivos disponen, en general, de una botonera desde la que se generan señales X-10. En la figura siguiente se muestran dos de ellos.

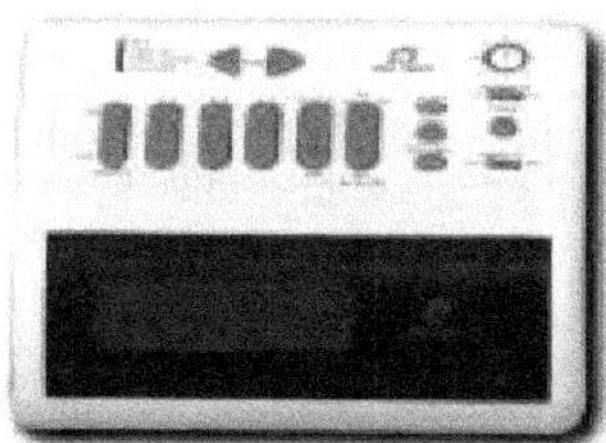

*Figura 5.9. Emisores de sobremesa*

El emisor de la izquierda de la figura 5.9 es un controlador de hasta 128 aparatos (ocho por código casa) y además es un programador que permite elegir ocho horarios de apagado y encendido de módulos X-10. Por tanto, además de como simple consola de mando de la instalación domotizada, permite funcionar como temporizador. De esta forma puede emplearse, por ejemplo, para utilizar la tarifa eléctrica nocturna en determinados aparatos como acumuladores, calentadores, etc. También hay modelos que además son receptores RF, por lo que se puede utilizar en combinación con cualquiera de los emisores RF anteriormente descritos.

Por último, el aparato de la derecha de la figura 5.9 es el denominado Maxicontrolador telefónico, que además de permitir accionar por teclado hasta 16 módulos X-10, también permite hacerlo por vía telefónica.

### 5.3.3.4 EMISORES DE CABLE

Se trata de un emisor para colocar en un falso techo o en una caja de mecanismos. Genera una señal X-10, configurada mediante un destornillador de la forma habitual, cuando se cierra un contacto seco o de baja tensión (6-18 V, AC, DC o audio).

*Figura 5.10. Emisores de cable*

Puede utilizarse de tres formas:

- En modo 1 enciende todos los módulos de lámpara, de iluminación empotrable o de iluminación DIN que tengan el mismo código casa que él, así como cualquier dispositivo que tenga los mismos códigos casa y aparato que él.

- En modo 2 hace que todos los módulos de lámpara, de iluminación empotrable o de iluminación DIN que tengan el mismo código casa que él, parpadeen.

- En modo 3 enciende sólo cualquier dispositivo que tenga los mismos códigos casa y aparato que él.

### 5.3.3.5 MICROMÓDULOS

Los micromódulos son dispositivos X-10 que actúan como emisores y como actuadores, y son de un tamaño muy reducido, aptos para ser instalados en las propias cajas de mecanismos, detrás de los pulsadores o de los interruptores de pared convencionales. Pueden conmutar cargas de hasta 500 W para cargas fluorescentes, de hasta un A para motores y de hasta 16 A para cargas resistivas. Su principal aplicación es la de conmutar cargas utilizando la funcionalidad X-10, y su gran ventaja es que mantienen la estética de los pulsadores convencionales instalados en la vivienda.

En el micromódulo se conectan hasta dos interruptores convencionales mediante cables. El primero controla el relé y trasmite las órdenes X-10 ON/OFF para las direcciones establecidas. El segundo sólo transmite órdenes ON/OFF a la dirección configurada más uno. Por tanto se observa su doble funcionalidad: como actuador, ya que puede activar una carga, y como transmisor ya puede emitir dos señales X-10.

En el apartado de emisores se describirán otros dos micromódulos con características muy similares a éste, pero que no pueden actuar directamente sobre ninguna carga, pues sólo disponen de la función transmisor y no de la de actuador.

Para cambiar su código casa o unidad se procede de la forma siguiente:

1. Preparar un transmisor X-10 que permita el código que le quiere asignar (por ejemplos un mando a distancia).

2. Desmontar cualquier dispositivo (toma de enchufe, interruptor, etc.) para poder tener acceso el micromódulo.

3. Mantener pulsado el botón de programación en el micromódulo durante 3 segundos. Al soltarlo debe quedarse encendido. Con esto, el micromódulo está en *modo programación*.

4. Pulsar dos veces en el mando a distancia (o en cualquier otro emisor) el código X-10 que se desea transmitir al micromódulo.

5. Salir del modo programación, pulsando una vez en el botón de programación del micromódulo. También se sale de este modo si no se pulsa nada durante 60 segundos.

### 5.3.4 Filtros

El número de códigos que identifica a los módulos X-10 es limitado. Por esta razón es bastante probable que dos viviendas cercanas tengan componentes instalados con los mismos códigos. Como la red eléctrica es compartida con todas las viviendas, podría darse el caso de que las señales generadas por los emisores de una de las viviendas actuaran sobre módulos de la otra, y viceversa. Para evitar este hecho existe la posibilidad de colocar filtros.

Otra misión de los filtros es la de aislar de la red X-10 los aparatos que pudieran crear perturbaciones en la misma, como podrían ser algunos ordenadores, frigoríficos, etc. Aunque esto no se produce de forma general, excepcionalmente puede darse el caso de que algún módulo X-10 no reciba correctamente las señales de los emisores debido a las perturbaciones procedentes de estos aparatos. Entonces existe la posibilidad de aislarlos de la red X-10 mediante un filtro que, por supuesto, no impide que puedan seguir alimentándose de energía de la red eléctrica.

En la figura siguiente se muestran dos fotografías de los anteriores. El de la derecha es un filtro para aislar la vivienda de señales entrantes y salientes X-10. El de la izquierda es una toma de corriente con filtro, que aisla de la red a los aparatos a ella conectados.

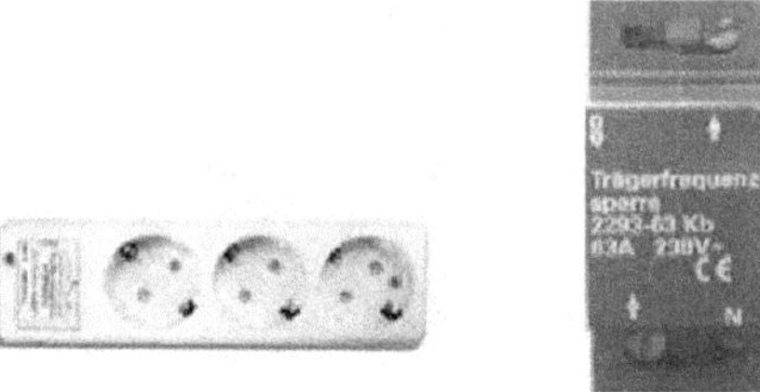


*Figura 5.11: Filtros de X-10*

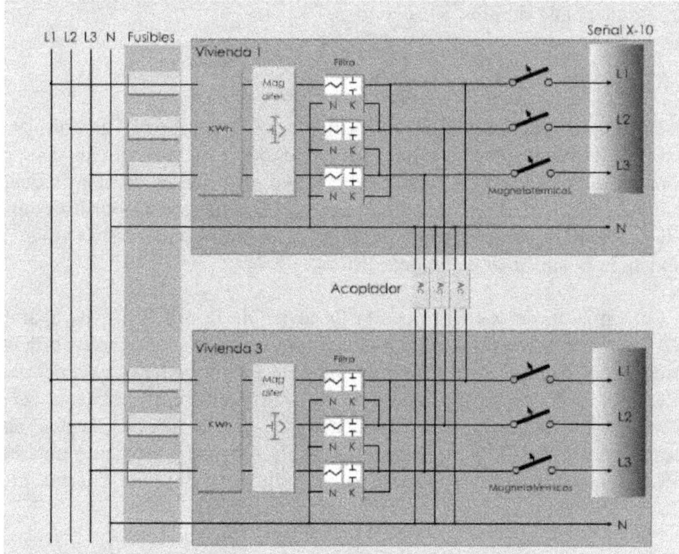


*Figura 5.12. Conexión de filtros en una instalación domótica con X-10*

En la figura anterior se muestra cómo conectar los filtros. En general la conexión se hará entre los diferenciales y los magnetotérmicos. En el caso de que se pretenda gobernar dos o más viviendas con el mismo sistema X-10, es necesario colocar acopladores de fases en cada una de las mismas tal y como también se muestra en el mismo esquema. Los filtros llevan incorporados los acopladores de fases que aseguran en el caso de instalaciones trifásicas que un emisor instalado en una fase pueda activar un receptor ubicado en otra.

## 5.3.5 Otros dispositivos compatibles

Continuamente surgen en el mercado nuevos productos compatibles con los dispositivos X-10. En ese apartado se muestran sólo algunos de ellos.

### 5.3.5.1 SISTEMAS DE SEGURIDAD

Existe gran cantidad de centralitas de seguridad doméstica compatibles con X-10, como pueden ser los modelos Maxicontrolador, o la consola Powermax (en la imagen siguiente).

*Figura 5.13. Centralita Powermax y accesorios*

Disponen de múltiples accesorios como sensores de presencia, sensores para alarmas técnicas (humo, inundación, etc.), sensores para alarmas médicas y un largo etcétera, ya que la cantidad de aplicaciones crece conforme lo hace su demanda.

Su integración X-10 es grande. En general las centralitas tienen las siguientes características:

- Funcionan como receptores de radiofrecuencia. No sólo reciben las señales de sus propios sensores, en muchos casos, por medio de señales de este tipo, sino que además con capaces de recibir señales RF que provienen de los emisores habituales X-10, como mandos a distancia.

- Funcionan como controladores telefónicos. Avisan a los números de teléfono programados en caso de que salte alguna de las alarmas y pueden configurarse, activarse o desactivarse por medio de una llamada de teléfono (tienen comunicación en los dos sentidos: centralita/usuario y usuario/centralita) como la mayoría de las alarmas del mercado. Pero además de estas acciones, el usuario también puede usar este canal de comunicaciones telefónico para generar cualquier señal X-10 en la vivienda, pudiendo apagar o encender un aparato conectado a un módulo X-10 actuador.

#### 5.3.5.2 CÁMARAS

Son dispositivos que permiten distribuir señales de vídeo y audio que provienen de una cámara (*webcam*). Constan de la propia cámara, con un convertidor a radiofrecuencia, y un receptor que convierte dicha señal en otra de audio y vídeo que puede llevarse a un monitor, un aparato de televisión o a un PC.

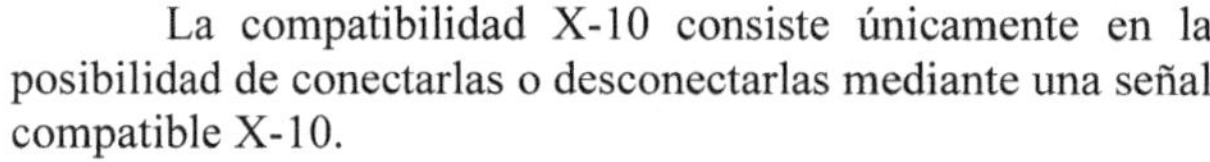

La compatibilidad X-10 consiste únicamente en la posibilidad de conectarlas o desconectarlas mediante una señal compatible X-10.

#### 5.3.5.3 TESTER

Son dispositivos que permiten analizar el estado de la red X-10 y comprueban la transmisión de las señales a través de la línea eléctrica.

Son aparatos destinados a uso profesional (instaladores, técnicos, etc.) y no son necesario salvo en fase de instalación (incluso en este caso no es habitual el uso de estos dispositivos) o en caso de malos funcionamientos debidos a la presencia de perturbaciones, en los que su uso sí puede estar justificado.

## 5.4 *SOFTWARE* DE CONFIGURACIÓN DEL SISTEMA

El sistema no necesita ningún *software* adicional para su gobierno, pero existen en el mercado, programas que proporcionan la posibilidad de manejar y programar los dispositivos desde el PC. Estos programas necesitan un módulo especial X-10 que haga de intermediario entre el sistema y el ordenador y desde éste se pueden activar, desactivar y hacer temporizaciones y regulaciones con un simple movimiento de ratón. Con la aplicación telnet adecuada o mediante un navegador web, se podría gobernar un sistema desde cualquier parte del mundo a través de Internet.

También existe la posibilidad de gobernar la vivienda a través de un teléfono fijo o móvil ya que hay en el mercado diferentes módulos de módem que facilitan este tipo de operaciones, como se ha descrito en el apartado anterior.

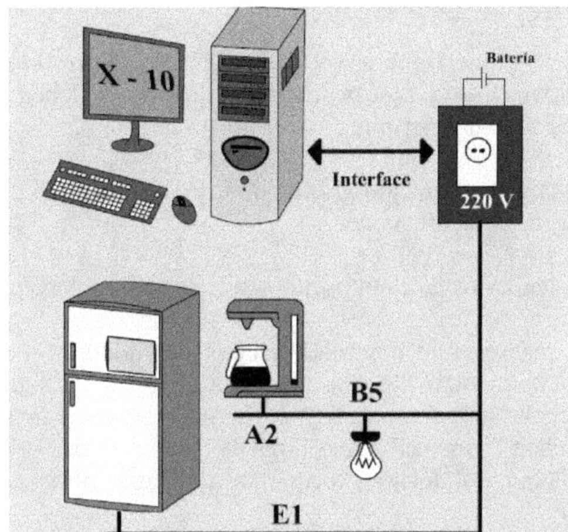


*Figura 5.14. Programación de un sistema X-10 mediante ordenador personal*

Entre todos los programas que existen en el mercado, en este capítulo se va a describir uno de ellos, el Active Home, ya que es un programa de manejo sencillo y de rápido aprendizaje. Existen otros programas en el mercado, como HomeSeer, para controlar la instalación domótica y que permiten incluso hacerlo desde una página en Internet, pero su manejo se hace más complejo y queda fuera de los objetivos de la presente publicación.

Esta aplicación permite realizar, entre otras, las siguientes acciones:

- Asignar una dirección a cada dispositivo conectado.
- Conectar el PC a la red domótica mediante un interfaz.
- Configurar un elemento por cada dispositivo.
- Programar los eventos y macros.

El *software* Active Home se incluye en cualquiera de los *kits* de dispositivos X-10. En el CD que acompaña a este libro, se incluye una versión del mismo.

A continuación se describe esta aplicación *software* más en detalle.

## 5.4.1 Manejo del Active Home

El *software* ActiveHome sirve de interfaz de control sobre el *hardware* X-10. Los dispositivos que se desean controlar (luces, etc.) deben estar conectados a módulos X-10. El *software* permite:

- Crear una representación gráfica de los módulos y controlar las luces y aparatos desde el ordenador.
- Crear calendarios de eventos que se ejecutan automáticamente.
- Definir macros que controlan grupos de módulos. Por ejemplo: una macro denominada "Llegada a casa" puede hacer las siguientes acciones: encender la luz del porche, de la salita y activar la música. Otra denominada "BuenasNoches" puede apagar todas la luces internas, apagar la música, dejar las luces de seguridad activas.
- Definir calendarios de viajes que hacen que la casa parezca habitada cuando el usuario está fuera, mediante el encendido de luces y aparatos.
- Crear informes impresos que muestran los diferentes aspectos del sistema domótico como módulos instalados, tiempos de eventos definidos, etc.

## 5.4.2 Configuración

Primero se debe instalar el *software* Active Home, que crea un menú dentro de la carpeta programas de Windows. Para ejecutarlo se pulsa sobre el icono Active Home.

El entorno principal divide la casa en distintas estancias o habitaciones (etiquetas inferiores) donde se van colocando los componentes X-10 (botones superiores).

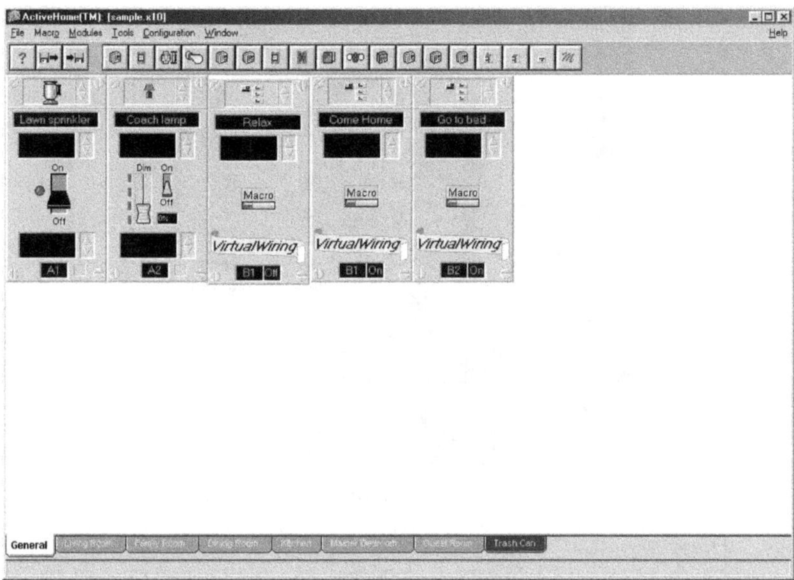


*Figura 5.15. Ventana principal del programa ActiveHome*

## 5.4.3 Instalación de los dispositivos

Antes de empezar a trabajar con el programa se deben instalar físicamente los dispositivos X-10 a la red eléctrica. Para ver cómo se instala cada uno se puede pulsar el botón derecho del ratón sobre el módulo X-10 que lo representa dentro del programa, al seleccionar *instalación*, aparecerá una imagen que indica paso a paso cómo conectar el dispositivo. En la figura siguiente se muestra la imagen de instalación de un módulo de aparato.

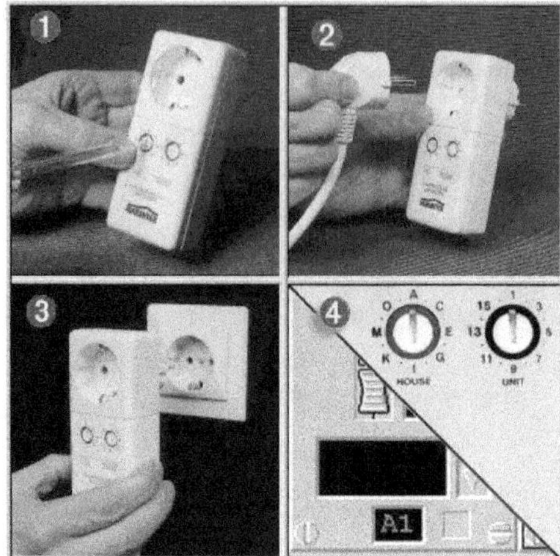


*Figura 5.16. Ventana de ayuda a la instalación de un módulo X-10 en Active Home*

Después se debe conectar el módulo de programación del PC y configurar el puerto serie COM1 o COM2 desde donde se va a controlar. Su instalación se describió en el apartado anterior, y se muestra de nuevo en la figura siguiente:

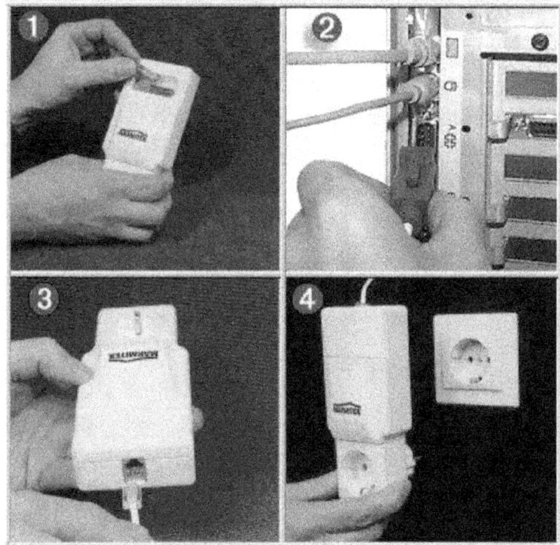


*Figura 5.17. Ventana de ayuda a la instalación del módulo de programación*

Por último se colocarán los módulos virtuales que representan a los verdaderos en el entorno Active Home y se les asociará el mismo código que a éstos. En la figura 5.18 se muestra el icono que representa en Active Home a la lámpara conectada al módulo actuador X-10 de código A-2.

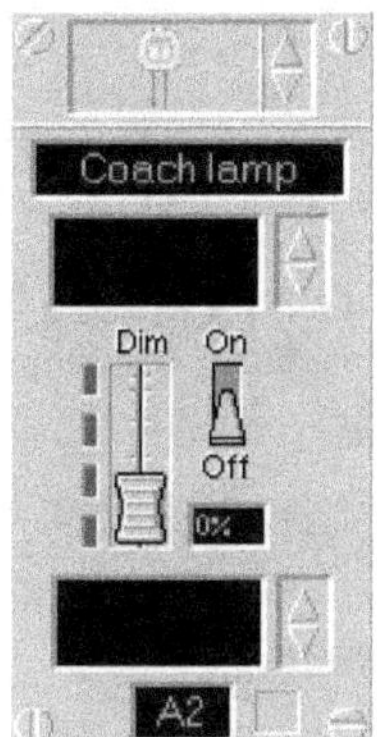


*Figura 5.18. Icono que representa en ActiveHome al módulo de iluminación A-2*

Para actuar sobre cada uno de los aparatos conectados a los módulos actuadores X-10, simplemente habrá que situar el ratón sobre el botón ON/OFF y pulsarlo. De esta forma, el interruptor cambiará de estado y dicha acción se transmitirá al aparato conectado. En caso de que el módulo tenga posibilidad de regulación de intensidad (dimmer), aparecerá en el icono correspondiente una barra de desplazamiento (ver figura anterior) que puede desplazarse hacia arriba a abajo con el ratón, modificando la intensidad de luz de la lámpara conectada a dicho módulo.

## 5.4.4 Macros

Una macro permite crear escenas o secuencias de eventos en cualquier lugar de la casa. No hay límite sobre el número de aparatos a controlar desde una macro ni del número de macros.

Existen dos tipos de macros:

- Estándar.
- Rápidas.

Las estándar se almacenan en el disco duro del propio PC y por lo tanto éste debe permanecer encendido. En las rápidas esta condición no es necesaria, ya que se descargan a la propia interfaz (módulo de programación) aunque su número está limitado según el módulo de programación disponible.

Para crear una macro, hay que pulsar en el menú *Macro/Nueva Macro,* aparecerá el generador de macros con la nueva macro y todos los dispositivos disponibles. En la figura siguiente se muestra un ejemplo con dos macros creadas. Los dispositivos existentes aparecen a la izquierda, y pueden arrastrase con el ratón y situarse sobre la macro deseada, añadiéndose a la misma. En la figura se han creado las macros B1-OFF y B1-ON. La primera enciende las lámparas A5, A6 y A7 y las pone al 50% de su intensidad. La segunda enciende la plancha A4 y las lámparas A2, A4, A6 y A7 y apaga la A2 tras 10 minutos.

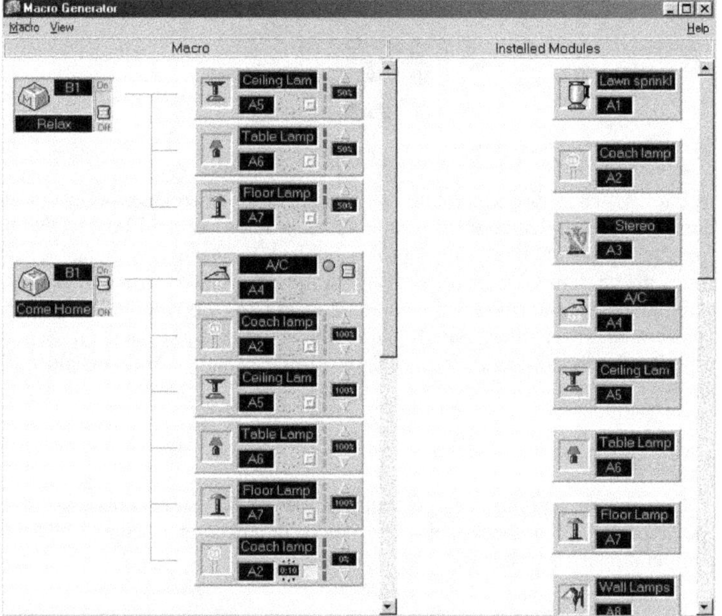


*Figura 5.19. Generado de macros*

Una vez creada la macro, al salir de la ventana anterior y descargarla (o no, según sea rápida o estándar) al módulo de programación, puede ponérsele un nombre. En la ventana principal del Active Home aparece un componente X-10 de fondo con el cartel amarillo *VirtualWiring* por cada macro creada, como se puede ver en la figura anterior que mostraba la ventana principal de este *software*.

Las macros sólo se pueden eliminar desde la pantalla de *generador de macros* y pueden ser llamadas activando su código por otro dispositivo o fijando una temporización.

## 5.4.5 Programación de eventos

La programación de eventos permite apagar o encender un dispositivo en una fecha determinada. Para crear un evento, se pulsa sobre la ventana de programación de eventos o (control de tiempo) del módulo X-10 que se desea programar y aparecerá la ventana de programación que se muestra en la figura siguiente.

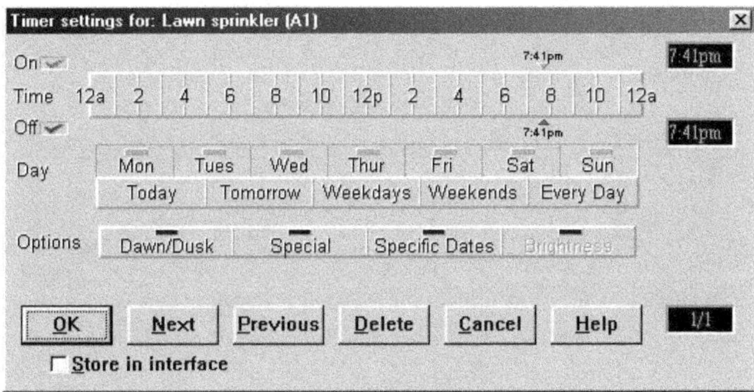


*Figura 5.20. Ventana de configuración de eventos*

Se puede indicar la hora de encendido con cursor verde y la de apagado con el cursor rojo. Las macros sólo tienen encendido.

## 5.4.6 Estilo de vida

Permite recordar todos los comandos X-10 que se transmiten por la red eléctrica en 24 horas y los repite después todos los días para dar al hogar la apariencia de estar habitado. Para activarlo, primero se deben seleccionar los dispositivos cuyos instantes de encendido y apagado se desean memorizar. Para ello se pulsa sobre el pequeño botón de estilo de vida del módulo X-10 correspondiente. Después se activa el modo de vida, *Tools-LiveStyle.*

Capítulo 6

# EL ESTÁNDAR EIB

## 6.1 INTRODUCCIÓN

Este capítulo pretende servir de introducción al estándar EIB (Bus de Instalación Europeo). Como se vio en el capítulo 4, se trata de un sistema descentralizado y estandarizado, soportado por varias marcas comerciales, y del que se describirán sus características principales.

EIB fue propuesto por la EIBA (European Installation Bus Association). La EIBA es la organización que reúne a empresas de instalaciones eléctricas europeas para impulsar el desarrollo de sistemas inmóticos y conseguir ofrecer en el mercado europeo un sistema de alta fiabilidad. Tiene su sede en Bruselas. A la asociación pertenecen más de 110 miembros que, como fabricantes, cubren el 80% de la demanda de aparatos de instalación eléctrica en Europa. De esta forma, los clientes de este estándar disponen de libre elección de productos de diferentes fabricantes y de sus soluciones técnicas. La asociación EIBA fue la impulsora del bus en sus inicios, pero que actualmente ha pasado a denominarse KNX Association, tras la integración de los estándares BCI y EHS, junto con el EIB. Es posible encontrar información actualizada en:

http: // www.knx.org/es/knx-estandar/introduccion.

El Bus de Instalación Europeo (EIB) es apropiado para oficinas, hoteles, escuelas, residencias, polideportivos, grandes superficies, ayuntamientos, y en general para cualquier edificio. También se puede utilizar en el ámbito doméstico aunque se trata de una solución justificable económicamente cuando el número de dispositivos es elevado.

Entre las principales ventajas del sistema pueden considerarse las siguientes:

| **Características de EIB** | |
|---|---|
| Adaptable y modular | Si se produce una modificación en la utilización del edificio o una ampliación, no se precisa modificar el cableado, ya que todos los elementos están conectados a una única línea del bus; simplemente habrá que programar de nuevo a los componentes (sensores y actuadores). |
| Reduce el mantenimento | Todos los sistemas están comunicados entre sí. |
| Ahorra tiempo | El esfuerzo en el proyecto y en la instalación se minimiza, porque se reduce considerablemente la cantidad de conductores. Un programa informático apoya este proceso para realizar el proyecto y la instalación (ETS, EIB Tool *Software*). Gracias al simple cableado se reducen los tiempos de montaje. |
| Es ampliable | Todos los componentes se pueden conectar sin problemas al bus disponible, una gran ventaja cuando la instalación debe ser ampliada. Y puesto que el bus es compatible con sistemas superiores, puede ser acoplado también a otros sistemas de gestión de edificios. |
| Está estandarizado | Las soluciones ofrecidas por las diferentes marcas son compatibles entre sí. Por ello pueden instalarse mezclados productos EIB de los diferentes fabricantes. |

Actualmente, los sensores y actuadores se comunican entre sí a través de cuatro medios de transmisión posibles:

- **Par trenzado (TP).** Cable de muy baja tensión de seguridad: es el principal medio de EIB.

- **Red eléctrica de 230 VAC (por corrientes portadoras).** Cuando las cons-trucciones no son nuevas, y son complicadas las reformas, EIB también puede optar por el uso de corrientes portadoras (igual que el sistema X-10) permitiendo el aprovechamiento de la red eléctrica existente.

- **Radiofrecuencia.**

- **Infrarrojos.**
- **Comunicación IP (a través de red Ethernet).**

## 6.2 DESCRIPCIÓN DEL SISTEMA

En cualquier edificio residencial o funcional, los sistemas técnicos de las distintas instalaciones tienen que cumplir similares objetivos, como por ejemplo el control de iluminación, persianas y toldos, el control del aire acondicionado, ventilación o calefacción individual de cada habitación, la gestión de cargas eléctricas, la vigilancia del edificio, la monitorización, visualización, registro y operación, así como la comunicación con otros sistemas.

Una posible solución es la de utilizar sistemas centralizados, lo que supone una gran cantidad de cables con el consiguiente aumento del riesgo de incendios, mayor complejidad en la gestión del tendido de estas redes, etc. Apenas resulta posible ampliar o extender instalaciones eléctricas existentes en casos de renovación o cambios de uso, y no existe prácticamente ninguna posibilidad de combinar los diferentes sistemas. Por el contrario, EIB ofrece el uso de un sistema basado en bus, par trenzado independiente, como medio de transmisión de la información de control que garantiza una gran fiabilidad y seguridad.

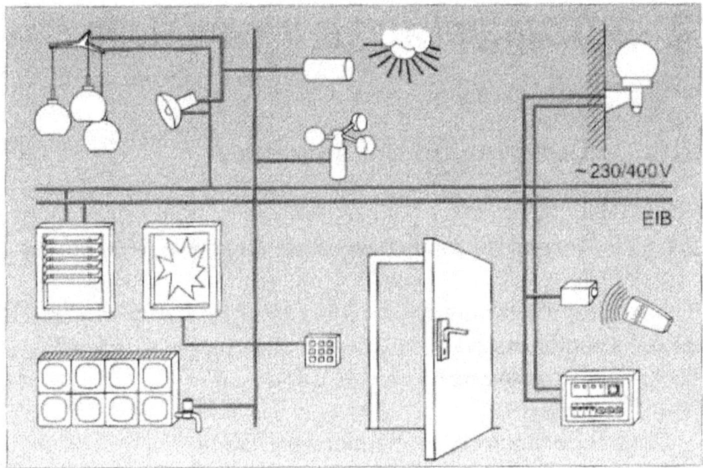


*Figura 6.1. El sistema EIB en instalaciones eléctricas*

Se trata de una solución flexible y rentable para un amplio abanico de aplicaciones en el hogar, y en edificios funcionales. El sistema completo, desde el tendido del bus, pasando por el montaje e instalación de sus componentes, y hasta la puesta en marcha, mantenimiento y comprobación de las instalaciones, está concebido a medida de los profesionales de las instalaciones eléctricas. Se puede destacar:

- El tendido de la línea bus en paralelo al circuito de fuerza, es decir, disposición simple de los cables.
- Uso de cajas de distribución y de tomas de corriente convencionales.
- Disposición descentralizada, independiente de las dimensiones del sistema.
- Facilidad para adaptar funciones ante un cambio de uso, sin necesidad de cambiar el cableado.

## 6.2.1 Topología

La unidad de instalación más pequeña la forma la línea. Una línea consta de un máximo de cuatro segmentos de línea, cada uno de los cuales puede disponer de 64 componentes bus. Mediante el uso de acopladores de línea (AL) es posible unir hasta 15 líneas en una zona. Esto se realiza a través de la línea principal.

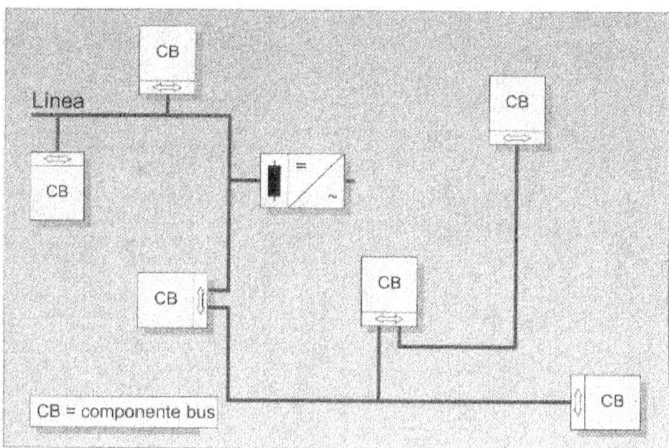


*Figura 6.2. Topología EIB, línea*

Si se necesita conectar más de 64 aparatos en una línea, puede hacerse uso de repetidores (REP) en la línea, lo que permite añadir así hasta 3 segmentos más en la línea (con 64 componentes nuevos cada uno). Por otro lado, usando acopladores de zona (AA) se pueden conectar hasta 15 zonas, mediante la línea de zonas.

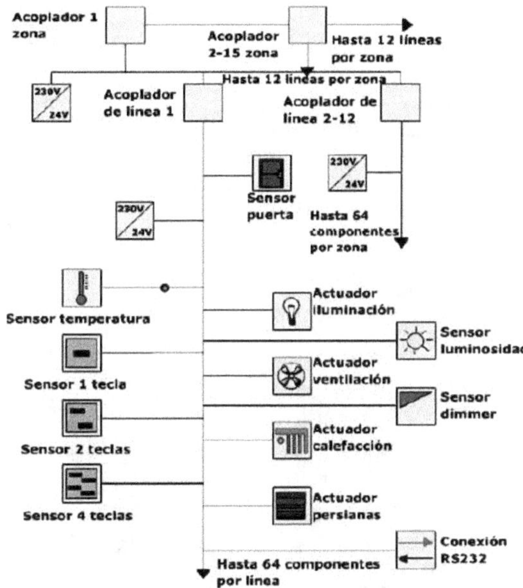


*Figura 6.3. Topología EIB, zona*

Cada línea dispondrá de su fuente de alimentación EIB (FA), y estará separada galvánicamente del resto de las líneas. Esto es importante, porque supone que si se produce un fallo en alguna línea, el resto seguirá funcionando normalmente.

La división del EIB en zonas y líneas es muy ventajosa, ya que significa que el tráfico de información local (de cada línea), no afecta a los datos del resto de líneas o zonas. El acoplador de línea impedirá el paso hacia otras líneas de datagramas cuyos destinos sean elementos de su línea. Y, al mismo tiempo, ignorará aquellos datagramas provenientes de otras líneas o zonas que no conciernan a elementos de su línea. Esto posibilitará la comunicación simultánea en múltiples líneas independientes unas de otras y sin congestionar la red. Los acopladores de zona funcionarán de forma similar.

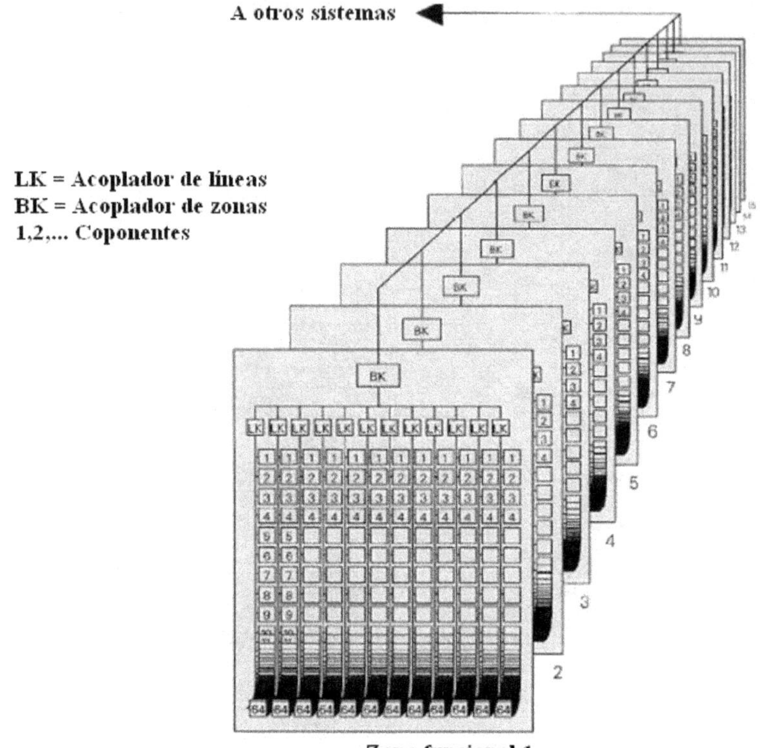


*Figura 6.4. Topología EIB, sistema completo*

Gracias a la división jerárquica en zonas y líneas, la instalación de un sistema EIB resulta fácilmente comprensible a la hora de la puesta en marcha, el diagnóstico y las tareas de mantenimiento. Comenzando por unas pocas líneas al principio de la instalación, es posible ampliar paso a paso el sistema cuando y como las nuevas necesidades o usos de las instalaciones así lo requieran (mayor número de componentes bus, mayores longitudes de cable, etc).

## 6.2.2 Tecnología de transmisión

La información que circula por el bus, como por ejemplo las órdenes de conmutación, es intercambiada entre los componentes conectados al bus en forma de datagramas. La información se transmite de forma simétrica en el bus, es decir, como una diferencia de potencial entre los dos hilos y no referida a tierra. De esta forma, las interferencias o ruido, al afectar a ambos hilos de forma similar, influyen en menor grado en la transmisión de la información. La tasa de transmisión es de 9.600 bit/s, siendo el tiempo medio de transmisión de un datagrama de unos 25 ms.

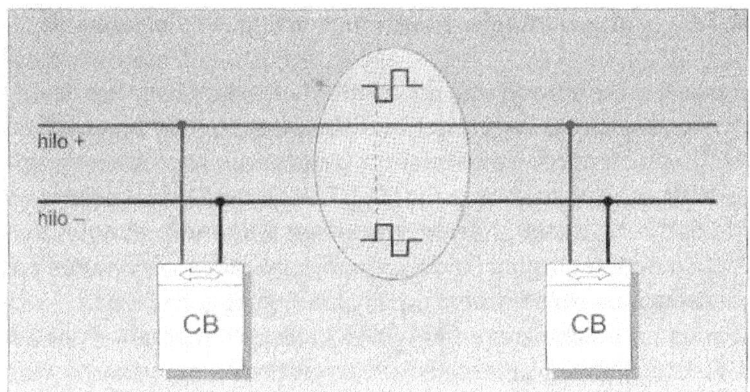


*Figura 6.5. Transmisión de señal en el bus*

## 6.2.3 Acceso al bus

Para realizar un intercambio organizado de información entre los componentes del bus, el tráfico y el acceso al bus éstos deben ser convenientemente clasificados. En EIB, los paquetes individuales de información se envían por la línea en serie, es decir, uno tras otro. Esto implica que en el bus sólo puede haber información proveniente de un solo dispositivo en cada momento. Para asegurar entonces la fiabilidad del sistema se utiliza un acceso al bus descentralizado, de modo que cada componente decide cómo y cuándo accede al bus.

Si se diera el caso de que dos componentes bus de una misma línea decidieran acceder al bus al mismo tiempo, podría producirse un conflicto. Sin embargo, un mecanismo de acceso al bus especial asegura que no se perderá ninguna información, y que el bus estará operativo en todo momento.

Además, gracias a un mecanismo mediante el que se pueden asignar prioridades distintas a cada datagrama, se dará preferencia a los datagramas más importantes (por ejemplo, mensajes de error).

### 6.2.4 Esquema de datagramas y direccionamiento

Cada datagrama consta de una serie de caracteres, los cuales llevan asociada información diversa. La estructura o esquema básico de un datagrama se muestra a continuación.

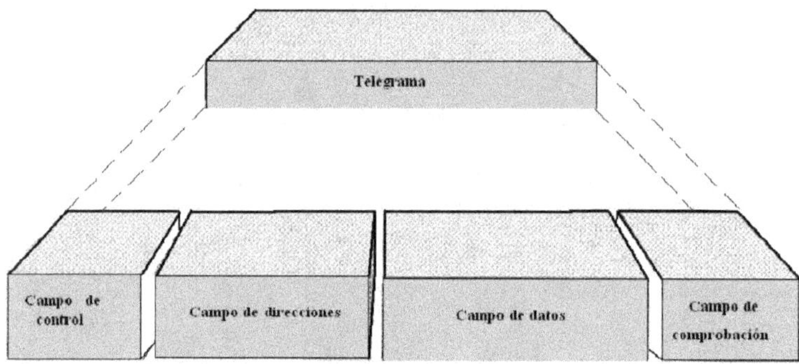


*Figura 6.6. Esquema de un datagrama*

Los datos de los campos de control y comprobación son necesarios para asegurar un tráfico de datagramas fluido, correcto y fiable.

El campo de direcciones contiene la dirección origen y destino del datagrama. La dirección origen siempre es una dirección física, en la que se especifica la zona y la línea en la que el componente está asignado, y el número de componente. La dirección física de un componente está permanentemente asignada a éste. La dirección destino determinará los componentes asociados a una determinada función, y pueden pertenecer a una o a distintas líneas, o incluso a distintas zonas. Al contrario que la dirección física, un componente puede pertenecer a varios grupos distintos (puede tener programadas varias direcciones de grupo).

Por último, el campo de datos de un datagrama facilita la transmisión de la información útil, como por ejemplo órdenes (encendido o apagado), valores de referencia, etc.

## 6.2.5 Estructura de los componentes del bus

Cada uno de los componentes del bus está constituido básicamente por un acoplador universal al bus (BA) y la unidad de aplicación/terminal (BE) específica para cada tarea, que intercambia información con el acoplador BA a través de una interfaz de usuario (AST). El acoplador BA recibe los datagramas del bus, los decodifica y controla en función de estos la unidad de aplicación. En sentido contrario, la unidad de aplicación suministra información al acoplador BA, el cuál la codifica y la envía al bus en forma de datagrama. La información a procesar se transfiere desde el bus hasta la unidad de acoplamiento al bus, la cual transmite y recibe los datos, garantiza la alimentación y almacena datos importantes, como la dirección física actual y las direcciones de grupo, además del programa de aplicación y los parámetros.

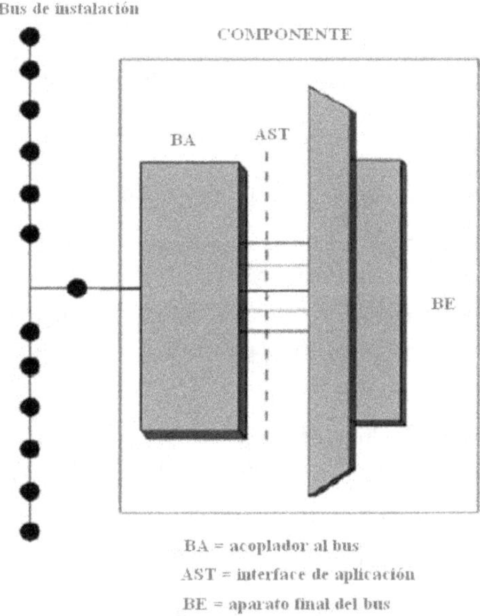


*Figura 6.7. Esquema de un componente bus*

El acoplador universal al bus conserva los datos de parametrización para la función a realizar. Para ello, los acopladores BA contienen un microprocesador con memoria no volátil (ROM), una memoria volátil (RAM) y una memoria no volátil reprogramable eléctricamente (EEPROM). En la memoria ROM se almacena el *software* específico del sistema, que no puede ser modificado por el programador.

El programa almacena en la EEPROM los datos de parametrización propios para el funcionamiento del acoplador del bus. El micro almacena en la memoria los datos actuales.

Dependiendo del diseño del componente, las unidades de acoplamiento al bus y las unidades de aplicación se pueden conectar entre sí externamente (*plug-in*), o bien pueden estar integradas en un solo componente (*built-in*) en la misma carcasa.

## 6.2.6 Instalación

El cableado de un sistema EIB se puede configurar como el de la línea de fuerza: en bus, en estrella o en árbol, evitando que no se formen anillos o bucles entre distintas líneas, y sin superar las distancias máximas mostradas en la tabla siguiente.

| **Valores límite de longitudes y distancias en una línea de bus** | **Distancia** |
|---|---|
| Longitud total de todos los cables tendidos en una línea. | 1.000 m |
| Distancia máxima entre dos componentes de la misma línea. | 700 m |
| Distancia máxima entre dos fuentes de alimentación EIB (con bobina) y cada componente bus. | 350 m |
| Longitud máxima de línea entre dos fuentes de alimentación EIB (dos F.A. EIB con bobina en una misma línea). | 200 m |

Los componentes podrán instalarse siempre donde mejor convenga dentro de la instalación, por lo que siempre se garantiza un uso óptimo de los mismos.

El bus EIB funciona con una tensión de seguridad muy baja, de 32 VCC máximo. El bus deberá estar separado de forma segura de la red de potencia.

Otro aspecto a tener en cuenta es el precableado, que pueden clasificar según el código de asteriscos los niveles de equipamiento:

* Cada habitación tiene un punto de toma de la línea bus.

** La línea bus está disponible en todas las paredes, especialmente en las zonas importantes (ventanas y puertas). Las tomas de instalación están preparadas para ramificaciones.

*** La línea de bus está disponible en todos los puntos importantes de cada habitación.

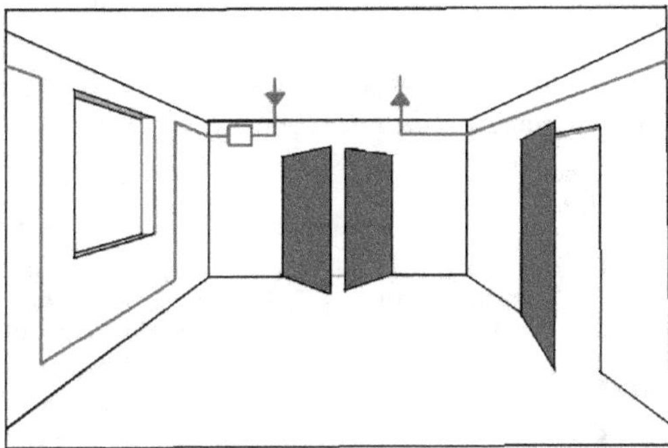

*Figura 6.8. Preinstalación de cableado. Código ***

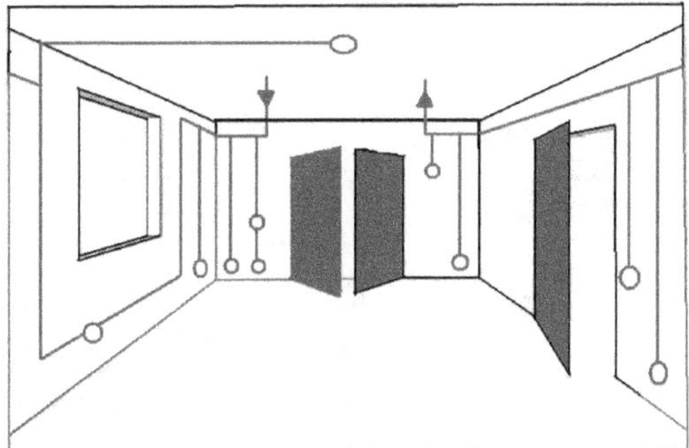

*Figura 6.9. Preinstalación de cableado. Código ****

## 6.3 COMPONENTES BÁSICOS

A continuación se muestran algunos de los componentes EIB más comunes. Para elaborar esta relación se ha utilizado el catálogo de la empresa SIEMENS, que sirve de muestra de la extensa variedad de componentes EIB. El catálogo completo puede obtenerse en la web de SIEMENS http://www. automation.siemens.com/cd-static/material/catalogs/_e86060-k8230-a101-a9-7600. htm y también se incluye en el CD adjunto.

| Tipos de componentes | Acción |
|---|---|
| Módulos de salida | Convierten una señal que proviene del bus en una acción, como encender una luminaria. |
| Módulos de entrada | Convierten una señal que proviene del exterior (de un sensor, de un pulsador) o es generada por el propio módulo (un temporizador, un generador de escenas) en una señal que entra al bus. |
| Módulos de entrada-salida | Comparten acciones de los dos anteriores |
| Interfaces | Permiten la conexión de diferentes dispositivos con los elementos y módulos del bus, como un PC o un módem. |

## 6.3.1 Módulos de salida

Son los dispositivos EIB que actúan directamente sobre las cargas, siguiendo, en general, el esquema de la figura 6.10:

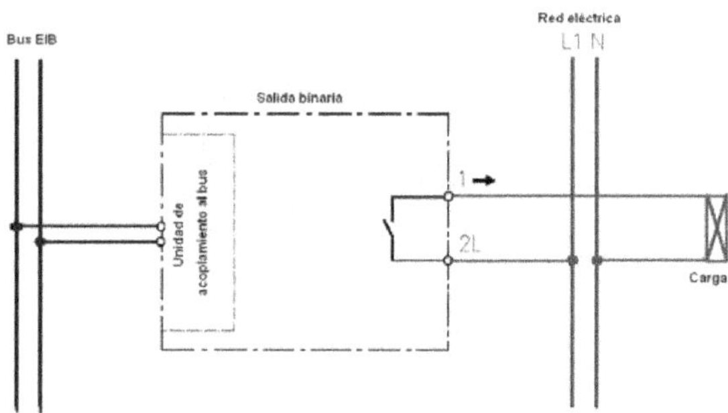


*Figura 6.10. Conexión de los módulos de salida*

Los dispositivos se pueden alimentar del propio bus, del que les llega también la señal con la información. El bus no alimenta a las cargas, como se deduce del esquema anterior. Existen dispositivos en los que la información se transmite a través de la propia línea eléctrica, de una forma similar (en concepto, no en velocidad ni prestaciones) a los sistemas basados en corrientes portadoras. Sin embargo este sistema ha sido retirado de muchos catálogos (por ejemplo del de Siemens) debido a su escasa implantación.

Existe multitud de dispositivos que siguen el esquema anterior. Se eligen en el catálogo teniendo en cuenta tres importantes factores:

- A qué va a ser destinado (motores, luces, etc.).
- Qué potencia de las cargas se les va a conectar.
- Dónde van a ser instalados (falso techo, cajas de mecanismos, carril DIN, etc.)

A continuación se procede a una relación de algunos de los más significativos del catálogo de SIEMENS, agrupados según el tercero de los puntos anteriores.

Los dispositivos GE, como el de la figura 6.11, es una salida binaria que tiene un diseño alargado y son adecuados para el montaje sobre dispositivos, en falsos techos o en suelos técnicos. En la tabla se muestran algunos ejemplos.

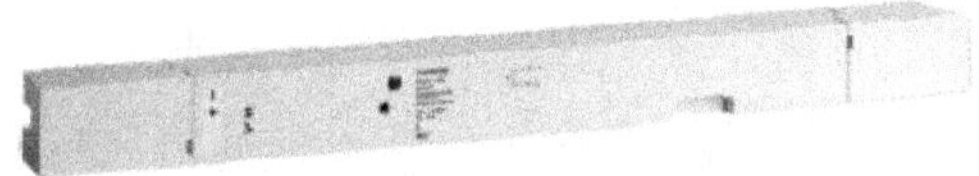

*Figura 6.11. Módulos para falsos techos*

| Componente | Características |
|---|---|
| GE 562 | Tiene un contacto libre para conmutar cargas eléctricas de 220 VCA y hasta 10 A de cargas resistivas. |
| GE 563 | Similar al anterior, pero con dos salidas. |
| GE 510 | Dos salidas de hasta 16 A. |
| GE 561 | Tres salidas de 10 A. |
| GE 521 | Permite controlar dos motores para persianas. |
| GE 525 y 526 | Regula la intensidad lámparas fluorescentes a través del terminal de 10 VCC de un controlador tipo ECG, dispone además de un terminal para control de encendido y apagado. |

Los dispositivos como el de la derecha corresponden a salidas binarias para montar en carril DIN. En el caso de los dispositivos mostrados en la siguiente tabla, la información les llega desde el bus. El listado es muy amplio y siempre está en continuo crecimiento, por lo que sólo se muestran unos pocos elementos significativos.

| Componente | Características |
|---|---|
| N 512 | Dispone de 3 salidas de hasta 16 A. |
| N 567 | Dispone de 4 salidas de hasta 8 A. |
| N 567/12 | Dispone de 8 salidas de hasta 2 A. |
| N 567/11 | Dispone de 8 salidas de hasta 8 A. |
| N 510 | Dispone de 4 salidas de hasta 16 A. |
| N 512 | Dispone de 8 salidas de hasta 16 A. |

Los dispositivos de la figura 6.12 son salidas binarias, que debido a su tamaño reducido, son deseables para montar en cajas de mecanismos, en muros o techos. El de la izquierda, el módulo UP 511, puede conmutar grupos de luminarias u otras cargas eléctricas gracias a su relé de salida. Admite hasta 16 A en cargas resistivas y un máximo de 10 conmutaciones por minuto. El central, UP 560, en combinación con una unidad de acoplamiento al bus, puede montarse en cajas de mecanismos estándar, y permite conmutar dos cargas de hasta 6 A. A la derecha, se muestra un UP 562/11, un actuador de conmutación doble para montaje en caja de mecanismos, que debe ser cubierto con una tapa ciega. Cada una de sus dos salidas puede conmutar 10 A. El UP 525/11 permite la regulación de intensidad de hasta 1.1 A. El N 520/11 es similar y permite controlar un motor para persianas.

*Figura 6.12. Módulos para cajas de mecanismos*

En la figura 6.13 se muestra la instalación de uno de estos dispositivos bajo una tapa ciega.

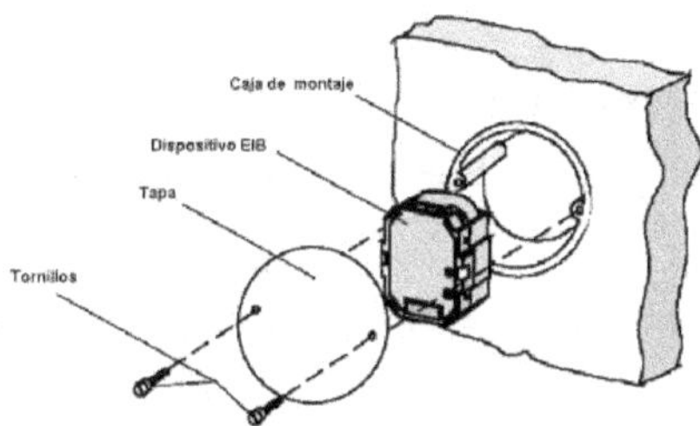


*Figura 6.13. Montaje de módulos para cajas de mecanismos*

Los módulos como los de la figura 6.14 corresponden a dispositivos especialmente diseñados para su instalación en carril DIN. En la tabla se indican las características de algunos de ellos.

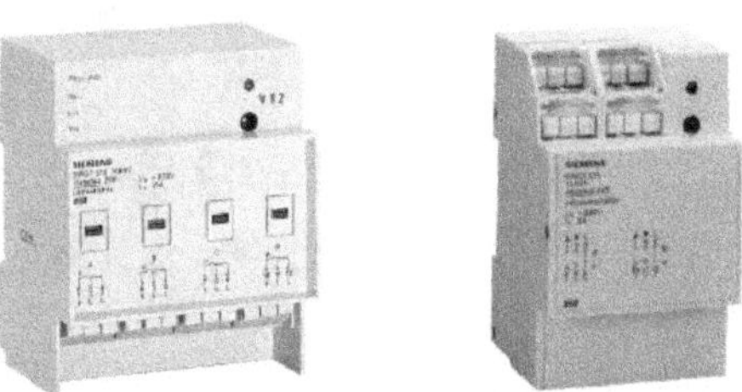

*Figura 6.14. Módulo de instalación en carril DIN*

| Componente | Características |
|---|---|
| N 510 | Dispone de cuatro salidas que pueden conmutar cuatro grupos de dispositivos eléctricos de hasta 16 A cada uno. |
| N 512 | Tiene ocho salidas de hasta 16 A. |
| N 525 | Permite la regulación de la intensidad luminosa (hasta 16 A) de lámparas fluorescentes a través de un controlador ECG. |
| N 527 / 31 | Permite conmutar y regular un grupo de luminarias hasta de 2 A. |
| N 523/04 | El módulo de salida permite controlar cuatro motores para persianas. |

## 6.3.2 Módulos de entrada

Estos dispositivos traducen una señal producida por un pulsador o interruptor mecánico en una señal proveniente de un sensor y la convierten en una señal digital que se propaga a través del bus para realizar la acción programada. Entre la amplia variedad existente cabe destacar los incluidos en los siguientes párrafos.

El AP 115 (figura 6.15 izquierda) es un pulsador que se presenta con múltiples colores y posibilidades (pulsador, interruptor, etc.). El UP 115 (figura 6.15 derecha) permite utilizar pulsadores convencionales DELTA.

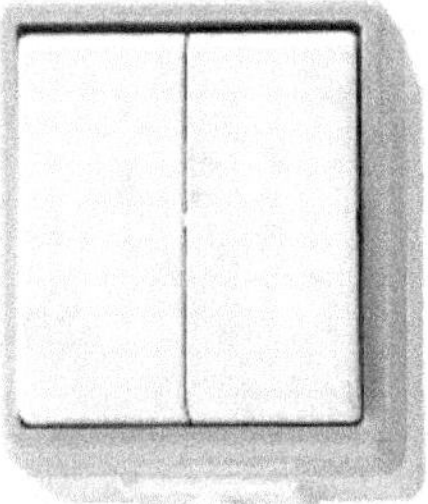

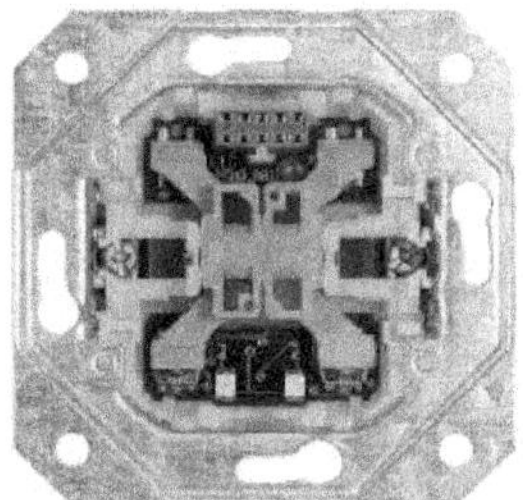

*Figura 6.15. Pulsadores*

Los UP 241, 242, 243, 244, 245, 246 son pulsadores de botón de diferentes características, colores, número de pulsadores y acciones.

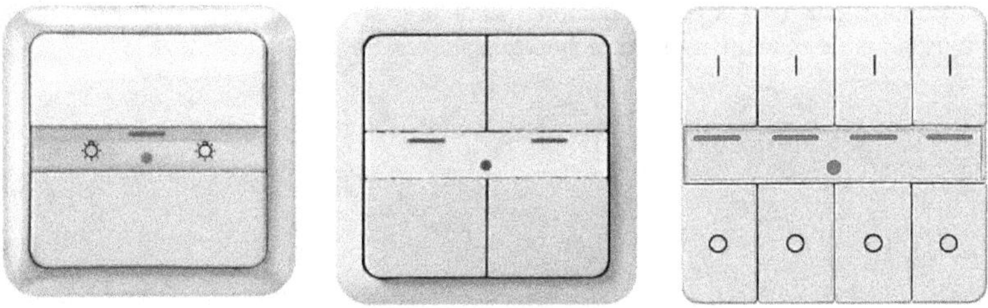

*Figura 6.16. Pulsadores múltiples*

Los pulsadores anteriores requieren de una unidad de acoplamiento al bus y su instalación se realiza como se indica en la figura 6.17.

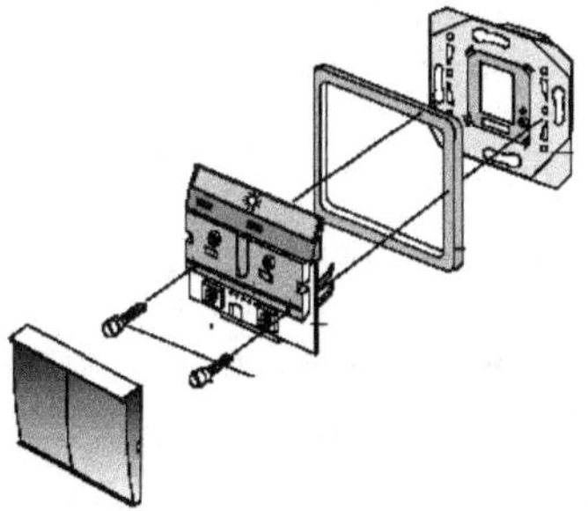

*Figura 6.17. Instalación de los pulsadores*

Los, 282 y 283 son pulsadores múltiples (figura 6.18 izquierda). El UP 230 (figura 6.18 derecha) es un pulsador cuádruple con detector de movimiento incluido.

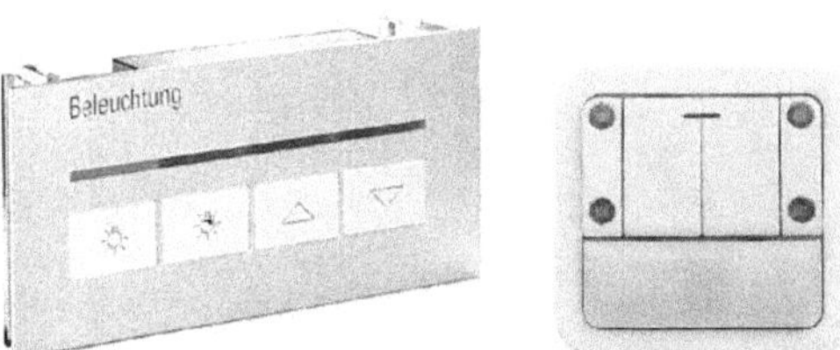


*Figura 6.18. Pulsadores múltiples*

El módulo UP 220 es una interfaz para pulsadores convencionales, que incluye cuatro entradas. La activación de una de sus entradas produce la generación de un datagrama EIB a través del bus. Está preparado para su instalación en las propias cajas de mecanismos de dichos pulsadores.

*Figura 6.19. Interfaz para pulsadores convencionales*

Otra de las formas habituales de acceso al bus es la utilización de mandos a distancia de infrarrojos con la finalidad de accionar alguna de las salidas descritas en los apartados anteriores. En general necesitan tres elementos:

- Un mando a distancia que emita las señales de infrarrojos.
- Un sensor que reciba las señales emitidas por el mando.
- Un decodificador que codifique en un datagrama EIB la acción requerida por el mando a distancia.

El módulo decodificador N 450 es un dispositivo que convierte las señales que provienen de un mando a distancia de infrarrojos (IR) a señales del bus. Debe conectársele un sensor S 440 IR También existen los nuevos UP233, UP234, etc. pulsadores con receptores de infrarrojos incorporados.

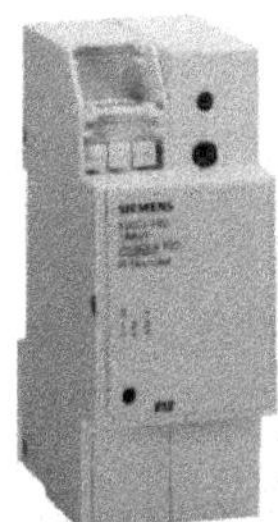


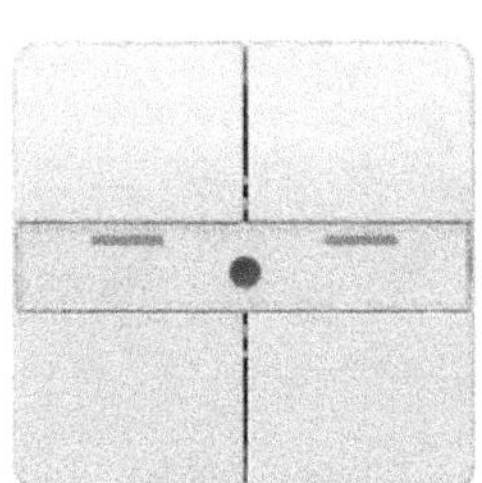

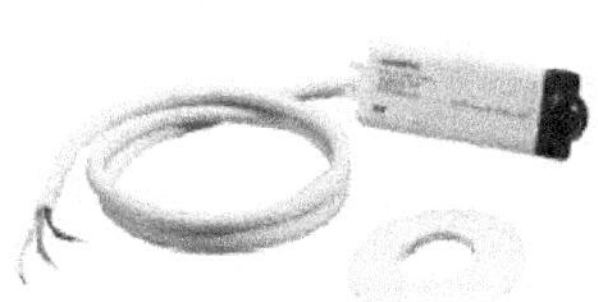

*Figura 6.20. Elementos de un decodificador de señales IR*

Entre los mandos a distancia de infrarrojos compatibles se encuentra el AP 420 (simple), el AP 421 (doble), el AP 422 (cuádruple), el S 425 (óctuple).

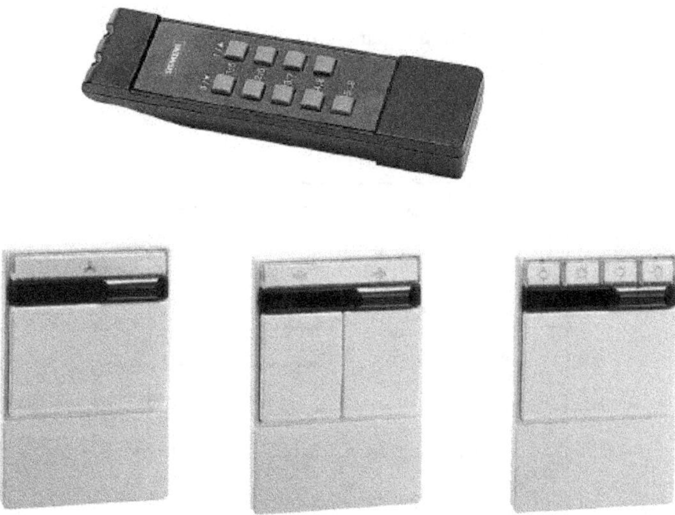

*Figura 6.21. Diferentes mandos a distancia*

El catálogo EIB es muy completo. Para muestra, el mismo catálogo de Siemens incluye pulsadores con controladores de temperatura como los UP 231/3 o UP 252H o con sensores de presencia, como los UP 230 o UP 230 E.

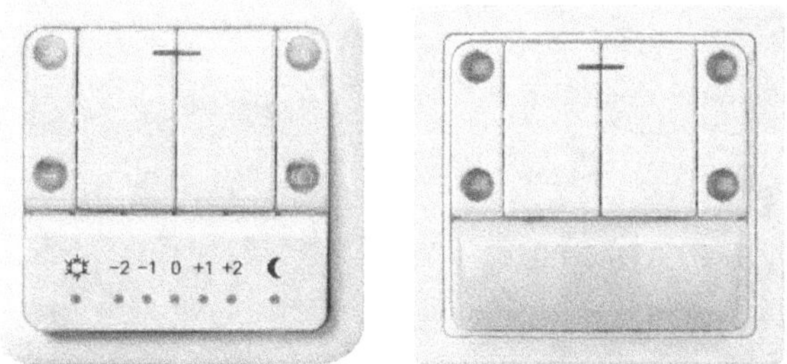


*Figura 6.22. Pulsadores con controladores de temperatura y con sensores de presencia*

Además de los pulsadores mostrados anteriormente, existen módulos de entrada adecuados para su instalación en superficie, en falsos techos, en carril DIN, etc. A continuación se muestran algunos ejemplos de estos módulos.

Los módulos de entrada para carril DIN tienen un cableado, en general, como se indica en la siguiente figura:

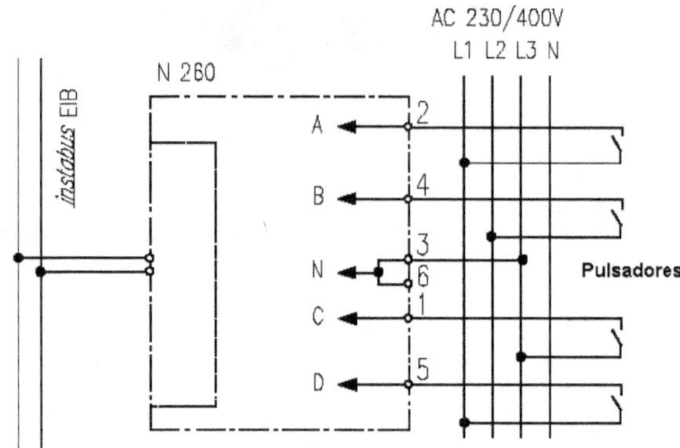


*Figura 6.23. Conexión de los módulos de entrada*

En la figura 6.24 se pueden ver dos módulos diferentes. En la tabla se muestran las características de algunos de ellos.

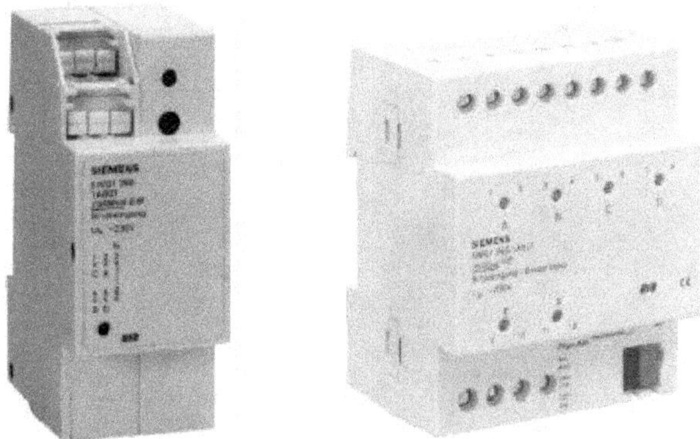


*Figura 6.24. Módulos de entrada de carril DIN*

| Componente | Características |
|---|---|
| N 260 | Capaz de detectar hasta cuatro entradas de 230 VAC. |
| N 261 | Admite hasta cuatro entradas de 24V. |

Existen módulos de entradas binarias de forma alargada para su instalación en falsos techos o suelos técnicos, como el mostrado en la figura. En la tabla se muestran las características de algunos de ellos.

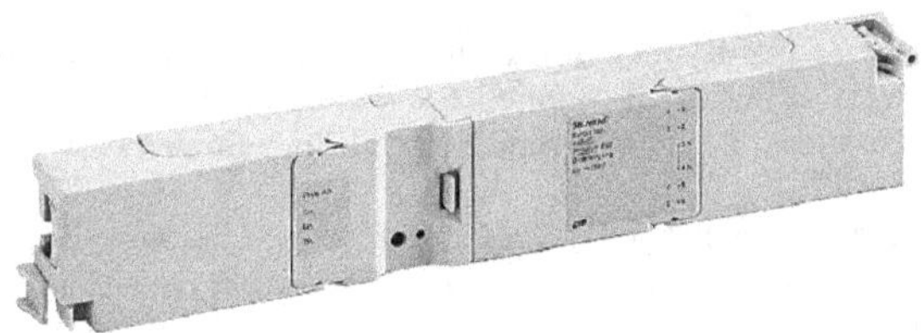

*Figura 6.25. Módulos de entrada para instalación en falsos techos*

| Componente | Características |
|---|---|
| GE 260 | Admite hasta cuatro entradas de 220 VAC. |
| GE 261 | Es similar al anterior pero sus entradas son de 24 VDC. |
| GE 262 | Admite las mismas cuatro entradas pero sin necesidad de tensión adicional. |

Existe multitud de módulos reguladores de temperatura, como los termostatos UP 250, 251 y 252 (figura 6.26 izquierda), que pueden emplearse para calefacción o refrigeración, producen una salida binaria (encendido o apagado) hacia el bus que puede ser recibida por cualquiera de los dispositivos actuadores del apartado anterior (módulos de salida) o una salida regulada (0-100%) que puede ser recibida por cualquiera de los dispositivos de regulación. Los reguladores UP 231 (figura 6.26, centro) e IKE 250 (figura 6.26 derecha) disponen además de varias teclas de función.

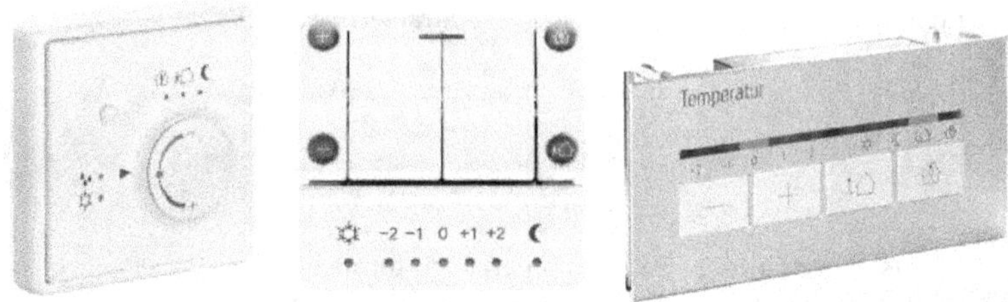


*Figura 6.26. Termostatos*

Además se puede citar otro conjunto de módulos de entrada que generan señales EIB hacia el bus. En la siguiente tabla se muestran algunos de ellos, junto con sus características. Se trata de módulos de instalación en carril DIN.

La mayoría de fabricantes ofrece en sus catálogos diferentes tipos de sensores que generan señales EIB sobre el bus. A continuación se muestran algunos ejemplos:

| Componente | Características |
|---|---|
| N 301 | Permite el uso de operaciones lógicas sobre grupos de direcciones recibidas, haciendo, por ejemplo que se active una señal cuando dos o más están activas. |
| N 302 | Módulo temporizador. |
| N 341 | Módulo de eventos, hace que éstos se disparen ante determinadas secuencias de entrada. |
| N 342 | Módulo que permite controlar la intensidad de hasta diez grupos de iluminarias diferentes en respuesta a la intensidad luminosa exterior. |
| N 345 | Simulador de presencia. |

El AP 256 (figura 6.27 izquierda) es un módulo de alarma antiincendio que dispone de un sensor de humos y una alarma sonora integrados. El REG 253 (figura 6.27 centro) es un detector de luz de instalación en carril DIN. El UP 250 (figura 6.27 derecha) es un módulo detector de movimiento.

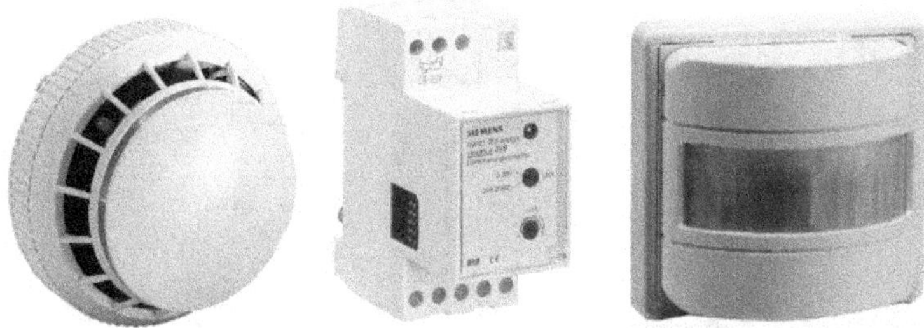

*Figura 6.27. Diferentes sensores*

Los módulos UP 270, 271 y 272 son detectores de agua. El sensor se coloca a ras de suelo y dispone de un cable de dos metros hasta el conector al bus. En la figura 6.28 se muestra uno de ellos.

*Figura 6.28. Detector de agua*

## 6.3.3 Módulos de entrada/salida

Son dispositivos que admiten tanto entradas como salidas de diferente tipo. A continuación se muestran algunos ejemplos.

El módulo N 670 es un dispositivo para instalación en carril DIN que permite dos entradas o salidas universales que pueden usarse como salidas o entradas binarias o analógicas. Dispone de dos entradas para sensores de temperatura y dos relés. Su esquema de conexiones y una imagen del mismo se muestran a continuación:

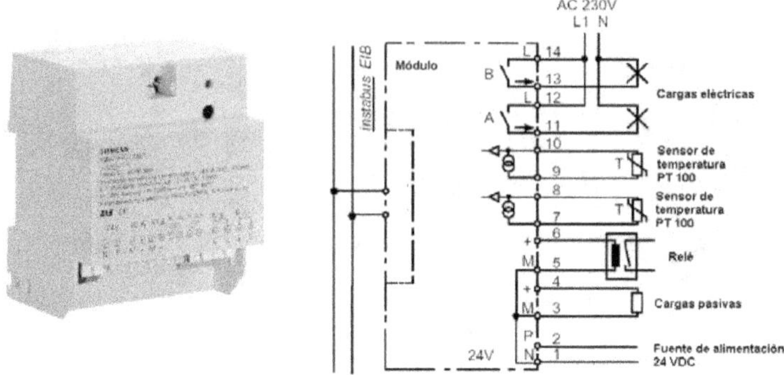


*Figura 6.29. Módulo de instalación en carril DIN y sus conexiones*

Otros dispositivos similares se muestran en la siguiente tabla:

| Componente | Características |
|---|---|
| AP 600/01 | Dispone de una entrada binaria adecuada para señales de 230 VAC, y tres salidas binarias normalmente abiertas de hasta 6 A. |
| AP 600/31 | Dos salidas normalmente abiertas y una normalmente cerrada. |
| AP 600/61 | Dos entradas y dos salidas normalmente abiertas. |
| AP 600/71 | Permite accionar dos motores de persiana y dispone de dos entradas para pulsadores para los motores de persiana. |

También existen módulos de entrada-salida preparados para su instalación en las cajas de mecanismos convencionales. Como ejemplo, el conmutador UP 520/31 que se utiliza para accionar un motor para persianas. Además dispone de una interfaz para la conexión de pulsadores compatibles EIB. Es decir, admite entradas que provienen de botoneras y produce salidas que, en este caso, actúan sobre motores de persiana. La utilidad es la de integrar en un único dispositivo lo necesario para activar una carga localmente mediante sus propios botones, y permitir la posibilidad del accionamiento remoto de todo módulo EIB.

Una vez más, el catálogo es extenso, existiendo módulos como el N605 con seis entradas y seis salidas para controlar sistemas de frío/calor, el N526/02 con tres reguladores de intensidad de luz

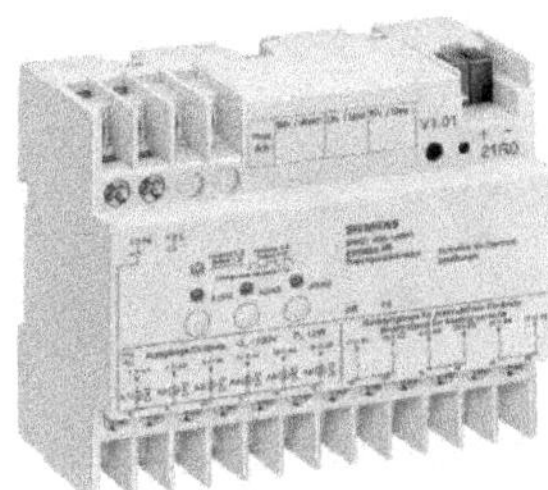

*Figura 6.30. N605, actuador de frío y calor*

### 6.3.4 Dispositivos para aplicaciones especiales

Además de la clasificación anterior de dispositivos (entrada, salida, entrada/salida), los diferentes catálogos agrupan sus componentes según la aplicación a la que están destinados. De esta forma, el catálogo de Siemens incluye componentes como :

- Iluminación: *dimmers* (N 527, N528...), reguladores (N 141, N 525...), conmutadores, controladores de luminosidad (AP 255/11, UP 255/12, N 526, etc.)

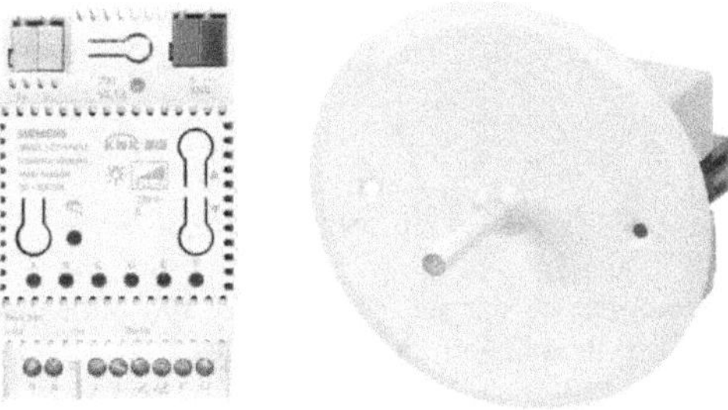

*Figura 6.31. N527, UP 255/11*

- Control de radiación solar: actuadores de persianas (N 522/03, N 523/03, etc.), centrales meteorológicas (AP257/21, AP257/31, etc.) que incluyen diferentes sensores integrados.

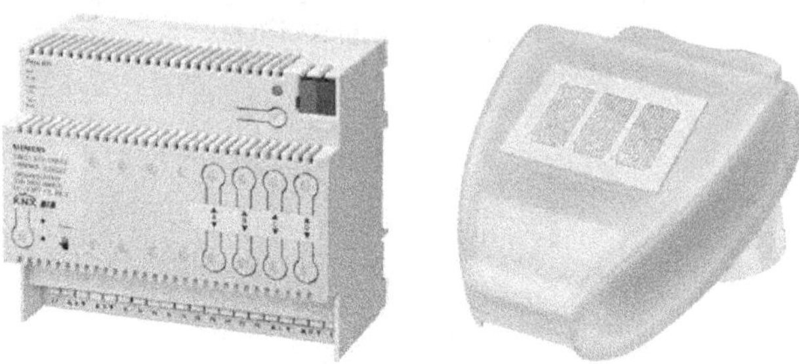


*Figura 6.32. N522/03 y AP 257/21*

- Aire acondicionado: diferentes sensores (de temperatura como el N 528/02, múltiples como el N 670 o en AP 254/02…), controladores (de fan-coil como el UP 237E o el UP 237F para oficinas y hoteles, respectivamente), displays, controladores con pulsadores (UP 231, UP 232E…), válvulas de actuación (AP 560H o AP 506H2), actuadores múltiples (N 605, N 605/11…)

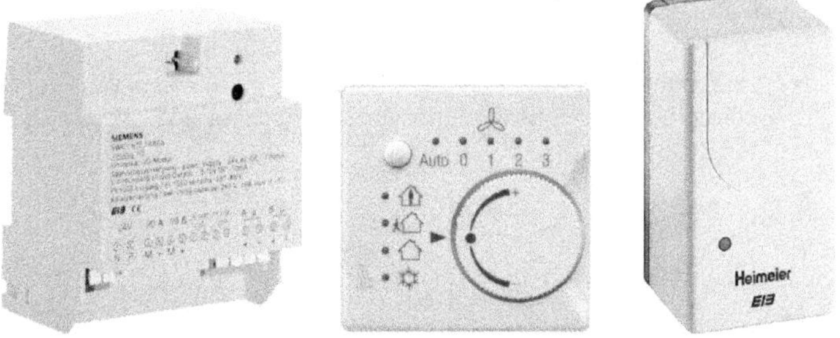


*Figura 6.33. N 670, UP 237E, AP 560*

- Conmutadores de cargas, como en N 260 para limitación de cargas y control de potencia en función de tarifas.

- Seguridad, incluyendo intrusión, inundación o fuego: simuladores de presencia como el N325, o el N 345, sensores de agua como el UP 272, alarmas de fuego como el AP 256, etc.

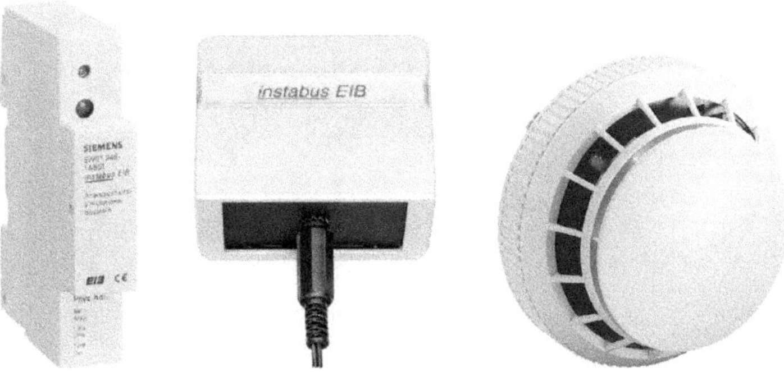


*Figura 6.34. N 345, UP 272, AP256*

También pueden incluirse dentro de esta categoría los dispositivos controladores, como

- N 305, módulo de escenas.
- N 347, módulo de operaciones lógicas.
- N 350, módulo temporizador.
- N 350, controladores IP.
- REG 371, REG 372, interruptores programables semanales, mensuales, anuales, etc.

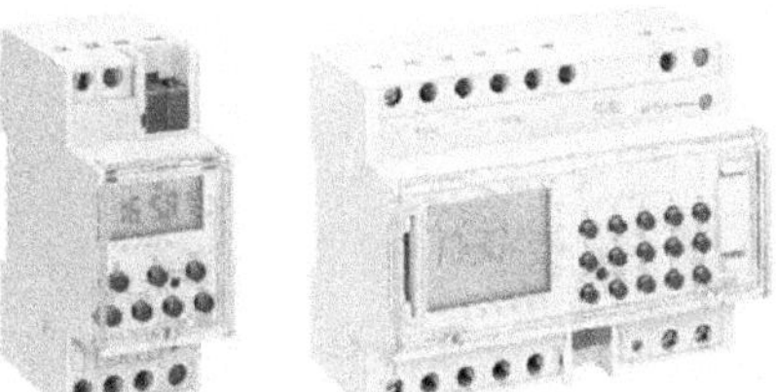

*Figura 6.35. REG 371 y REG 372*

- Equipos de conexión con PC.

*Figura 6.36. Kit de conexión a PC*

## 6.3.5 Interfaces

El número de interfaces EIB está en continuo crecimiento existiendo enlaces para los estándares conocidos (incluyendo Ethernet) pero también cada marca incluye en sus catálogos enlaces con sus otros productos. En la siguiente figura se muestra, por ejemplo, un esquema de cómo se pueden conectar PLC de Siemens, como el LOGO o los S7 (PLC de gama media/alta) a la red EIB, pero también incluye ejemplos de enlaces más convencionales como RS-232 o USB.

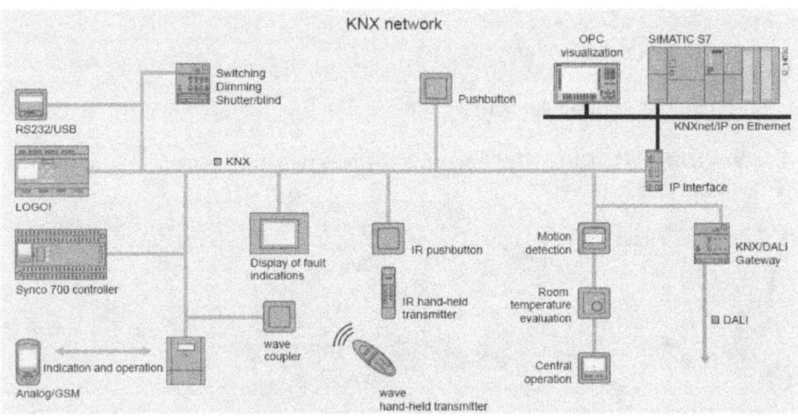


*Figura 6.37. Esquema de red EIB/KNX.*

La interfaz por excelencia en EIB en el caso de Siemens es la UP 110 (y la UP 114), o unidad de acoplamiento al bus. Permite la conexión al bus a múltiples unidades de aplicación de las anteriores, siguiendo un esquema de instalación como el indicado en la figura siguiente:

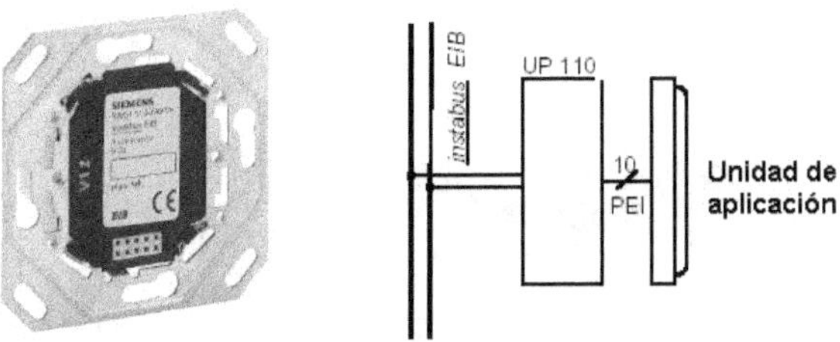


*Figura 6.38. Unidad de acoplamiento al bus*

Además del anterior pueden citarse los siguientes: el módulo REG 110 (figura 6.33 izquierda) es equivalente al anterior pero para dispositivos montados en carril DIN. La N 125, N 125/11 o la N 125/21 (figura 6.39 centro) son las fuentes de alimentación del bus. La N 140 (figura 6.39 derecha) permite el acoplamiento entre dos líneas de bus diferentes.

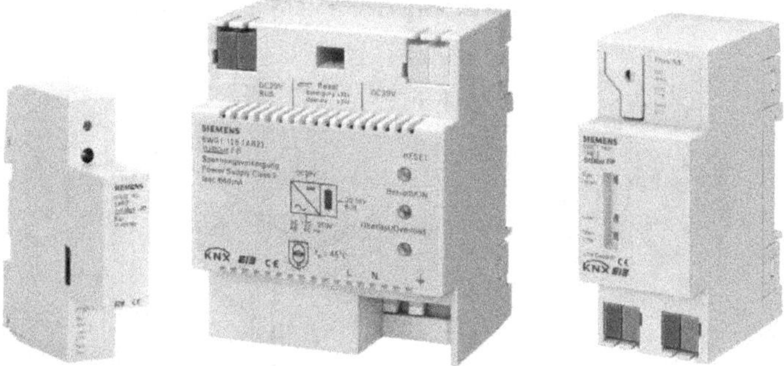

*Figura 6.39. Unidades de acoplamiento al bus*

El UP 146 (para instalación en pared figura 6.40, izquierda) y el N 148/11 (para instalación en carril DIN) es un interfaces USB (figura 6.40, derecha), utilizados para parametrización, visualización o almacenamiento de datos. El N 148 y el UP 146 son adaptadores para RS-232.

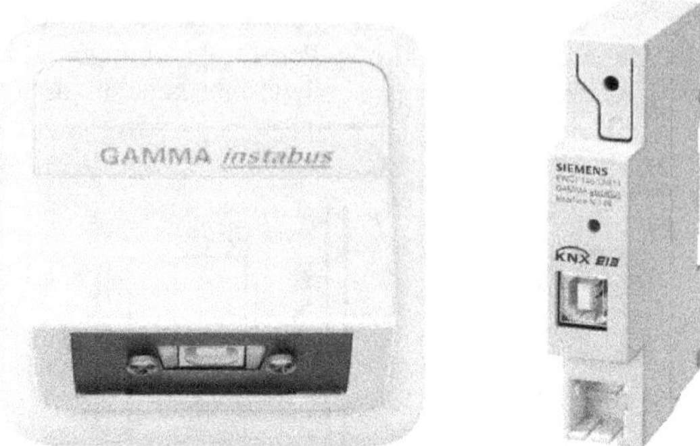


*Figura 6.40. Distintas interfaces*

Los *displays* son dispositivos que se utilizan para mostrar mensajes definidos por el usuario en función de la información que llega desde el bus. Dependiendo de la configuración de los parámetros, los mensajes pueden utilizarse como alarmas. En el modelo UP 585 de la figura 6.41 los mensajes pueden mostrarse en una o en dos líneas, ya que el display LCD dispone de dos líneas. Los mensajes disponibles pueden verse pulsando los botones del dispositivo. El *display* requiere un dispositivo acoplador al bus par su conexión al mismo. Así mismo, necesita un programa de aplicación para su correcto funcionamiento.

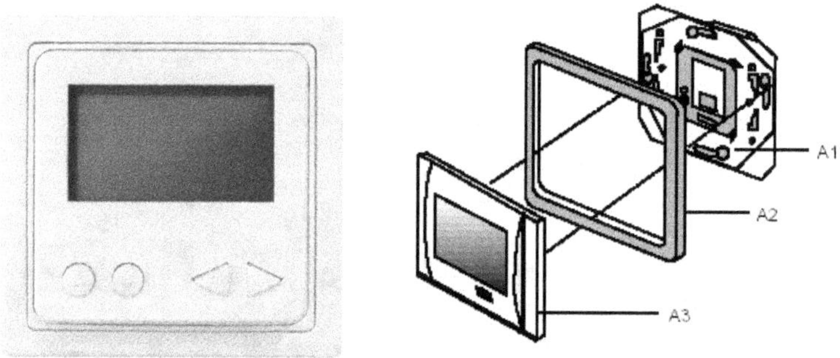


*Figura 6.41. Display UP 585 y su instalación*

Para realizar una conexión entre una red EIB y otra Ethernet existen interfaces como el N 148/21 o el N146, y también como el N 151, que funciona como un servidor web y permite monitorizar y controlar diferentes variables EIB

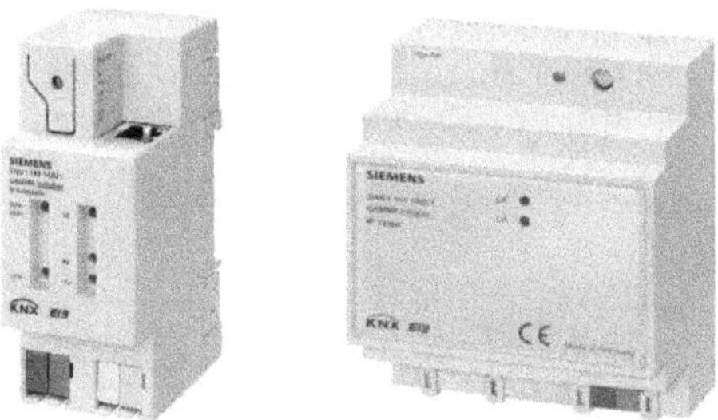

*Figura 6.42. Interface EIB-red Ethernet N148/21 y N151 con servidor web*

Con respecto a conexiones con otros equipos Siemens se puede citar el LOGO KNX, un módulo de comunicaciones que permite la conexión con este pequeño autómata, descrito en capítulos anteriores. Otro importante tipo de componentes lo representan los que permiten la conexión de la red EIB a la línea telefónica. Entre ellos se encuentra el módulo AP 140/02, un dispositivo de telecontrol.

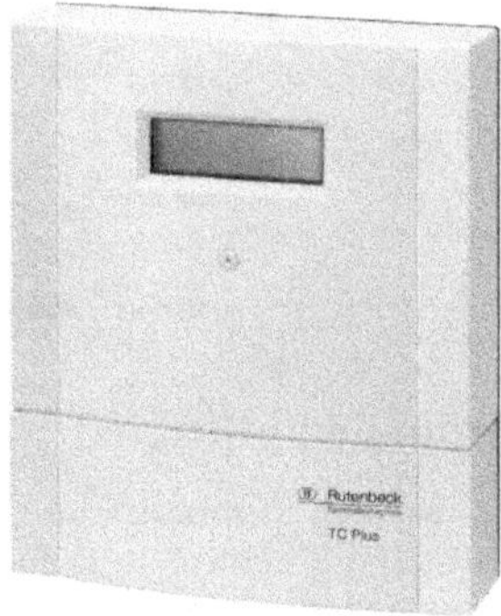

*Figura 6.43. LOGO KNX y Telecontrol con AP140*

## 6.3.6 Dispositivos vía radio

El catálogo de la empresa Siemens incluye una versión de dispositivos compatibles EIB/KNX denominada GAMMA que se comunican vía radio. Los sensores y actuadores no necesitan cableado adicional en su instalación, sino que la información se transmite de forma aérea, siendo especialmente aconsejables para renovación de instalaciones en las que no se desea hacer obra.

Los dispositivos son bidireccionales, pudiendo cada uno comportarse como emisores o receptores. Operan en el rango de los 868 MHz y un sensor puede controlar un número ilimitado de actuadores, dentro de su rango.

Un esquema general se muestra en la figura 6.44.

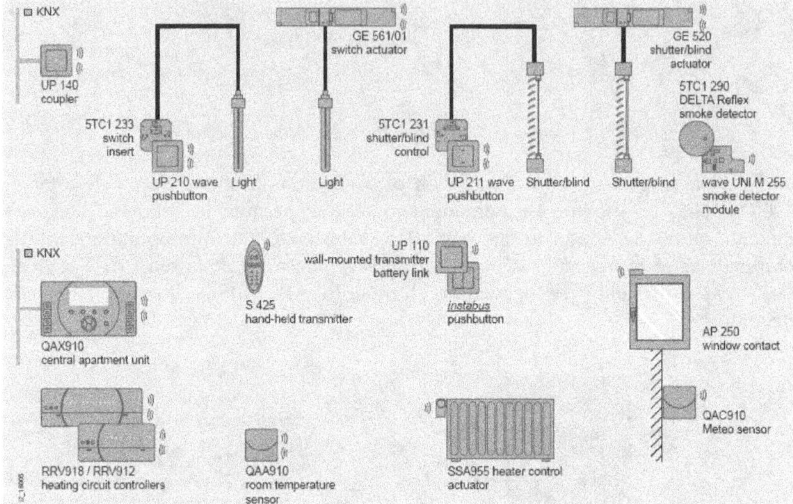


*Figura 6.44. Esquema general de GAMMA*

## 6.3.7 Ejemplo de aplicación

A continuación se muestra un ejemplo esquematizado de instalación EIB. En ella el módulo de control de intensidad de luz NE 342 permite controlar diferentes grupos independientes de luminarias de acuerdo a la intensidad de luz exterior, que puede medirse mediante un controlador de brillo, GE 253. Se incluyen en la instalación dos botones simples: uno para encender, apagar o regular la intensidad de las luminarias manualmente y otro para activar o desactivar el control automático de la luz en función de las condiciones externas.

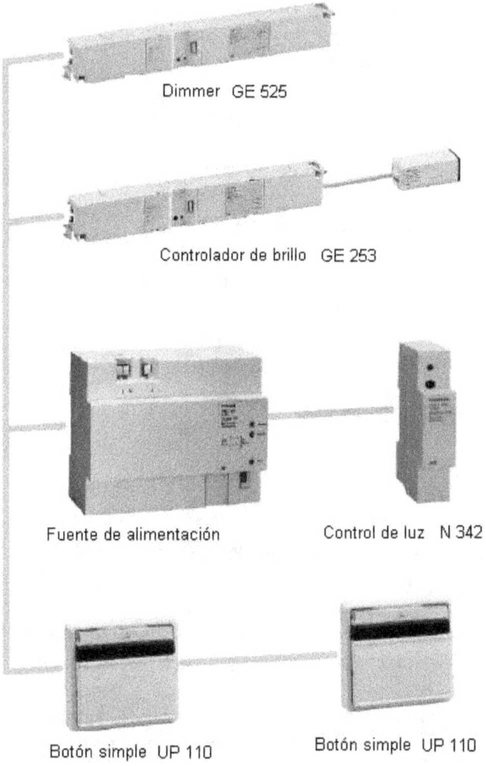


*Figura 6.45. Ejemplo de aplicación*

# 6.4 *SOFTWARE* DE CONFIGURACIÓN: ETS 3

El proyecto de una instalación EIB puede descomponerse en dos tareas complementarias:

- El proyecto físico de la instalación, que incluye la elección de los módulos correspondientes y su inclusión en el bus, y descrito con un ejemplo en el apartado 6.3.6.
- El proyecto lógico de la instalación, que incluye todas las tareas de configuración y parametrización de los anteriores.

El entorno ETS3 es la herramienta habitual de parametrización y configuración de cualquier proyecto EIB. Se trata de un sistema abierto basado dotado de las siguientes funciones:

- Acceso a las instalaciones EIB por medio de RS 232, USB o Ethernet IP.
- Importación/exportación de productos y proyectos.
- Acceso a la base de datos de componentes.
- Interfaz para módulos adicionales e intercambio de datos con otras aplicaciones informáticas.
- Guía del usuario.
- Control de impresión.
- Gestión de idioma.

Estas funciones pueden ser usadas por todos los módulos del *Software*, incluidos los añadidos en el futuro.

El ETS consta de los siguientes módulos, usados para realizar las diferentes tareas necesarias en las fases de diseño de proyecto y puesta en marcha:

- **Configuración**: por medio de este módulo se definen la configuración general del ETS, opciones generales, impresión, contraseñas, idiomas, formtato de las direcciones de grupo, filtro de fabricantes.
- **Diseño de proyecto**: a través de este módulo pueden definirse las estructura del proyecto EIB, así como insertar y conectar los componentes EIB necesarios para implementar las funciones del sistema. Las funciones de este módulo permiten realizar los diseños de proyectos de una forma rápida y sencilla. Además, toda la documentación necesaria, relacionada con esta fase del proyecto, es generada de forma automática por el programa.

- **Puesta en marcha/test**: este módulo facilita la puesta en funcionamiento y consiguiente comprobación de los sistemas EIB.

- **Administración de proyectos**: con este módulo se gestionan los proyectos diseñados con el ETS, permitiendo su importación y exportación a través de la base de datos del programa.

- **Administración de productos**: este módulo permite gestionar los productos EIB de los distintos fabricantes. Por ejemplo, se pueden importar los datos de productos de un fabricante en concreto desde un disquete o CD-ROM.

- **Herramientas de conversión**: permiten al usuario recuperar y editar proyectos creados con versiones anteriores de ETS.

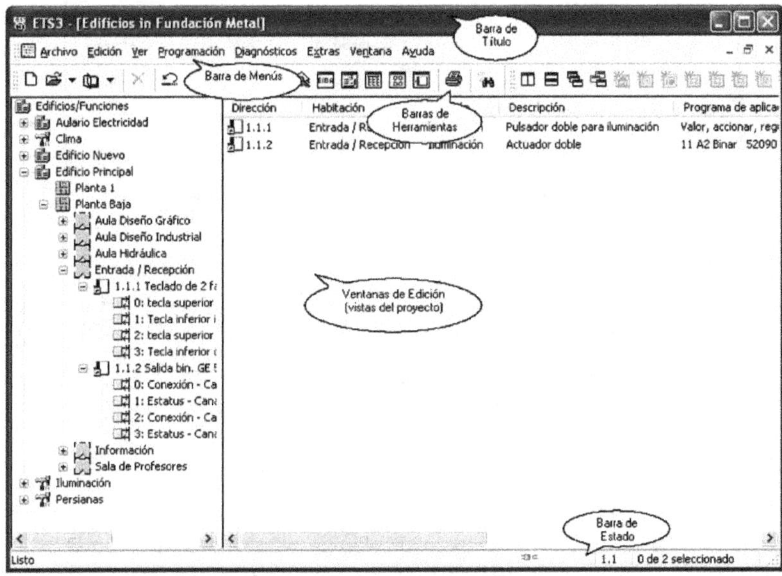


*Figura 6.46. Pantalla principal de ETS 3*

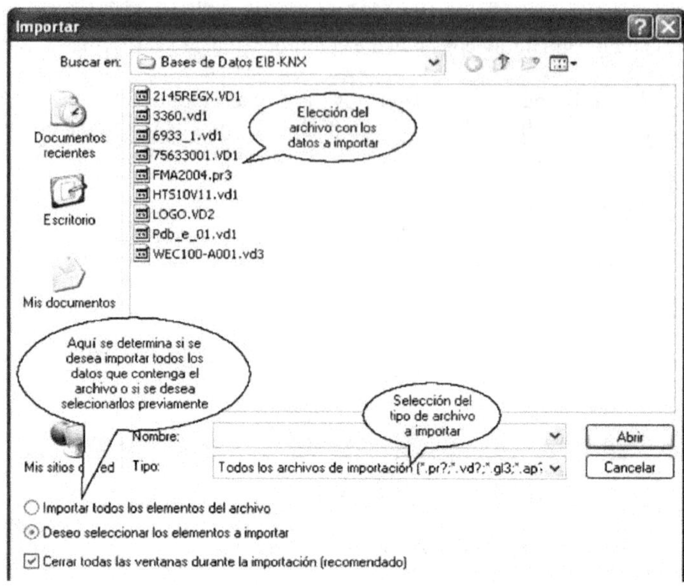


*Figura 6.47. Importando una base de datos de componentes de un fabricante*

## 6.4.1 Creación de un proyecto

Para crear un proyecto hay que pulsar en la opción o botón de "diseño de proyecto" y aparecerá la ventana principal de diseño de proyecto.

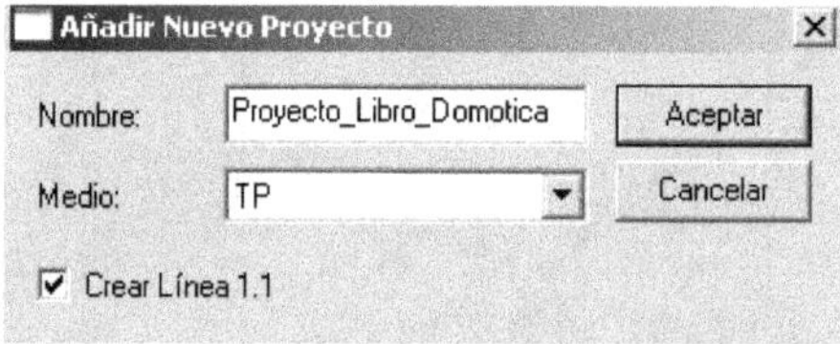


*Figura 6.48. Ventana de nuevo de proyecto*

Pulsando el botón "aceptar" aparece una ventana dividida en tres zonas o vistas:

- **Vista de Topología**: donde los datos del proyecto son representados según la topología del bus (áreas y líneas). La estructura de la topología normalmente se genera de forma automática cuando se asignan a los aparatos sus direcciones físicas en otras partes del ETS 3. En función de las direcciones asignadas, van apareciendo en la vista de topología las áreas y las líneas principales.

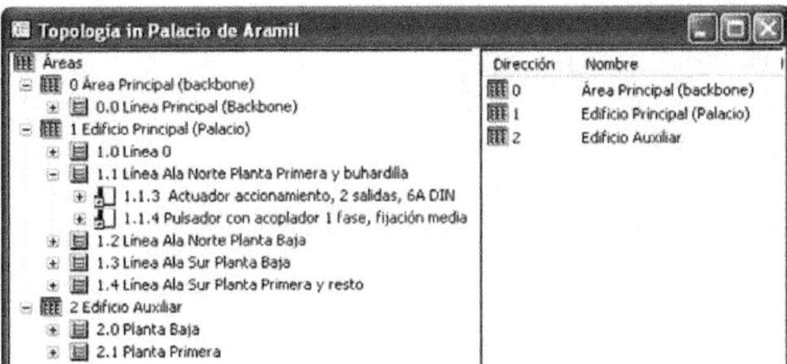


*Figura 6.49. Vista de Topología*

- **Vista Direcciones de Grupo**: en ella aparecen las direcciones de grupo y se representan, dependiendo de la configuración elegida, en dos o tres niveles. La representación de las direcciones de grupo en diferente número de niveles no tiene ninguna repercusión funcional. Sirve para mejorar la apreciación global del proyecto. Una dirección de grupo se representa mediante un valor de 15 bits. En una representación en dos niveles, cuatro bits constituyen el grupo principal (por consiguiente pueden representarse 16 grupos principales) y 11 bits constituyen los subgrupos o grupos secundarios (hasta 2048 subgrupos). También es posible representar las direcciones de grupo en tres niveles. De esta forma, cuatro bits constituyen de nuevo el grupo principal, tres bits el grupo intermedio (hasta ocho grupos intermedios) y ocho bits constituyen los subgrupos o grupos secundarios (hasta 256 subgrupos). Esta flexibilidad permite al usuario una gestión más simple y eficiente de las direcciones de grupo. Además, se puede cambiar entre las dos formas de presentación sin pérdida de datos.

- **Vista de Edificios**: en su parte izquierda, los datos se despliegan según se haya establecido la estructura del edificio. Así mismo, en esta ventana también es posible ordenar o mostrar el proyecto desde el punto de vista de las funciones que realizan los aparatos. Aquí se pueden insertar en la estructura del proyecto elementos como edificios, partes de edificio, habitaciones y armarios. En la esquina superior de la parte izquierda de la ventana se observa el símbolo a partir del cuál se despliega la estructura de edificios y funciones. Si se hace clic con el botón derecho aparece la posibilidad de insertar edificios o funciones.

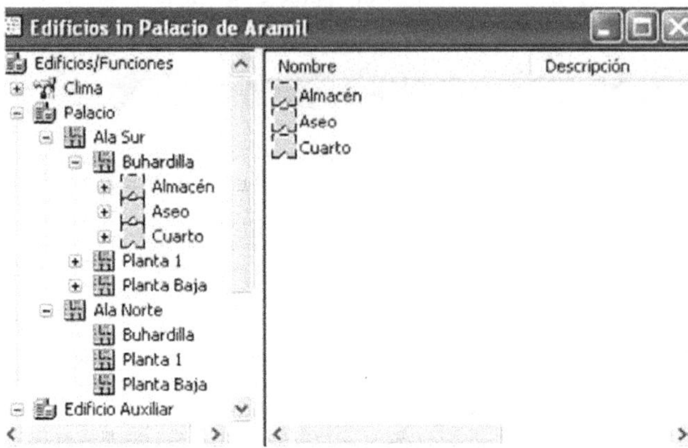


*Figura 6.50. Vista de Edificios*

Desde estas ventanas se mostrarán las partes del proyecto. Cada proyecto está formado por los elementos Edificios, Partes de edificios, Habitaciones y Dispositivos, aunque éste es el esquema conceptual de ETS, pudiéndose no utilizar todos los anteriores para instalaciones más simples. A continuación se le dedica un apartado a cada una de estas vistas.

### 6.4.1.1 VISTA DE EDIFICIOS

La inserción de edificios y funciones resulta posible a través del menú de Edición (Añadir Edificios... o Añadir Funciones...), o por medio del botón derecho del ratón (Menú sensible al contexto). Se abre entonces un cuadro de diálogo por medio del cual es posible insertar varios elementos de una vez. Presionando el icono correspondiente en la barra de herramientas se insertará un solo edificio. De este modo ahora es posible dar nombre a los edificios, partes de edificio y funciones, así como añadir las descripciones correspondientes. Esto se realiza directamente al hacer la inserción del nuevo elemento, ya que aparece un pequeño diálogo donde se puede introducir tanto el nombre del nuevo edificio como también el número de edificios que queremos insertar. Asimismo, cualquier cambio o introducción es posible en cualquier momento a través del cuadro de diálogo de Propiedades, donde no sólo se puede introducir un nombre sino también cualquier comentario que pueda ser de interés acerca del edificio.

La introducción de edificios y funciones puede realizarse en varios niveles. Si se da la orden de introducir un edificio dentro de otro de superior jerarquía, se creará dentro de éste una parte de edificio con las mismas propiedades que el edificio original. De esta manera, se puede construir una estructura de un solo edificio con varios portales y diferentes plantas para cada portal. Estas jerarquías pueden ser tan complejas como sea necesario. La siguiente figura muestra un ejemplo de un edificio con diferentes partes y funciones.

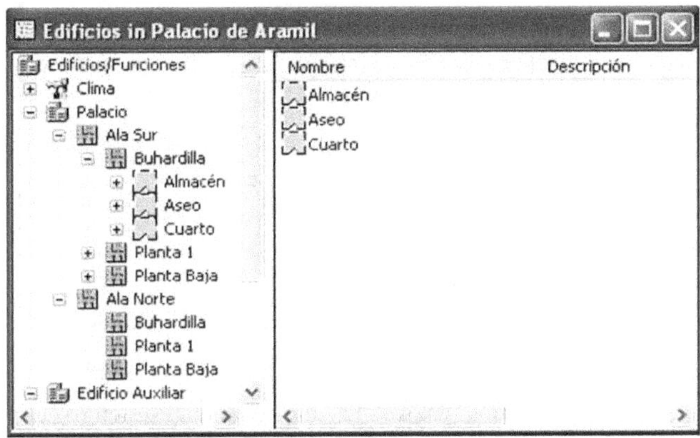


*Figura 6.51. Ejemplo de edificio*

**Inserción de habitaciones y armarios**: en los edificios y partes de edificio ahora se pueden insertar habitaciones o armarios de distribución (cuadros eléctricos). Esto resulta de nuevo posible a través del menú de Edición (Añadir Habitaciones... o Añadir Armarios...), por medio del botón derecho del ratón (Menú sensible al contexto) o utilizando los iconos correspondientes de la barra de herramientas. En realidad no existe diferencia funcional entre una habitación o un armario: simplemente se diferencian para mejorar la visión general del proyecto, diferenciando aquellos aparatos que van en los cuadros de distribución de los que van instalados por las diferentes estancias del edificio. También es posible dar nombre a las habitaciones y armarios, así como añadir las descripciones necesarias. Esto se realiza directamente al hacer la inserción del nuevo elemento, ya que aparece un pequeño diálogo donde se puede introducir el nombre como también el número de habitaciones o armarios a insertar. Asimismo, cualquier cambio o introducción es posible en cualquier momento a través del cuadro de diálogo de Propiedades. En esta ventana es posible introducir comentarios y descripciones amplias junto al nombre del elemento.

Un ejemplo de configuración con habitaciones y armarios podría ser el mostrado en la figura 6.52.

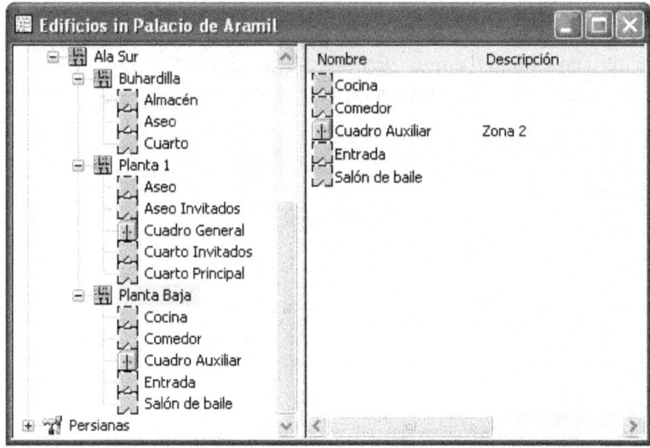


*Figura 6.52. Configuración de habitaciones*

**Inserción de aparatos**: una vez ha sido creada la estructura del proyecto, se puede comenzar a insertar los aparatos deseados en las habitaciones, armarios o funciones. Esto puede hacerse de varias formas:

- **Con la ayuda del Buscador de Productos**. Éste se puede abrir de forma indirecta, al seleccionar previamente una habitación, un armario o una función, y abrir a continuación el menú Edición. También al utilizar la opción "*Añadir Aparatos*" del menú sensible al contexto (botón derecho del ratón). El buscador puede abrirse a través del menú "*Ver*" o utilizando el icono correspondiente de la barra de herramientas. Para poder visualizar en la parte inferior de la ventana los aparatos buscados, debe pulsarse el botón Encontrar. Para encontrar los aparatos deseados de forma rápida y eficaz resulta útil introducir en el buscador de productos algún criterio de búsqueda concreto. Para ello, se deben seleccionar las entradas de los campos (fabricante, familia de producto, tipo de producto, tipo de medio de transmisión) o introducir criterios de búsqueda (número de orden o nombre del producto). El número de orden tiene que ser introducido completamente, mientras que para el nombre de un producto es suficiente introducir una parte del mismo. La búsqueda en la base de datos sólo comenzará tras pulsar el botón "*Encontrar*". Como resultado, se mostrará una relación de productos, en la sección inferior de la ventana, correspondientes al criterio de la búsqueda introducido.

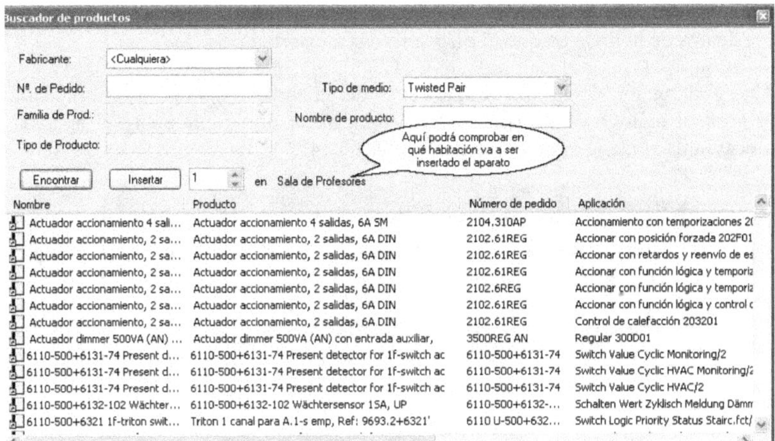


*Figura 6.53. Buscador de productos*

- Pueden introducirse aparatos en el proyecto a través del Catálogo o de la ventana de Favoritos. Para insertar de forma efectiva los aparatos, deberán arrastrarse hasta el lugar deseado con la tecla izquierda del ratón presionada

- Pueden igualmente utilizarse los comandos Copiar y Pegar.

Tras haber insertado un aparato en una habitación o armario, existe la posibilidad de asignarle adicionalmente una función a este dispositivo. Para ello, hay que marcar el aparato con el ratón y arrastrarlo con la tecla izquierda del mismo presionada hacia la función deseada (con esto se asimila al aparato en un dominio particular de aplicación; ejemplos: iluminación; clima; motorización; seguridad, etc.).

Revertir este proceso también es posible: si se hubiese asignado un aparato primero a una función en lugar de una habitación o armario donde se quisiera introducirlo, solamente habría que seleccionar el aparato y arrastrarlo a la ubicación elegida. El aparato seguirá en la relación de elementos de la función a la que se asignó inicialmente, pero ahora, además, pertenecerá a la habitación o edificio donde será instalado, información que será muy importante para la fase de instalación del mismo.

**Asignación de la dirección física**: cuando la dirección física de un dispositivo no haya sido asignada automáticamente, ésta asignación puede hacerse de forma manual de dos maneras, suponiendo que se esté en la Vista de Edificios, ya que la Vista de Topología siempre asignará automáticamente una dirección física dentro de la línea en que el dispositivo sea insertado).

Asignación de la dirección a través del cuadro de diálogo de Propiedades: para abrir el diálogo de Propiedades hay que hacer doble clic sobre el aparato y aparecerá una ventana similar a la de la figura 6.54.

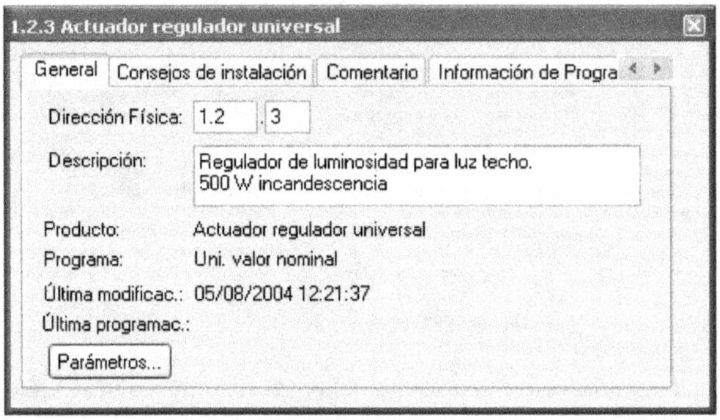

*Figura 6.54. Asignación de la dirección física*

Aquí se puede introducir la dirección física. Asimismo, aquí se puede introducir una descripción reducida en el campo Descripción de la sección General, o ampliada en las secciones Consejos de Instalación y Comentarios.

Asignación de Direcciones por medio de Arrastrar y Soltar (*Drag and Drop*): para poder hacerlo hay que abrir previamente la Vista de Topología. Se seleccionan los aparatos a los que se quiera asignar una dirección física y se arrastran hacia la línea y área a la que se desea que pertenezcan. El número de componente dentro de la línea y área elegidos es asignado de forma automática. También se puede predeterminar la estrategia a la hora de asignar nuevas direcciones (ocupar la primera libre o la siguiente a la mayor que exista. Esto se puede realizar en la sección Estrategia del menú Extras/Opciones. Por tanto, gracias a la funcionalidad Arrastrar y Soltar (*Drag and Drop*) se puede asignar direcciones físicas a uno o varios aparatos, pero también a todos los aparatos de una habitación, parte de edificio o edificio completo.

### 6.4.1.2 VISTA DE TOPOLOGÍA

En la Vista de Topología, los datos del proyecto son representados según la topología del bus (áreas y líneas).

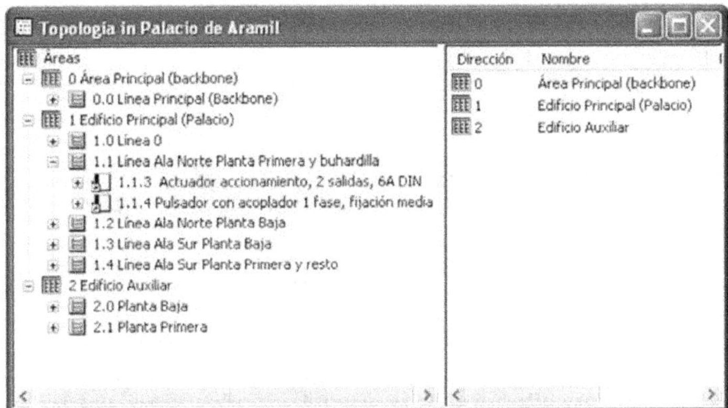


*Figura 6.55. Vista de topología*

La estructura de la topología normalmente se genera de forma automática cuando se asignan a los aparatos sus direcciones físicas en otras partes del ETS 3. En función de las direcciones asignadas, van apareciendo en la vista de topología las áreas y las líneas principales.

Por ejemplo, si se inserta un aparato en la vista de edificios y se le asigna la dirección física 2.3.23 en el diálogo de propiedades del aparato, aunque el área dos y la línea tres de este área no existan, al aceptar y cerrar la ventana de propiedades, éstas serán creadas en la estructura de la topología, para dar cabida a este nuevo aparato introducido en el proyecto.

Cuando no se ha asignado la dirección física a un aparato, se puede construir explícitamente la estructura de áreas y líneas deseada y usar la vista de topología como medio de asignación de direcciones físicas fácil y rápido (arrastrando y soltando el ratón).

Así mismo, resulta posible construir desde el principio un proyecto en esta ventana en lugar de en la vista de edificios.

Por último, se pueden insertar aéreas, líneas, aparatos (de la misma forma que en la Vista de Edificios).

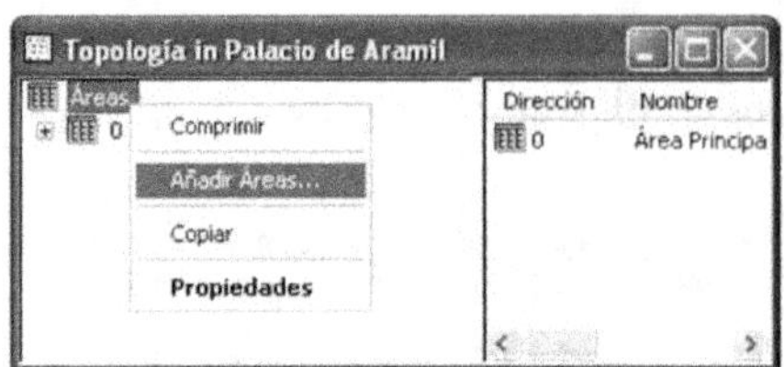


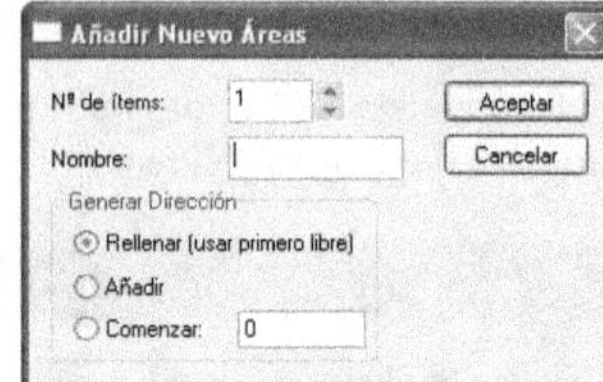


*Figura 6.56. Inserción de áreas*

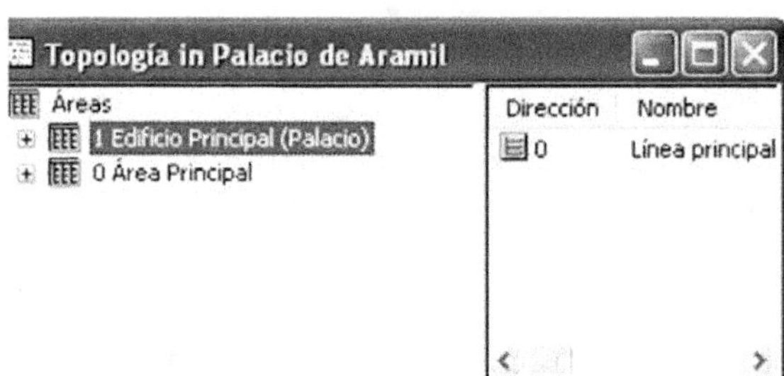


*Figura 6.57. Inserción líneas*

Capítulo 7

# LONWORKS

## 7.1 INTRODUCCIÓN

La tecnología LonWorks fue presentada en el año 1992 por la Corporación Echelon como una plataforma universal para implementar casi cualquier sistema de control. El protocolo y el medio de programación fueron diseñados para ocuparse de las idiosincrasias y demandas de las redes de control. A pesar de ello, sólo ha tenido éxito de implantación en edificios de oficinas, hoteles o industrias. Además, debido a su alto coste, los dispositivos LonWorks no han tenido una implantación masiva en los hogares, sobre todo porque existen otras tecnologías mucho más económicas.

Su arquitectura es abierta a cualquier fabricante, forma un sistema de control distribuido basado en un conjunto de nodos independientes interconectados entre sí. Todos los dispositivos LonWorks, o nodos, están basados en un microcontrolador especial llamado Neuron Chip con tres procesadores, dos para comunicación y uno para aplicación. El firmware implementa el protocolo LonTalk (ANSI/EIA 709) y se programa con el lenguaje Neuro C, basado en el estándar ANSI C. La empresa Echelon ofrece todas las herramientas *software* y *hardware* necesarias para el desarrollo de sistemas LonWorks.

La comunicación se realizar mediante intercambio de paquetes de datos. Cada dispositivo dispone de una dirección o identificador único y analiza todos los paquetes que le van llegando para determinar si corresponde con su dirección. La comunicación es fiable con CSMA, y se realizar mediante el envío de telegramas que contienen la dirección de destino, información para el routing, datos de control así como los datos de la aplicación del usuario y un checksum como código detector de errores. Cada dispositivo tiene un transceptor para conectarse físicamente a la red.

La plataforma LonWorks es independiente de los medios de comunicación, puede funcionar sobre RS-485 optoaislado, acoplado a un cable coaxial o de pares trenzados con un transformador, sobre corrientes portadoras, fibra óptica e incluso radio.

LonMark es una asociación de fabricantes que desarrollan productos o servicios basados en redes de control LonWorks. El logotipo LonMark indica que el producto supera las pruebas LonWorks.

Se puede destacar *a priori* las siguientes características técnicas:

| **Características de LonWorks** |
|---|
| Sistema de control descentralizado de Echelon, protocolo LonTalk, extremo-a-extremo. |
| Basado en un microcontrolador especial llamado Neuron Chip. |
| Sistema abierto a cualquier fabricante. |
| Orientado a la gestión de medianas y grandes instalaciones. |
| Flexibilidad, estandarización y robustez. |
| Echelon ofrece una gama completa de productos *software* y *hardware*. |
| Modular y ampliable. |
| LonTalk controla la compatibilidad de productos y servicios. |

## 7.2 DESCRIPCIÓN

La tecnología LonWorks fue desarrollada por Echelon. Los objetivos que persigue son flexibilidad y estandarización, interoperabilidad entre empresas fabricantes, compatibilidad total entre sistemas e independencia y flexibilidad a coste bajo. Su principal inconveniente es la poca oferta de productos que hay en España, aunque en Estados Unidos se han desarrollado miles de proyectos con esta tecnología.

En cuanto a técnica, presenta inteligencia en el nodo, seguridad de comunicación de los datos, independencia del medio físico utilizado y un lenguaje optimizado. Cada nodo de la red está constituido principalmente por un transceptor y un Neuron Chip fabricado por Motorola y Toshiba. Esta doble patente, hace que los precios sean más razonables.

El Neuron Chip tiene como características: tres procesadores (dos para comunicación y uno para aplicación), memoria EEPROM, RAM y ROM, once pins E/S bidireccionales, dos contadores/*timers* de 16 bits de bajo consumo, etc. El NC (Neuron Chip) es un dispositivo semiconductor especialmente diseñado para proporcionar capacidades de procesamiento y comunicación a dispositivos de control de bajo coste. La denominación de Neuron proviene de su semejanza con las neuronas cerebrales, millones de neuronas interconectadas juntas que proporcionan información a otras a través de numerosos caminos. El NC es un circuito integrado que cuenta con tres procesadores, memoria de lectura/escritura (RAM), memoria de sólo lectura (ROM) y subsistemas de comunicación y entrada/salida. La memoria de sólo lectura contiene un sistema operativo, el protocolo LonTalk y una librería de funciones de entrada/salida, la grabación de esta parte de la memoria se realiza durante el proceso de fabricación del dispositivo. El chip cuenta también con memoria no volátil que es utilizada para almacenar los datos de configuración y el programa de la aplicación. Es obvio que ambos no se pueden cargar en el dispositivo hasta que el diseño del sistema se haya completado, por lo que la carga en el dispositivo la realizará el diseñador del sistema mediante un *software* especial utilizando un PC. Durante el proceso de fabricación a cada NC se le asigna una identificación única Neuron ID de 48 bits.

Las aplicaciones para el NC se escriben en un lenguaje conocido como Neuron C. Este lenguaje es una variante especializada del C, lo que simplifica la configuración de nodos y la red. Los elementos que caracterizan este lenguaje son las variables de red, la cláusula "when" que provoca la activación por eventos de diversas acciones que son ejecutadas de forma cooperativa, y los objetos de entrada/salida.

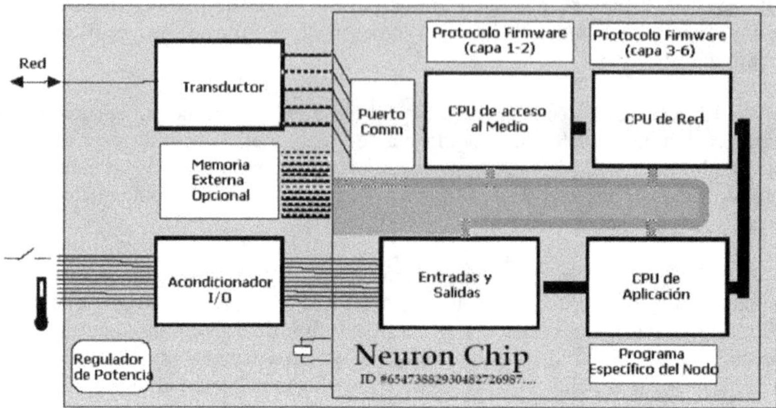


*Figura 7.1. Componentes de un aparato LonWorks*

Cada nodo de la red interactúa con elementos como sensores o actuadores a través de los pins de E/S. A la vez, el nodo va conectado a la red a través de un transceptor que varía según el medio de transmisión. Este elemento proporciona la interfaz de comunicación física entre el dispositivo y la red. Es importante tener en cuenta que el transceptor utiliza un determinado medio de acceso, ya que sólo aquéllos nodos conectados al mismo medio de acceso podrán interoperar directamente, en caso contrario necesitarán del uso de un componente de interconexión conocido como router. En la actualizad existen transceptores para: par trenzado, línea eléctrica, radiofrecuencia, fibra óptica y xDSL.

El medio de comunicación más utilizado en LonWorks es el par trenzado, una variante es el Link Power, que envía la información juntamente con la alimentación del nodo. Puede llegar a velocidades de 1,25 Mbps y el acceso al medio es totalmente transparente al usuario del nodo.

La solución LonWorks proporciona una plataforma completa para controlar la conexión de redes, desde silicio hasta *software*. Esto es exactamente lo que LonWorks ofrece para la automatización doméstica una plataforma completa que incluye no sólo un protocolo o un transceptor, sino también los estándares de interoperabilidad y un API de *software* universal que funciona todo junto sin costuras.

El sistema LonWorks esta basado en el concepto de red de control. Los sistemas de control deben cumplir gran cantidad de requerimientos comunes independientes de la aplicación. Un sistema de control en red es significativamente más útil, flexible y escalable que un sistema de control que no se encuentre en red. Es un sistema de control distribuido, se basa en un conjunto de nodos inteligentes, interconectados entre sí.

Las redes LonWorks ofrecen gran flexibilidad y pueden ser utilizarlas como sistemas empotrados en redes con miles de dispositivos controlando grandes sistemas. Distribuyendo el procesamiento a través de la red y proporcionando acceso libre a todos los dispositivos se disminuyen los costes de la instalación y el mantenimiento, ya que aumenta la fiabilidad al disminuir la posible existencia de fallos, y proporciona flexibilidad para adaptar el sistema a una gran variedad de aplicaciones.

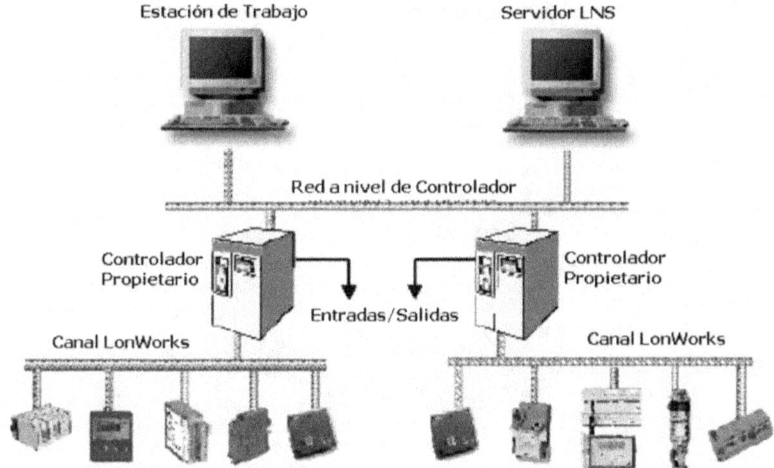


*Figura 7.2. Sistema LonWorks típico*

La Asociación de Interoperabilidad Lonmark se formó en Mayo de 1994 por 36 compañías y ya tiene unos 230 socios del mundo de las redes de control. La misión de la Asociación LonMark es permitir la fácil integración de sistemas de diferentes fabricantes basados en LonWorks. La asociación ofrece un foro abierto a las compañías miembros para trabajar conjuntamente en marketing y programas técnicos con el fin de fomentar la disponibilidad de mecanismos de control interoperables y abiertos.

## 7.3 PROTOCOLO LONWORKS

El protocolo utilizado en los sistemas LonWorks se denomina LonTalk y está definido por el estándar ANSI/EIA 709.1 Control Networking Standard. El protocolo LonTalk es una realización de las siete capas del modelo de referencia OSI y no tiene que estar sólo reconocido por EIA (EIA-709) sino también por otros organismos de estandarización (IEEE, ANSI, IFSF, ASHRAE, CEN, SEMI, AAR, etc.).

| Capa OSI | Propósito | Servicios Proporcionados |
| --- | --- | --- |
| 7 Aplicación | Compatibilidad de aplicación | Tipos y Objetos estándar, propiedades de configuración, transferencia de ficheros, servicios de red. |
| 6 Presentación | Interpretación de datos | Variables de red, mensajes de aplicación. |
| 5 Sesión | Control | Petición/Respuesta, autentificación. |
| 4 Transporte | Fiabilidad punto a punto | Reconocimiento punto a punto, tipo de servicio. |
| 3 Red | Entrega de mensajes | Direccionamiento unicast y multicast, enrutamiento de paquetes. |
| 2 Enlace | Acceso al medio | Codificación de datos, chequeo de errores, acceso al medio, detección y anulación de colisiones, prioridad. |
| 1 Física | Interconexión eléctrica | Interfaces específicos del medio y esquemas de modulación. |

El protocolo LonTalk está abierto al uso de cualquier fabricante en cualquier plataforma y procesador. Actualmente hay alrededor de 8,5 millones de mecanismos instalados por todo el mundo que llevan incorporado un Neuron Chip.

Todas las comunicaciones constan de uno o más paquetes intercambiados entre dispositivos. Cada paquete esta compuesto por uno o más bytes de longitud y contiene una representación compacta de los datos requeridos para cada una de las siete capas. Cada dispositivo en la red analiza todos los paquetes transmitidos para determinar si alguno corresponde a su dirección. Si es así, procede a determinar el contenido del mismo, si contiene datos para el programa del dispositivo o es un paquete de control de la red.

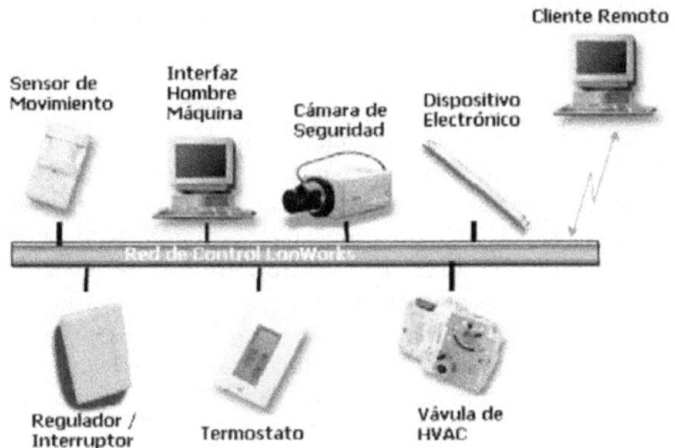


*Figura 7.3. Red de control LonWorks*

El protocolo LonWorks usa un único algoritmo para el control de acceso al medio (MAC) conocido como *predictive persistent CSMA protocol*, cuyo fin es la reducción de colisiones incluso en situaciones de sobrecarga de la red.

## 7.3.1 Direccionamiento

El sistema LonWorks soporta varios tipos de direccionamiento:

- **Dirección física**. Cada dispositivo incluye un único identificador de 48 bits conocido como Neuron ID. Esta dirección es asignada cuando un dispositivo es fabricado y no cambia durante la vida del mismo.

- **Dirección del dispositivo**. A cada dispositivo se le asigna una dirección particular cuando es instalado en una red. Las direcciones de dispositivo constan de tres componentes:

  - **Identificación de dominio**. Hace referencia a un conjunto de dispositivos que pueden interactuar. Permite agrupar 32.385 dispositivos. Si dos dispositivos pretenden intercambiar paquetes, deben estar incluidos dentro de un mismo dominio.

  - **Identificación de subred**. Identifica un conjunto de 127 dispositivos dentro de un dominio. La existencia de este tipo de agrupación de dispositivos se justifica teniendo en cuenta las necesidades de acceso simultáneo a varios dispositivos de un mismo tipo.

- **Identificación del nodo**. Hace referencia a un dispositivo individual dentro de una subred.

- **Dirección de grupo**. Un grupo es una colección lógica de dispositivos dentro de un dominio. Al contrario que en el caso de la subred, se agrupan juntos sin tener en cuenta su localización dentro del dominio. Dentro de un grupo se pueden incluir todos los dispositivos de un dominio si es una comunicación sin reconocimiento, en caso contrario se verá limitado a 64. Esta dirección se usa principalmente para disminuir la cantidad de paquetes necesarios para el acceso a varios dispositivos.

- **Dirección broadcast**. Identifica todos los dispositivos en una subred o en un dominio. Es el método más eficiente para comunicar con muchos dispositivos si el mensaje les interesa a todos.

Cada paquete transmitido sobre la red contiene la dirección del dispositivo que transmite y las direcciones de los dispositivos receptores, que pueden ser su dirección física, la de dispositivo, la de grupo o la *broadcast*.

A modo de resumen, en la siguiente tabla se muestran los límites de número de dispositivos de una red LonWorks.

| **Límites del Protocolo LonWorks** | |
|---|---|
| Aparatos en una subred. | 127 |
| Subredes en un dominio. | 255 |
| Aparatos en un dominio. | 32.385 |
| Dominios en una red. | $2^{48}$ |
| Máximo de aparatos en el sistema. | 32.385 * $2^{48}$ |
| Miembros en un grupo. | 63 o Sin límite |
| Grupos en un dominio. | 255 |
| Canales en una red. | Sin límite |
| Bytes en una variable de red. | 31 |
| Bytes en un mensaje. | 228 |
| Bytes en un fichero de datos. | $2^{32}$ |

## 7.3.2 Medio de soporte

LonTalk es independiente del medio de transmisión utilizado, y permite a los dispositivos comunicarse a través de cualquier medio de transporte físico. Un canal es un medio de comunicación específico al cual los dispositivos se conectan utilizando lo que conocemos como transceptores específicos para cada canal. Los diferentes canales presentan distintas características en cuanto a número máximo de dispositivos conectados al canal, tasa de transferencia y distancia física máxima de transmisión.

En la siguiente tabla se resumen las características de los principales tipos de canales.

| Tipo de canal | Medio | Velocidad | Transceptor compatibles | Máximo de Aparatos | Distancia Máxima |
|---|---|---|---|---|---|
| TP/FT 10 | Par trenzado, topología libre o bus, línea de potencia | 78 Kbps | FTT-10, FTT-10A, LPT-10 | 64-128 | 500 m topología libre, 2.200 m topología bus |
| TP/XF-1250 | Par trenzado, topología bus | 1,25 Mbps | TPX/XF-1250 | 64 | 125m |
| PL-20 | Línea de potencia | 5,4 Kbps | PLT-20, PLT-21, PLT-22 | Dependiente del entorno | Dependiente del entorno |
| IP-10 | LonWorks sobre IP | Depend. de la red IP | Depend. de la red IP | Depend. de la red IP | Depend. de la red IP |

## 7.3.3 Mensajes

El protocolo contempla distintos tipos de mensajes para el correcto envío y recepción de paquetes:

- **Reconocimiento**. Cuando se usa un mensaje con reconocimiento, bien para un dispositivo individual, bien un grupo de 64, el emisor espera respuesta de todos los dispositivos individualmente (de este hecho nace la limitación del número de dispositivos en un grupo). Si ésta no se produce después de un tiempo de espera predeterminado, el emisor reintenta la transmisión.

- **Repetición del mensaje**. Permite que un mensaje sea reenviado múltiples veces a un dispositivo o grupo. Se utiliza principalmente en el proceso de reconocimiento. Es muy útil en el caso de reconocimiento de un grupo de dispositivos, ya que éstos intentarán realizarlo al mismo tiempo por lo que será necesario repetir el mensaje.

- **Mensaje con No Reconocimiento**. Es aquél mensaje del cual no se espera reconocimiento, lo que permite una baja carga de la red con mensajes de reconocimiento, por lo que es un servicio muy utilizado.

- **Servicio de Autentificación**. Es aquél mensaje que permite al receptor de un mensaje, determinar si el emisor estaba autorizado para el envío del mensaje. Está implementado mediante el uso de claves de 48 bits proporcionadas en la fase de instalación del sistema.

### 7.3.4 Variables

Una variable de red es cualquier objeto de datos (temperatura, posición de un actuador, etc.) que el programa de un dispositivo particular espera obtener de otros dispositivos en la red (variable de entrada) o presenta a otros dispositivos de la red (variable de salida).

El programa de un dispositivo no necesita conocer nada acerca del origen de las variables de entrada o del destino de las de salida. Cuando la aplicación modifica el valor de una de las variables de salida del dispositivo, este nuevo valor pasa al parte *firmware* del dispositivo. Mediante un proceso que se produce durante el diseño e instalación de la red denominado *binding*, la parte *firmware* del dispositivo es configurada para conocer las direcciones lógicas de los otros dispositivos que esperan recibir la modificación del valor de la variable de salida. De forma análoga, cuando se recibe una actualización del valor de una variable de entrada, ésta es comunicada a la aplicación.

El proceso de *binding* crea conexiones lógicas entre una variable de salida en un dispositivo y una variable de entrada en otro. Si un dispositivo contiene un interruptor físico, con su correspondiente variable de salida denominada interruptor *on/off*, y otro dispositivo, como una lámpara, que tiene una variable de entrada denominada lampara *on/off*, se crea una conexión entre ambas de forma parecida a si se conectan ambos dispositivos mediante un cable.

*Figura 7.4. Conexión de variable de red*

Cada variable de red pertenece a un determinado tipo que define sus unidades, escala y estructura de los datos contenidos en ella. El concepto de variable de red tiene una gran importancia, ya que hace posible los sistemas de control basados en la información frente a los antiguos sistemas basados en comandos. Esto significa que en un sistema LonWorks cada dispositivo toma sus propias decisiones de control, basadas en la información de los otros dispositivos. Con este sistema facilita la utilización de dispositivos de diferentes fabricantes.

## 7.4 PRODUCTOS LONWORKS

La empresa Echelon ofrece todo lo necesario para desarrollar, fabricar, instalar, operar y mantener una red LonWorks, incluidos:

- Herramientas de desarrollo.
- *Software* empresarial.
- Aparatos de entrada/salida.
- Herramientas de integración.
- Productos de conectividad a Internet.
- Interfaces de red.
- Componentes OEM y *routers*.

En la siguiente figura se muestra cómo se encuadran todos estos elementos en una red LonWorks de ejemplo.

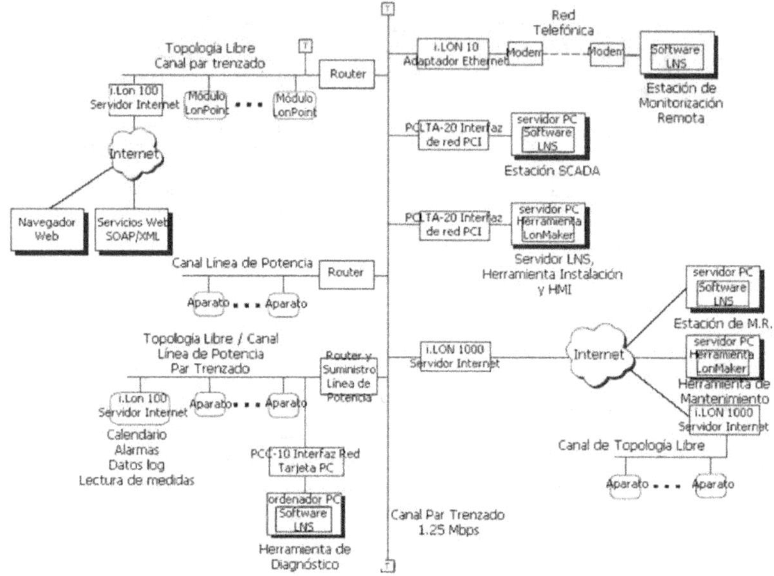


*Figura 7.5. Componentes de una red LonWorks*

## 7.4.1 Herramientas de desarrollo

Las herramientas de desarrollo de Echelon proporcionan los elementos para un rápido desarrollo de aplicaciones y dispositivos inteligentes. Las principales herramientas son: NodeBuilder, LNS y LonWorks Bundle Deployment Kit.

**La herramienta de desarrollo NodeBuilder** (NodeBuilder Development Tool) es una plataforma *hardware* y *software* que se utiliza para desarrollar aplicaciones para el chip Neuron y los transceptores Echelon Smart. Esta herramienta incluye un paquete completo de *software* de desarrollo de dispositivos y una plataforma *hardware* que se puede utilizar para pruebas y prototipos. La herramienta NodeBuilder incluye también un compilador y un depurador del lenguaje de programación Neuron C.

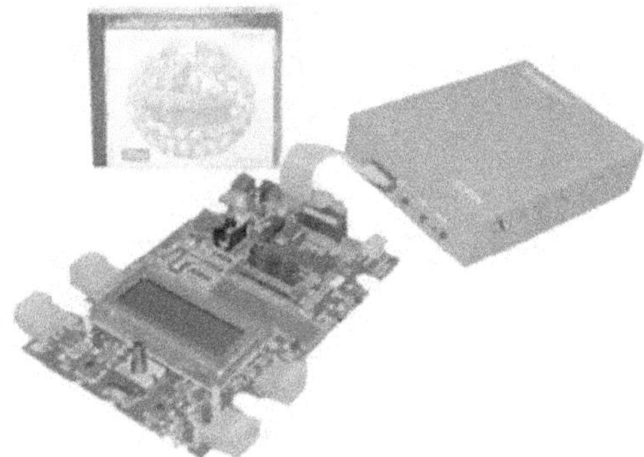

*Figura 7.6. Herramienta de desarrollo NodeBuilder*

- **El *kit* de desarrollador ShortStack** (ShortStack developer kit) permite que cualquier producto que contenga un microcontrolador o microprocesador, se convierta en un aparato en red accesible desde Internet de una manera rápida y barata.

*Figura 7.7. Kit de desarrollador ShortStack*

- **El *kit* de desarrollador MIP** (Programa de Interfaz de Microprocesador) es un *firmware* que utiliza un Neuron Chip como coprocesador de comunicaciones para un procesador servidor añadido. El MIP permite al servidor añadido implementar aplicaciones LonWorks y comunicarse con otros aparatos utilizando el protocolo EIA-709.1.

*Figura 7.8. Kit de desarrollador MIP/P20/P50 y MIP/DPS*

- **El sistema operativo de red LNS** es una plataforma potente y escalable que permite al usuario interactuar con redes de control. La capacidad multicliente de LNS permite que múltiples usuarios puedan instalar dispositivos LonWorks, diagnosticar problemas y hacer reparaciones simultáneamente. LNS maximiza la accesibilidad, debido a que los usuarios y operadores de la red pueden trabajar local o remotamente. LNS reduce la complejidad del mantenimiento automatizando las tareas comunes del sistema y gestionando servicios de directorio y de enrutamiento.

- **El kit de desarrollo Bundle de LonWorks** está orientado para desarrolladores de OSGI y permite servicios de accesos o *gateways*. Es un paquete *software* que se puede utilizar para diseñar, instalar, operar y mantener redes LonWorks interoperativas, abiertas y de múltiples vendedores. Proporciona una solución completa de mensajería de servicios para telecos, operadores de cable, utilidades y otros operadores de servicios de *gateways*.

- **El API del compilador de campo LCA** es una librería *software* para Windows que se utiliza para crear interfaces gráficas de usuario (GUIs) para aplicaciones LonWorks.

## 7.4.2 *Software* empresarial

Echelon dispone de una plataforma altamente escalable para empresas denominada Panoramix (Panoramix Enterprise Platform). Es una solución *software* que permite gestionar los datos de diferentes aparatos de red a través de múltiples facilidades y transformarlos en información significativa de empresa.

*Figura 7.9. Plataforma Panoramix*

### 7.4.3 Aparatos de entrada/salida

El sistema Lonpoint es una familia de productos diseñados para integrar sensores y actuadores propietarios (no compatibles con LonWorks) dentro de una red LonWorks de forma efectiva y con un coste bajo. Este sistema posibilita una arquitectura de sistema distribuido en la cual cada dispositivo incorpora algún procesamiento de control y se puede acceder a él desde cualquier localización en la red.

**Módulo interfaz de entrada analógica AI-10** es un aparato LonMark que proporciona dos entradas analógicas de 16 bits que pueden monitorizar entradas resistivas de 100 Σ a 15 KΣ, de 0-24 mA y 0-10 V. Opera de 16 a 30VAC o VDC y puede ser alimentado con la misma fuente que el sensor.

**Módulo interfaz de salida analógica A0-10** es un aparato LonMark que proporciona dos salidas analógicas de 12 bits que pueden controlar actuadores de 16 a 30VAC o VDC. Opera de 16 a 30VAC o VDC y puede ser alimentado de la misma fuente que el actuador.

**Módulo Interfaz de Entrada digital DI-10** es un aparato LonMark que proporciona cuatro entradas digitales que pueden monitorizar contactos o entradas de 0-32 VDC. Dispone de leds de estado para cada entrada y trabaja de 16 a 30VAC o VDC y permite ser alimentado de la misma fuente que el sensor.

**Módulo Interfaz de salida digital D0-10** es un aparato LonMark que proporciona cuatro salidas digitales de 0-12V y 100mA de máximo por salida. Trabaja de 16 a 30VAC o VDC y permite ser alimentado de la misma fuente que el actuador.

**Módulo Interfaz de entrada-salida digital DI0-10** es un aparato LonMark que proporciona dos entradas digitales y dos salidas relé. Las entradas digitales pueden monitorizar contactos o entradas de 31VDC, y las salidas relés de 2A-6A y 30VAC o 42VDC.

**Módulo programador SCH-10 y capturador de datos DL-10** es un aparato LonMark que proporciona un reloj en tiempo real, calendario y sistema de programación para coordinar funciones del sistema. También se puede convertir en un capturador de datos DL-10 descargando la aplicación DL-10.

**Módulos terminadores** proporcionan terminadores eléctricos para canales de par trenzado. En una topología libre hace falta un terminador, y en una topología en bus se necesitan dos terminadores.

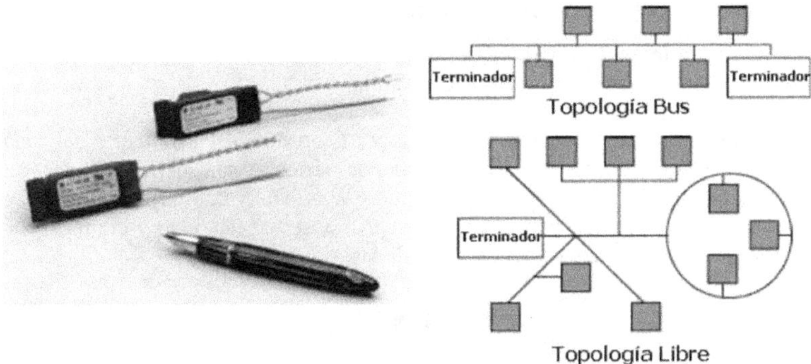


*Figura 7.10. Módulo terminador*

**Placas base tipo 1 y tipo 2** proporciona un interfaz entre un módulo LonPoint y la red, potencia y cables de entrada/salida. Existen dos tipos la tipo 1 para módulos interfaz y programador y la tipo 2 para módulos *routers*.

**Placas base tipo DIN 1D y 2D** proporcionan un interfaz entre un módulo LonPoint y la red, potencia y cables de entrada/salida. Están diseñadas para instalarse en carriles DIN. Existen dos tipos: el tipo 1D para módulos interfaz LonPoint programador y el tipo 2D para módulos *routers*.

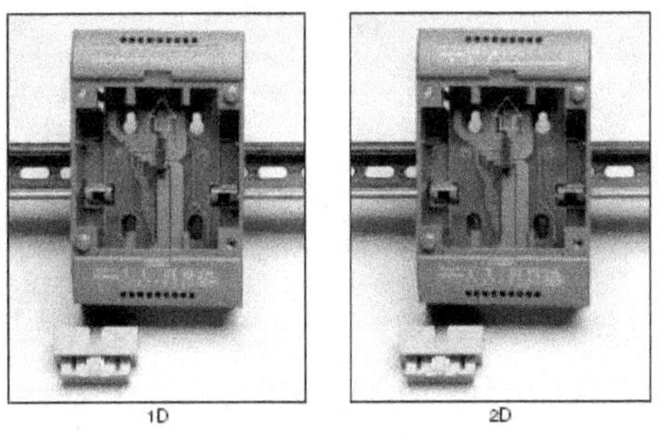


*Figura 7.11. Placa base tipo DIN 1D y 2D*

### 7.4.4 Herramientas de integración

Las herramientas de integración son un conjunto de herramienta para construir y mantener redes de aparatos LonWorks:

**Analizador de protocolo LonManager** (LonManager Protocol Analyzer) proporciona a los fabricantes, integradores de sistema y usuarios finales de LonWorks, un amplio conjunto de herramientas Windows y una tarjeta de interfaz PC de alto rendimiento que permite a los usuario observar, analizar y diagnosticar el comportamiento de redes LonWorks instaladas.

*Figura 7.12. Analizador de protocolo LonManager*

**Gestor de aparatos DM/20/**DM-**21** (DM-20/DM-21 Device Manager) son aparatos basados en el Neuron Chip que se pueden instalar y gestionar redes LonWorks. Trabaja a partir de una base de datos creada utilizando la herramienta de integración LonMaker.

*Figura 7.13. Manejador de aparatos DM/20/DM-21*

### 7.4.5 Productos de conectividad a Internet

Los productos Echelon para proporcionar conectividad a Internet son:

**Adaptador Ethernet i.LON 10** (i.LON 10 Ethernet Adapter): es un equipo de cliente que proporciona un acceso completo a redes LonWorks remotas. Está indicado para aplicaciones donde la conectividad IP es requerida para monitorización, manejo y diagnóstico de todos los dispositivos.

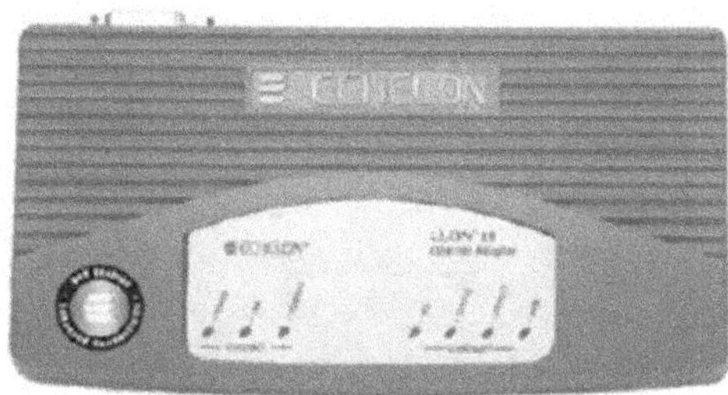

*Figura 7.14. Adaptador Ethernet i.LON 10*

**Servidor de Internet i. LON 100** (i. LON 100 Internet Server): es un aparato que proporciona servicios web SOAP/XML de alto rendimiento que conecta redes LonWorks con redes IP corporativas o Internet.

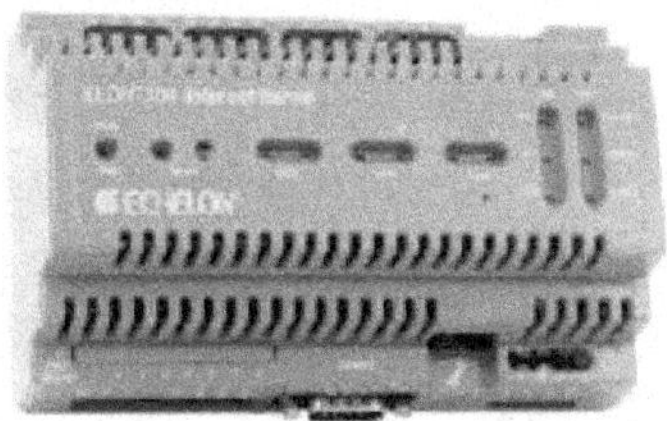

*Figura 7.15. Servidor de Internet i.LON 100*

**Servidor de Internet i.LON 1000** (i.LON 1000 Inernet Server): combina en un solo paquete un enrutador de tres capas y un servidor web. Está certificado por Cisco.

*Figura 7.16. Servidor de Internet i.LON 1000*

**Servidor IP/LonWorks i.LON 600** (i.LON 600 LonWorks/IP Server): es un router LonTalk-a-IP que sigue el EIA 852 y proporciona un acceso a Internet seguro a cualquier aparato.

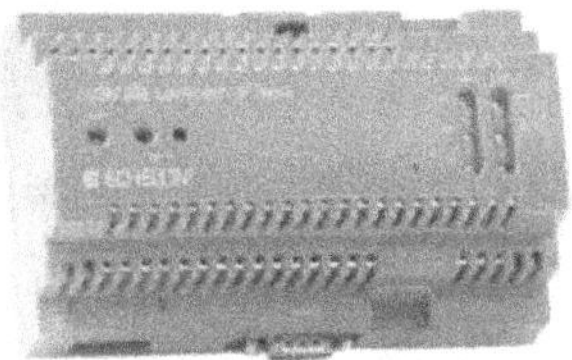

*Figura 7.17. Servidor IP/LonWorks i.LON 600*

## 7.4.6 Interfaces de red

Echelon dispone de una variedad de tarjetas interfaz de redes LonWorks.

**Adaptador de red PCC-10** (PCC-10 Network Adapter): es una tarjeta PCMCIA que proporciona un interfaz de alto rendimiento para ordenadores portátiles, de bolsillo y aplicaciones embebidas.

**Adaptador LonTalk PCLTA-20 PC** (PCLTA-20 PC LonTalk Adapter): es una tarjeta de bus PCI que proporciona acceso a redes LonWorks desde cualquier bus de PC que ejecute un sistema operativo compatible.

*Figura 7.18. Adaptador LonTalk PCLTA-20 PC*

**Adaptador LonTalk serie SLTA y PL-SLTA** (SLTA-10 y PL-SLTA Serial LonTalk Adapters): tienen integrados unos interfaces de servicios de red que se pueden utilizar de interfaz con cualquier servidor equipado con interfaz serie RS-232 a un par trenzado de red LonWorks.

**El adaptador Ethernet i.LON 10** (i.LON 10 Ethernet Adapter): es un adaptador Ethernet que proporciona soporte PPP para utilizarse con módems externos.

## 7.4.7 Componentes OEM y routers

Echelon proporciona componentes OEM de alto rendimiento que ahorran tiempo de desarrollo y disminuyen el coste de producción de aparatos LonWorks, además de permitir el uso de varios canales de transmisión en un mismo sistema es posible en LonWorks gracias al uso de routers.

**Transceptor inteligente de línea de potencia PL 3120 y PL 3150** (PL 3120 y PL 3150 Power Line Smart Transceptors) que integra el núcleo de un procesador de red Neuron 3120 ó 3150 además de un transceptor de línea de potencia en un solo chip.

**Transceptor inteligente de topología libre FT 3120 y FT 3150** (FT 3120 y FT 3150 Free Topology Smart Transceptors) integra el núcleo de un procesador de red 3120 ó 3150 con un transceptor de par trenzado libre de topología TP/TF-10 en un chip.

**Módulo router RTR-10** (RTR-10 Router Module) es un módulo compacto utilizado por componentes OEM para construir *router* LonWorks.

**Módulo router LPR** (LPR Router Module) tiene dos routers LonWorks de dos canales que pueden servir de interfaz con otros dos canales de par trenzado diferentes.

## 7.5 *SOFTWARE* DE PROGRAMACIÓN

Existen multitud de *software* de programación para sistemas LonWorks tanto desarrollados por el propio ECHELON como por otras empresas distintas. Las dos aplicaciones más difundidas de programación son NodeBuilder y LNS.

### 7.5.1 NodeBuilder

La herramienta NodeBuilder incluye un paquete completo de *software* de desarrollo de dispositivos. Contiene también un compilador y un depurador del lenguaje de programación Neuron C, que es un lenguaje de programación basado en el ANSI C con extensiones que simplifica la comunicación de red, *hardware* de entrada/salida y el procesamiento dirigido por eventos. Es un *software* para Microsoft Windows integrado, fácil de utilizar, que incluye las siguientes herramientas:

*Figura 7.19. NodeBuilder*

**Editor de Recursos de NodeBuilder**: es una herramienta para visualizar tipos comunes y perfiles funcionales de LonWorks. Los tipos son almacenados en un fichero de recursos que se utiliza por el editor de recursos, el asistente de código, el compilador de Neuron C, la herramienta de integración LonMaker y el asistente de *plug-in*. Esto asegura que todas las herramientas tengan una vista consistente de los tipos y perfiles, reduciendo el tiempo de desarrollo.

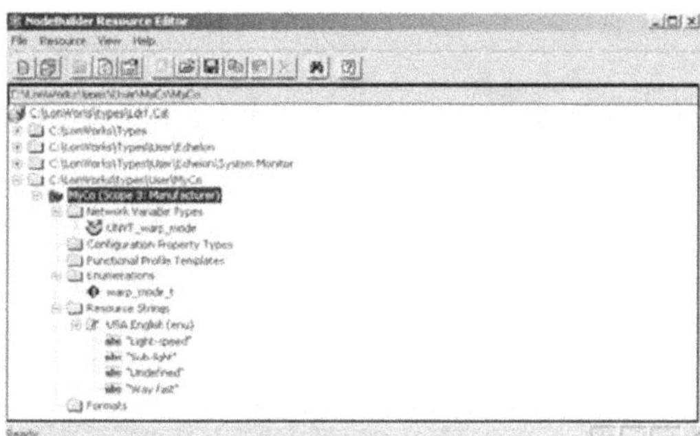

*Figura 7.20. Entorno del Editor de Recursos de NodeBuilder*

**Asistente de Código de NodeBuilder**: es una herramienta para definir interfaces de redes de dispositivos usando técnicas de arrastrar y soltar, generando automáticamente código Neuron C que implementa el interfaz del dispositivo. Este asistente permite ahorrar días de desarrollo por cada nuevo dispositivo.

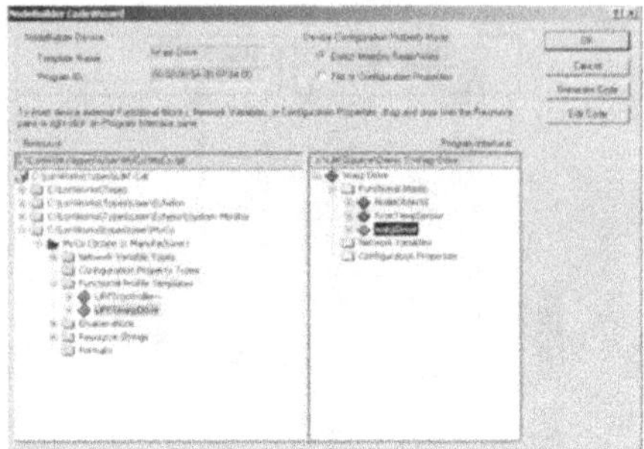

*Figura 7.21. Entorno del Asistente de Código de NodeBuilder*

**Gestor de Proyectos de NodeBuilder**: es una herramienta para la edición de código fuente de un proyecto, compilación, construcción y descarga de aplicaciones. Cuando se utilizar para depuración, el manejador de proyectos proporciona una vista del código fuente a bajo nivel de Neuron C de la aplicación que se está ejecutando, reduciendo el tiempo necesario para identificar problemas en dicho código fuente.

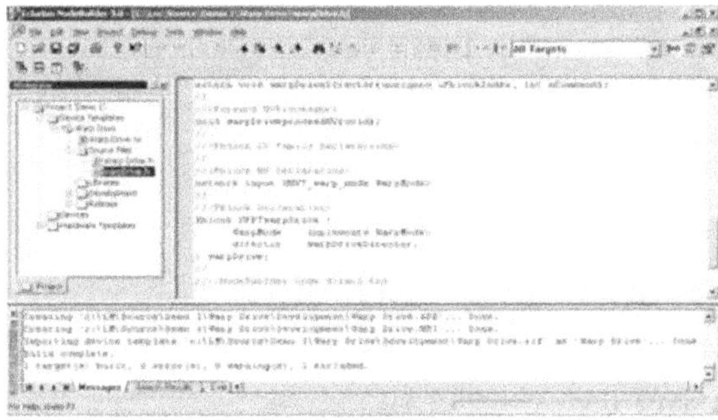

*Figura 7.22. Manejador de Proyectos de NodeBuilder*

## 7.5.2 LNS

LNS es el sistema operativo de Red de LonWorks (LonWorks Network Operating System). Este sistema se ejecuta sobre la red LonWorks y permite: que todas las aplicaciones trabajen conjuntamente, ejecutar las aplicaciones en cualquier lugar tanto de forma local como remota, control y monitorización.

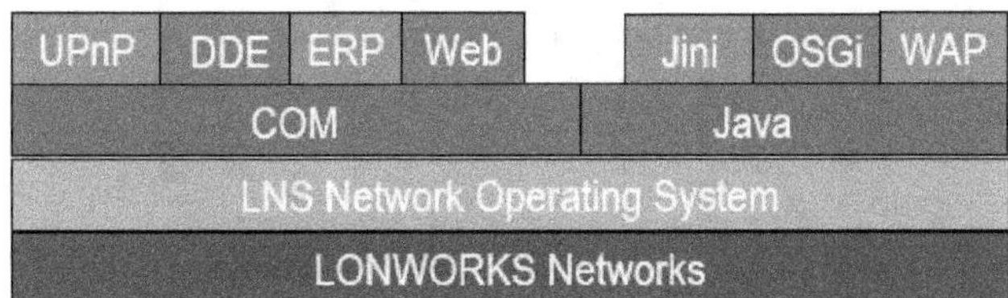


*Figura 7.23. Sistema operativo de red LNS*

Echelon dispone de un conjunto de herramientas para el desarrollo de aplicaciones LNS que pueden instalar, mantener, conectar, monitorizar, y recuperar redes LonWorks. Todas están basadas en el sistema operativo de red LNS. Dispone de una serie de herramientas: asistente de *plug-in*, LonMaker, un servidor DDE LNS, LonManager, generadores de licencias y otras herramientas de desarrollo. LNS define y soporta una arquitectura de *plug-in* donde las aplicaciones LNS pueden invocar a los servicios de otras aplicaciones LNS del mismo ordenador.

**Asistente de *plug-in* de dispositivos LNS**: es una herramienta para escribir automáticamente aplicaciones Visual Basic que se pueden utilizar para configurar aparatos desarrollados con la herramienta NodeBuilder. Este asistente ahorra días de desarrollo para cada nuevo dispositivo. Esta herramienta incluye los componentes LNS necesarios para desarrollar, probar y producir *plug-ins* LNS. Las aplicaciones desarrolladas requieren una distribución del sistema operativo de red LNS para poder ejecutarse. Existen más de 200 *plug-ins* disponibles de más de 50 fabricantes.

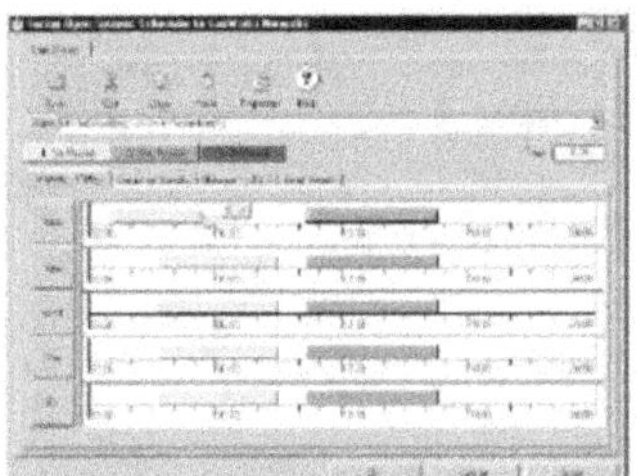

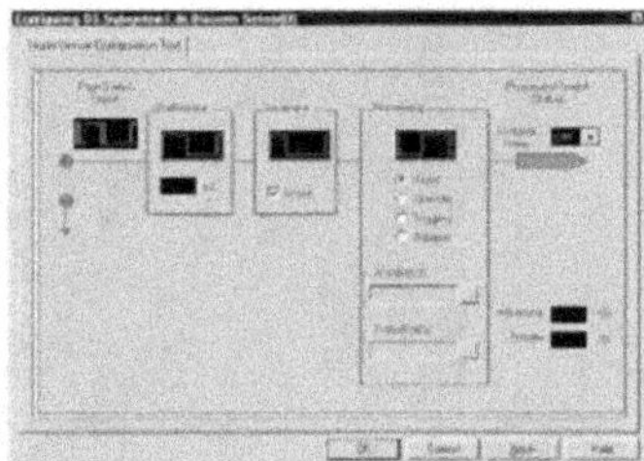

*Figura 7.24. LNS plug-ins*

**Servidor DDE LNS**: es un interfaz LonWorks para aplicaciones Windows de alto rendimiento. Es un driver I/O para interfaces Hombre/Máquina (HMI), adquisición de datos control y supervisión (SCADA), interfaz de operado y aplicación de visualización. Soporta 1.000 actualizaciones por segundo cuando se usa en canales LonWorks/IP. Es compatible con cualquier aplicación HMI como:

Wonderwave in Touch, Intellution Fix, National Instrument Labview, Briedge view, etc.

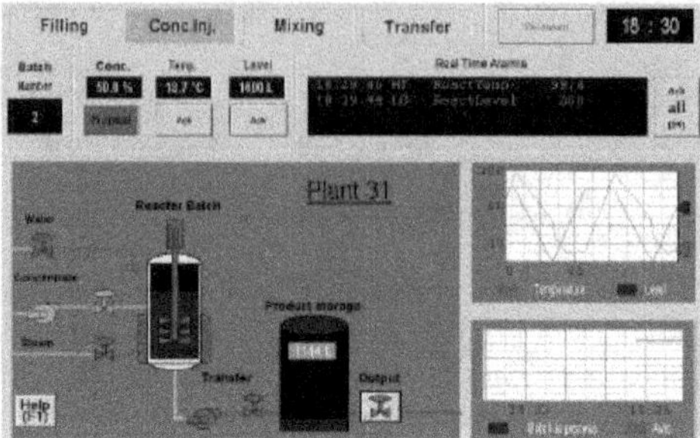


*Figura 7.25. Servidor DDE LNS*

**LonMaker**: es una herramienta de integración para el diseño, instalación y mantenimiento de redes interoperables, abiertas y multivendedor. Combina una arquitectura cliente-servidor con un interfaz de usuario de Microsoft Visio 2002 fácil de utilizar.

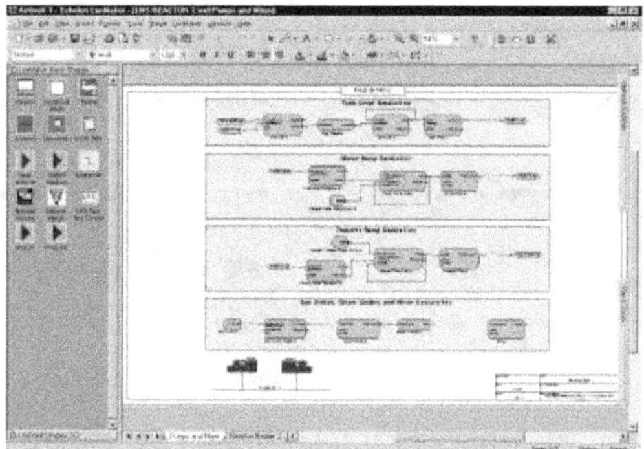

*Figura 7.26. Interfaz LonMaker desde Microsoft Visio*

LonMaker integra tres herramientas: una herramienta de diseño/ingeniería de interfaz gráfica, una herramienta de servicio e instalación gráfica, y una herramienta de operaciones de red IHM (Interfaz Hombre/Máquina).

LonMaker también dispone de un entorno que facilita la comprobación de los interfaces de los dispositivos.

**LonManager**: es un analizador de protocolo LonWorks. Es una herramienta muy fácil de utilizar que permite diagnosticar problemas de red. Proporciona a los fabricantes, a los integradores de sistemas y a los usuarios finales, un conjunto de herramientas que permiten observar, analizar y diagnosticar redes LonWorks. Esta herramienta es abierta, lo que permite a los fabricantes personalizarla a sus necesidades particulares. Incluye tres herramientas: una herramienta de análisis, una herramienta de estadísticas de tráfico de red y una herramienta de diagnóstico de red.

**Generador de licencias *software* de Echelon** (*Echelon Software License Generator*): es un paquete *software* fácil de usar que permite a los desarrolladores de aplicaciones LNS distribuir créditos de aparatos LNS a los usuarios finales.

***Kit* de redistribución LNS** (LNS Redistribution Kit): es un *software* que genera paquetes de redistribución de servidores LNS y clientes remotos LNS.

Capítulo 8

# SIMON

## 8.1 INTRODUCCIÓN

Hay dispositivos domóticos que incorporan prestaciones establecidas en fábrica. Estos sistemas suelen tienen un coste ajustado y se caracterizan por su facilidad de instalación y de uso. Sus funciones son las más usuales e importantes dentro de una vivienda. Estos sistemas suelen instalarse en promociones y viviendas donde no se tiene conocimiento del cliente final, y ofrecen practicidad y sencillez. Por otro lado, cuando las necesidades de domotización aumentan, es necesario recurrir a sistemas reconfigurables y programables, entre los que destacan las soluciones basadas en bus. La empresa Simon incorpora en su catálogo las dos soluciones diferentes destinadas a todo tipo de clientes finales, entre las que destacan las siguientes:

- Sistemas preprogramados:
  - Simon VOX.2.
  - Simon VOX Basic.
- Sistemas basados en bus:
  - Simon Vit@.

Las siguientes páginas se dedican a describir cada uno de estos sistemas.

## 8.2 SIMON VOX.2

A finales de 1998 Simon aportó al mercado la solución Simon VOX con el objetivo de conseguir un nuevo elemento de control para la vivienda que avisara a través de una llamada telefónica ante eventos como escapes de agua, gas, intrusión, etc. Simon VOX para dar respuesta a las mayores necesidades de confort y seguridad evolucionó hacia Simon VOX.2 y incorporó un sencillo sistema de visualización y control local desde la vivienda: la pantalla táctil. A partir de aquí, el Simon VOX.2 evolucionó hacia la vigilancia de la vivienda desde cualquier lugar, pudiendo llevarla a cabo de forma remota a través de un módulo de Internet. Las últimas prestaciones que se han añadido al sistema incluye la posibilidad de conexión con centrales de seguridad.

| **Características de Simon VOX.2** |
|---|
| Sistemas centralizado. |
| Sistema de telecontrol. |
| Fácil programación, mediante línea telefónica o programador telefónico. |
| Dispositivos inalámbricos. |
| Sin necesidad de PC ni herramientas especiales. |
| Fácil programación, mediante línea telefónica o programador telefónico. |
| Permite supervisión desde Internet. |

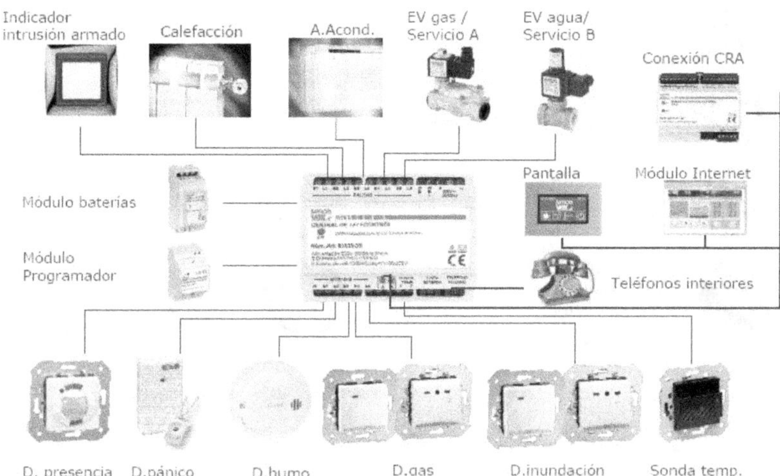


*Figura 8.1. Esquema general de SimonVOX.2*

Simon VOX.2 es una pequeña central domótica con funciones telefónicas que tiene como objetivo gestionar la seguridad y las principales opciones de confort dentro de la vivienda. La gestión y control de sus funciones puede hacerse mediante pantallas táctiles, teléfono o Internet. Mediante los detectores técnicos de humos, gas o agua, el sistema detecta cualquier fuga y actúa de inmediato cortando el suministro y avisa al usuario tanto en el interior de la vivienda como en los teléfonos exteriores previamente programados a través de un mensaje hablado. La comunicación y utilización de SimonVOX.2 se puede realizar de forma local a través de sencillos iconos de pantallas táctiles, teléfonos locales y ordenadores, y también se puede realizar de forma remota mediante teléfonos o Internet. Para interactuar con el sistema desde el teléfono es necesaria la introducción de un código de acceso, que el usuario puede personalizar, y a través de sencillo códigos de teléfono, se podrá por ejemplo, conectar la calefacción o el aire acondicionado antes de llegar a casa, activar o desactivar el sistema de intrusión, etc. En caso que el usuario no disponga de línea telefónica es posible asociarlo a una central GSM y emplear una tarjeta SIM para realizar la conexión entre la vivienda y los usuarios.

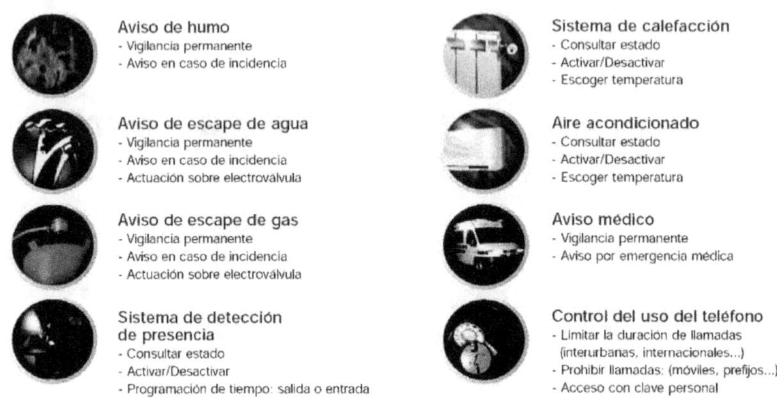


*Figura 8.2. Aplicaciones de SimonVOX.2*

El control del sistema empleando Internet permite, por ejemplo, el control de la temperatura, la activación del riego, un apagado total de luces o el cierre centralizado de persianas. Mediante este módulo, el sistema será capaz de enviar e-*mails* ante incidencias tales como escapes de agua o gas, detección de humo o intrusión no deseada. Así mismo el sistema permite incorporar cuatro cámaras IP para la vigilancia remota de la vivienda.

La seguridad que ofrece el sistema SimonVOX.2 puede ser seguridad personal o seguridad conectada a una central receptora de alarmas, lo que aumenta sustancialmente la seguridad de la vivienda. La configuración del sistema es prácticamente nula, puesto que ya viene configurado de fábrica siendo prácticamente *Plug and Play* y permite mediante sencillos códigos de teléfono personalizar y adaptar el sistema para cada usuario y situación. SimonVOX.2 permite configurar hasta cuatro números de teléfono para las llamadas exteriores, elegir los idiomas de los mensajes hablados (español, inglés o alemán) o configurar dos salidas del sistema *(servicios A y B)* como salidas genéricas para gestionar cualquier dispositivo automático (riego, electrodomésticos, gestión de persianas, apagado general de luces, etc.).

El sistema SimonVOX.2 se compone de los siguientes elementos:

- Central SimonVOX.2.
- Pantalla táctil.
- Módulo de batería.
- Sonda de temperatura.
- Programador telefónico.
- Alimentador telefónico.
- Módulo de Internet.
- Detector de humos iónico.
- Detector de intrusión.
- Detector de presencia.
- Electroválvula de agua.
- Detector de movimiento de techo.
- Detector de inundación (superficie y empotrable).
- Detector de gas (superficie y empotrable).
- Electroválvula de gas.
- Detector de intrusión RF.
- Pulsador de pánico RF.
- Receptor 1 canal RF.

## 8.2.1 Módulos de SIMON VOX.2

A continuación se describen los principales módulos que intervienen en una aplicación domótica realizada con el sistema Simon VOX.2.

### 8.2.1.1 CENTRAL DE SIMON VOX.2

La central de Telecontrol SimonVOX.2 es el corazón del sistema y donde se encuentra la inteligencia del sistema. Todos los periféricos y detectores van conectados a la central cuya instalación básica consta de detectores a 230 V y salidas relé ya preconfigurados, por lo que se simplifica la instalación y no se necesitan cables especiales o doble entubado para separar BT de MBT y el conexionado viene ya establecido.

La central dispone además de la posibilidad de conectar una sonda de temperatura y de un bus de comunicaciones RS485 para intercambiar información con algunos de sus periféricos. En ambos casos, tanto el bus de comunicaciones como la sonda de temperatura, la instalación se deberá realizar por la canalización de MBT.

Es importante destacar que el conexionado telefónico de SimonVOX.2 debe hacerse en cabecera de la instalación:

- El conector de "línea externa" se conectará directamente a la línea telefónica que proporcione la compañía.

- Todas las tomas telefónicas de la vivienda se conectarán al conector de "línea interna".

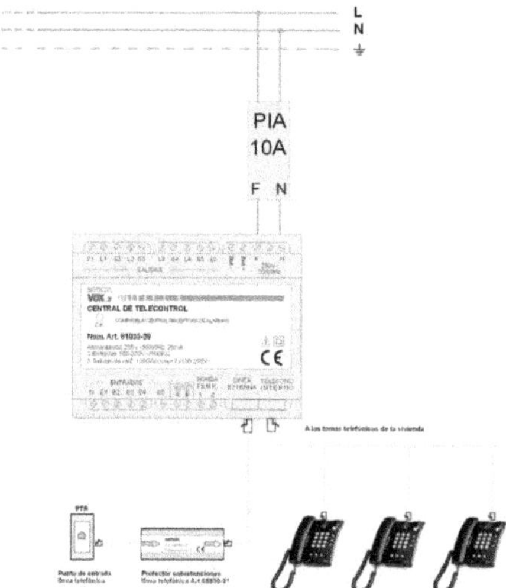


*Figura 8.3. Esquema de conexionado telefónico*

Aparte de los contactos de entradas y salidas y los conectores telefónicos, SimonVOX.2 dispone de:

- Dos bornes para asociar un módulo de baterías.

- Dos bornes para conectar una sonda de temperatura

- Dos bornes que establecen un puerto de comunicaciones para interconectar algunos periféricos con SimonVOX.2

| DISPOSICIÓN DE LAS ENTRADAS | DISPOSICIÓN DE LAS SALIDAS |
|---|---|
| E1 Detector de presencia.<br>E2 Emergencia médica<br>ó control manual de la climatización.<br>E3 Detector de humo.<br>E4 Detector de gas.<br>E5 Detector de agua. | S1 Indicador del estado del sistema<br>de detección de presencia.<br>S2 Calefacción.<br>S3 Aire condicionado.<br>S4 Servicio A o EV gas.<br>S5 Servicio B o EV agua. |

También es posible la instalación de SimonVOX.2 con enlace GSM, como se muestra en la siguiente imagen.

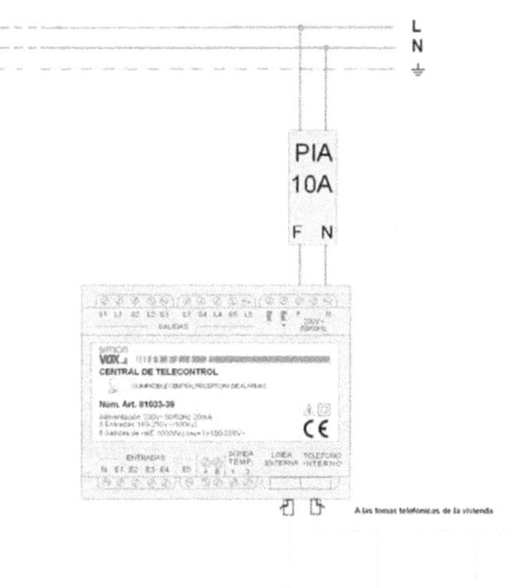


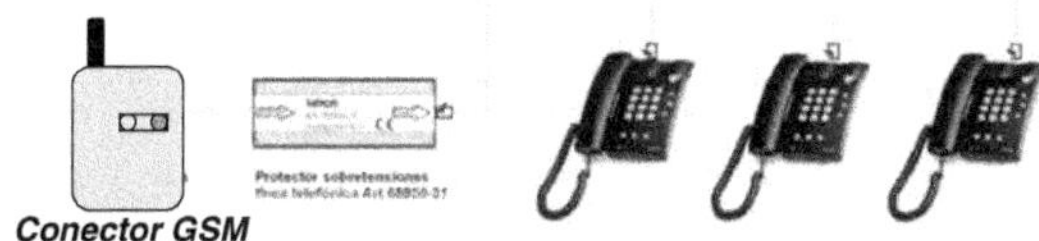


*Figura 8.4. Esquema de enlace GSM*

En el caso que se disponga de una conexión a Internet mediante ADSL, se debe separar desde un origen las líneas de voz y datos. Desde la entrada de línea telefónica de la vivienda se debe realizar la conexión al *router* y a un microfiltro que enlazará con la línea externa de SimonVOX.2. De esta manera, a partir de la "línea interna" de SimonVOX.2 se tendrá la línea de voz y en las diferentes tomas del *router* se tendrá la línea de datos.

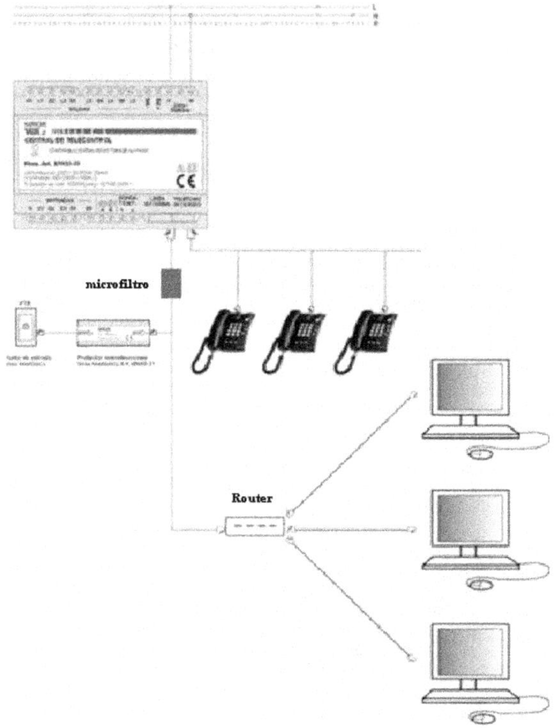


*Figura 8.5. Esquema de conexión del router*

### 8.2.1.2 PERIFÉRICOS SIMON VOX.2

**Módulo de baterías**: con su instalación, en caso de producirse un corte en el suministro eléctrico de la central de telecontrol, el módulo de baterías mantiene funcionando durante una hora a la central de telecontrol para que ésta pueda efectuar una serie de llamadas telefónicas y avisar al usuario del corte de suministro eléctrico mediante un mensaje hablado. Esta serie de llamadas sólo se realizaría en caso de que el sistema de intrusión estuviese armado, detectando de esta manera si el usuario está en el interior de la vivienda. Un esquema de instalación del módulo sería:

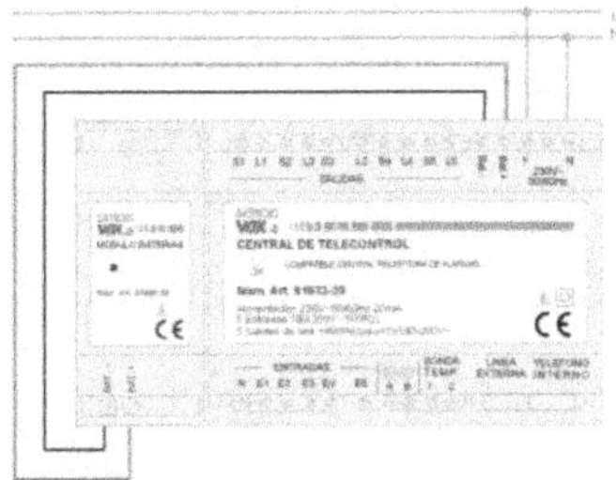

*Figura 8.6. Módulo de telecontrol*

**Sonda de temperatura**: la sonda de temperatura permite a SimonVOX.2 conocer la temperatura de la vivienda de forma que se puedan establecer condiciones climáticas a la activación de la calefacción o aire acondicionado. La sonda debe instalarse en el interior de la vivienda evitando focos directos de calor o luz solar, y utilizando de la canalización de MBT según indica el RBT. La instalación se muestra la siguiente figura:

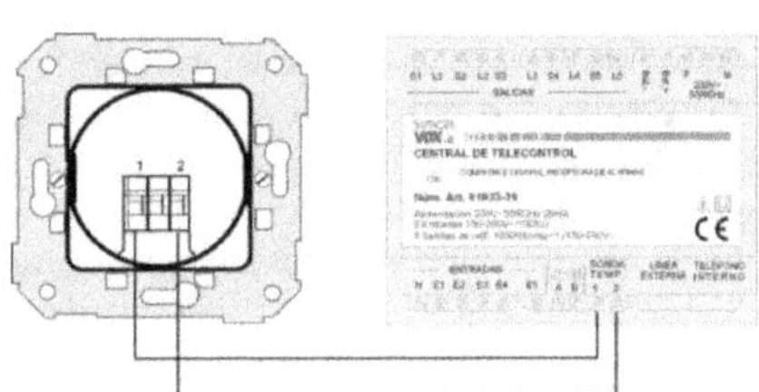

*Figura 8.7. Conexión de la sonda de temperatura*

**Pantalla Táctil**: la pantalla táctil de SimonVOX.2 ofrece un interfaz de comunicación entre el usuario y el sistema. Permite actuar sobre cualquier función de SimonVOX.2 e informa al usuario de cualquier alarma producida indicando el tipo y la hora en la que se ha producido la alarma. La configuración de la pantalla táctil es nula y detecta automáticamente si se está preparado para conectarse

a una CRA (central receptora de alarmas), cambiando su comportamiento y permitiendo configurar parte de la instalación. La intercomunicación con el sistema se realiza mediante el bus de comunicaciones RS485.

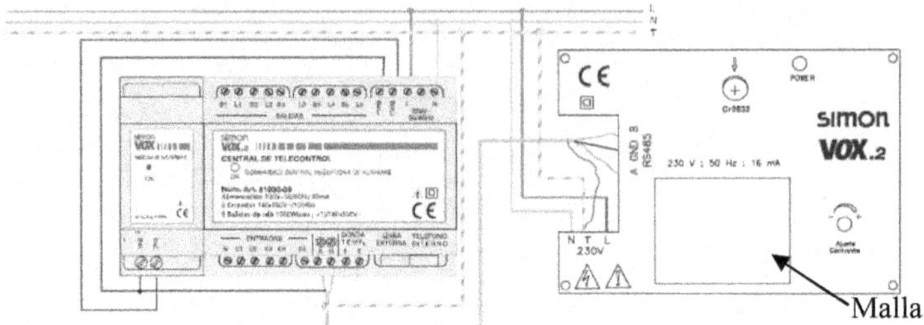


*Figura 8.8. Conexión de la pantalla táctil*

**Módulo de Internet**: el módulo de Internet de SimonVOX.2 permite realizar el control del sistema mediante un ordenador en área local o desde cualquier ordenador si el *router* está debidamente configurado. Este módulo también permite la gestión de cuatro cámaras IP, empleando tanto el módulo de Internet como cada una de las cámaras un puerto de conexión del *router* de la instalación.

La configuración del módulo de Internet consiste únicamente en fijar los parámetros IP del módulo y de las cámaras IP existentes en la instalación así como los parámetros de correo electrónico el usuario para el envío de *e-mail* en caso de alarma. También será necesaria la configuración del router de la vivienda para permitir el acceso desde cualquier parte del mundo al módulo de Internet SimonVOX.2. La forma de conexionado se muestra en la figura siguiente:

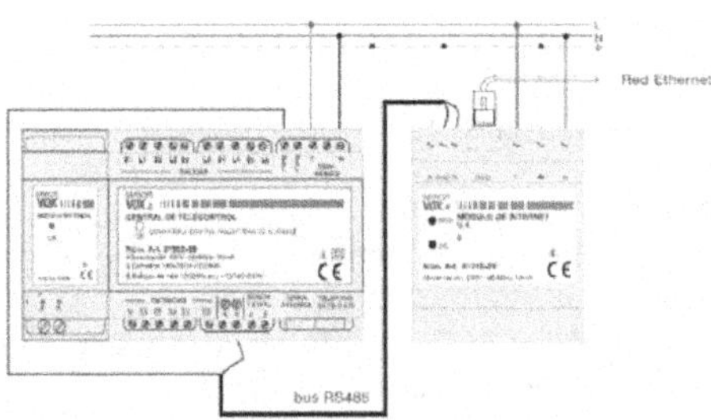


*Figura 8.9. Conexión del módulo de internet*

La figuras 8.10 y 8.11 muestran la ventana que se vería al acceder desde cualquier navegador al módulo, así como otra de configuración.

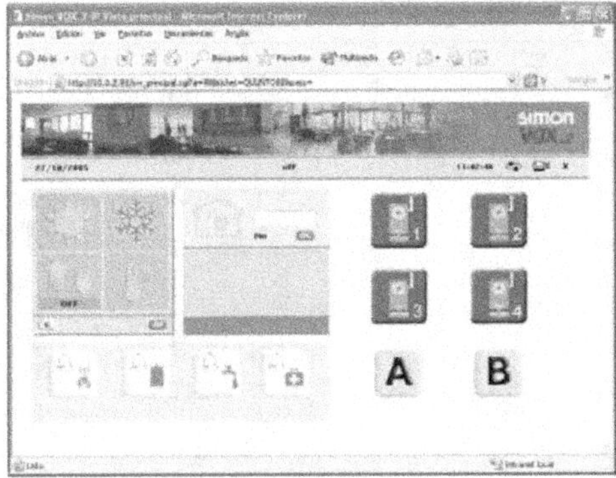


*Figura 8.10. Ventana de acceso el módulo*

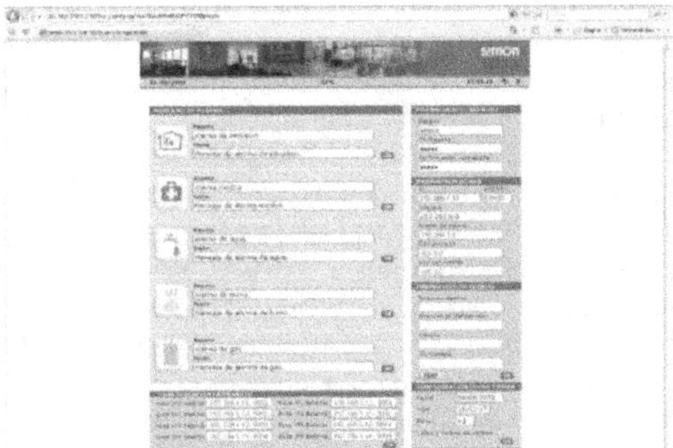


*Figura 8.11. Ventana de configuración*

**Programador telefónico**: este programador es un elemento que permite la comprobación de la instalación y la configuración de SimonVOX.2, pensado para realizar la puesta en marcha del sistema. El programador telefónico proporciona una señal con las mismas características de la línea telefónica, de esta manera, el instalador puede configurar el sistema con un teléfono interno y sin necesidad de que en la vivienda haya contratada línea telefónica.

Esta es una herramienta únicamente de configuración del sistema por lo que no se deja instalado en la vivienda. Una vez se ha configurado SimonVOX.2, el instalador desconecta el programador y lo lleva a otra vivienda para configurar otra vivienda. Su conexionado se muestra en la siguiente figura.

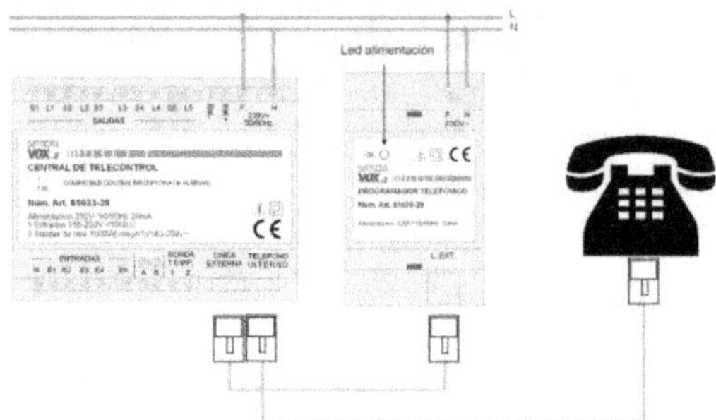


*Figura 8.12. Conexión del programador telefónico*

**Entradas y salidas del sistema**: las conexiones de los detectores asociados a SimonVOX.2 se realizan a 230VAC, estando todas referenciadas a una misma conexión de neutro. En caso que se quiera tener varios detectores del mismo tipo, estos se conectan en paralelo a la entrada del sistema correspondiente.

Las salidas del sistema están compuestas por relés libres de potencial de 5A con lo que la instalación a BT o MBT es posible en cualquiera de sus salidas. Como las entradas del sistema trabajan a 230VAC, si se tiene configuradas las salidas cuatro y cinco como confort, es posible conectar los detectores de gas y agua a electroválvulas y SimonVOX.2 en paralelo, lo que provoca el corte del suministro y el aviso en caso de alarma. La siguiente figura muestra un ejemplo de conexionado, realizado con el detector 81863-30.

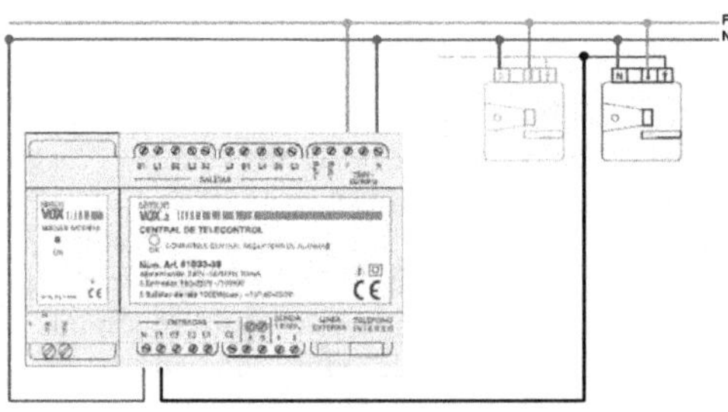


*Figura 8.13. Esquema de conexión de entradas*

**Conexión de las salidas**: siempre es posible adjuntar magnetotérmicos para proteger las salidas del sistema y contactores para incrementar la potencia a controlar.

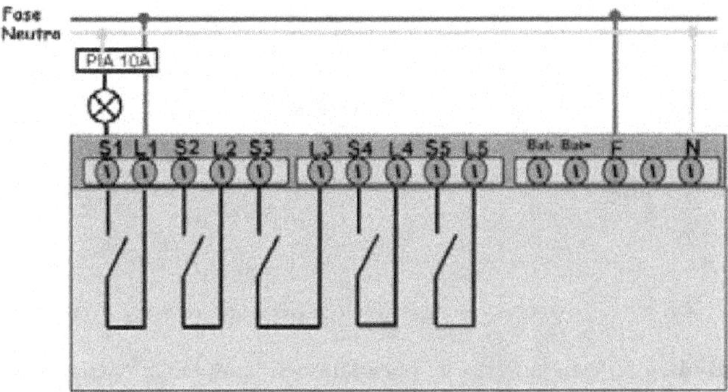


*Figura 8.14. Esquema de conexión de salida*

## 8.2.2 Ejemplos de uso de SIMON VOX.2

Aparte de las funciones de seguridad, conectividad y confort, el sistema SimonVOX.2 ofrece dos salidas libres, las número cuatro y cinco que pueden estar asociadas a seguridad (cerrando electroválvulas cuando se producen alarmas de agua o gas) o pueden estar asociadas a confort permitiendo la gestión de nuevas funciones. En este apartado están planteadas dos de las múltiples soluciones de las que se puede disponer con las salidas libres de SimonVOX.2, que corresponden a una centralización de persianas y a una desconexión del circuito de luces (apagado general de luces).

**Apagado general de luces**: el apagado general de luces está basado en el uso de la salida cuatro o cinco como opción de confort. Se debe conectar un contactor a la salida de confort para actuar sobre el magnetotérmico del circuito de iluminación de la instalación y de esta manera al conectar la salida se desconectan todos los circuitos de iluminación realizando el apagado general de luces. El esquema presentado a continuación plantea la opción de tener un interruptor (68106-36) para bloquear la gestión de SimonVOX.2 sobre el circuito de luces, y evitar así actuaciones erróneas en reuniones familiares o cenas colectivas.

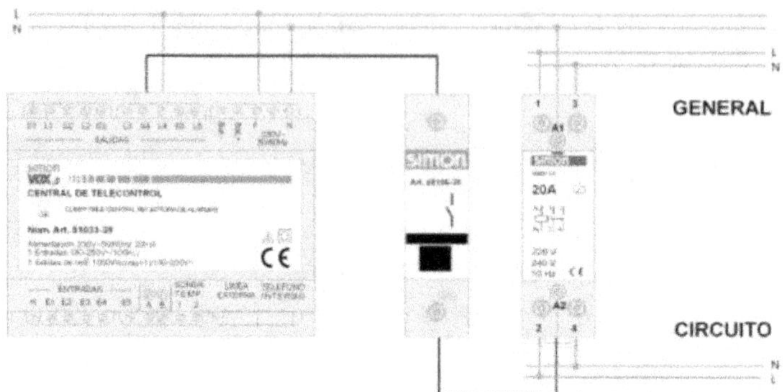


*Figura 8.15. Conexionado del módulo de control de luces*

**Subida y bajada general de persianas**: SimonVOX.2 puede gestionar una subida y bajada general de persianas empleando una única salida asociada a los mecanismos IR de persianas 75358-39. Esta solución permite emplear una salida, configurada como opción de confort, para realizar una subida de persianas (si se conecta la salida) o una bajada de persianas (si se desconecta la salida). Se emplean los contactos de centralización que tienen los mecanismos IR de persianas para asociar estos contactos a la salida de SimonVOX.2 que gestionará esta centralización. El esquema se muestra a continuación.

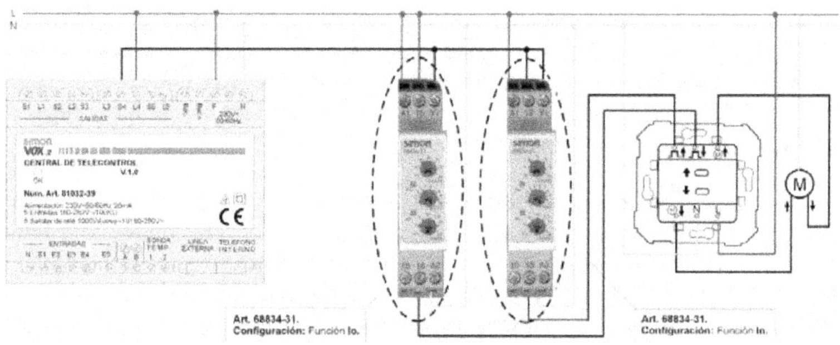


*Figura 8.16. Conexionado del módulo de control de persinadas*

Para la asociación de la salida de SimonVOX.2 a los módulos IR de persianas, se pueden emplear dos temporizadores que tienen como función adaptar la señal que ofrece SimonVOX.2 (señal tipo interruptor) a la señal que necesitan los mecanismos IR de persianas (señal tipo pulsador). Los módulos temporizadores 68834-31 están configurados con un tiempo de dos segundos y funciones de "Lo" e

"In" para reflejar la subida o bajada de persianas. El módulo configurado como "In" detecta la conexión de S4 a fase, proporcionando un pulso de dos segundos empleado para realizar la subida de persianas. El módulo configurado como "Lo" detecta la desconexión de S4 a fase, proporcionando un pulso de dos segundos empleado para realizar la bajada de persianas. Para entender mejor el funcionamiento de este circuito, en la figura 8.17 se presenta un esquema temporal con la evolución de las señales:

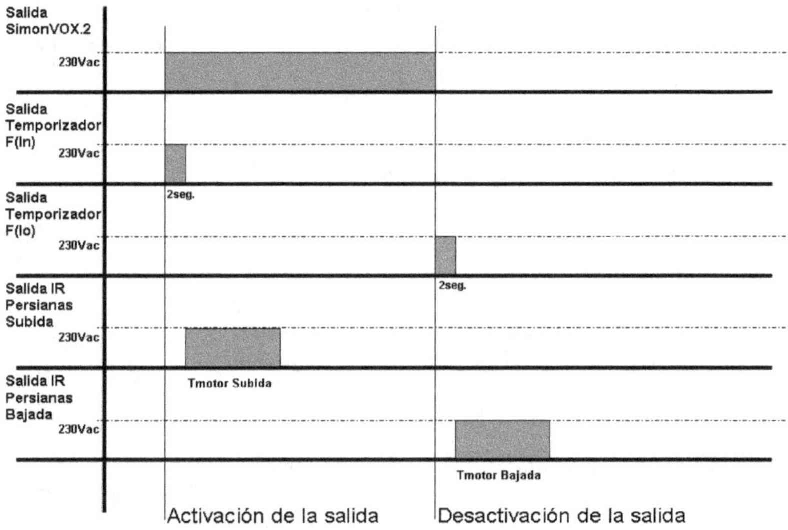


*Figura 8.17. Cronograma de salidas del módulo de persianas*

## 8.2.3 Seguridad CRA

SimonVOX.2 ofrece la posibilidad de conectar la instalación a una Central Receptora de Alarmas compatible con el protocolo Contact-ID (por ejemplo el utilizado por la compañía de seguridad Prosegur). Para el enlace de SimonVOX.2 a estos servicios de seguridad es necesaria la introducción de periféricos específicos para la comunicación con la Central Receptora de Alarmas periféricos cuya instalación se hará a través de la canalización de MBT según el RBT.

A continuación se muestran algunos ejemplos de estos módulos.

#### 8.2.3.1 MÓDULOS DE SEGURIDAD

**Módulo de seguridad personal**: este módulo permite el enlace de los distintos elementos necesarios para la interconexión de la instalación:

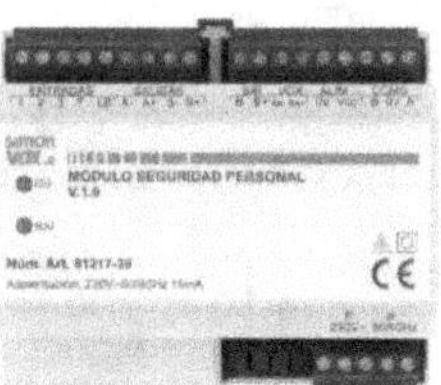

- Conexiones para tres zonas de detección.
- Conexiones para SAI.
- Conexiones para Tamper anti-sabotaje.
- Conexiones para Sirena.
- Conexiones RS485 para conectar a SimonVOX.2.

**Módulo de batería seguridad SAI**: permite mantener la alimentación del sistema y de todos los módulos alimentados a 12V durante 12 horas para mantener la vigilancia durante la ausencia de corriente en la instalación.

**Visor de seguridad**: mecanismo que alimentado a 12V y comunicado a través del RS485 con el módulo de seguridad personal y con SimonVOX.2, sirve para indicar el estado del sistema en todo momento.

**Detector doble tecnología**: detector cableado de doble tecnología (microondas e infrarrojos) con *tamper* anti-sabotaje que se conecta mediante resistencias al módulo de seguridad personal. Estos detectores tienen un ángulo de cobertura de 86° y una distancia de 10 m (sólo se instala un detector por zona de detección).

**Detector radiofrecuencia**: en caso que la instalación de detectores suponga un inconveniente o la instalación del cableado necesario no sea posible, se pueden emplear detectores por radiofrecuencia junto a un receptor que concentre las señales detectadas por los diferentes detectores a radiofrecuencia. Con este dispositivos se pueden relacionar al módulo de seguridad personal hasta doce detectores distribuidos en tres zonas de detección.

**Sirena**: sirena interna alimentada a 12V que indicará de la intrusión dentro de la instalación.

**Tamper**: elemento que completa el material necesario para realizar la instalación del sistema compatible con central receptora de alarmas.

## 8.2.4 Esquemas de conexión

A continuación se muestran dos ejemplos de conexionado completos:

- Instalación completa del sistema SimonVOX.2 con detectores y actuadores.
- Instalación completa del sistema SimonVOX.2 con conexión a CRA, detectores y actuadores.

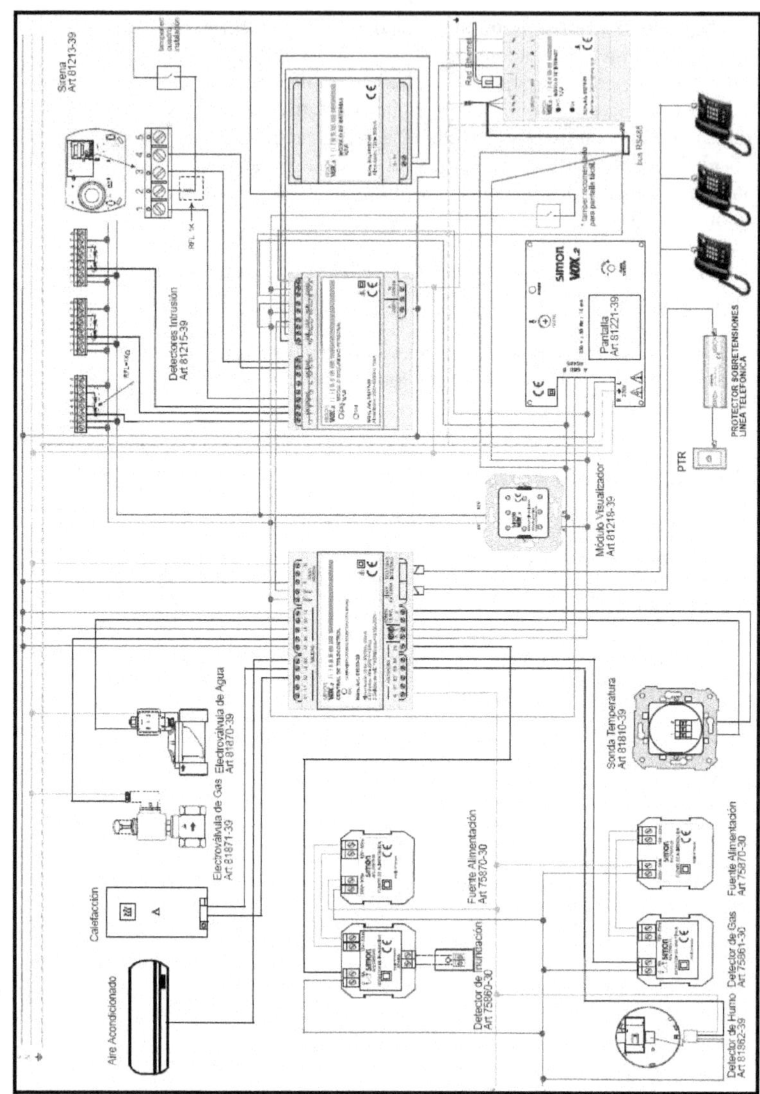


*Figura 8.18a. Esquema general de sistema completo*

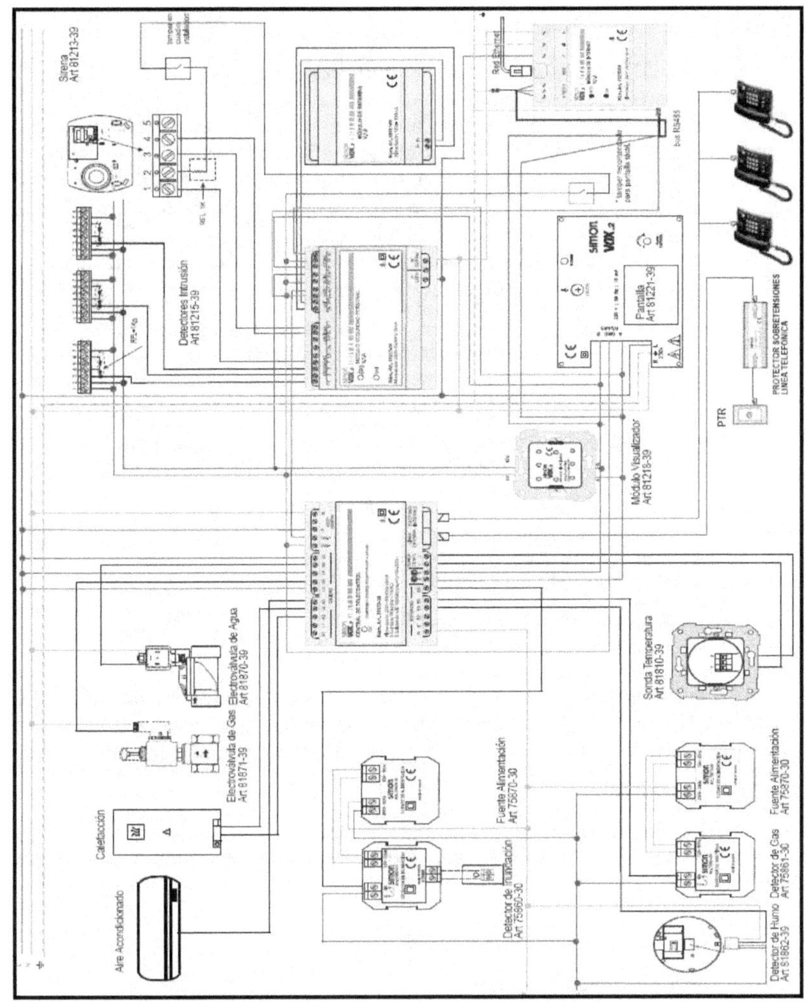


*Figura 8.18b. Esquema general de sistema completo*

## 8.3 SIMON VOX.BASIC

SimonVOX.BASIC es un sistema centralizado de control de la vivienda de uso e instalación sencilla y eficaz. Su concepción nace a partir de SimonVOX.2 y la necesidad por parte del mercado de tener una solución más económica y con unas exigencias menores que las prestaciones que ofrece SimonVOX.2 y además es capaz de ser implantado dentro de una rehabilitación sin necesidad de realizar obras. Al igual que SimonVOX.2, SimonVOX.BASIC es un sistema centralizado con instalación a 230V y preconfigurado desde fábrica. A diferencia de SimonVOX.2, SimonVOX.BASIC parte de un módulo de superficie que aporta la inteligencia del sistema y sirve como interfaz de usuario.

| **Características de SimonVOX.BASIC** |
|---|
| Sistema centralizado. |
| Sistema preprogramado. |
| Muy fácil programación, sin necesidad de PC ni herramientas especiales. |
| Permite dispositivos inalámbricos. |
| Opcionalmente se puede acceder de forma remota (telefónica analógica o móvil SMS). |

La utilización del sistema SimonVOX.BASIC se realiza de forma local a través de pulsadores y opcionalmente, de forma remota, por llamada telefónica o SMS, mediante la previa introducción de un código de acceso, que el usuario puede personalizar, y a través de sencillos códigos de teléfono.

El sistema se compone del módulo central ya configurado que cubre las funcionalidades básicas de un pequeño sistema domótico y ofrece las siguientes prestaciones:

- Bajada centralizada de persianas.
- Apagado general de luces.
- Control salida libre (calefacción, aire acondicionado, luces, sistema riego, etc.).
- Alarmas técnicas.
- Alarma de intrusión.

Opcionalmente, se puede acceder de forma remota (por teléfono exterior) con uno de los dos módulos siguientes:

- Módulo telefónico MTF (comunicación por línea analógica de teléfono).
- Módulo GSM (comunicación por línea de telefonía móvil a través de SMS).

Para el uso de la salida libre a disposición del usuario, se puede optar por:

- Control de cualquier carga cableada (riego, toldos, etc.).
- Módulo de radio frecuencia (RF), para controlar cargas sin necesidad de cableado.

A continuación se muestran algunos de los módulos existentes en el catálogo.

## 8.3.1 Módulos en Simon VOX.BASIC

**Central SimonVOX.BASIC**: la central Simon VOX.BASIC representa un módulo con diseño innovador de dimensiones reducidas y con instalación en superficie, que provoca obra mínima para su implantación y lo hace un sistema ideal para rehabilitación. Con SimonVOX.BASIC la empresa adoptó el concepto PLAY que ya se estableció dentro con los nuevos acabados de la serie Simon27, donde se puede realizar una instalación básica y posteriormente ampliarla sin modificar la instalación.

SimonVOX.BASIC es modular y escalable de una manera muy sencilla, donde la instalación de los elementos opcionales se realiza en tan solo cinco minutos.

La central SimonVOX.BASIC ofrece como interfaz de usuario pulsadores, *leds*, y avisos acústicos, y se encarga de gestionar:

- Seguridad, mediante dos entradas del sistema: alarmas técnicas e intrusión.
- Confort, mediante una salida libre, una salida para bajada centralizada de persianas, y una salida para apagado de luces.

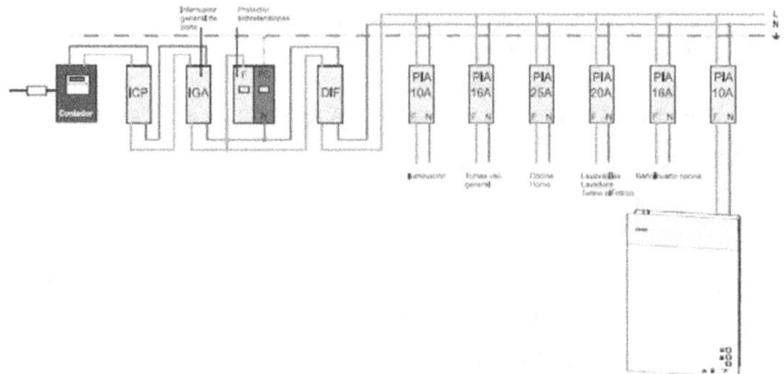


*Figura 8.19. Esquema general de SimonVOX.BASIC*

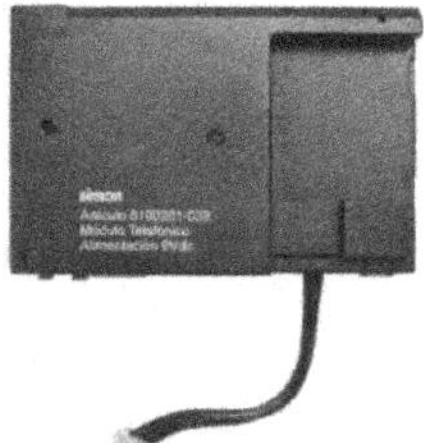

**Módulo telefónico**: el módulo telefónico se acopla dentro de la central SimonVOX.BASIC con un simple conector y sin necesidad de hacer instalación. Permite al sistema intercomunicarse con el usuario vía teléfono y puede ir conectado a cualquier toma telefónica, sin necesidad de estar conectado justo detrás del PTR. Con este módulo, SimonVOX.BASIC, realizará un ciclo de llamadas a cuatro teléfonos preprogramados en caso de alarma.

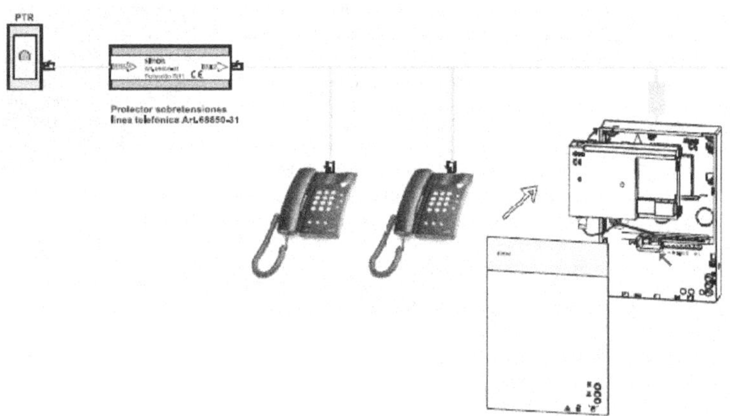


*Figura 8.20. Esquema del módulo telefónico*

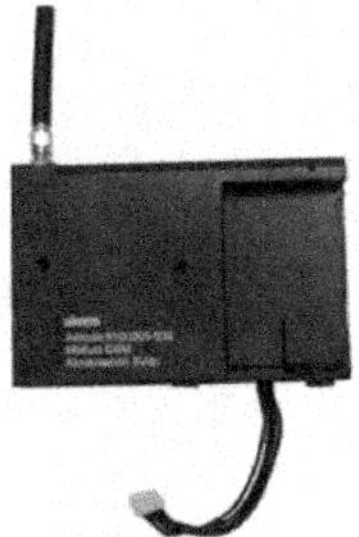

**Módulo GSM**: el módulo GSM se acopla dentro de la central SimonVOX.BASIC con un simple conector y sin necesidad de hacer instalación. Permite al sistema intercomunicarse con el usuario vía SMS introduciendo una tarjeta SIM. Con este módulo, SimonVOX.BASIC, realizará un ciclo de mensajes y llamadas a cuatro teléfonos preprogramados en caso de alarma.

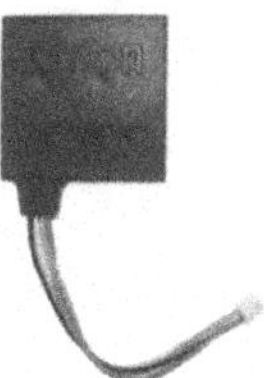

**Módulo emisor RF**: en caso que SimonVOX.BASIC esté ubicado en una rehabilitación, la salida libre del sistema se puede conectar a un emisor RF y este asociarlo al receptor (Art. 75887-39 modo interruptor). De esta manera desde SimonVOX.BASIC se podrá trabajar y controlar una salida a radiofrecuencia. El módulo emisor RF es compatible tanto con el enlace GSM como con el enlace telefónico de SimonVOX.BASIC.

**Entradas y salidas**: SimonVOX.BASIC ofrece dos entradas a 230V para asociar detectores de alarmas:

- La primera es una entrada donde irán conectados, en paralelo, todos los detectores de presencia asociados al sistema de intrusión instalados en la vivienda.
- La segunda es una entrada destinada a alarmas técnicas, donde detectores de gas, agua o humos irán cableados.

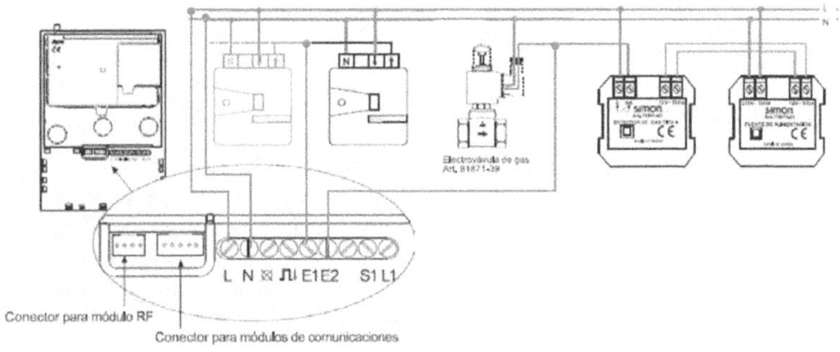


*Figura 8.21. Conexiones de los módulos RF y de comunicaciones*

El sistema ofrece tres salidas diseñadas especialmente para:

- **Salida apagado luces**: realizar una desconexión de los puntos de luz. Esta salida tipo *TRIAC*, realiza un apagado de los puntos de luz gestionados por Reguladores Universales Tacto (Art. 75305-69), módulo Reguladores s-27 (Art. 2721316-039) y/o Pulsadores Reguladores (Art. 7500316-039).

- **Salida bajada persianas**: realizar una bajada de persianas. Esta salida tipo *TRIAC*, realiza una bajada de persianas motorizadas que se gestionan mediante los módulos IR de persianas (Art. 75358-39).

- **Salida 1**: realizar cualquier acción. Esta salida tipo relé de 5A ofrece la posibilidad de gestionar cualquier circuito, como calefacción, riego, etc.

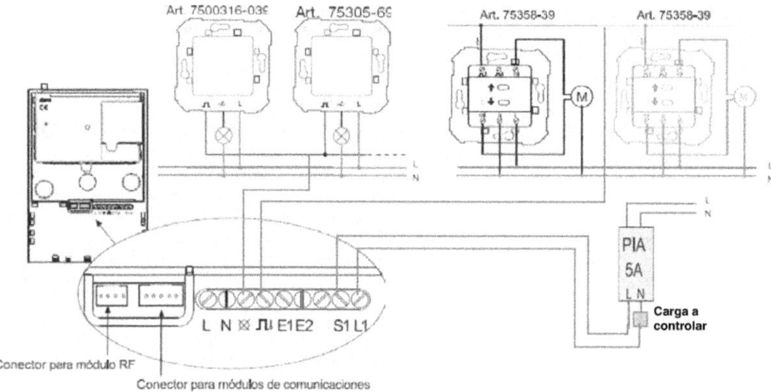


*Figura 8.22. Conexión de las salidas*

## 8.4 SIMON VIT@

SimonVIT@ es un sistema de control domótico e inmótico basado en el estándar *Lonworks* y por tanto fundamentado en una estructura basada en bus. Está constituido por la unión de diferentes dispositivos que se programa mediante una plataforma de diseño que permite su configuración. Basándose en las directrices que marca la tecnología *Lonworks*, Simon ha desarrollado una serie de dispositivos de cara a cumplir con las necesidades de todo tipo de proyectos, desde los más básicos como la automatización de simples puntos de luz, hasta los proyectos más ambiciosos con gestiones de luminosidad o gestiones de clima, incluyendo gestión de las comunicaciones y alarmas técnicas, gestión de la seguridad, creación de escenas, simulación de presencia, programación de calefacción y riego, control telefónico, control de *fan-coils*, gestión de zonas, integración con otros sistemas…

| **Características de Simon VIT@** |
| --- |
| Sistemas basado en bus, basado en *Lonworks*. |
| Gran capacidad de ampliación y adaptabilidad. |
| Leds indicativos en todos los módulos que permiten la comprobación de la instalación sin necesidad de PC. |
| Instalación centralizada o distribuida. |
| *Software* de programación con librería completa de componentes. |
| Número de componentes casi ilimitado. |

Los distintos módulos SimonVIT@ emplean un bus de comunicaciones vía par trenzado para enlazar las comunicaciones entre los distintos módulos del sistema. La comunicación se establece con una velocidad de transmisión de 78Kbps que garantiza la transmisión de los mensajes y la no saturación del bus de comunicaciones. No hay un único tipo de cableado empleado para establecer las comunicaciones, siendo UTPcat5 o Belden 85102 algunos de los tipos de cables aceptados, lo que facilita la labor de cableado por parte del instalador. La topología de la instalación puede ser tipo bus o libre. Con la topología libre se permite realizar una instalación en anillo teniendo una redundancia y aportando seguridad a la instalación.

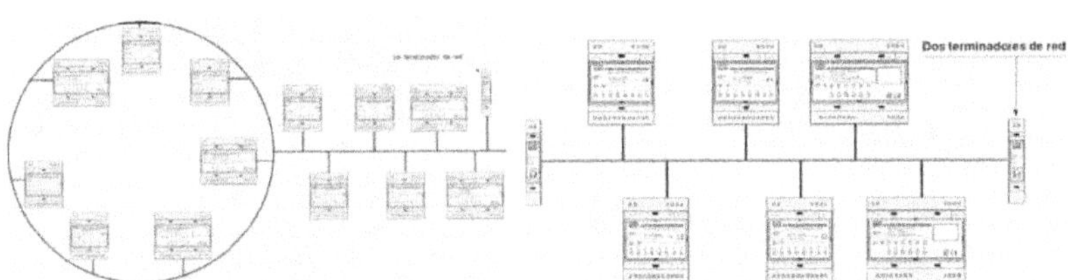


*Figura 8.23. Ejemplos de topología libre (izquierda) o de bus (derecha)*

Las distancias máximas de separación entre módulos dependen tanto del tipo de cableado empleado en las comunicaciones como de la topología empleada en la distribución de la instalación.

| TIPO DE CABLE | LONGITUD MÁXIMA DEL BUS (m) |
|---|---|
| Belden 85102 | 2700 |
| Belden 8471 | 2700 |
| Nivel IV, 22 AWG | 1400 |
| JY (St) Y 2x2x0.8 | 900 |
| TIA categoría 5 | 900 |

*Figura 8.24. Distancias con topología libre*

| TIPO DE CABLE | DISTANCIA MÁXIMA DE NODO A NODO (m) | LONGITUD MÁXIMA DEL CABLE (m) |
|---|---|---|
| Belden 85102 | 500 | 500 |
| Belden 8471 | 400 | 500 |
| Nivel IV, 22 AWG | 400 | 500 |
| JY (St) Y 2x2x0.8 | 320 | 500 |
| TIA categoría 5 | 250 | 450 |

*Figura 8.25. Distancias con topología de bus*

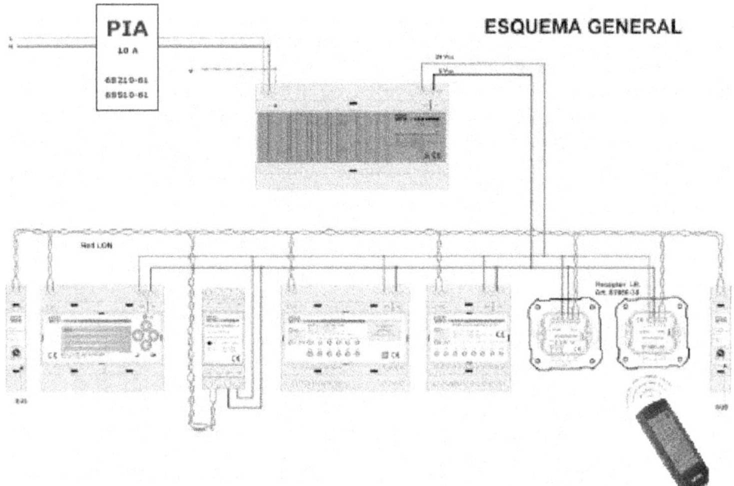


*Figura 8.26. Esquema general*

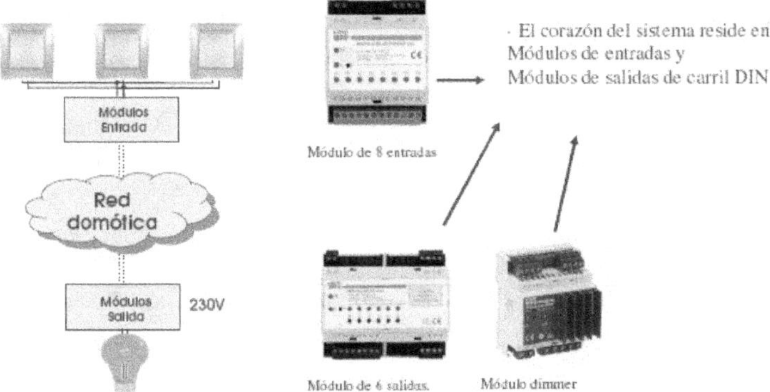


*Figura 8.27. Esquema general*

## 8.4.1 Módulos en Simon VIT@

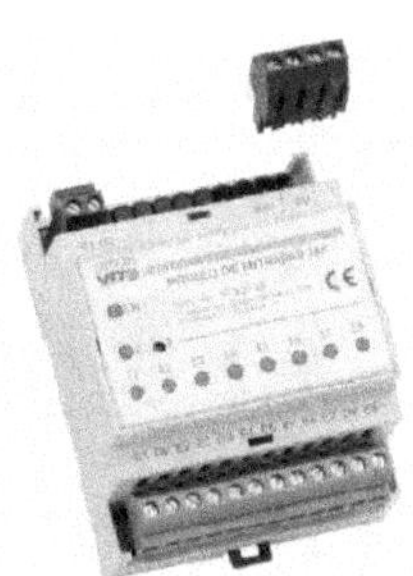

La experiencia en instalaciones domóticas de Simon ha hecho que en el diseño de los módulos para facilitar al máximo las tareas de instalación en los distintos proyectos. Los módulos de carril DIN ofrecen diversas ventajas como pueden ser el disponer de conexiones extraíbles para facilitar el conexionado o *leds* indicativos del estado de los módulos:

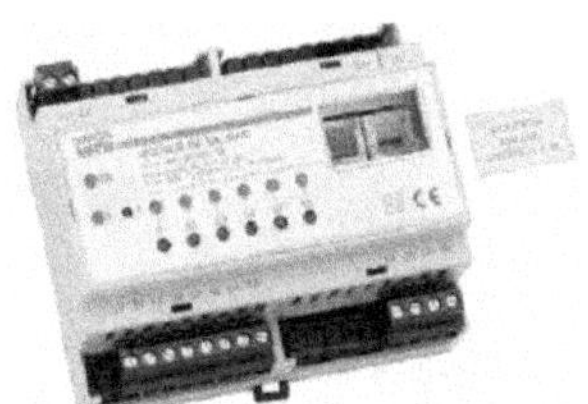

Los bornes extraíbles facilitan el conexionado de la instalación pudiendo trabajar fuera del cuadro en caso para facilitar el cableado.

Mediante *leds* indicativos y pulsadores de test se puede comprobar el estado de la instalación y funcionamiento del sistema.

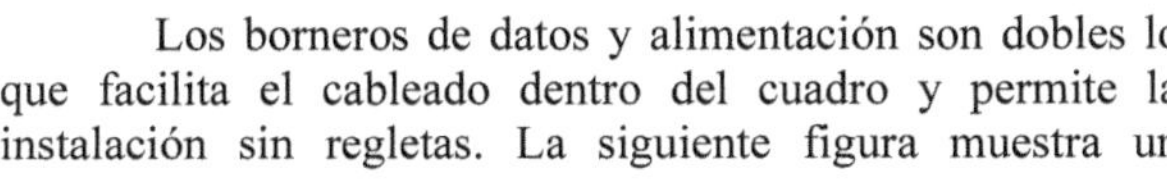

Los borneros de datos y alimentación son dobles lo que facilita el cableado dentro del cuadro y permite la instalación sin regletas. La siguiente figura muestra un ejemplo de instalación del bus de datos aprovechando el doble embornamiento de datos de los módulos SimonVIT@.

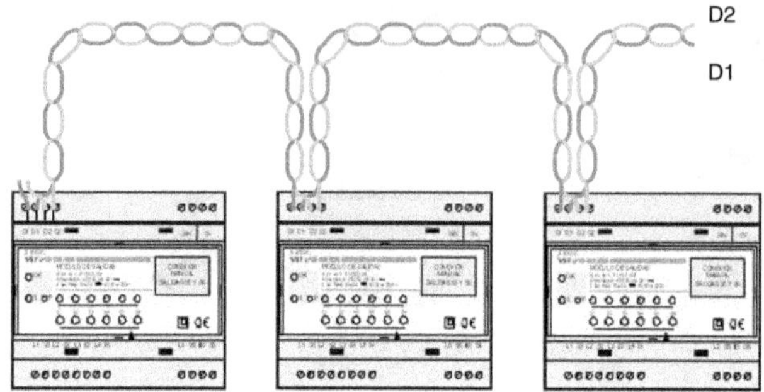


*Figura 8.28. Esquema de conexión de SimonVIT@*

Para conocer el estado de los módulos y poder programarlos, se dispone de tres elementos:

- *Led* de servicio "S" , que indica el estado de programación del módulo.

| LED | ESTADO | VALOR |
|---|---|---|
| LED servicio | ON | Módulo sin aplicación |
| LED servicio | Intermitente | Módulo desconfigurado |
| LED servicio | OFF | Módulo configurado |

- *Led* de alimentación "OK", que indica si el módulo está alimentado.

| LED | ESTADO | VALOR |
|---|---|---|
| LED alimentación | ON | Presente alimentación |
| LED alimentación | OFF | No presente alimentación |

- Service Pin "P", que sirve para recibir la dirección del módulo y posteriormente poder programarlo

Al igual que sucedía con el obsoleto SimonVIS, el sistema SimonVIT@ ofrece módulos genéricos capaces de realizar cualquier tipo de función, desde iluminaciones hasta la unión de iluminaciones, climas, alarmas, escenas, etc., en un mismo módulo.

**Módulo de entradas carril DIN**: con las conexiones de este módulo se puede realizar cualquier tipo de función mediante entradas digitales (riego, alarmas, clima, persianas, iluminación, escenas, etc.).

Este módulo dispone de ocho entradas a muy baja tensión anulando de gran parte de la instalación circuitos de baja tensión aportando seguridad para las personas.

Cada una de estas entradas se activará cuando su contacto se conecte a 0V. Para facilitar la instalación de las distintas entradas se aportan cuatro conexiones comunes de 0V conectadas a los 0V del módulo. En las siguientes figuras se muestran dos alternativas de conexión:

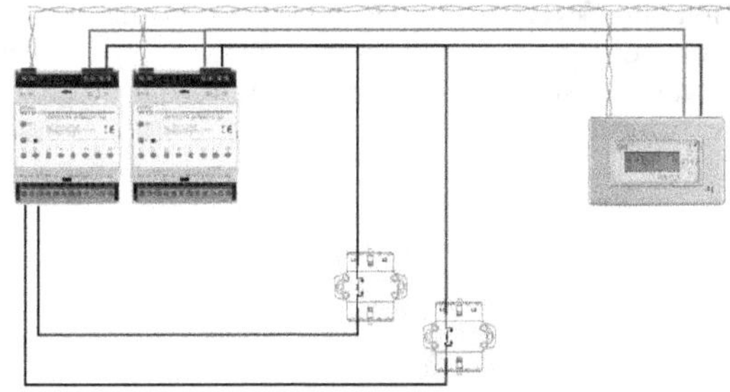

*Figura 8.29. Opcion1: aprovechar la referencia de 0V de la línea de alimentación de los módulos*

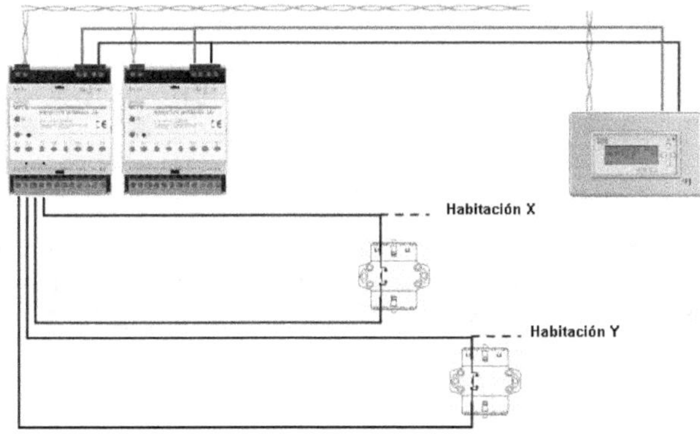


*Figura 8.30. Opción 2: emplear las conexiones de 0V de los distintos módulos para diversificar la instalación y evitar tener uniones de 0V a lo largo de la instalación*

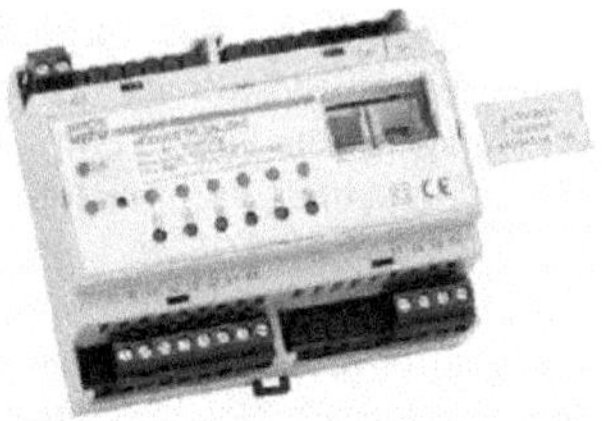

**Módulo de Salidas carril DIN**: este es un módulo capaz de realizar cualquier tipo de función mediante salidas digitales (riego, alarmas, clima, persianas, iluminación, escenas, etc.).

Este módulo dispone de seis salidas con relés de 10A libres de potencial pudiendo disponer dentro de un mismo módulo de salidas de diferentes circuitos (persianas, iluminación, etc.) o incluso combinar salidas de Baja tensión con Muy Baja Tensión.

Dos de sus salidas (salidas S5 y S6) disponen de relés con forzado manual, que permiten activar las salidas de forma independiente a lo que marque el sistema, lo que posibilita que, en caso de tener algún tipo de incidente, el usuario no pierda el control sobre toda la instalación. En las dos figuras siguientes se muestran dos opciones de conexionado. La primera permite emplear las salidas para gestionar un único tipo de cargas. La segunda emplea las salidas para gestionar cargas de diversos circuitos y cargas de BT y MBT.

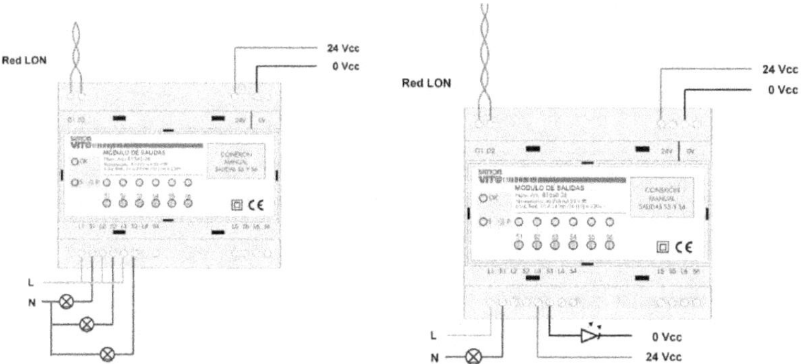


*Figura 8.31. Módulos de carril DIN*

**Módulo de dos Entradas/dos Salidas**: con los módulos descentralizados se distribuye la inteligencia del sistema y se ubican los puntos de control cercanos a los elementos de mando o dispositivos a controlar.

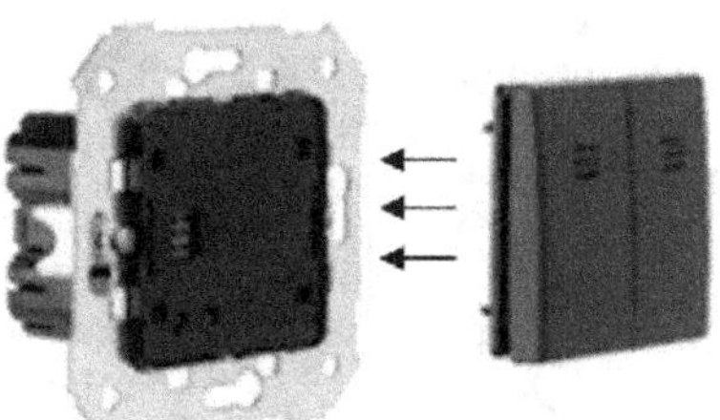

*Figura 8.32. Módulo inteligente (izquierda) y teclado con leds (derecha)*

Este módulo está pensado para descentralizar la instalación eléctrica, reduciendo el volumen de cableado y agilizando la instalación.

Las funciones que pueden realizar son muy amplias pero este módulo está especialmente diseñado para la gestión de persianas y control de puntos de luz.

El módulo dispone de:

- Dos entradas que pueden cablearse o también se puede disponer de unas teclas para emplear las entradas sin necesidad de cableado.
- Dos salidas relé de 6A que vienen referenciadas a una misma conexión común, puesto que el módulo se empleará para actuar sobre un único tipo de circuito.
- Dos salidas LED que sirven para indicar un evento como puede ser la apertura de una ventana y que estarán disponibles únicamente si se emplean las teclas del módulo.

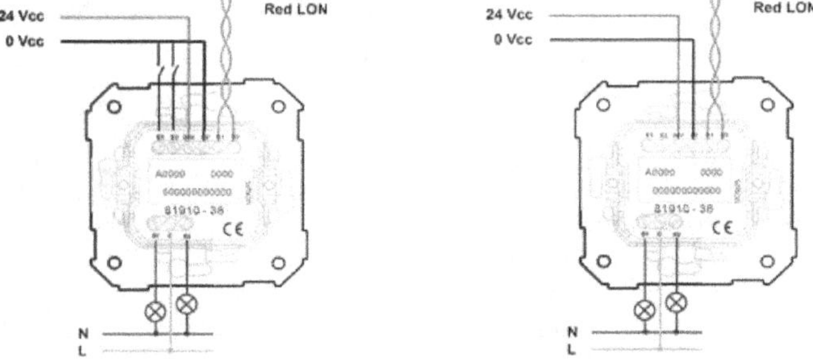


*Figura 8.33. Módulo con entradas cableadas (izquierda) y mediante teclas con leds (derecha)*

**Módulo de cuatro entradas/cuatro salidas *LED***: este modulo permite la centralización de funciones en único mecanismo inteligente con cuatro pulsadores que permiten realizar cuatro actuaciones configuradas por programación. También dispone de cuatro LEDs indicativos para mostrar cuatro eventos o cuatro situaciones diferentes (simulación de presencia activa, sistema de intrusión activo, etc.).

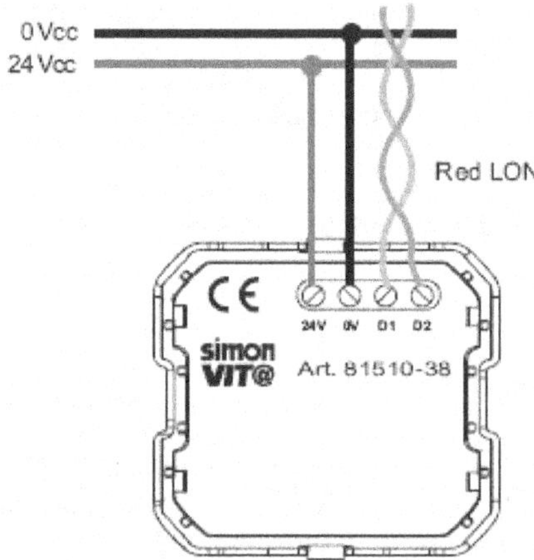


*Figura 8.34. Instalación del módulo de cuastro entradas/cuatro salidas LED*

**Módulo receptor IR**: al igual que el módulo de entradas de carril DIN, con el receptor IR se dispone de ocho entradas totalmente configurables, proporcionadas por los mandos a distancia, para realizar cualquier tipo de acción el receptor IR permite la confirmación de la activación de una entrada del mando a distancia y la recepción de señales con dos tipos de codificaciones. Las dos posibles codificaciones de los canales del receptor IR permiten la instalación de dos receptores instalados de forma contigua configurados cada uno en un canal diferente, pudiendo desde un mismo punto gestionar 16 entradas diferentes.

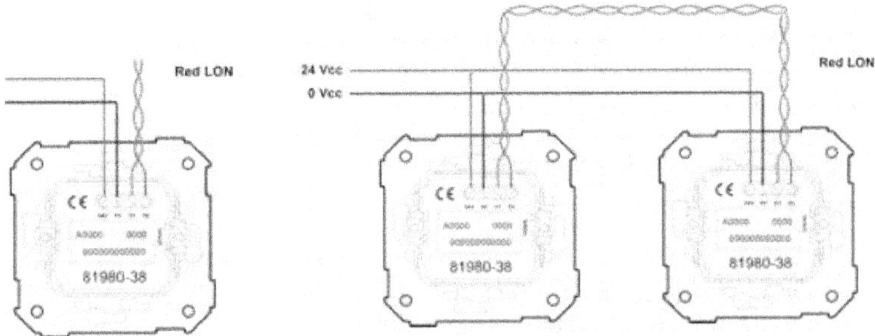


*Figura 8.35. Instalación de un receptor (izquierda) o de dos configurados con diferente canal (derecha)*

**Módulo Dimmer Universal**: el módulo *dimmer* universal permite la regulación de dos cargas R, L, C, incandescencias, halógenas directas o halógenas con transformador electrónico o electromagnético cuya potencia esté dentro de los márgenes de regulación: 60VA-360VA.

La regulación de estas cargas puede venir dada por cualquier dispositivo enlazado mediante el bus de comunicaciones: pulsadores asociados a módulos de entradas, pantallas táctiles, módulo IP o escenas configuradas con condiciones horarias.

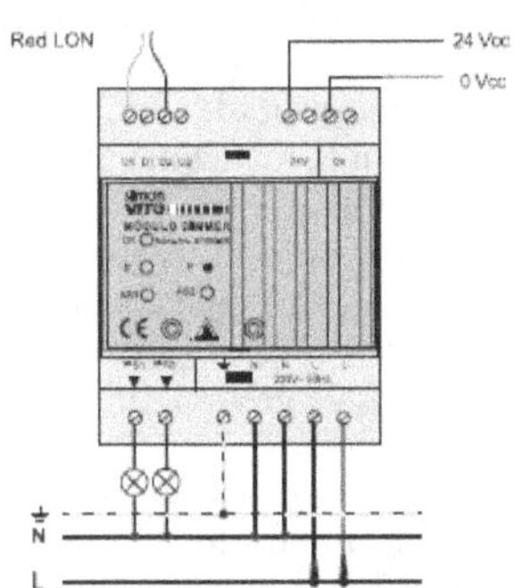


*Figura 8.36. Esquema de conexionado del dimmer*

**Módulo Regulador 0-10 V**: este regulador está pensado para gestionar salidas analógicas 0-10V. Especialmente pensado para regular florescencias mediante balastros electrónicos regulables, este módulo permite la regulación de dos salidas 0-10V y la conexión y desconexión de los balastros mediante dos salidas relé de 3A.

La regulación de estas cargas se puede realizar desde cualquier punto de la red o mediante pulsadores directamente cableados al regulador.

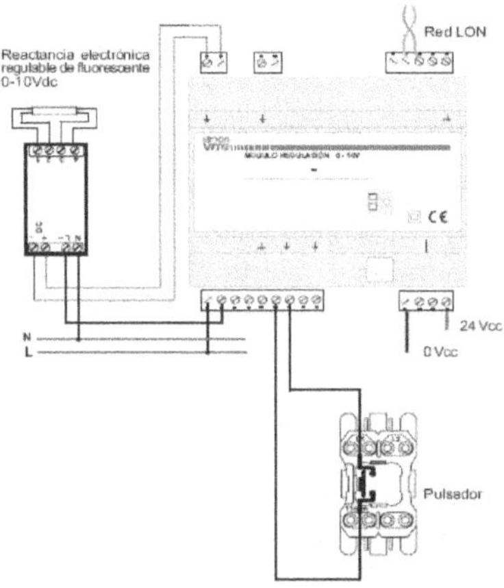


*Figura 8.37. Ejemplo de instalación con regulación directa mediante pulsador*

**Módulo sensor de luminosidad**: permite la gestión del nivel de iluminación que hay en una ubicación, manteniendo un nivel constante en base a la iluminación que se reciba del exterior y a la iluminación que puedan proporcionar cargas reguladas mediante módulos dimmer universales o reguladores 0-10V.

Se pueden realizar tres tipos de gestión diferentes:

- Gestión de la luz en base a un nivel constante, se puede fijar un nivel de luminosidad y el sistema siempre trabajará para mantener ese nivel.

- Gestión de la luz en base a consignas horarias: SimonVIT@ permite fijar con control horario para cada día de la semana, donde a cada hora del día se puede marcar tres niveles de luminosidad diferentes, ALTO, MEDIO o BAJO.

- Gestión de la luz en base a la detección de presencia, este módulo lleva incorporado un detector de presencia que permite asociar la regulación de la luz a la presencia de personas en el lugar, permitiendo fijar retardos de activación o desactivación para esta gestión.

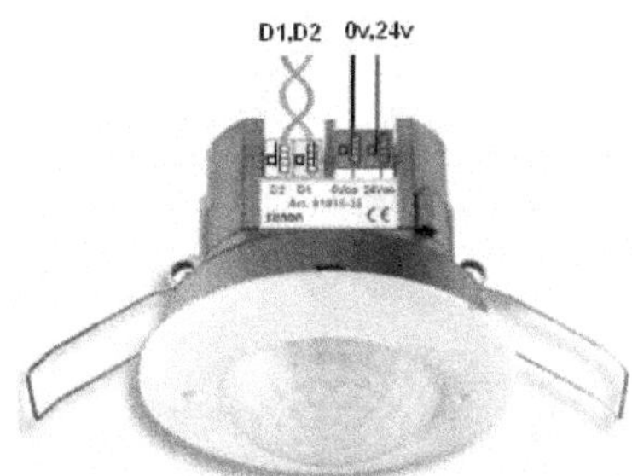


*Figura 8.38. Instalación del Módulo Sensor de luminosidad*

**Módulos de visualización y temperatura**: los módulos visualizadores realizan varias funciones dentro de la red SimonVIT@:

- Permiten ante una alarma, informar del tipo de alarma y la hora en la que se ha producido, guardando un registro de las diferentes alarmas e informando de si estas están aún activas.

- Permiten al usuario consultar el estado de algunas funciones del sistema, sistema de riego, simulaciones, etc.

- También permiten gestionar de forma directa dos salidas del sistema mediante controles horarios.

- Llevan el control horario dentro del sistema, cualquiera de estos dos módulos es capaz de ser el reloj del sistema, informando del día, hora y minuto, lo que posibilita la gestión de funciones con condiciones horarias dentro de la red SimonVIT@.

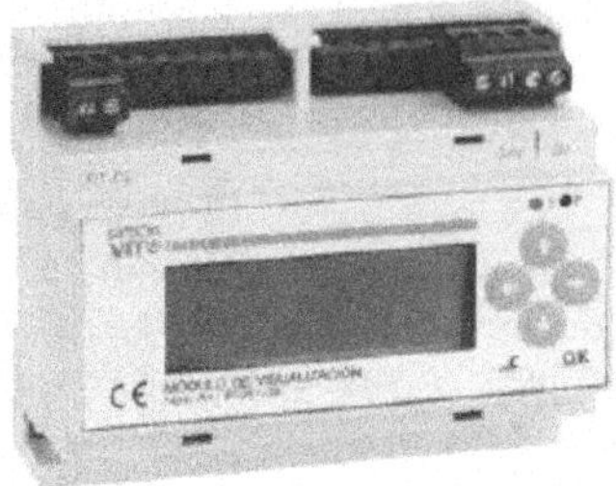

*Figura 8.39. Módulos de visualización y temperatura*

La principal diferencia entre ellos, reside en que el módulo visualizador de empotrar lleva incorporada una sonda de temperatura que posibilita emplear el módulo visualizador de empotrar como cronotermostato del sistema.

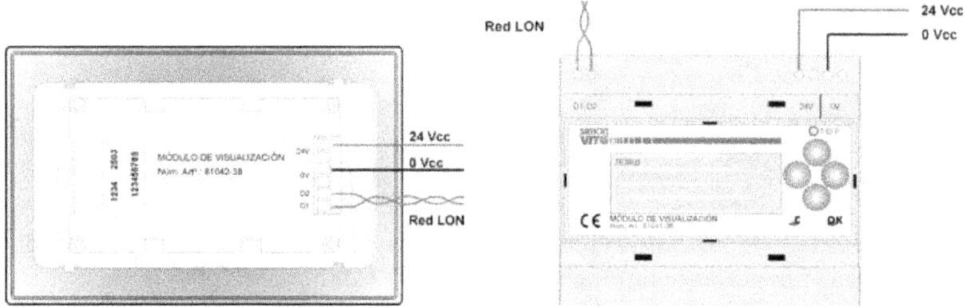


*Figura 8.40. Instalación de visualizadores de empotrar (izquierada) y carril DIN (derecha)*

**Módulo controlador de Fan-Coil**: el módulo controlador *Fan-Coil* permite la gestión del clima mediante equipos *Fan-Coil* de frío/calor con gestión de tres velocidades.

- Permite la modificación de la velocidad, temperatura o gestión la automática o manual del control sobre el equipo *Fan-Coil.*

- El control de la máquina *Fan-Coil* se realiza mediante los contactos de un módulo de salidas dedicado para realizar esta gestión

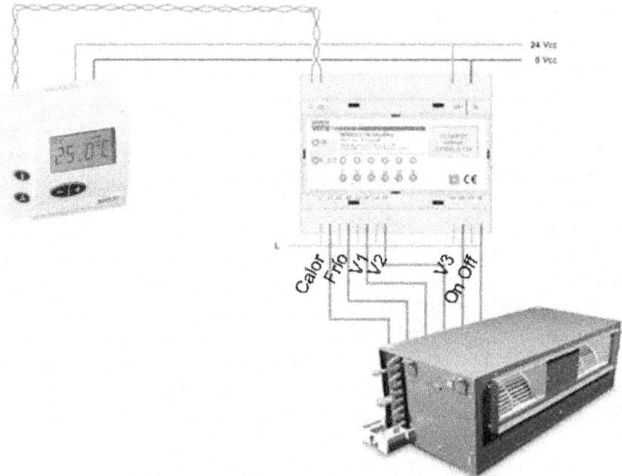


*Figura 8.41. Esquema de conexionado del controlador fan-coil*

**Módulo Pantalla táctil TFT**: la pantalla TFT de SimonVIT@ permite al usuario gestionar todo el sistema desde un punto central, lo que permite que el usuario adapte el proyecto a sus necesidades mediante la modificación de condiciones horarias y la creación de hasta 32 escenarios en los que el usuario puede combinar persianas, luces y *dimmers* para facilitar la interactuación con el sistema.

*Figura 8.42. Pantalla táctil TFT*

Para el instalador, la pantalla táctil supone la posibilidad de dejar al cliente un punto para gobernar todo el sistema y la ventaja de la fácil configuración de la TFT, siendo prácticamente *Plug and Play*.

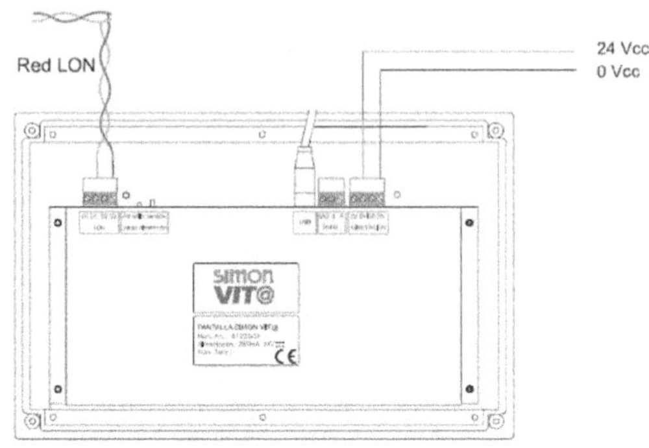


*Figura 8.43. Instalación de la pantalla*

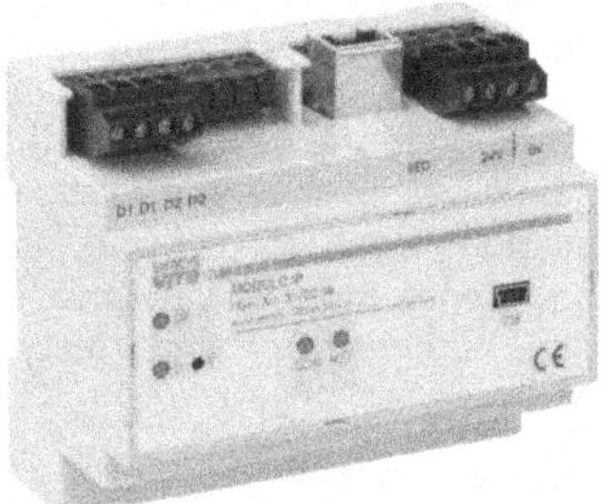

**Módulo IP**: el módulo IP es un servidor web que ofrece al usuario la posibilidad de interactuar con la vivienda mediante un ordenador portátil o PDA, pudiendo gestionar hasta seis cámaras IP dentro de la instalación.

VIT@IP es un módulo destinado especialmente a vivienda ya que permite gestionar hasta 50 puntos de luz y 25 persianas entre otros. La gestión de edificios empleando un PC como punto de control central se realiza mediante proyectos SCADA hechos a medida para cada proyecto. La figura 8.44 muestra la ventana de configuración del módulo.

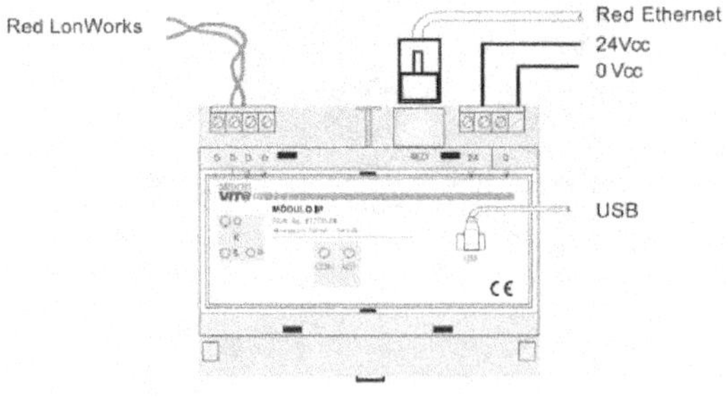


*Figura 8.44. Instalación del módulo VIT@IP*

**Módulo repetidor**: este módulo permite la implantación de redes de hasta 128 módulos, ofreciendo a la instalación básica una segunda subred de 64 módulos.

Además de duplicar la capacidad de la red, el módulo repetidor permite reconstruir la señal del bus de datos, posibilitando duplicar las distancias de separación entre los módulos de la red. Para este propósito el módulo repetidor tiene cuatro conexiones de datos que posibilitan dividir la misma subred en dos bloques para incrementar las distancias. Las siguientes figuras muestran el módulo y su instalación.

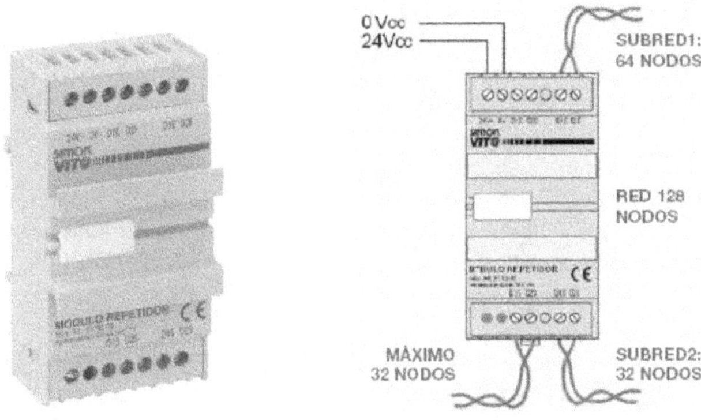


*Figura 8.45. Módlo repetidor*

**Módulo Switch**: el módulo *switch* permite conectar redes básicas a un puerto de alta velocidad para enlazar con otros módulos *Switch*.

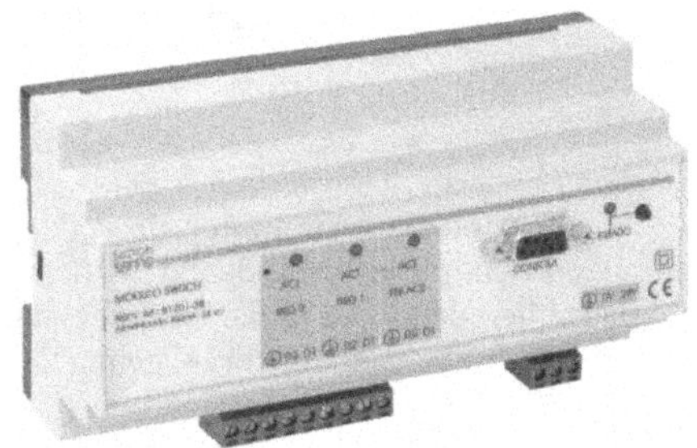

Cada módulo *switch* permite la conexión de dos redes de hasta 128 módulos cada red y ofrece una puerta de enlace con una VT=1,25Mps que permite la conexión de varios módulos *Switch*. El enlace de varios módulos *Switch* siempre se realizará con una instalación con formato bus, como se muestra en la figura 8.46.

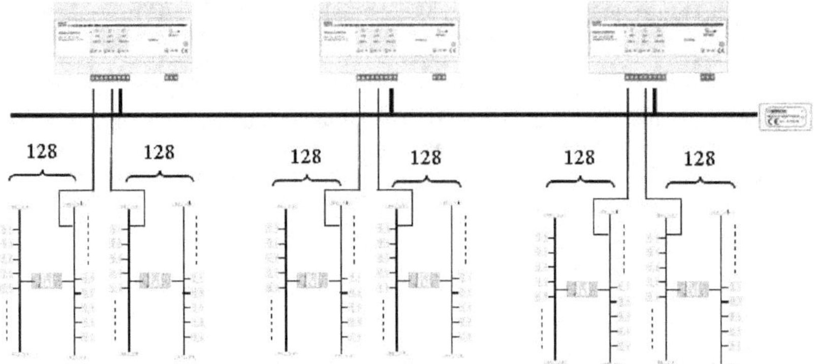


*Figura 8.46. Conexionado de los módulos switch*

En el caso de haber más de un módulo *switch* en la instalación, se deben instalar dos módulos adaptadores, uno en el primer módulo *switch* y otro en el último, como se muestra en la figura:

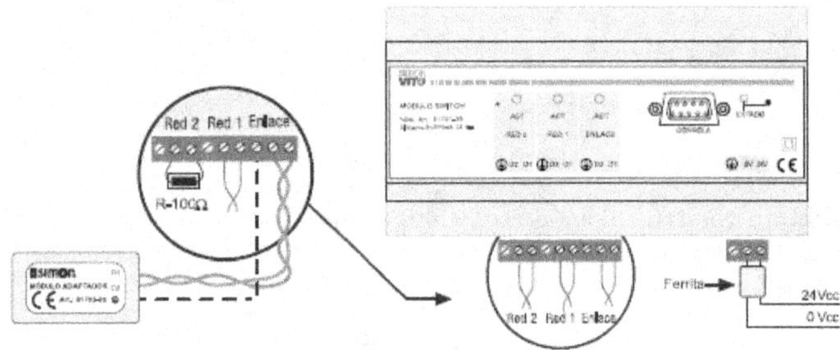


*Figura 8.47. Conexionado de adaptadores para módulos switch*

**Módulo terminador de red**: el Terminador de red sirve para adaptar la impedancia de la línea, dando un tiempo de vida máximo a los mensajes que se transmiten dentro de la red VIT@, evitando la saturación del BUS y asegurando el correcto funcionamiento del sistema

*Figura 8.48. Terminador de bus*

**Módulo de conexión a LON-USB**: este módulo permite la programación y configuración de las instalaciones diseñadas con SimonVIT@ gracias a su interfaz USB/LON.

*Figura 8.49. Módulo de conexión a LON-USB*

**Módulo de conexión remota**: permite la programación y configuración de las instalaciones diseñadas con SimonVIT@ gracias a su interfaz LON/ ETHERNET.

*Figura 8.50. Módulo de conexión remota*

Es un módulo diseñado especialmente para la gestión de edificios desde un ordenador central, pudiendo dividir la instalación en subinstalaciones más pequeñas y aprovechando la infraestructura de ICTs para unir las subinstalaciones en un PC central.

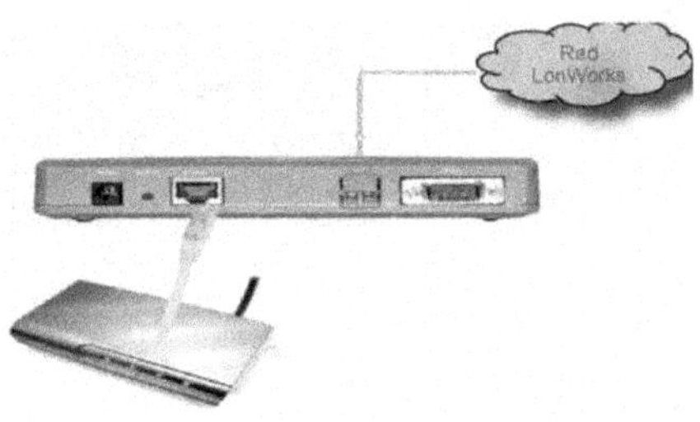


*Figura 8.51. Instalación módulo de conexión remota.*

**Módulo de memoria**: este módulo se ubica dentro de una red SimonVIT@ para aportar recursos en caso de que la programación planteada los necesite. Tiene dos posibles configuraciones:

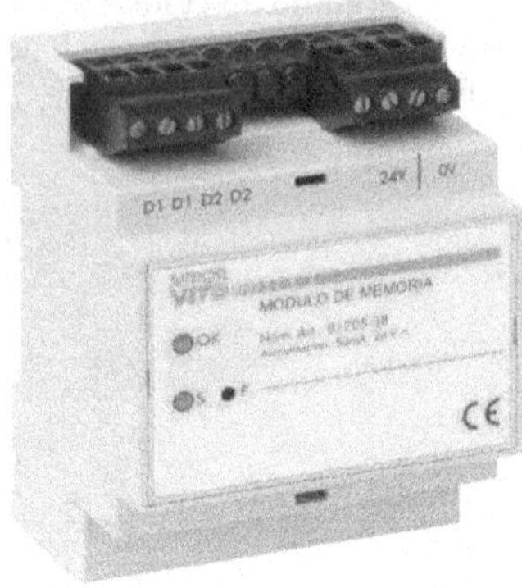

- *Apoyo a la programación*: se encarga de supervisar la red SimonVIT@ y el estado de los mismos, en caso que se empleen muchos recursos de alguno de los módulos, automáticamente el módulo de memoria absor-be parte de la programación, liberando parte de los recursos empleados.
- *Apoyo a macroconsultas:* en caso que dentro de un proyecto se realicen muchas gestiones con grupos, es recomendable configurar un módulo de memoria para que se encargue de realizar estas consultas. Si se baja a nivel de LON, la gestión de los grupos se realiza mediante mensajes y no variables de red.

## 8.4.2 *Software* de programación

Todo el sistema Simon VIT@ se programa y configura mediante un *software* específico que tiene, entre otras, las siguientes características.

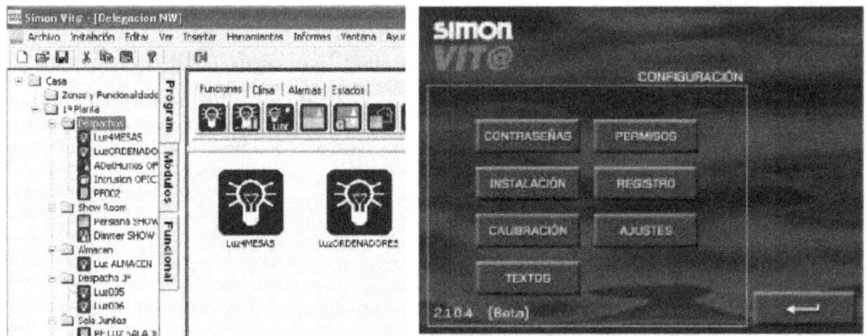


*Figura 8.52. Ventana principal del software de configuración*

- Dispone de un conjunto de funcionalidades existentes:

  - Control de iluminación: *dimmers*, niveles de luminosidad, de carga temporizada.

  - Control de persianas: individuales, grupos.

  - Temporización.

  - Seguridad: intrusión, simulación de iluminación, simulación de persianas, alarmas y estados.

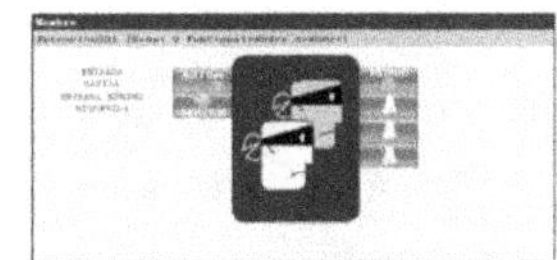

  - Programación: contadores, secuenciadores.

  - Riego.

  - Control de clima: generales, de zonas (digitales o analógicos), *fan-coils*, racionalizadores de consumo.

- Permite la programación de nuevas funciones:

  - Funciones definidas por el usuario o instalador, que se realizan cuando se produce un evento concreto.

  - Activan salidas, grupos, temporizaciones, etc.

- Facilitar la tarea de definición de salas, mediante el replicador de habitaciones.

Capítulo 9

# AUTÓMATAS PROGRAMABLES

## 9.1 INTRODUCCIÓN

En este capítulo se van a describir algunas de las posibilidades de control de instalaciones domóticas o inmóticas con autómatas programables (o PLC, del inglés *Programmable Logic Controller*) convencionales. Estos dispositivos permiten alojar un programa que se ejecuta secuencialmente y de forma iterativa utilizando generalmente lenguajes de contactos, un lenguaje gráfico basado en representar conexiones físicas eléctricas.

La presencia de los autómatas programables es muy alta en el ámbito industrial, pero no está tan extendida en el de los edificios inteligentes. Sin embargo, algunas marcas han lanzado productos al mercado (*software* en la mayoría) perfectamente orientados a tareas de gestión de edificios que facilitan la instalación o, mejor dicho, la programación de dichos dispositivos.

Existe una gran variedad de modelos de autómatas en el mercado, pero aquí se van a describir en concreto dos posibilidades de instalaciones con microautómatas y una con miniautómatas. La primera de ellas, apartado 9.2, describe un microautómata de la marca SIEMENS, en concreto el LOGO. Este dispositivo sirve de ejemplo de autómata de gama baja (microautómata), de los que la práctica totalidad de marcas disponen de algún modelo. Otro de ellos es el ZEN de la casa OMRON, descrito en el apartado 9.3. Con este tipo de dispositivos se pueden realizar pequeñas automatizaciones en instalaciones domotizadas, de las que se verán algunos ejemplos. La tercera opción corresponde a la descripción de un autómata de gama media (miniautómata), un S7-200 de la marca SIEMENS, para el que se ha desarrollado una aplicación informática que simplifica la tarea de la programación para la realización de una instalación domótica. Es difícil que una instalación doméstica requiera de equipos con mayores prestaciones que los descritos en estas páginas.

## 9.2 EL AUTÓMATA LOGO DE SIEMENS

En este apartado se describe al autómata programable LOGO de la marca SIEMENS. En el CD-ROM adjunto se incluye un simulador del mismo, con el que se podrán comprobar algunas de sus prestaciones. La versión actualizada del mismo puede descargarse de alguna de las páginas de SIEMENS, como puede ser en www.siemens.com/logo o en www.automation.siemens.com.

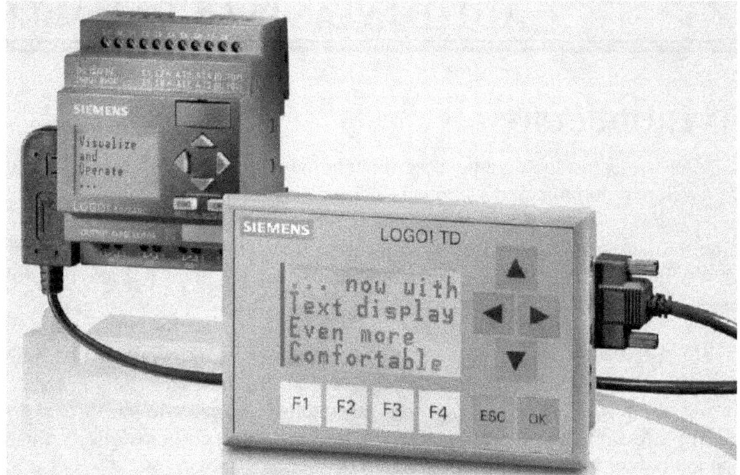


*Figura 9.1. Autómata LOGO más display de SIEMENS*

Este dispositivo está diseñado para pequeñas aplicaciones, como pueden ser las mostradas en la siguiente tabla:

| Ámbito | Aplicaciones |
|---|---|
| Equipos de transporte | Cintas transportadoras.<br>Plataformas elevadoras.<br>Ascensores.<br>Instalaciones en silos.<br>Comederos automáticos.<br>Máquinas de venta automática. |
| Domótica e inmótica | Control de iluminación.<br>Control de puertas y accesos.<br>Control de persianas y marquesinas.<br>Sistemas de riego y aspersión. |
| Soluciones especiales | Plantas fotovoltaicas.<br>Aplicaciones en buques.<br>Aplicaciones bajo condiciones ambientales extremas.<br>Paneles indicadores y de guía de tráfico. |
| Calefacción/ventilación/ aire acondicionado | Gestión de energía.<br>Calefacción.<br>Instalaciones frigoríficas.<br>Instalaciones de ventilación.<br>Instalaciones de aire.<br>acondicionado. |
| Controles de máquinas | Controles de motores, bombas y válvulas.<br>Compresores de aire.<br>Instalaciones de aspiración y filtración.<br>Estaciones depuradoras.<br>Sierras y cepilladoras.<br>Instalaciones para tratamiento químico y limpieza. |
| Instalaciones de vigilancia | Controles de acceso.<br>Supervisión de controles de traslación.<br>Sistemas de alarma.<br>Controles de rebase de límite.<br>Controles de semáforos.<br>Control de equipajes. |

*Figura 9.2. Ámbito de aplicaciones de los microautómatas*

## 9.2.1 Características principales

Entre las características principales del LOGO de SIEMENS pueden citarse las siguientes:

- Arquitectura modular.
- Capacidad de realizar control automático a pequeña escala con bajo coste.
- Pantalla incluida en el PLC con cuatro líneas y 32 caracteres, con hasta 50 avisos por pantalla.
- Hasta 24 entradas y 16 salidas digitales.
- Hasta ocho entradas y dos salidas analógicas.
- Posibilidad de programar control PI, generadores de rampas, multiplexado analógico.
- Posibilidad de seleccionar datos remanentes (que no se pierden al caer la alimentación).

- Máxima capacidad de programa: 200 bloques de función (versión 2009).
- Teleservicio disponible.
- Visualizador de texto adicional.
- Programación en el propio PLC o mediante un PC, utilizando el *software* LOGO! Soft Confort.

En la figura 9.3 y 9.4 se muestran algunas de sus características físicas:

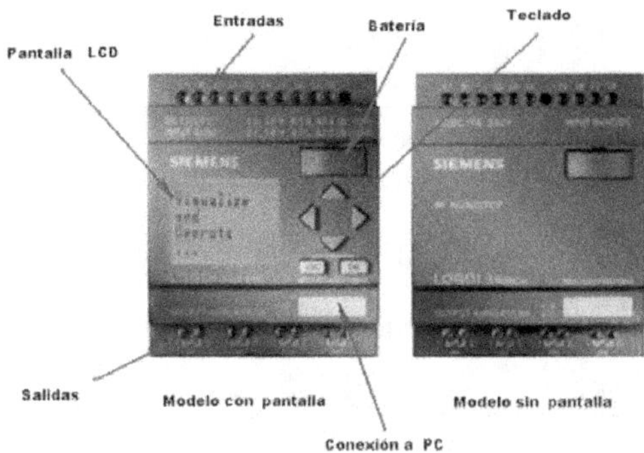


*Figura 9.3. Características del LOGO de SIEMENS*

*Figura 9.4. Módulos de expansión del LOGO de SIEMENS*

Como ocurre con el resto de marcas comerciales, hay muchas variantes del autómata LOGO. Una de las principales diferencias es la existencia o no en el autómata de una pequeña ventana con mensajes (en la figura 9.3 se muestran los modelos con y sin ella). Esta ventana de cristal líquido (LCD) permite la programación *in situ* del autómata, que puede hacerse sin necesidad de un ordenador externo. Además posibilita la generación de mensajes durante la ejecución de la aplicación, y sirve para visualizar el estado de los programas y de las variables de éstos (temporizadores, contadores, etc.) en tiempo de ejecución. En la siguiente tabla se muestran los modelos existentes.

| **Autómatas LOGO: bases** | | | | | | |
|---|---|---|---|---|---|---|
| **Modelo** | **Entradas** | | **Salidas** | | **Entradas analógicas** | **Pantalla LCD** |
| 12/24 RC | 12/24 V | 8 | Relé | 4 | 4 (0-10V) | SI |
| 12/24 RCo | 12/24 V | 8 | Relé | 4 | 4 (0-10V) | NO |
| 24 | 24 V | 8 | Transistor | 4 | 4 (0-10V) | SI |
| 24o | 24 V | 8 | Transistor | 4 | 4 (0-10V) | NO |
| 24RC | 24 VAC | 8 | Relé | 4 | -- | SI |
| 24RCo | 24 VAC | 8 | Relé | 4 | -- | NO |
| 230RC | 220 VAC | 8 | Relé | 4 | -- | SI |
| 230RCo | 220 VAC | 8 | Relé | 4 | -- | NO |

En la tabla se observa la existencia de dos tipos de autómatas: los que trabajan con tensión de 220 VAC y los que lo hacen a 24 VDC. Estos últimos permiten además cuatro señales de entrada analógica, útil para medir, por ejemplo, temperaturas con un sensor adecuado. Como desventaja en estos hay que citar la necesidad de utilizar una fuente de alimentación adicional que aporte los 24 V a partir de la tensión de red (220 VAC). Las salidas digitales pueden ser a relé o a transistor.

A ambos tipos de autómatas, con y sin ventana LCD, se les puede conectar módulos de ampliación que les permiten disponer de mayor número de entradas o salidas. En la tabla siguiente se muestran algunos modelos existentes.

| Autómatas LOGO: Módulos de expansión | | | | | | |
|---|---|---|---|---|---|---|
| **Modelo** | **Entradas digitales** | | **Salidas digitales** | | **Entradas analógicas** | **Salidas analógicas** |
| DM8 12/24R | 12/24 V | 4 | Relés | 4 | - | - |
| DM8 24 | 24 V | 4 | Transistor | 4 | - | - |
| DM16 24 | 24 V | 8 | Transistor | 8 | - | - |
| DM8 24R | 24 VAC | 4 | Relé | 4 | - | - |
| DM16 24R | 24 V | 8 | Relé | 8 | - | - |
| DM8 230R | 220 VAC | 4 | Relé | 4 | - | - |
| DM16 230R | 220 VAC | 8 | Relé | 8 | - | - |
| AM2 | 12/24 V | - | - | - | 2 (0-10V) (0-20 mA) | - |
| AM2 PT100 | 12/24 V | - | - | - | 2 PT100 | - |
| AM2 AQ | 24 V | - | - | - | - | 2 (0-10V) |
| EIB / KNX | 12/24 V | 16 | - | 12 | 8 | 2 |
| CM AS-i | 24 V | 4 | - | 4 | - | - |

## 9.2.2 Instalación

En este apartado se muestra cómo se realizan las conexiones de las entradas y salidas para realizar una aplicación cualquiera. En la figura 9.5 se muestra cómo se conecta junto con un módulo de expansión.

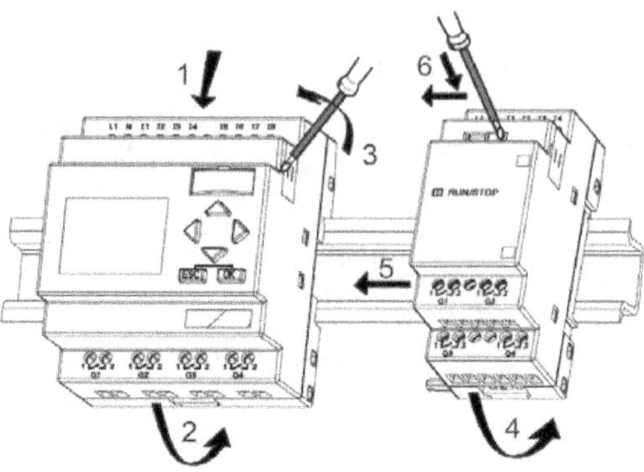


*Figura 9.5. Instalación del LOGO de SIEMENS y sus módulos de expansión*

En la figura 9.6, a la izquierda se muestra cómo se conectan la alimentación y dos entradas digitales, la I1 y la I2 de un LOGO con alimentación de 24 V. Así mismo se muestra cómo se conectaría un sensor analógico a la entrada I8 de un módulo de expansión. En la misma figura, a la derecha, se muestra la alimentación y conexionado de entradas a un LOGO alimentado a 220 VAC.

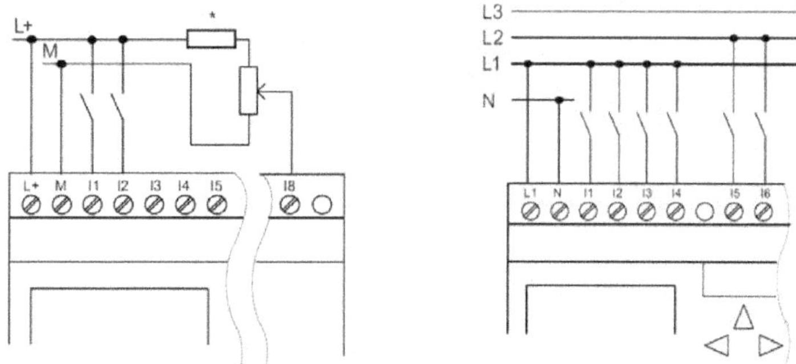


*Figura 9.6. Conexión de las entradas del LOGO de SIEMENS*

A la izquierda de la figura 9.7 muestra el conexionado de un módulo de entradas analógicas, el AM2. A la derecha dos esquemas de conexión de una PT-100 a un módulo AM2 PT-100, con dos o tres hilos.

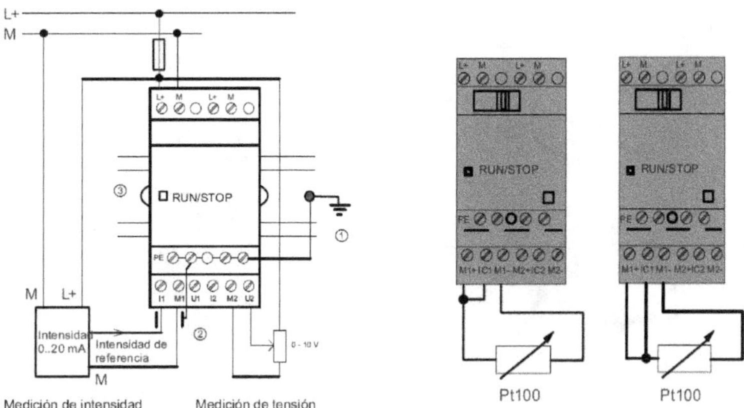


*Figura 9.7. Conexión de entradas analógicas en módulos de expansión*

La siguiente figura indica cómo conectar las salidas digitales en cualquiera de los módulos base o módulos de expansión.

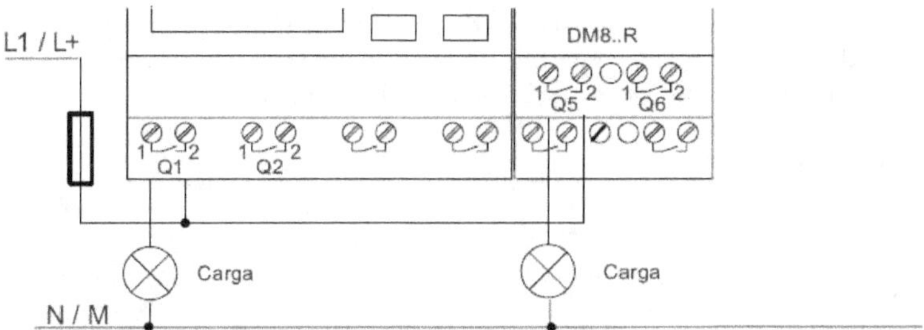


*Figura 9.8. Conexión de salidas digitales*

La figura 9.9 muestra la forma de conexión de salidas analógicas en un módulo de expansión AM2 AQ.

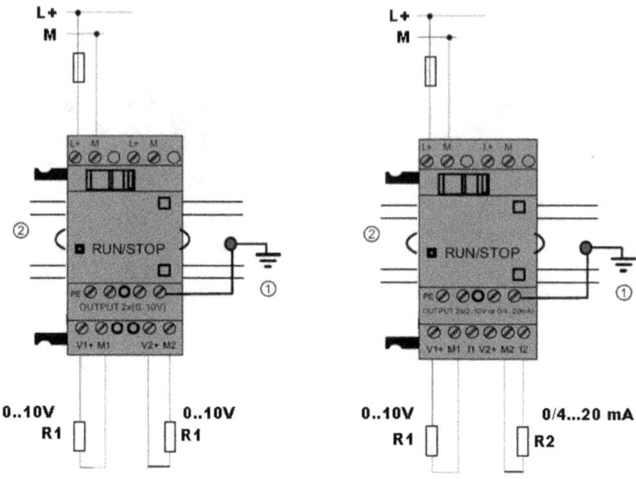


*Figura 9.9. Conexión de salidas analógicas en módulo AM2 AQ*

### 9.2.3 Direccionamiento de entradas y salidas

Los autómatas LOGO disponen de una serie de bits de entrada y salida, de trabajo y de retención que se muestran en la siguiente tabla. Estos se utilizan para almacenar los estados empleados en la lógica de los programas:

| Nombre del área | Símbolo | Ejemplo | Función |
|---|---|---|---|
| Bits de entrada | I | I4 | Muestra el estado ON/OFF del dispositivo de entrada conectado al terminal de entrada de la CPU. |
| Bits de entrada analógica | AI | AI2 | Muestra el valor del sensor analógico conectado a la entrada. |
| Bits de salida | Q | Q3 | Muestra el estado ON/OFF de los dispositivos de salida conectados al autómata. |
| Bits de salida analógica | AQ | AQI1 | Envía el valor numérico a la salida analógica. |
| Marcas | M | M1 | Sólo se usa en el programa. Marca auxiliar. |

Algunas de las funciones permitidas con variables digitales se muestran en la siguiente tabla:

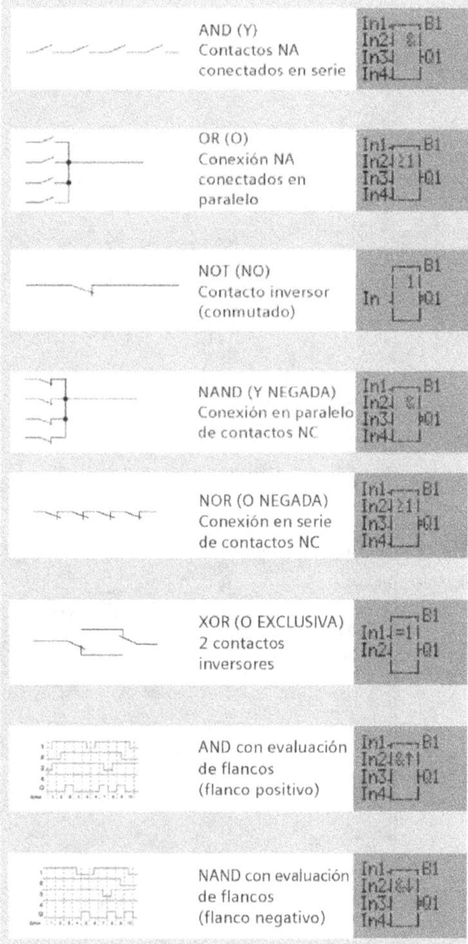

| Función |
|---|
| AND (Y) Contactos NA conectados en serie |
| OR (O) Conexión NA conectados en paralelo |
| NOT (NO) Contacto inversor (conmutado) |
| NAND (Y NEGADA) Conexión en paralelo de contactos NC |
| NOR (O NEGADA) Conexión en serie de contactos NC |
| XOR (O EXCLUSIVA) 2 contactos inversores |
| AND con evaluación de flancos (flanco positivo) |
| NAND con evaluación de flancos (flanco negativo) |

El siguiente ejemplo muestra la filosofía de funcionamiento del equipo. Supóngase que se desea activar una carga E1 que se activa o desactiva mediante los interruptores (S1 o S2) y S2, utilizando el relé K1, según el siguiente esquema, y donde también se incluye la captura de la programación en LOGO! Soft.

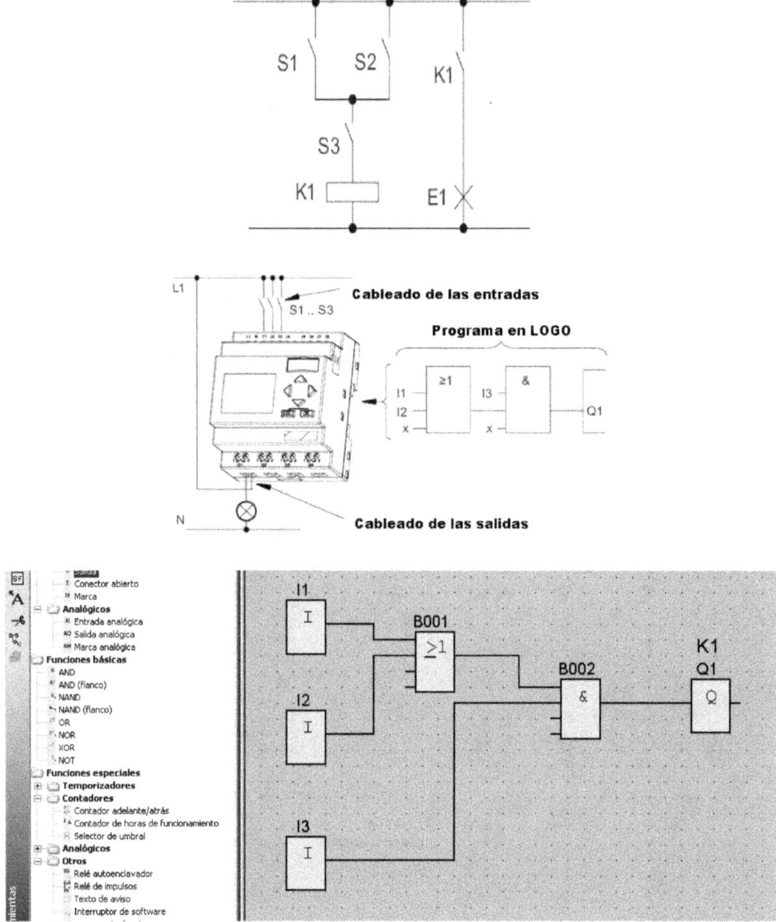


*Figura 9.10. Ejemplo de programación del LOGO*

En el manual de programación incluido en el CD-ROM adjunto se muestra cómo programar desde el propio *display*, así como el catálogo completo de funciones. Como resumen de la gran variedad de funciones de las que disponen estos microautómatas, se muestran las siguientes tablas, en las que se describen funciones como temporizadores, contadores, funciones de tratamiento de señales analógicas, etc.

| Temporizadores | | |
|---|---|---|
| **Nombre del área** | **Símbolo** | **Función** |
| Retardo a la conexión | 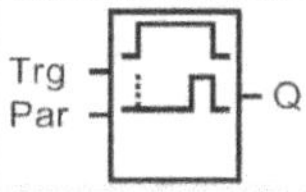 Trg, Par → Q | La salida se activa tras haber transcurrido un tiempo parametrizable. |
| Retardo a la desconexión | 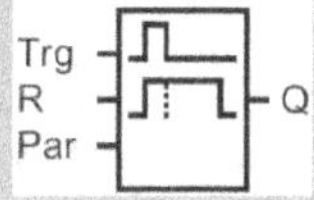 Trg, R, Par → Q | La salida se desactiva tras haber transcurrido un tiempo parametrizable. |
| Retardo a la conexión / desconexión | 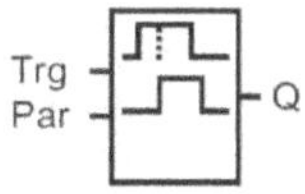 Trg, Par → Q | La salida se activa tras haber expirado el tiempo de retardo a la conexión y la desactiva tras expirar el tiempo de retardo a la desconexión, ambos parametrizable. |
| Retardo a la conexión con memoria | 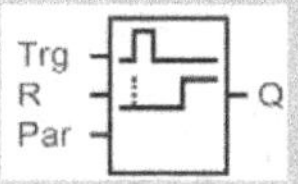 Trg, R, Par → Q | El impulso a la entrada inicia un tiempo de retardo a la conexión configurable. La salida se activa una vez expirado ese tiempo. |
| Relé de barrido (salida de impulsos) | 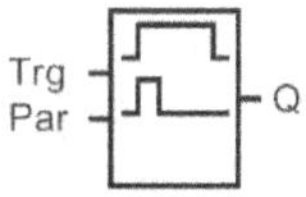 Trg, Par → Q | Una señal de entrada genera una señal de duración configurable en la salida. |
| Relé de barrido activado por flancos | 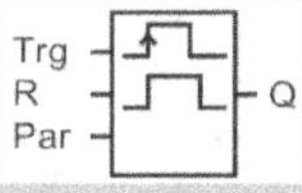 Trg, R, Par → Q | Tras haber expirado un tiempo de retardo configurado, un impulso de salida genera un nº determinado de impulsos de salida con una duración de impulso/pausa definida. |
| Generador de impulsos asíncrono | 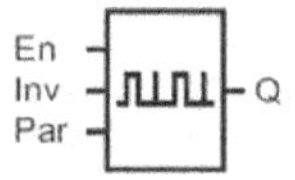 En, Inv, Par → Q | La forma del impulso de salida puede modificarse reconfigurando la relación impulso/pausa. |
| Generador aleatorio | 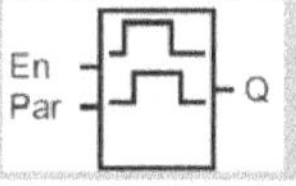 En, Par → Q | La salida se activa o desactiva dentro de un tiempo configurado. |

**Temporizadores (continuación)**

| Nombre del área | Símbolo | Función |
|---|---|---|
| Interruptor de alumbrado para escalera | 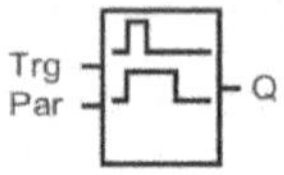 Trg, Par – Q | Un flanco de entrada inicial un tiempo configurable y redisparable. La salida se desactiva una vez expirado ese tiempo. |
| Interruptor bifuncional | 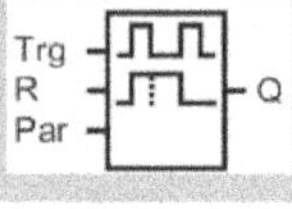 Trg, R, Par – Q | Interruptor con dos funciones diferentes:<br>- Interruptor de impulsos con retardo a la desconexión<br>- Pulsador. |
| Temporizador semanal | 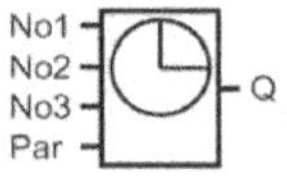 No1, No2, No3, Par – Q | La salida se controla mediante una fecha de activación y otra de desactivación. |
| Temporizador anual | 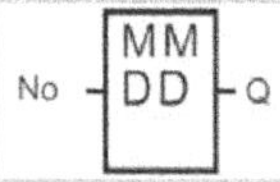 No – MM DD – Q | La salida se controla mediante una fecha de activación y otra de desactivación. Se activa anualmente o mensualmente. |

**Contadores**

| Nombre del área | Símbolo | Función |
|---|---|---|
| Contador adelante/ atrás | 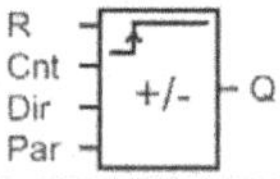 R, Cnt, Dir, Par – +/- – Q | Un impulso de entrada incrementa o reduce el valor interno del contador. |
| Contador de horas de funcionamiento | 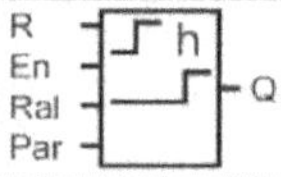 R, En, Ral, Par – h – Q | Si se activa la entrada, comienza a transcurrir un tiempo configurado, tras cuya expiración se activa la salida. |
| Selector de umbral | 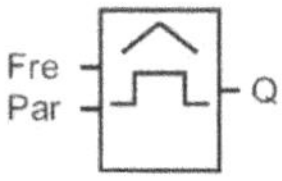 Fre, Par – Q | La salida se activa y desactiva en función de dos valores de umbral configurables. |

| Tratamiento de señales analógicas | | |
|---|---|---|
| **Nombre del área** | **Símbolo** | **Función** |
| Conmutador analógico de valor umbral | Ax, Par / A / Q | La salida se activa y desactiva en función de dos valores umbral configurable. |
| Conmutador analógico de valor umbral diferencial | Ax, Par / A Δ / Q | La salida se activa y desactiva en función de un valor umbral y diferencial configurable. |
| Comparador analógico | Ax, Ay, Par / ΔA / Q | La salida se activa y desactiva en función de la diferencia Ax-Ay y de dos valores umbral configurables. |
| Vigilancia de valor analógico | En, Ax, Par / A ± Δ / Q | Guarda la variable analógica y activa la salida cuando es superior o inferior al valor guardado, más un offset configurable. |
| Amplificador analógico | Ax, Par / A→ / AQ | Amplifica el valor de una entrada analógica y devuelve el valor en una salida analógica. |
| Multiplexor analógico | En, S1, S2, Par / A→ / AQ | Devuelve en la salida uno de cuatro valores analógicos. |
| Modulación de ancho de impulsos PWM | En, Ax, Par / ~→ / Q | Modula el valor de entrada analógica a una señal de salida digital de impulsos. |
| Aritmética analógica | En, Par / += A→ / AQ | Calcula el valor AQ de una ecuación formada por operandos y operadores personalizados. |
| Rampa analógica | En, Sel, St, Par / A→ / AQ | Permite desplazar la salida a una velocidad específica desde el nivel actual hasta otro seleccionado. |
| Regulador PI | A/M, R, PV, Par / A→ / AQ | Regulador proporcional e integral. |

| Otras funciones especiales | | |
|---|---|---|
| **Nombre del área** | **Símbolo** | **Función** |
| Relé autoenclavador | S R Par RS Q | La entrada S activa la salida Q y la entrada R la desactiva. |
| Relé de impulsos | Trg S R Par RS Q | Un breve impulso en la entrada activa desactiva la salida. |
| Textos de aviso | En P Par Q | Permite configurar un aviso que incluya textos y otros parámetros. |
| Interruptor de hardware | En Par Q | Tiene el mismo efecto que un pulsador o interruptor mecánico. |
| Registro de desplazamiento | In Trg Dir Par » Q | Desplaza los bits de una entrada hacia izquierda o derecha. |
| Detección de errores de aritmética analógica | En R Par += E→ Q | Activa una salida si ocurre un error en un bloque de función de aritmética analógica. |

## 9.2.4 Herramienta de programación

En el CD-ROM adjunto se incluye una versión de demostración del software de configuración, programación y simulación del autómata LOGO, denominado LOGO! Soft. Permite llevar a cabo una comprobación de los programas realizados sobre el simulador antes de enviarlos hacia un autómata conectado al ordenador a través del cable de comunicaciones para PC. La última versión de este *software* puede encontrarse en la página web de www.siemens.com/LOGO. La ventana principal de la aplicación se muestra en la figura 9.11.

La forma de trabajar consiste en ir añadiendo desde la "librería de funciones", a la izquierda de la pantalla, hacia la ventana de "bloques de programa" en la derecha. Con el ratón se unen los terminales de los bloques mediante conectores, y si se abra cada bloque es posible su configuración cuando ésta sea una opción.

El programa se puede enviar directamente al LOGO (esto no es posible en la versión demo) o ejecutar el simulador (mediante F3 o en la pestaña correspondiente en el menú) con el que se pueden probar los programas antes de enviarlos al autómata.

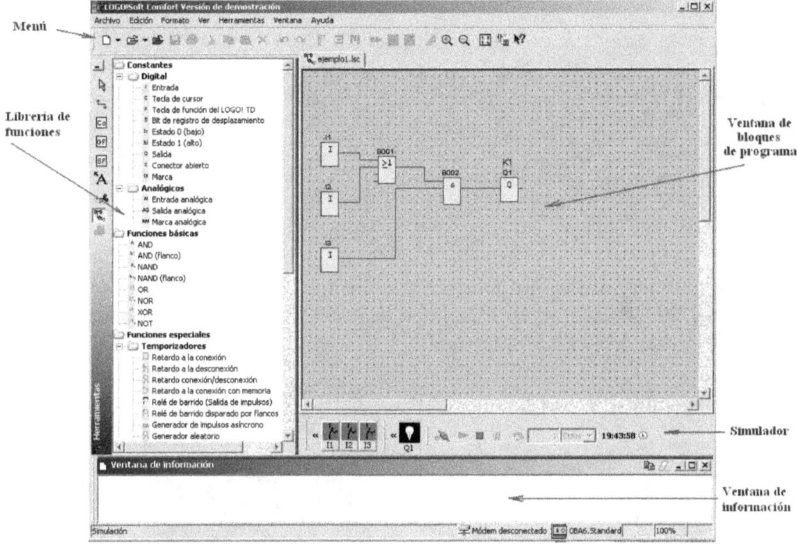


*Figura 9.11. Ventana de trabajo*

En la figura 9.12 se muestra el ejemplo mostrado en la figura 9.10 donde además se ha añadido un aviso de texto, que da un mensaje cuando Q1 está activa y otro mensaje cuando está desactivada. Al pulsar F3 se activa la función de simulación, apareciendo en la parte inferior las diferentes entradas, salidas y marcas implicadas. En el ejemplo, se pueden pulsar las diferentes entradas, I1, I2 e I3 que activa la salida Q1 apareciendo el mensaje oportuno en el emulador del display del LOGO (parte superior derecha de la ventana, aunque se puede arrastrar donde se desee).

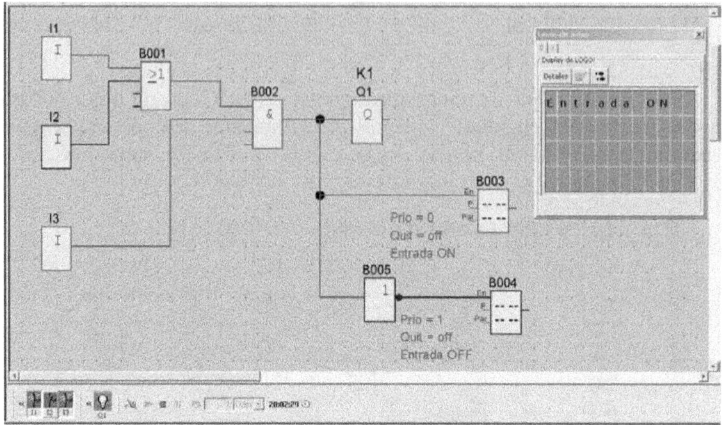


*Figura 9.12. Ejemplo de simulación con display*

A continuación se va a mostrar otro ejemplo. En la figura 9.13 se muestra el autómata con sus salidas conectadas a cuatro bombillas y sus entradas, dos a pulsadores y otras dos a interruptores.

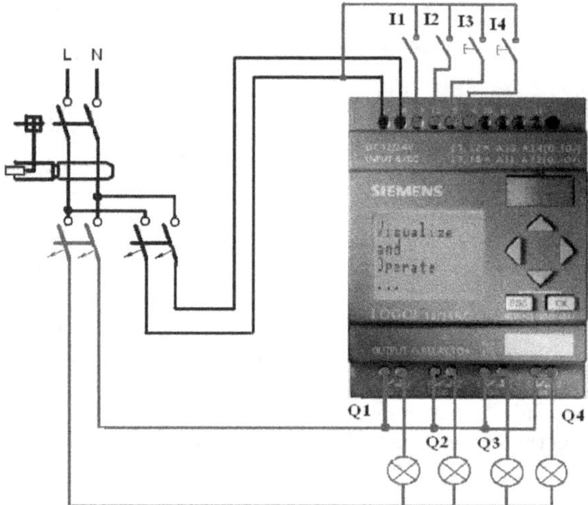


*Figura 9.13. Ejemplo de instalación*

Se va a hacer un programa que haga lo siguiente:

- El interruptor asociado a la entrada I1 enciende y apaga la bombilla asociada a la salida Q1.
- El pulsador I3 enciende una luz de escalera Q2 durante 5 segundos.
- Cada vez que se pulsa el pulsador asociado a I3, la bombilla asociada a la salida Q3 cambia de estado.

Una posible solución se muestra en la figura siguiente, donde I1 se conecta directamente a Q1, donde el pulsador I3 se conecta a Q2 a través de un interruptor de escalera, parametrizado con los cinco segundos y donde el pulsador I4 se conecta a Q3 a través de un interruptor bifuncional (sin parametrizarle nada).

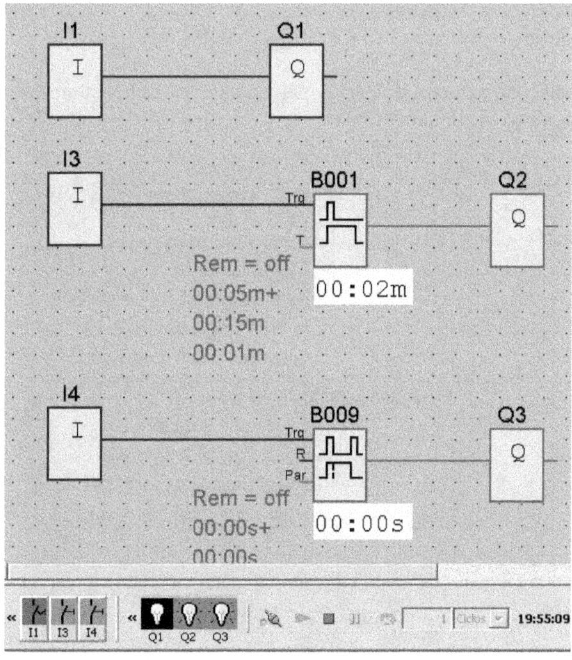


*Figura 9.14. Solución al ejemplo*

Se observa la simulación en la parte inferior de la figura, activada mediante F3, y donde aparecen encendidas las bombillas Q2 y Q3, y apagada la Q1. Los pulsadores e interruptores se pueden activar con el ratón en los mismos iconos que aparecen junto a las bombillas.

## 9.3 EL AUTÓMATA ZEN DE OMRON

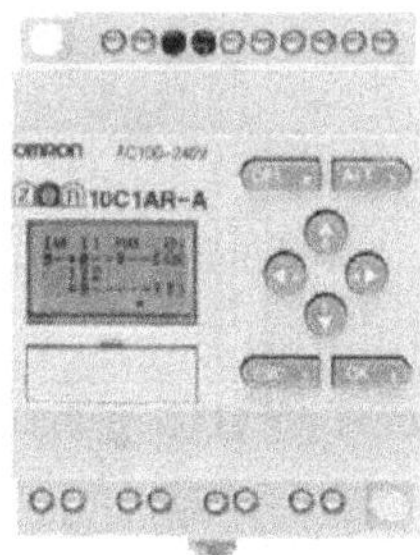

En este apartado se describe al autómata programable ZEN de la marca OMRON. En el CD-ROM adjunto se incluye un simulador del mismo, con el que se podrán comprobar algunas de sus prestaciones.

Como se ha comentado anteriormente, la mayoría de las marcas comerciales disponen de un autómata programable con prestaciones y precios similares al descrito en este apartado, por lo que se podrá comprobar que las características mostradas son similares a las del apartado 9.2 donde se mostró el LOGO de SIEMENS.

Este dispositivo está diseñado para pequeñas aplicaciones, como pueden ser las mostradas en la siguiente tabla:

| Ámbito | Aplicaciones |
| --- | --- |
| Industriales | Pequeñas instalaciones.<br>Máquinas de bajo coste.<br>Control de motores y bombas.<br>Taladros.<br>Máquinas de venta automática. |
| No industriales | Pequeñas instalaciones eléctricas en locales comerciales.<br>Instalaciones en edificios:<br>puertas, alarmas, invernaderos,<br>barreras automáticas, calefacción,<br>iluminación, riego, persianas. |

*Figura 9.15. Ejemplos de aplicaciones industriales*

*Figura 9.16. Ejemplos de aplicaciones no industriales*

## 9.3.1 Características principales

Entre las características principales del ZEN de ONROM pueden citarse las siguientes:

- Capacidad de realizar control automático a pequeña escala con bajo coste.
- Posibilidad de programación en diagrama de contactos directamente.
- Máxima capacidad de programa: 96 líneas.
- Dimensiones reducidas: 90 x 70 x 56 mm.
- Expandible hasta 18 entradas y 16 salidas mediante tres módulos de expansión.
- Protección contra fallos en alimentación (batería opcional).
- Copiado fácil de programas mediante cassette de memoria.
- Programación y monitorización desde PC.
- Gran capacidad de conmutación, hasta 8 A por contacto a 250 VAC.
- Entradas directas en alterna entre 110 y 240 VAC.
- Dispone de ocho temporizadores configurables en cuatro modos de operación y tres rangos de temporización.
- Dispone de ocho contadores que pueden actuar en modo ascendente y descendente.
- Funciones de reloj/calendario.

- Dos entradas analógicas en modo tensión (0 a 10 V).
- Posibilidad de configurar filtros de entrada para limitar la influencia de ruido.

En la figura 9.17 y 9.18 se muestran algunas de sus características físicas:

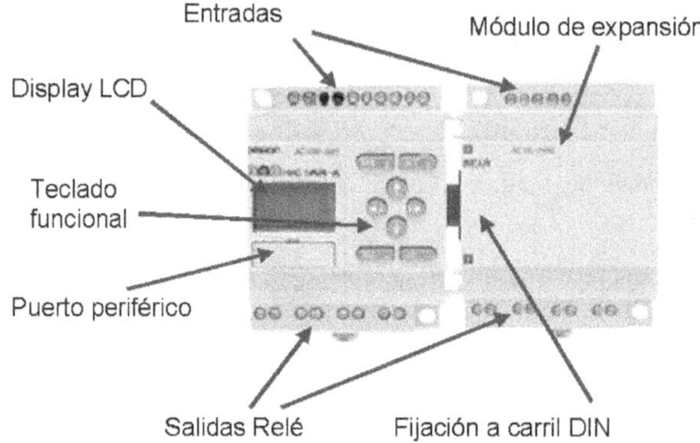


*Figura 9.17. Características del ZEN de OMRON*

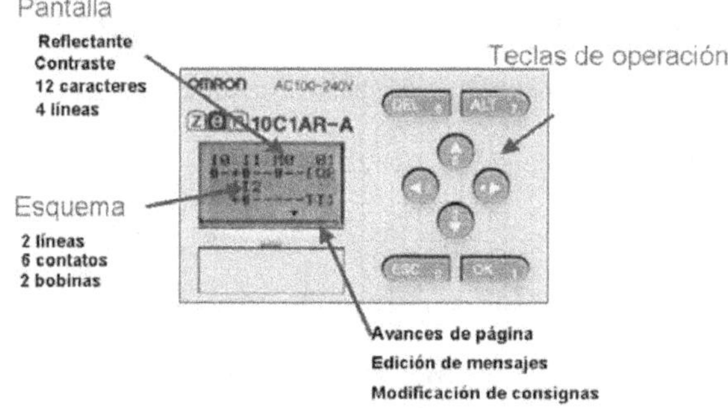


*Figura 9.18. Características del ZEN de OMRON*

Las siguientes tablas muestran algunos de las diferentes modelos existentes, simulares a los del LOGO, con y sin *display* LCD.

| Autómatas ZEN tipo LCD | | | | | | |
|---|---|---|---|---|---|---|
| **Modelo** | **Entradas** | **Salidas** | | | **Entradas analógicas** | **Hora/ Calendario** |
| 220 VAC | 220 VAC | 6 | Relé | 4 | NO | SI |
| 24 VDC | 24 VDC | | | | SÍ | |

| Autómatas ZEN tipo LED | | | | | | |
|---|---|---|---|---|---|---|
| **Modelo** | **Entradas** | **Salidas** | | | **Entradas analógicas** | **Hora/ Calendario** |
| 220 VAC | 220 VAC | 6 | Relé | 4 | NO | NO |
| 24 VDC | 24 VDC | | | | SÍ | |

A ambos tipos de autómatas, con y sin ventana LCD, se les puede conectar módulos de ampliación que les permiten disponer de mayor número de entradas o salidas. En la tabla siguiente se muestran algunos modelos existentes:

| Módulos de expansión del ZEN | | | | | |
|---|---|---|---|---|---|
| **Modelo** | **Puntos E/S** | **Entradas** | | **Salidas** | |
| 8 EAR | 8 | 220 VAC | 4 | Relé | 4 |
| 8 EDR | 8 | 24 VDC | 4 | Relé | 4 |
| 4 EA | 4 | 220 VAC | 4 | -- | -- |
| 4 ED | 4 | 24 VDC | 4 | -- | -- |
| 4 ER | 4 | -- | -- | Relé | 4 |

## 9.3.2 Instalación

En este apartado se muestra cómo se realizan las conexiones de las entradas y salidas para realizar una aplicación cualquiera.

En la figura 9.19 se muestra cómo se conectan los módulos de expansión.

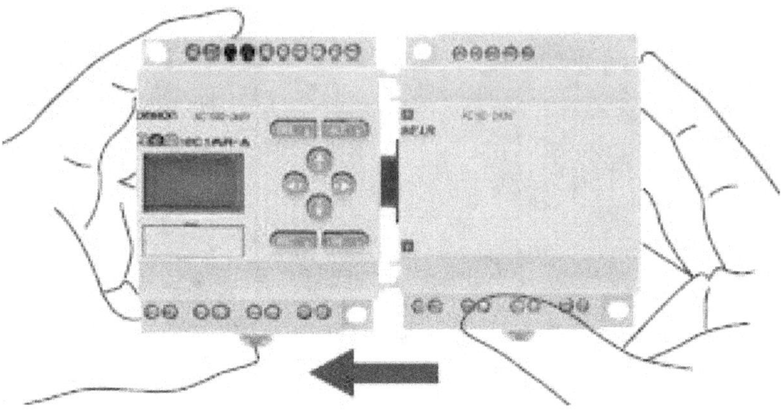

*Figura 9.19. Módulos de expansión del ZEN de OMRON*

En la figura 9.20 se muestra cómo se conectan las salidas del autómata en los dos modelos existentes según su alimentación: 220 VAC y 24 VDC. Así mismo se incluye el cableado de los módulos de expansión correspondientes.

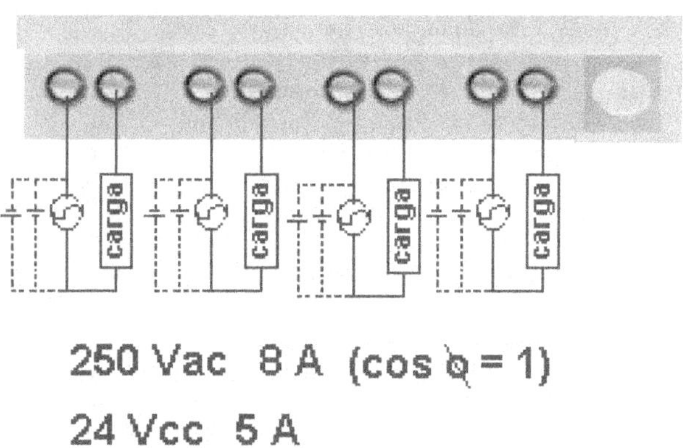


*Figura 9.20. Conexión de las entradas del ZEN de OMRON*

Para ambos tipos de autómatas, las salidas se conectan como se muestra en la figura 9.21. Las salidas son simplemente un relé, es decir, un interruptor, de forma que hay que alimentarlas según la carga a la que vayan a ser conectadas. En un mismo autómata pueden coexistir salidas a 24 VDC y a 220 VCC que se pueden conmutar hasta 5 y 8 A, respectivamente, en cargas resistivas.

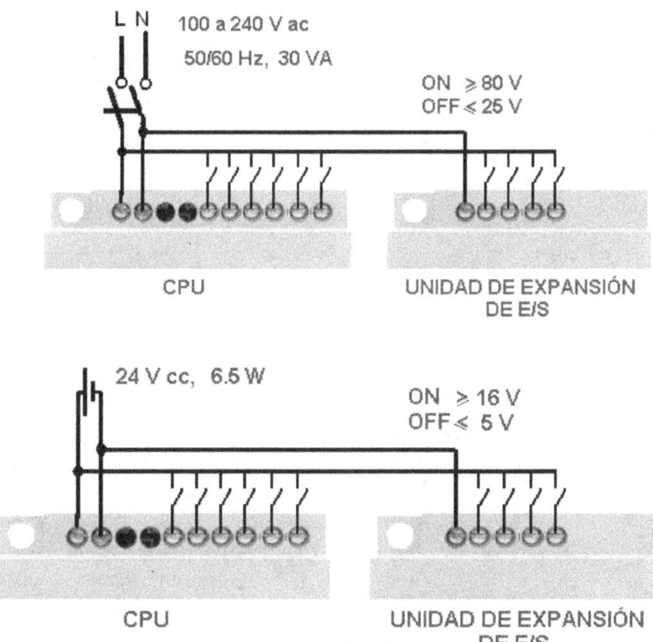


*Figura 9.21. Conexión de las salidas del ZEN de OMRON*

### 9.3.3 Direccionamiento de entradas y salidas

Los autómatas ZEN disponen de una serie de bits de entrada y salida, de trabajo y de retención que se muestran en la siguiente tabla. Estos se utilizan para almacenar los estados empleados en la lógica de los programas:

| Nombre del área | Símbolo | Dirección de bit | Nº | Función |
|---|---|---|---|---|
| Bits de comparación | P | P0 a Pf | 16 | Compara el PV del temporizador T, el de retención (#) y contador (C) y da salida al resultado de la comparación. |
| Bits de salida | Q | Q0 a Q3 | 4 | Muestra el estado ON/OFF de los dispositivos de salida conectados al autómata. |
| Bits de salida de expansión | Y | Y0 a Yf | 16 | Muestra el estado ON/OFF de los dispositivos de salida conectados a la unidad de expansión. |
| Área de trabajo | M | M0 a Mf | 16 | Sólo se usa en el programa. Marca auxiliar. |
| Área de retención | H | H0 a Hf | 16 | Igual que el anterior. Además mantiene su estado en ausencia de alimentación. |

| Nombre del área | Símbolo | Dirección de bit | Nº | Función |
|---|---|---|---|---|
| Bits de entrada | I | I0 a I5 | 6 | Muestra el estado ON/OFF del dispositivo de entrada conectado al terminal de entrada de la CPU. |
| Bits de entrada de expansión | X | X0 a Xb | 12 | Muestra el estado ON/OFF del dispositivo de entrada conectado al terminal de entrada de unidad de expansión. |
| Pulsador de botón | B | B0 a B7 | 8 | Muestra el estado ON/OFF de los botones de operación de la CPU (sólo en modelo LCD). |
| Comparador analógico | A | A0 a A3 | 4 | Da salida como resultado de la comparación de entradas analógicas ( modelos a 24 VDC) |
| Bits de comparación | P | P0 a Pf | 16 | Compara el PV del temporizador T, el de retención (#) y contador (C) y da salida al resultado de la comparación. |

Los bits de salida pueden configurarse con alguna de las posibilidades que se muestran en la siguiente tabla:

| Posibles acciones sobre las salidas | | |
|---|---|---|
| [ | Salida normal | Se pone a ON o a OFF de acuerdo al estado de la condición de ejecución. |
| S | Set (activar) | Cuando la condición es ON la salida se pone a ON, se activa. |
| R | Reset (desactivar) | Cuando la condición es OFF la salida se pone a OFF, se desactiva. |
| A | Alternativo | La salida alterna de estado ON/OFF cuando la condición de ejecución se pone a ON. |

A la derecha se muestra un pequeño programa en diagrama de contactos. Para su interpretación se hará uso de las dos tablas anteriores. Si el autómata se pone en modo RUN, hace lo siguiente:

- La salida Q0 se pone a ON sólo cuando la entrada I3 esté activa, la marca M4 esté activa y el botón B2 no esté pulsado. En caso de que no se cumpla esta condición estará a OFF.
- La salida Q1 cambia de estado cada vez que se pulse el botón B0.
- La salida Q2 se pone a ON si la entrada I2 o la I0 están activas. Si ninguna de las dos está activa, Q2 se pone a OFF.
- La entrada I4 pone a ON a Q3 y la I5 la pone a OFF.

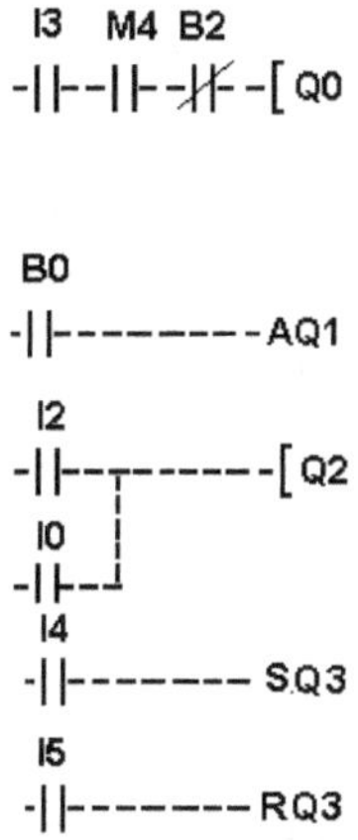

```
I3   M4  B2
-||--||--|/|--[Q0

B0
-||---------AQ1

I2
-||--+------[Q2
I0   |
-||--+
I4
-||-------SQ3
I5
-||-------RQ3
```

Las señales B corresponden a los pulsadores de botón incluidos en el propio autómata, como se muestra en la siguiente figura:

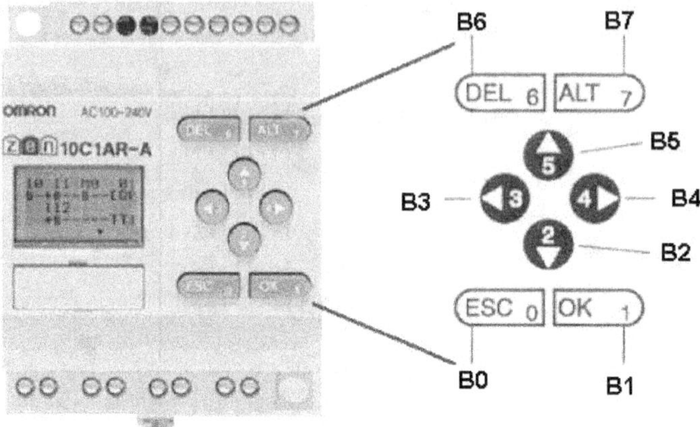


*Figura 9.22. Código correspondiente a los pulsadores del ZEN*

Los temporizadores y contadores disponibles se muestran en la siguiente tabla:

| Temporizadores y contadores | | | | |
|---|---|---|---|---|
| **Nombre del área** | **Símbolo** | **Dirección** | **Nº** | **Función** |
| Temporizador | T | T0 a T7 | 8 | Puede activarse como retardo a ON, retardo a OFF, como flanco o como pulso intermitente. |
| Temporizador de retención | # | #0 a #3 | 4 | Mantiene el valor temporizado cuando la entrada de disparo o la alimentación se ponen a OFF. Si cualquiera de ellas se pone a ON de nuevo, continua la temporización. |

## 9.3.4 Herramienta de programación

En el CD-ROM adjunto se incluye una versión de demostración del software de configuración, programación y simulación del autómata ZEN. Permite llevar a cabo una comprobación de los programas realizados sobre el simulador antes de enviarlos hacia un autómata conectado al ordenador a través del puerto serie.

Después de su instalación, simplemente descomprimiendo el fichero *ZEN Support Software_Trial Version*, y al ejecutar el programa, aparece la ventana de la figura 9.23, que solicita la acción a realizar. Se elegirá la primera de ellas.

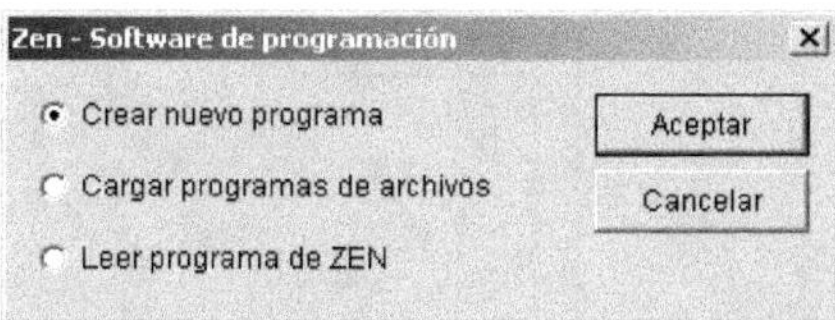


*Figura 9.23. Ventana a inicio del software de programación del ZEN*

En ese caso aparece la ventana principal de la aplicación, en la que se ven los menús e iconos estándares de cualquier aplicación bajo Windows, como pueden ser las de abrir fichero nuevo, abrir fichero existente, etc. Aparte de éstas, existen otros iconos importantes, señalados en la figura 9.24.

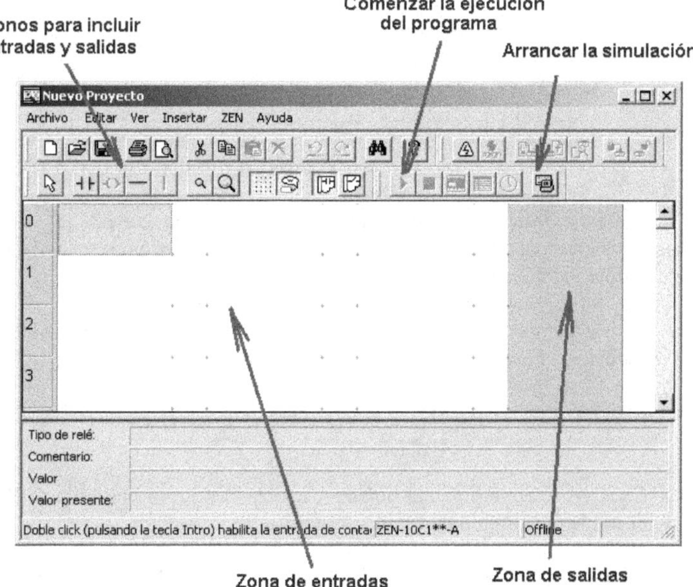


*Figura 9.24. Ventana de trabajo*

Como ejemplo de utilización se supondrá la siguiente instalación:

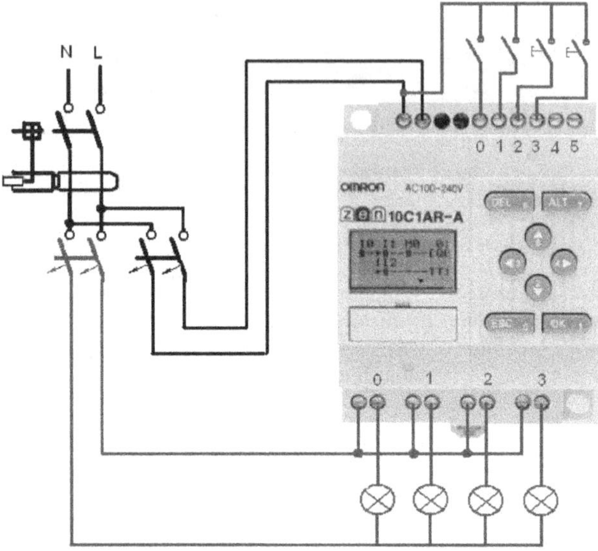


*Figura 9.25. Ejemplo de instalación*

En ella se muestra el autómata con sus salidas conectadas a cuatro bombillas y sus entradas, dos a pulsadores y otras dos a interruptores. Se va a hacer un programa que haga lo siguiente:

- El interruptor asociado a la entrada I0 enciende y apaga la bombilla asociada a la salida Q0.
- El interruptor asociado a la entrada I1 enciende y apaga la bombilla asociada a la salida Q1.
- Cada vez que se pulsa el pulsador asociado a I2, la bombilla asociada a la salida Q2 cambia de estado.
- Cada vez que se pulsa el pulsador asociado a I3, la bombilla asociada a la salida Q3 cambia de estado.

Para ello se incluirán las diferentes líneas de programa. Se comenzará por la primera de las acciones de los puntos anteriores. Al pulsar sobre el icono *Insertar contacto*, aparece la ventana de la figura 9.26:

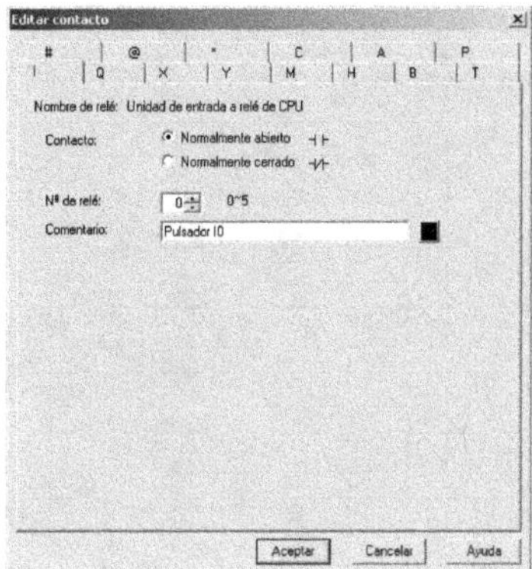


*Figura 9.26. Ventana de edición de contactos*

Sobre ella hay que elegir la pestaña superior I, y el número de relé 0 (correspondiente a la entrada I0). Se puede incluir el comentario que se desee (aquí se ha incluido "Pulsador I0").

Aparece en la ventana lo siguiente:

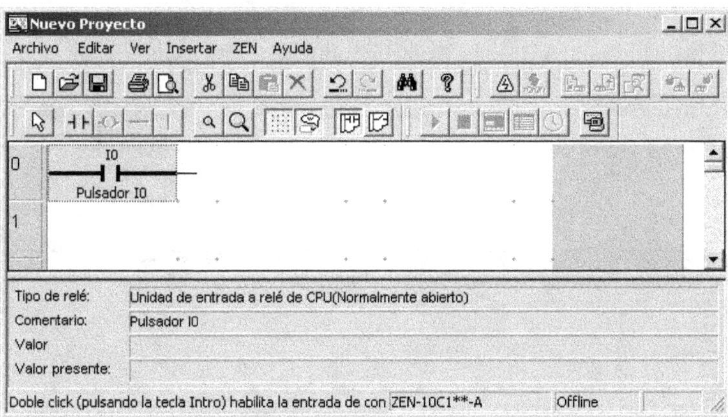


*Figura 9.27. Inserción de contactos en la ventana de trabajo*

Con el ratón, llevar el cursor (cuadro azul claro) sobre la parte derecha. Hecho esto, pulsar sobre el icono de *Insertar bobina*. Aparece esta nueva ventana:

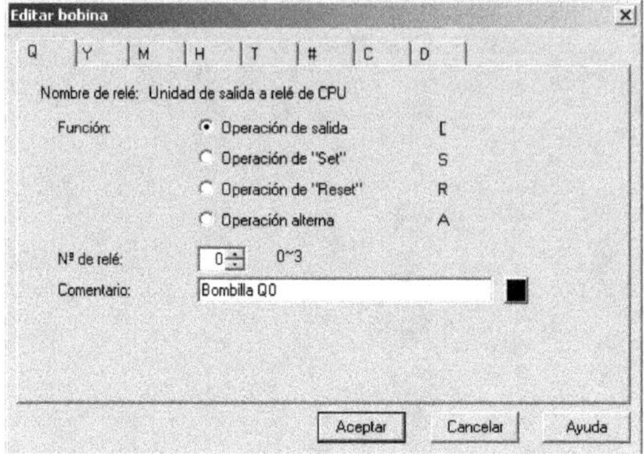


*Figura 9.28. Ventana de edición de bobinas*

En ella se elige el tipo de salida y la función (las funciones [ S R y A han sido explicadas anteriormente). En este ejemplo el número de relé es el 0, correspondiente a la primera salida, la Q0. El comentario puede ser cualquiera. Aparece entonces en la ventana principal un nuevo objeto que se muestra en la siguiente figura:

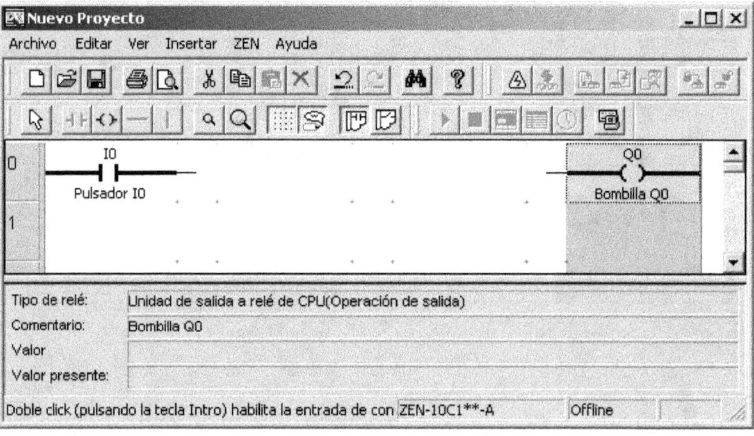


*Figura 9.29. Inserción de bobinas en la ventana de trabajo*

A continuación, con el botón izquierdo del ratón se unen los dos componentes.

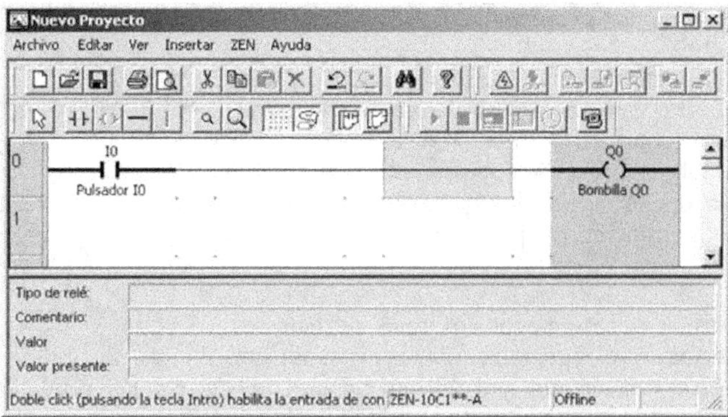


*Figura 9.30. Trazado de conexiones entre contactos y bobinas*

Se hace ahora la misma operación con las otras tres salidas, la ventana final queda como se muestra en la figura 9.17. Como puede observarse, las cuatro líneas son iguales, salvo que las salidas Q2 y Q3 tienen activa la función de alternancia (A).

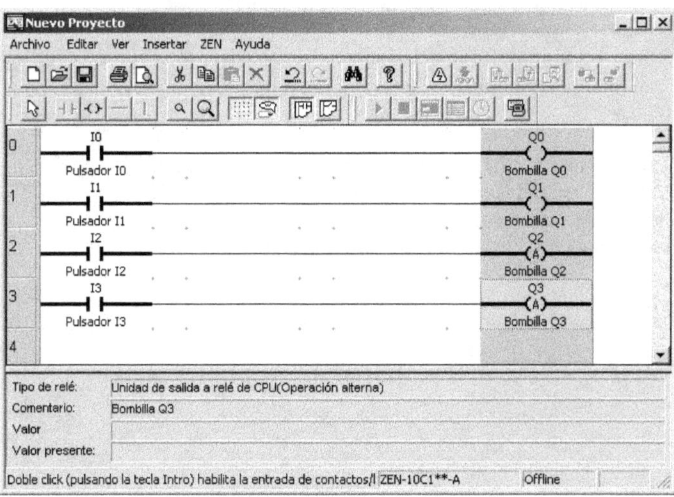


*Figura 9.31. Programa de ejemplo completo*

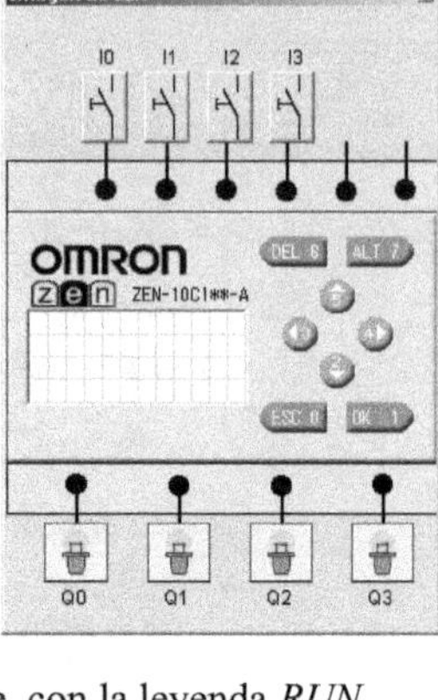


Antes de realizar la simulación, se debe guardar el programa realizado. Para iniciar la simulación hay que pulsar con el ratón sobre el icono de *Conmutar/iniciar simulador*.

Por defecto, las entradas aparecen como pulsadores. Sin embargo, en el ejemplo realizado los dos primeros son interruptores. Para cambiarlos, hay que situar sobre ellos el ratón, pulsar su botón derecho y elegir la opción adecuada, en este caso eligiendo para los dos primeros la opción de *Contacto abierto alterno*.

Una vez configurados los tipos de entradas, puede ejecutarse el programa sobre el simulador, pulsando en la ventana principal el icono correspondiente, con la leyenda *RUN*.

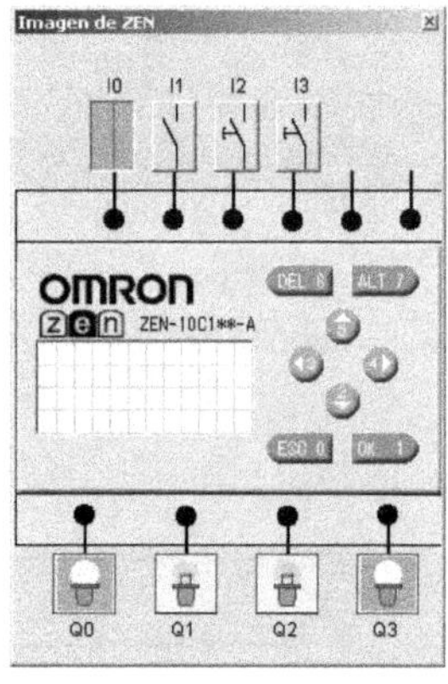


En la figura de la derecha se muestra una captura de la ventana del simulador en modo RUN (en ejecución), cuando se ha pulsado el interruptor I0 (dejando la bombilla Q0 encendida, ya que este interruptor se queda pulsado) y cuando se ha pulsado una vez el pulsador I3 (dejando la bombilla Q3 encendida hasta que se vuelva a pulsar este pulsador).

Tanto las entradas como las salidas activadas se muestran de diferente color, como se ve en la figura de la derecha.

En la ventana principal, que se muestra en la figura 9.32, tales entradas y salidas activadas también se muestran de diferente color, permitiendo al programador conocer el estado de las diferentes variables implicadas.

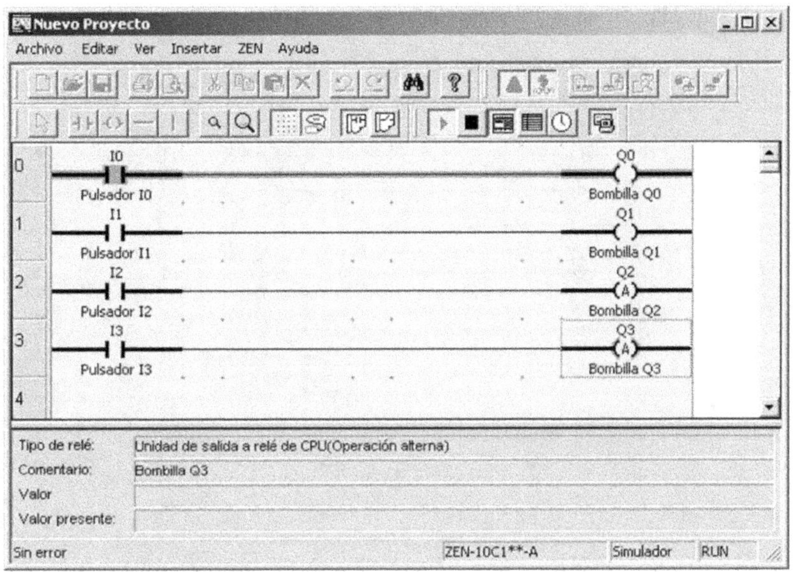


*Figura 9.32. Programa de ejemplo durante la ejecución*

Para detener la ejecución, hay que pulsar el icono de STOP, y para detener el simulador, volver a pulsar el mismo icono que lo arrancó.

A continuación se va a modificar el programa para que además el autómata realice las siguientes operaciones:

- Cuando la bombilla Q0 esté encendida, aparecerá un mensaje en pantalla.
- Cuando la bombilla Q0 esté apagada, aparecerá un mensaje en pantalla.
- El botón 5 del autómata tendrá la misma función de conmutación que el pulsador I3.

Para ello se han incluido las líneas que se muestran en la figura 9.19:

*Figura 9.33. Programa de ejemplo completo*

Se ha incluido una línea que activa el mensaje D0 cuando Q0 esté activa, y otra que activa el mensaje D1 cuando Q0 está inactiva. Para incluir estos mensajes, en la parte derecha se debe incluir una bobina, como se ha descrito anteriormente, y elegir la pestaña D del menú de opciones, como se indica en la figura 9.34:

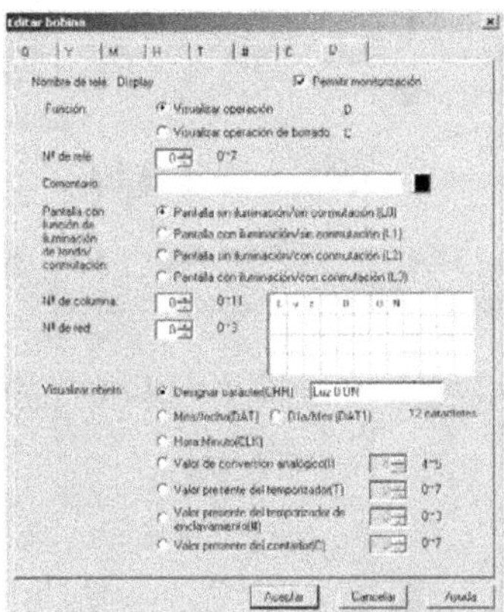

*Figura 9.34. Inclusión de mensajes en pantalla*

En la figura anterior se observa cómo se indica el mensaje y su posición en pantalla.

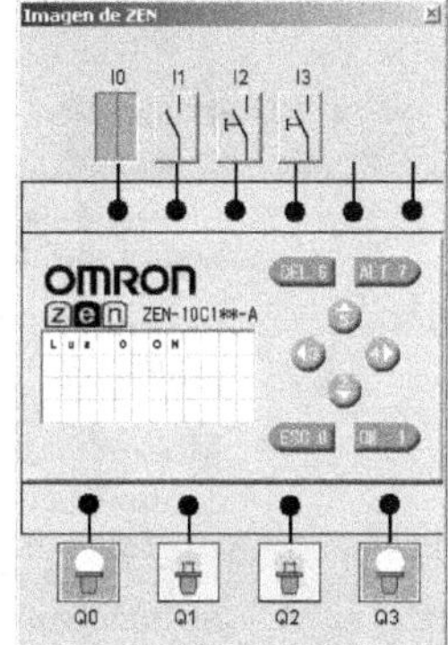


Al ejecutar la simulación se obtendrá una figura como la de la derecha, donde se aprecia el mensaje que aparece en la ventana LCD, por estar la bombilla Q0 encendida.

Con esta aplicación pueden realizarse numerosas demostraciones de funcionamiento de contadores, temporizadores, etc. En el CD-ROM adjunto se muestran algunas de ellas.

## 9.4 AUTÓMATA S7-200 DE SIEMENS

La figura 9.35 muestra una representación de un autómata Siemens S7-200. Se trata de un miniautómata, y se encuentra un escalón por encima de los descritos en apartados anteriores en cuanto a velocidad, prestaciones y ampliaciones. Posiblemente su uso está más cercano a ámbitos industriales que a domésticos, pero existen aplicaciones, sobre todo en el sector terciario, que podrían justificar su uso.

La gama S7-200 de SIEMENS comprende diversos sistemas de automatización que se pueden utilizar para diversas tareas. Gracias a su diseño compacto, su capacidad de ampliación, su bajo coste y su amplio conjunto de funcionalidades, los S7-200 se adecuan para numerosas aplicaciones de pequeño tamaño. Además, los diversos tamaños y fuentes de alimentación de las CPUs ofrecen la flexibilidad necesaria para solucionar las tareas de automatización.

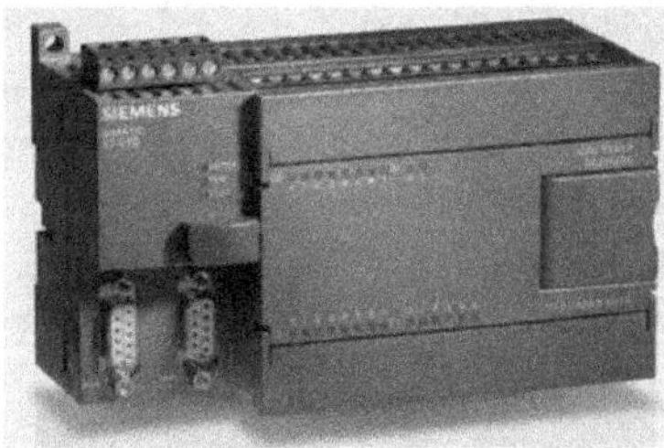


*Figura 9.35. S7-200 de SIEMENS*

De entre sus características principales destacan:

- Comunicación abierta:
  - Puerto estándar RS-485 con velocidad de transferencia de datos comprendida entre 1,2 y 187,5 kbits/s.
  - Protocolo PPI en calidad de bus del sistema para interconexión sin problemas.
  - Modo libremente programable con protocolos personalizados para comunicación con cualquier equipo.
  - Rápido en la comunicación por PROFIBUS vía módulo dedicado, operando como esclavo.
  - Potente en la comunicación por bus AS-Interface, operando como maestro.
  - Accesibilidad desde cualquier punto gracias a comunicación por módem (para telemantenimiento, teleservice telecontrol).
  - Conexión a Industrial Ethernet vía módulo dedicado.
  - Con conexión a Internet mediante módulo correspondiente.
  - S7-200 PC ACCESS, servidor OPC para simplificar la conexión al mundo del PC.

- Altas prestaciones:
  - Pequeño y compacto, ideal para aplicaciones donde se cuenta con reducido espacio.
  - Extensa funcionalidad básica uniforme en todos los tipos de CPU
  - Alta capacidad de memoria.
  - Extraordinaria respuesta en tiempo real; la posibilidad de dominar en cualquier instante todo el proceso permite aumentar la calidad, la eficiencia y la seguridad.
  - Manejo simplificado gracias a *software* de fácil uso STEP 7-Micro/WIN, ideal tanto para novatos como para expertos.

- Modularidad óptima:
  - La gama del sistema: 5 CPUs escalonadas en prestaciones con extensa funcionalidad básica y puerto Freeport integrado para comunicaciones.
  - Amplia gama de módulos de ampliación para diferentes funciones, tales como extensiones digitales/analógicas, escalables según aplicación, comunicación a PROFIBUS operando como esclavo, comunicación a bus AS-Interface, operando como maestro, medida exacta de temperaturas, posicionamiento, telediagnóstico, comunicación Ethernet/Internet, módulo de pesaje SIWAREX MS.
  - Manejo y visualización.
  - *Software* STEP 7-Micro/WIN con librería Add-on Micro/WIN.

Para realizar un proyecto de automatización con este autómata son necesarios los siguientes elementos:

- El propio autómata S7-200.
- Un ordenador.
- El *software* de programación STEP 7-Micro/WIN.
- Un cable de comunicación entre el ordenador y el autómata (cable PPI).

**Tipos de CPU S7-200**

| **Función** | **221** | **222** | **224** | **224XP** | **226** |
|---|---|---|---|---|---|
| Memoria de programa | 4 Kb | 4 Kb | 8 Kb | 12Kb | 16 Kb |
| E/S digitales integradas | 6 /4 | 8 / 6 | 14 / 10 | 14 / 10 | 24/16 |
| E/S digitales con módulos de ampliación | - /- | 48/ 46 | 114 / 110 | 114 / 110 | 128/128 |
| Entradas /salidas analógicas integradas | -/- | -/- | -/- | 2 / 1 | -/- |
| E/S analógicas con módulos de ampliación | -/- | 16 / 8 | 32 / 28 | 32 / 28 | 32 / 28 |

Existe una gran variedad de modelos diferentes de la serie S7-200. La siguiente tabla resume las principales funciones de cada tipo de CPU.

Como se observa en la tabla, las diferentes CPU del S7-200 ofrecen un número determinado de entradas y salidas integradas. Para aumentar esta cantidad se puede conectar hasta un número máximo de módulos de ampliación. Como muestra la figura 9.36, los módulos de ampliación disponen de un conector de bus para su unión al aparato central.

En la misma figura 9.36 se muestran algunos módulos de ampliación existentes, así como diferentes *displays*.

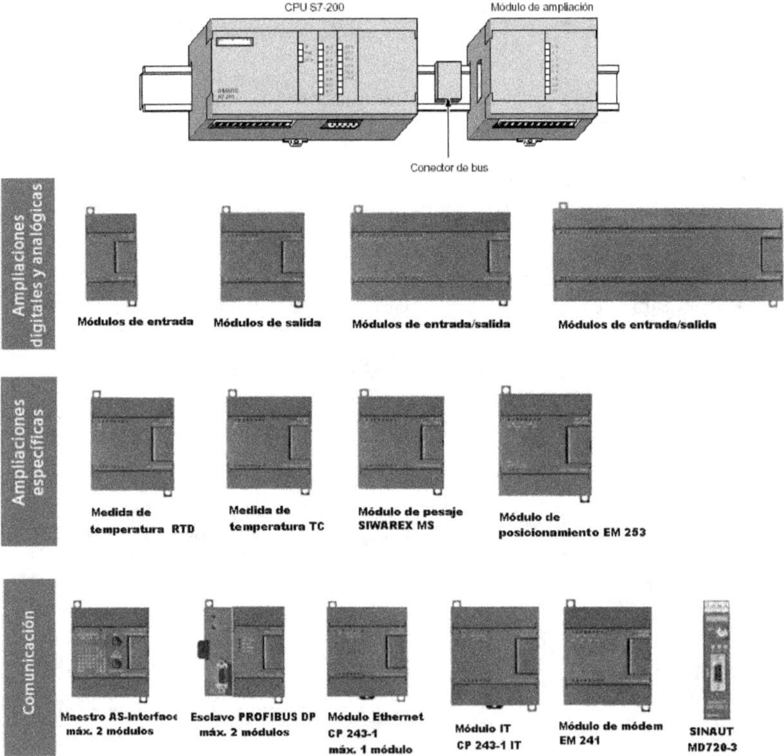


*Figura 9.36. S7-200 y módulos de ampliación*

| **Autómatas S7-200: módulos de expansión** | | | | | | |
|---|---|---|---|---|---|---|
| **Modelo** | **Entradas digitales** | | **Salidas digitales** | | **Entradas analógicas** | **Salidas analógicas** |
| EM 221 | 24 V | 8 | - | - | - | - |
| EM 221 | 24 V | 16 | - | - | - | - |
| EM 222 | - | - | 24V | 8 | - | - |
| EM 222 | - | - | 24V | 4 | - | - |
| EM 222 | - | - | Relé | 8 | - | - |
| EM 222 | - | - | Relé | 4 | - | - |
| EM 223 | 24 V | 4 | 24V | 4 | - | - |
| EM 223 | 24 V | 16 | 24V | 16 | - | - |
| EM 223 | 24 V | 4 | Relé | 4 | - | - |
| EM 223 | 24 V | 16 | Relé | 16 | - | - |
| EM 223 | 24 V | 8 | 24V | 8 | - | - |
| EM 223 | 24 V | 32 | 24V | 32 | - | - |
| EM 223 | 24 V | 8 | Relé | 8 | - | - |
| EM 223 | 24 V | 32 | Relé | 32 | - | - |
| EM 231 | - | - | - | - | 4 | - |
| EM 231 | - | - | - | - | 8 | - |
| EM 232 | - | - | - | - | - | 2 |
| EM 232 | - | - | - | - | - | 4 |
| EM 235 | - | - | - | - | 4 | 1 |

| Autómatas S7-200: Otros módulos de expansión | | | | | | |
|---|---|---|---|---|---|---|
| **Modelo** | **Entradas digitales** | | **Salidas digitales** | | **Entradas analógicas** | **Salidas analógicas** |
| EM 231 TC Termopares | - | - | - | - | 4 termopares | - |
| EM 231 TC Termopares | - | - | - | - | 8 termopares | - |
| EM 231 RTD Termo-resistencias | - | - | - | - | 2 termo resistencias | - |
| EM 231 RTD Termo-resistencias | - | - | - | - | 4 termo resistencias | - |

Los sistemas de automatización S7-200 se pueden disponer en un armario eléctrico o en un perfil soporte. Es posible montarlos de forma horizontal o vertical. Con objeto de flexibilizar aún más el montaje, existen también cables de conexión para los módulos de ampliación (módulos E/S). La figura siguiente muestra dos ejemplos típicos de configuración.

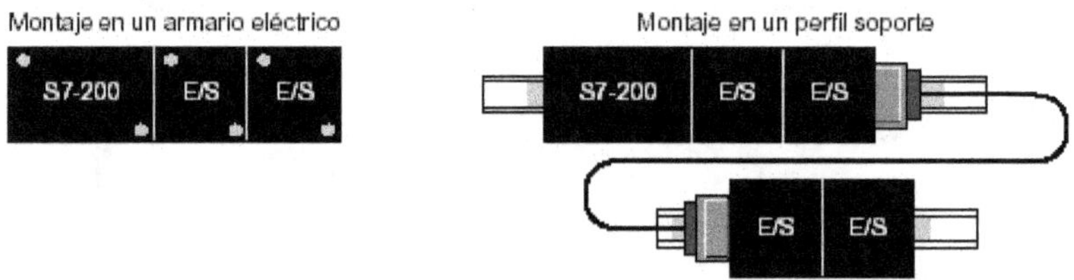


*Figura 9.37. Diferentes montajes del S7-200*

### 9.4.1 El *software* step7-Micro/WIN

El *software* Step7-Micro-Win es la herramienta de configuración y programación de la serie S7-200. La figura 9.38 muestra una configuración típica para conectar el PC a la CPU mediante el cable PC/PPI.

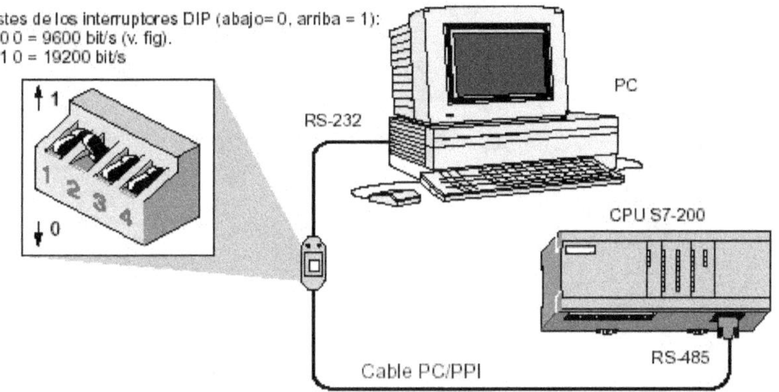


*Figura 9.38. Esquema de conexión al PC*

Para establecer un conexionado correcto entre los componentes es necesario realizar el siguiente procedimiento:

- Ajustar los interruptores DIP del cable PC/PPI para fijar la velocidad de transferencia deseada.
- Conectar el extremo RS-232 ("PC") del cable PC/PPI al puerto de comunicación del PC (COM1 o COM2).
- Conectar el otro extremo (RS-485) del cable PC/PPI a la interfaz de comunicación de la CPU.
- Configurar la comunicación con el autómata.

En la figura 9.39 se muestra una captura de la ventana del *software* Step-7 Microwin. En el CD-ROM adjunto se incluye una versión demo.

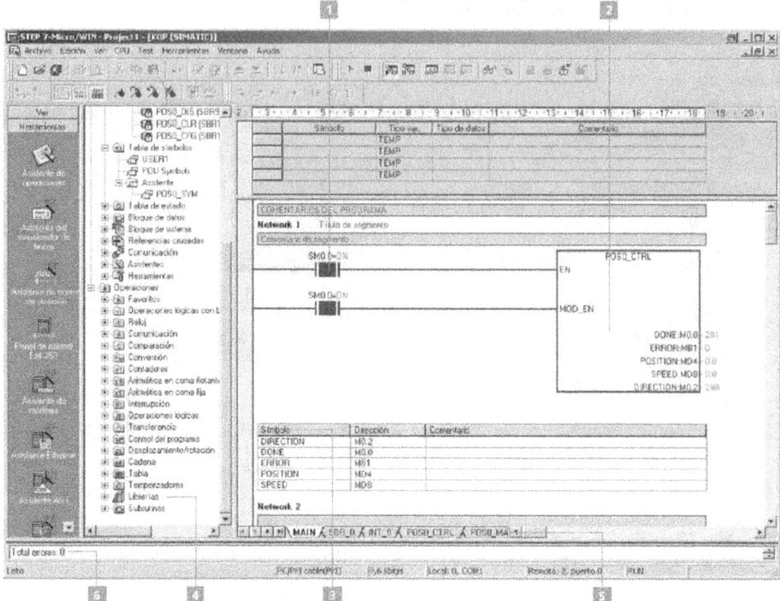

*Figura 9.39. Captura de la pantalla principal de Microwin*

Los números mostrados de la figura 9.39 indican algunas de las características del *software*:

1. Funciones *online* integradas:
   - Edición en *runtime*.
   - Estado *online*.
2. Posibilidad de ayuda contextual *online* para todas las funciones.
3. Notación simbólica y tablas de símbolos claras e informativas:
   - Tablas de símbolos estándar.
   - Tablas autodefinidas.

4. Programación estructurada con librerías:

   - Protocolo USS para el control de accionamientos.
   - Librería Modbus.
   - Librerías autodefinidas.

5. Programación estructurada con subprogramas:

   - Subprogramas parametrizables.
   - Subprogramas protegidos por contraseña.
   - Activación repetida en el programa de usuario.
   - Posibilidad de importar/exportar subprogramas.

6. Búsqueda y eliminación de errores:

   - Búsqueda rápida de errores *online.*
   - Localización de errores mediante clic con el ratón.

#### 9.4.1.1 PROGRAMACIÓN MEDIANTE DIAGRAMAS DE CONTACTOS

En este apartado se describe la programación de los S7-200 mediante los diagramas de contactos o relés, que es la forma más habitual de programación de estos dispositivos. En su estructura un programa del S7-200 es muy similar a los descritos en los apartados anteriores dedicados a los microautómata LOGO y ZEN, aunque el abanico de posibilidades del S7-200 sea lógicamente mayor al tratarse de una gama más alta de autómatas. Así mismo las prestaciones en cuanto a velocidad y capacidad son también mayores.

- Estructuras funcionales básicas.

En la tabla siguiente se da un repaso de algunas de las operaciones básicas de los S7-200.

| Significado | Símbolo |
|---|---|
| El contacto abierto se activa si el valor de la dirección n es 1. | —\| n \|— |
| El contacto cerrado se activa si el valor de la dirección n es 0. | —\| n / \|— |
| El contacto NOT invierte el valor de la salida. | —\|NOT\|— |
| El contacto Detectar Flanco Positivo produce una salida 1 durante un ciclo cada vez que se produce un cambio de 0 a 1 en la entrada. En caso contrario se pone a 0. | —\| P \|— |
| El contacto Detectar Flanco Negativo produce una salida 1 durante un ciclo cada vez que se produce un cambio de 1 a 0 en la entrada. | —\| N \|— |
| La salida n se activa cuando la entrada al bloque es un 1, y se desactiva cuando es un 0. | —( n ) |

A continuación se muestra un ejemplo de aplicación de estas entradas y salidas, y se indica la evolución temporal de las salidas ante distintos cambios en las entradas:

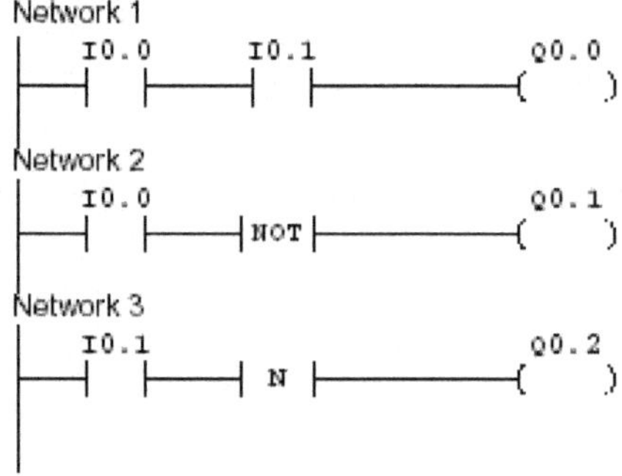


*Figura 9.40. Programa de ejemplo*

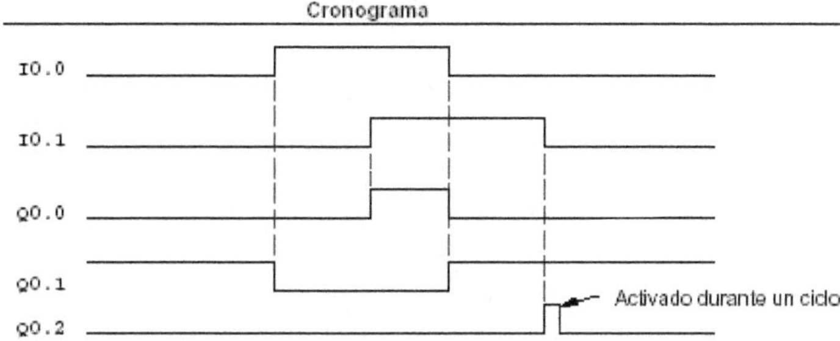


*Figura 9.41. Cronograma del programa de ejemplo*

En las siguientes líneas se muestran otras dos funciones útiles para activar y desactivar salidas:

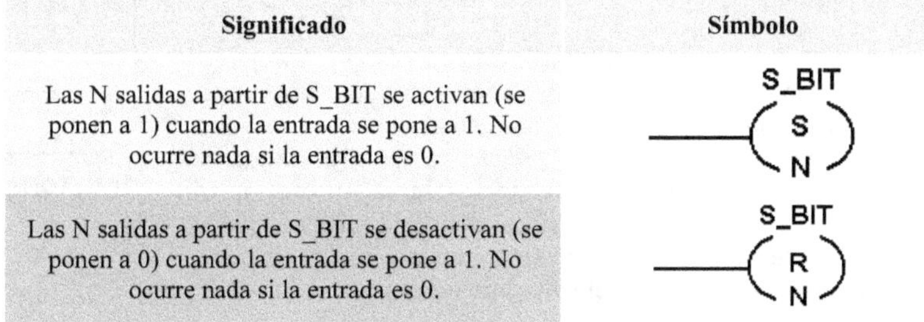

| Significado | Símbolo |
| --- | --- |
| Las N salidas a partir de S_BIT se activan (se ponen a 1) cuando la entrada se pone a 1. No ocurre nada si la entrada es 0. | S_BIT<br>( S )<br>N |
| Las N salidas a partir de S_BIT se desactivan (se ponen a 0) cuando la entrada se pone a 1. No ocurre nada si la entrada es 0. | S_BIT<br>( R )<br>N |

En la figura 9.42 se muestra un esquema con un programa de ejemplo de los bloques anteriores, junto con su cronograma, en la figura 9.43.

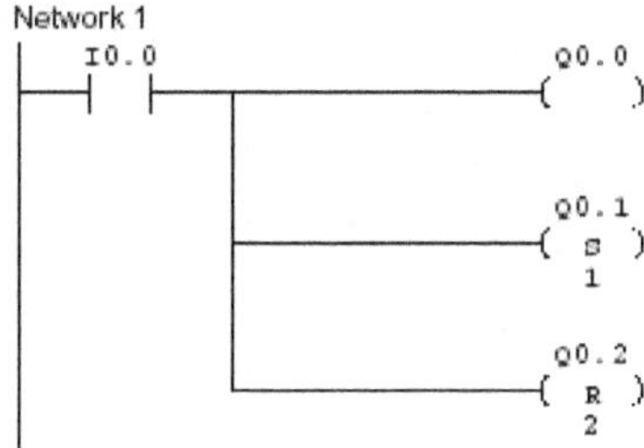


*Figura 9.42. Programa de ejemplo*

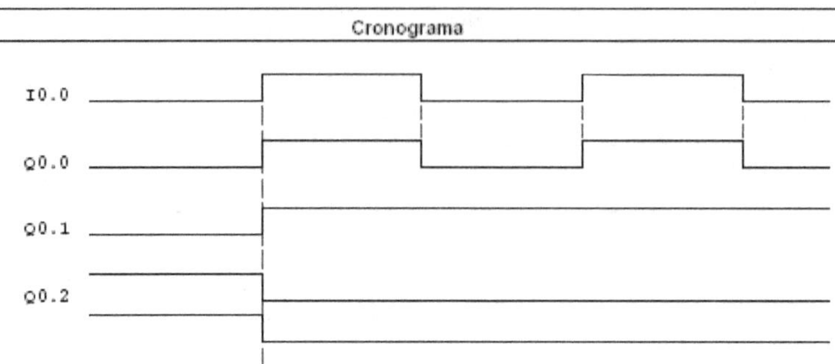


*Figura 9.43. Cronograma del programa de ejemplo*

Una de las funciones más utilizadas en cualquier autómata es la de temporización. En los S7-200 se realiza de la siguiente forma:

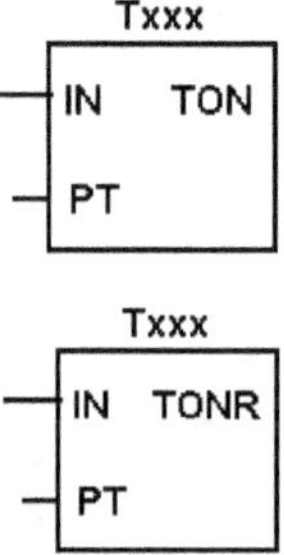


Los temporizadores de retardo a la conexión y de retardo a la conexión memorizado empiezan a contar hasta el valor límite al ser habilitada su entrada. Si el valor actual (Txxx) es mayor o igual al valor preseleccionado (PT) se activa el bit de salida de temporización (TON o TONR). Cuando se inhibe la operación, el temporizador de retardo a la conexión se pone a 0, mientras que el temporizador de retardo a la conexión memorizado se detiene. Ambos se detienen al alcanzar el valor máximo.

Hay disponibles temporizadores con distintas resoluciones.

En la figura 9.44 se muestra un ejemplo, y su cronograma, en la figura 9.45:

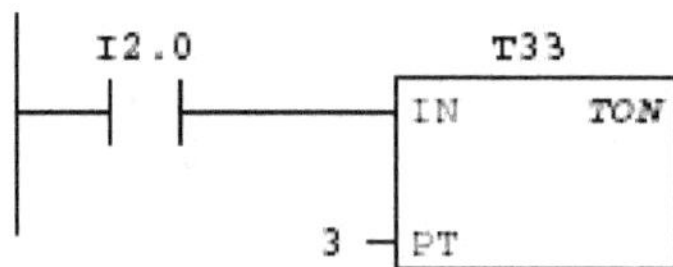


*Figura 9.44. Programa de ejemplo*

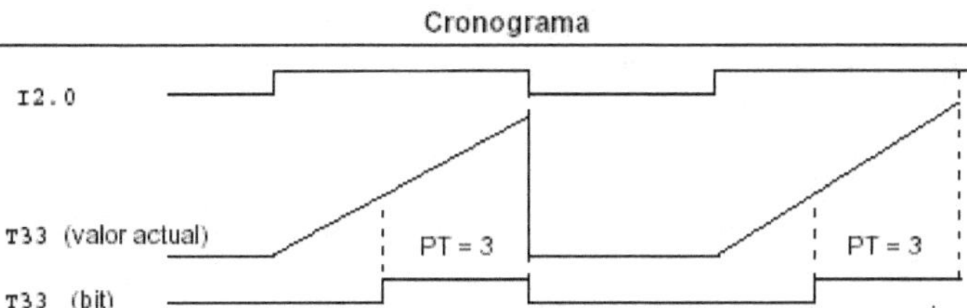


*Figura 9.45. Cronograma del programa de ejemplo*

## 9.4.2 Complementos del S7-200

### 9.4.2.1 *SOFTWARE* DE SIMULACIÓN

En el CD-ROM adjunto se incluye un simulador para el S7-200 así como una aplicación para generar SCADAS para el mismo, denominado PC-SIM, realizados por J.L. Villanueva y obtenidos a través de http://personales.ya.com/canalPLC. Con esta aplicación se pueden simular programas realizados con el Step-7-MicroWin sin necesidad de disponer de un autómata S7-200. En esta página se incluyen otras aplicaciones útiles para programar el S7-200.

### 9.4.2.2 PANELES DE OPERADOR PARA EL S7-200

Existen varios visualizadores para el S7-200. Algunos de ellos se muestran en la figura 9.46.

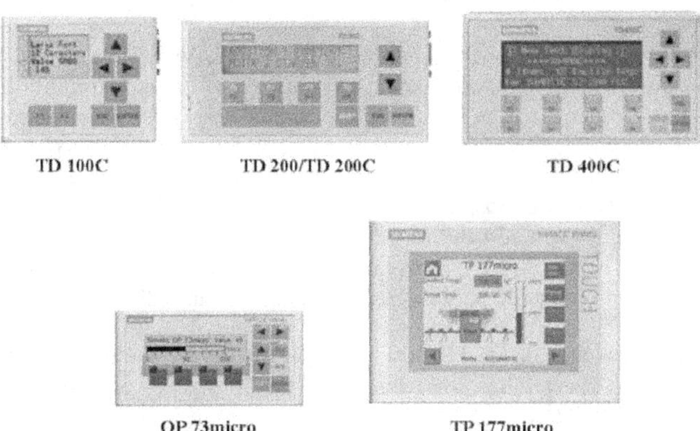


*Figura 9.46. Visualizadores y paneles de operador*

Por sus características, el panel TD 200 es quizás el más utilizado en aplicaciones domóticas e inmóticas. Se trata de un visualizador de textos y una interfaz de operador para la gama de sistemas de automatización S7-200, con el que se pueden ejecutar las siguientes funciones:

- Visualizar mensajes leídos de la CPU S7-200.
- Ajustar determinadas variables de programa.
- Forzar/desforzar entradas y salidas (E/S).
- Ajustar la hora y la fecha de la CPU si ésta incorpora un reloj de tiempo real.

El visualizador TD 200 es alimentado desde la CPU S7-200 a través del cable TD/CPU o desde una fuente de alimentación independiente.

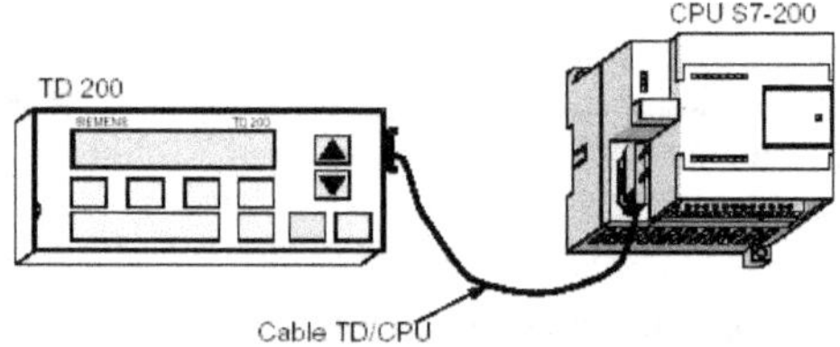


*Figura 9.47. Conexión entre el TD-200 y el autómata*

El TD 200 es un visualizador de textos que permite ver los mensajes habilitados por la CPU S7-200. No es necesario configurar ni programar el TD 200. Los únicos parámetros de operación almacenados en él son las direcciones del TD 200 y de la CPU, la velocidad de transferencia y la dirección del bloque de parámetros. La configuración del TD 200 se encuentra almacenada en un bloque de parámetros del TD 200 depositado en la propia memoria de variables de la CPU. Los parámetros de operación del TD 200, tales como el idioma, la frecuencia de actualización, los mensajes y los bits de habilitación de mensajes están almacenados en el bloque de parámetros del TD 200 en la CPU.

Una vez arrancado, el TD 200 lee el bloque de parámetros contenido en la CPU. Se comprueba si todos los parámetros tienen valores admisibles. En caso afirmativo, el TD 200 comienza a consultar los bits de habilitación de mensajes para determinar qué mensaje se debe visualizar. Luego lee el mensaje de la CPU y lo visualiza.

STEP 7-Micro/WIN incorpora un asistente que permite configurar fácilmente el bloque de parámetros y los mensajes en el área de datos de la memoria de la CPU S7-200. El asistente de configuración del TD 200 escribe automáticamente el bloque de parámetros y los textos de los mensajes en el editor de bloques de datos, tras elegirse las opciones y crearse los mensajes. Dicho bloque de datos se puede cargar entonces en la CPU.

Capítulo 10

# *SOFTWARE*

## 10.1 INTRODUCCIÓN

En el mercado podemos encontrar multitud de aplicaciones informáticas de gestión, control y entrenamiento de domótica e inmótica para distintos sistemas operativos aunque la mayoría son para el S.O. Windows. Cada sistema de automatización de viviendas y edificios dispone de su propio *software* de control para PC. Además, en la mayoría de los casos, el computador que se usa para el control domótico es el mismo que se utiliza en la casa para todas las demás tareas computacionales (ofimática, ocio, etc.).

En España varios grupos de investigación universitarios que están trabajando en el área de la gestión técnica de edificios han desarrollado sus propias aplicaciones de control, gestión o entrenamiento. Se va a hacer también una breve descripción de algunos de estos programas nacionales.

## 10.2 *SOFTWARE* COMERCIAL DESARROLLADO POR EMPRESAS

Los sistemas de gestión técnica del edificio, tanto en el caso de los sistemas propietarios como en el de los estándares, tienen su propio *software* de control específico. Normalmente son las propias empresas u organizaciones las que se han encargado de su desarrollo para su posterior comercialización junto con su *hardware* correspondiente. A continuación se van a enumerar los principales sistemas *software* existentes en la actualidad, agrupados por el estándar o sistema al que están orientados a controlar.

### 10.2.1 *Software* para X-10

Existe una gran cantidad de *software* para el sistema X-10. Esto es debido a que es un estándar que utilizan muchos fabricantes y éstos han desarrollado sus propias aplicaciones. El *software* más conocido es el Active Home, que es totalmente gratuito, a diferencia de casi todos los demás.

- **Active Home**. El *sofware* Active Home (http://www.x10.com) es una aplicación en modo local que sirve de interfaz de control sobre el *hardware* X-10. En la página web con material sobre este libro se encuentra una versión completa y en el capítulo 5 Estándar X-10, se describe su manejo.

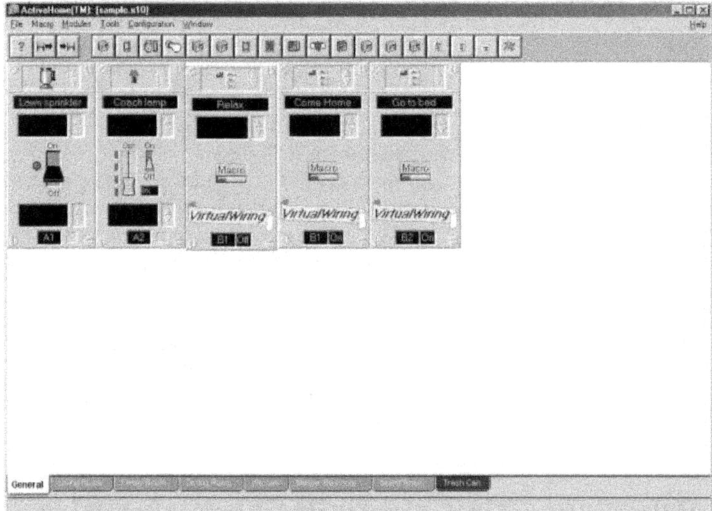


*Figura 10.1. Active Home*

- **HomeSeer**. El *sofware* HomeSeer (http://www.homeseer.com) permite el control a través de la web sobre el *hardware* X-10.

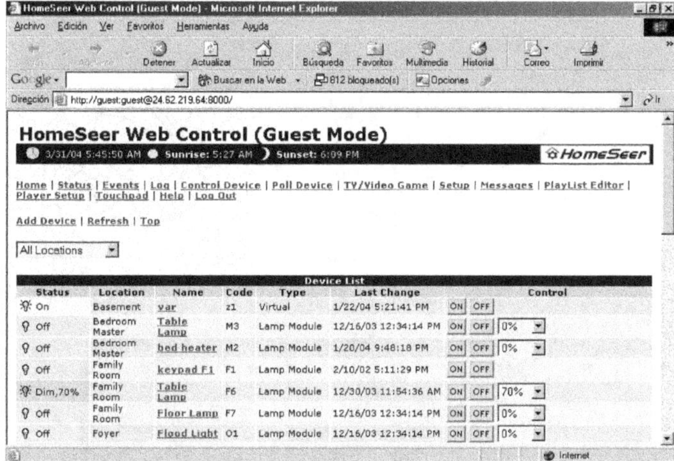


*Figura 10.2. Home Seer*

- **HALL 2000**. *Software* disponible en: http://www.servitel.es/domotica/Hal2000/hal2000.htm que permite controlar dispositivos X-10 a través de la voz.

*Figura 10.3. HALL 2000*

- **Home Control Assitant**. Aplicación desarrollada por Advanced Quonset Technology (http://www.advancedquonsettech.com/) para control X-10.

- **Doberman**. *Sofware* desarrollado por Golden Crater *Software* y disponible en: http://goldencrater.com/automation/Doberman/. Es un *software* de seguridad que utiliza hardware compatible X-10.

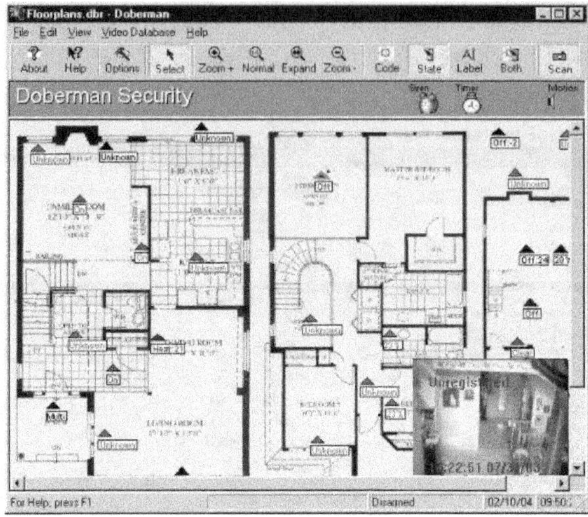


*Figura 10.4. Doberman.*

- **SmartHome**. *Software* (http://www.smarthome.com) de automatización del hogar para dispositivos X-10.

- **PowerHome**. *Sofware* (http://www.myx10.com/) de automatización del hogar que utiliza controladores X-10.

- **Visual Home Commander**. *Software* (http://www.vhcommander.com/) de interfaz gráfico de X-10.

- **IBM Home Director**. *Software* (http://www.hopco.com/x10/hd.htm) de automatización del hogar de IBM.

- **Zeus**. *Software* (http://www.zeushome.com/) de automatización del hogar para X-10.

## 10.2.2 *Software* para EIB

La mayor parte de las aplicaciones *software* para el sistema EIB están desarrolladas directamente por EIBA (http://www.eiba.com/), algunas son de carácter gratuito y otras de pago. Aunque algunas empresas también han desarrollado sus aplicaciones de visualización propias para EIB.

- **ETS2** (EIB Tool Software versión 2). Es la herramienta *software* para la programación y configuración de instalaciones EIB desarrollada por EIBA (http://www.eiba.com/). En la página web sobre este libro se encuentra una versión demo y en el capítulo 5, Estándar X-10, se describe su manejo.

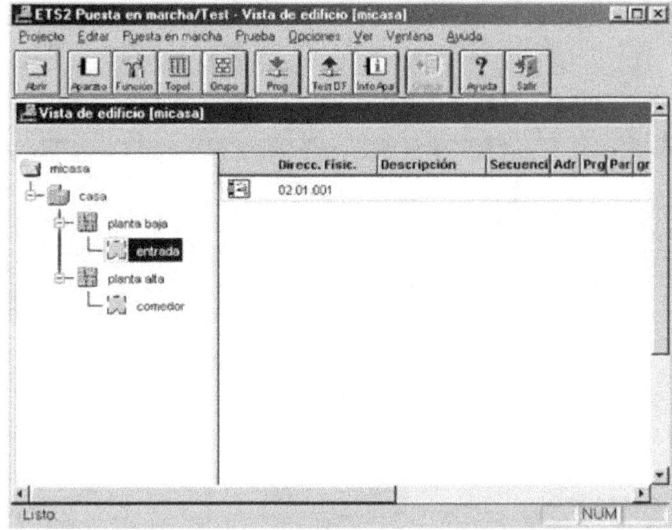


*Figura 10.5. ETS2*

- **EIB OPC server**. *Software* EIB OPC (OLE para Control de Procesos) desarrollado por ICONAG y EIBA (http://www.eiba.com/) que sirve de interfaz entre diferentes tecnologías de bus.

- **EteC Falcon**. Es un API comercial desarrollado por EIBA para acceder al bus EIB (http://www.eiba.com/). Está basado en el DCOM de Windows y se puede usar desde Microsoft Visual C++, Delphi, Visual Basic, etc.

- **iETS**. *Software* de control remoto de EIB (http://www.eiba.com/) desarrollado por EIBA, compuesto por una aplicación cliente y un servidor. En la página web sobre este libro se encuentra una versión demo.

- **Elvis**. *Software* de visualización de Instabus EIB distribuido por Jung (http://www.jungiberica.es/cont06.htm).

- **VTS**. *Software* de visualización de Instabus EIB de Merten y disponible en: http://www.guijarro-hnos.es/eib-down.htm.

- **WinSwitch**. *Sotware* de la empresa Aston Technology (http:// www.aston-technologie.de), WinSwitch es un programa que permite generar plantas de forma gráfica para el sistema EIB. En el CD que acompaña a este libro se encuentra una versión demo.

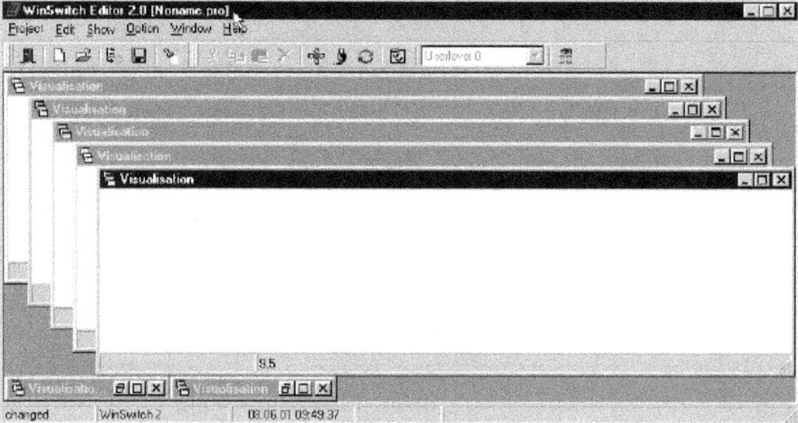


*Figura 10.6. WinSwitch*

### 10.2.3 *Software* para LonWorks

La empresa Echelon (http://www.echelon.com) proporciona previo pago una gran cantidad de *software* para el sistema LonWorks, aunque también varias empresas han desarrollado su propio software comercial. En el capítulo 7, Estándar LonWorks, se describen las aplicaciones *software* de Echelon.

- **Neuron C**. Lenguaje de programación para el chip de Lonworks desarrollado por Echelon (http://www.echelon.com).

- **LNS Software**. Paquete *software* formado por una herramienta de programación gráfica, LNS OPC server y API para Lonworks desarrollada por Newron Systems (http://www.newron-system.com/).

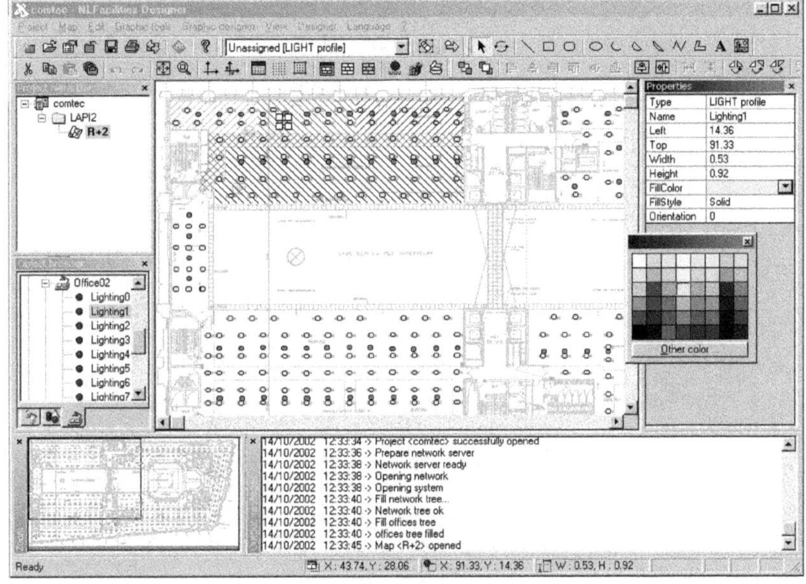


*Figura 10.7. LNS Software*

- **LNS *plug-ins***. Colección de LNS *plug-ins* desarrollados por diferentes fabricantes (http://www.echelon.com/products/integration/plugin/).

- **LonBuilder, LonManager, LonMaker**. Varias aplicaciones desarrolladas por Echelon (http://www.echelon.com) para Lonworks.

- **Gadget**. *Software* para Lonworks desarrollado por Adept System Inc. (http://www.gadgettek.com/) API y analizador de redes LonWorks.

- **Icelan**. *Software* para manejo de redes Lonworks de IEC Intelligent Technologies TM (http://www.ieclon.com/Products/Icelan-G.html).

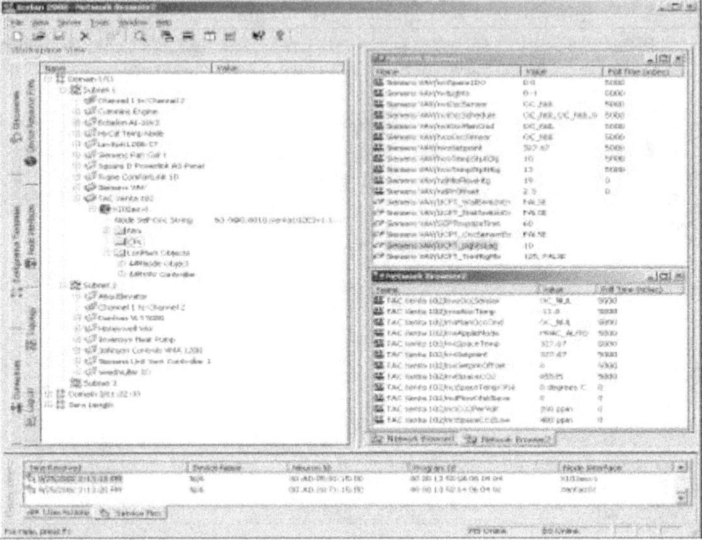

*Figura 10.8. Icelan*

- **Domolon y Hotelon**. Sistemas domótico e inmótico, respectivamente, que utiliza Lonworks desarrollados por ISDE (http://www.isde-ing.com/).

- **Dialogo**. Sistema desarrollado por BJC para control de sistemas Lonworks (http://www.bjc-dialogo.com).

- **PathFinder**. Herramienta para el diseño y el mantenimiento de redes LonWorks desarrollado por la empresa TLON (http://www.tlon.de/).

- **WattLog**. *Software* para WattNodes de LonWorks desarrollado por la empresa Continental Control System LLC (http://www.ccontrolsys.com/).

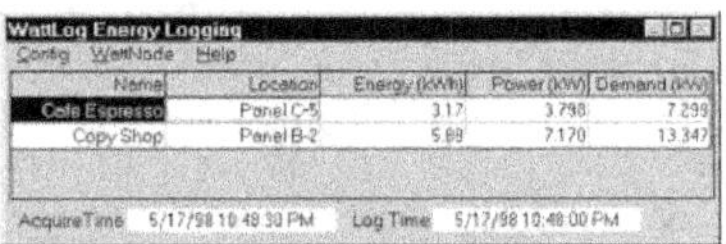


*Figura 10.9. Wattlog*

## 10.2.4 *Software* para Simon VIS

Al ser Simon VIS un sistema propietario, sólo existe una aplicación software desarrollada por la propia empresa Simon. Este *software* se describe en más detalle en el capítulo 8, Simon VIS, y en el CD que acompaña al libro se encuentra una demostración de la funcionalidad de dicho *software*.

**TermVIS**. *Software* desarrollado por Simon (http://www.simon.es).

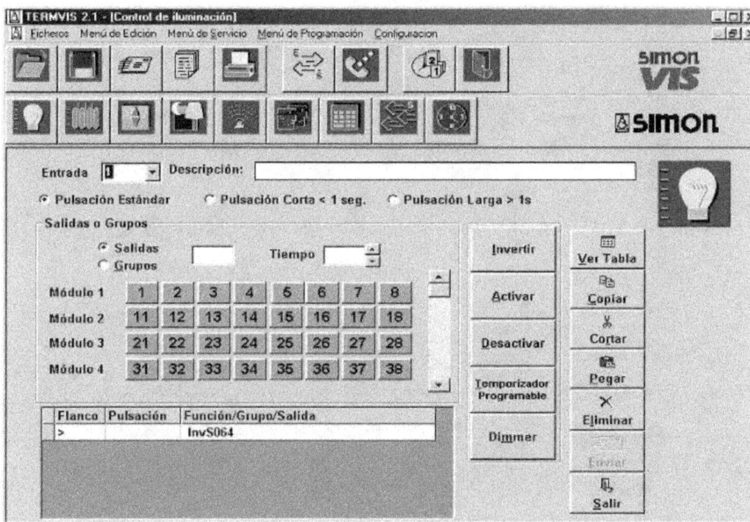


*Figura 10.10. TermVIS*

## 10.2.5 *Software* para autómatas

Existe multitud de herramientas para programar los autómatas (PLC), la mayoría de ellas suministradas por las mismas casas que los desarrollan. Así se pueden citar el LogoSoftComfort, STEP 7 y STEP7-MicroWIN para programar y configurar autómatas SIEMENS, el ZEN Support Software y Cx-Programmer para programar los ZEN (en el capítulo 9, Soluciones con Autómatas, se describen varios de ellos y en la página web sobre este libro se encuentran algunas versiones demo) y gamas superiores de la casa OMRON, y un largo etcétera, cuya descripción se sale del alcance de este libro.

Por otro lado se encuentran simuladores que permiten ejecutar los programas sobre el propio PC con el fin de realizar tareas de depuración y/o mantenimiento. Algunos de los anteriormente citados permiten estas tareas en las propias soluciones comerciales. También se encuentran simuladores realizados por terceros, como el WINS5 o el WINS7-200, que simula los autómatas S5 y S7-200 de Siemens, realizado por el grupo Genia de la Universidad de Oviedo (http://www.isa.uniovi.es/genia).

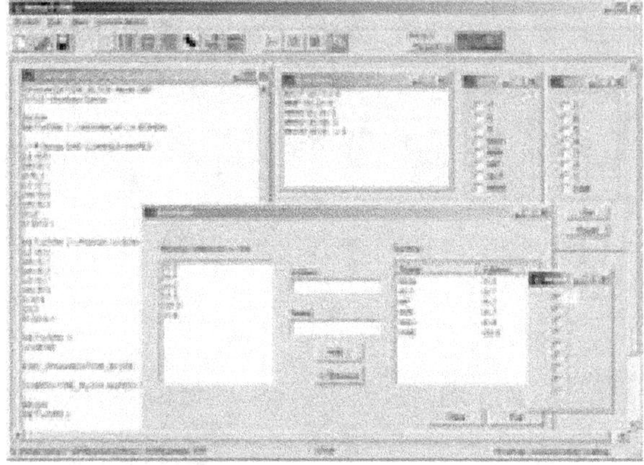

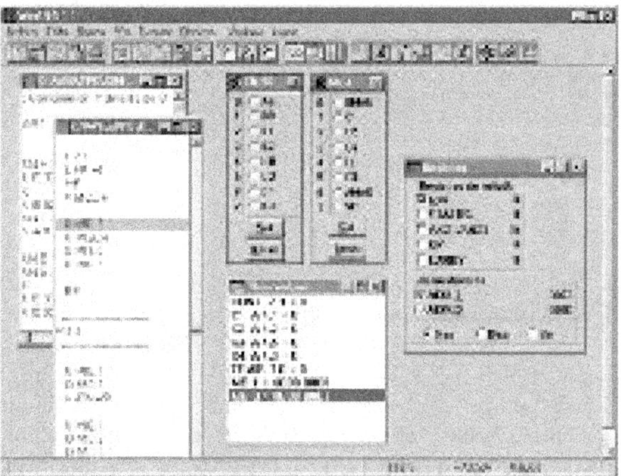

*Figura 10.11. WinSS-5 y Win SS-5*

Sin embargo pueden encontrarse pocas aplicaciones específicamente diseñadas para programar autómatas para aplicaciones domóticas o inmóticas. Cabe destacar las aplicaciones diseñadas por el grupo Genia de la Universidad de Oviedo entre las que destaca SIMATICA, que comercializa SIEMENS. Ésta y otras se describen en el apartado siguiente.

## 10.3 *SOFTWARE* DESARROLLADO POR UNIVERSIDADES

En la actualidad cada vez más grupos de investigación de universidades españolas están comenzando a trabajar en temas relacionados con la inmótica y la domótica. Algunos de estos grupos han desarrollado su propio *software* de control para diferentes estándares para su utilización en docencia, alguno de los cuáles se han llegado a comercializar. A continuación se van a enumerar algunos de ellos.

### 10.3.1 DomoSim-TPC

El *software* DomoSim-TCP, desarrollado por el grupo CHICO de la Universidad de Castilla la Mancha y disponible en: http://chico.inf-cr.uclm.es/domosim/. Constituye un entorno integrado para el aprendizaje de las técnicas de diseño de instalaciones para la automatización integral de viviendas y edificios, soportando la realización de actividades colaborativas en grupo y a distancia, la simulación distribuida del diseño realizado, la evaluación de la solución obtenida y las relaciones entre el proceso y la solución. En la página web sobre este libro se encuentra una versión de DomoSim-TCP.

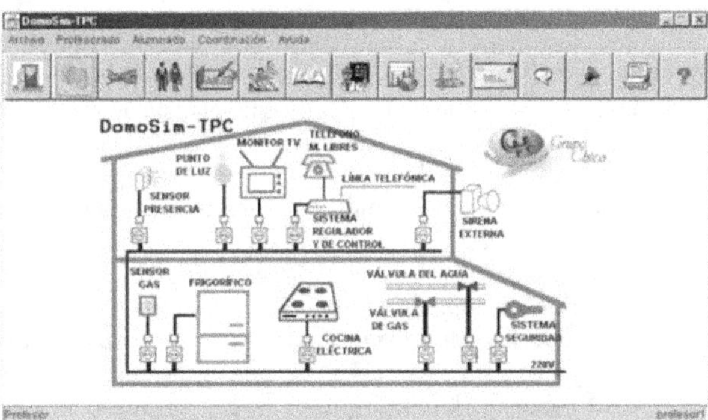


*Figura 10.12. Ventana principal de Domosim*

Domosim utiliza como dominio de aplicación la inmótica, o automatización integral de viviendas y edificios, entendida como el conjunto de elementos que, instalados, interconectados y controlados automáticamente en una vivienda liberan al usuario de las acciones rutinarias de cada día y que proporcionan, al mismo tiempo, la optimización en el confort, el consumo energético, la seguridad y las comunicaciones.

Los profesores pueden gestionar y desarrollar problemas, a partir de los cuales se plantean actividades a realizar individualmente o en un grupo previamente configurado. Estos problemas se almacenan en una memoria organizativa clasificados según su nivel instruccional.

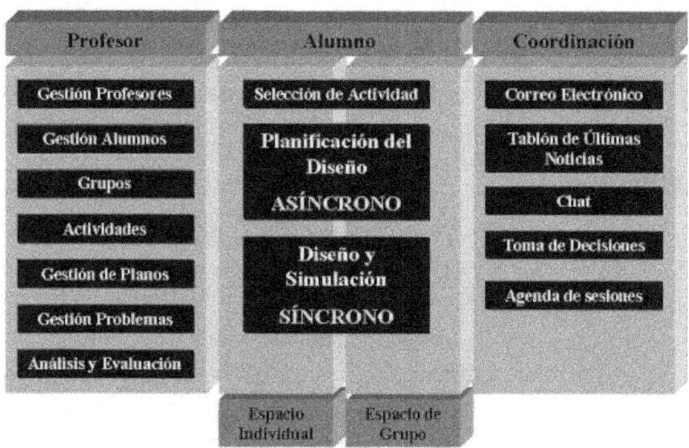


*Figura 10.13. Servicios de Domosim*

Los alumnos disponen de herramientas para participar en actividades de resolución de problemas basados en escenarios reales (denominado aprendizaje por descubrimiento mediante proyectos). Realizan una planificación de acciones de diseño, cuya solución final se obtiene como fruto de la colaboración del grupo y está enriquecida con los puntos de vista de cada uno de los participantes. Para esto, disponen de un espacio de trabajo individual (editor de planes de diseño) donde, haciendo uso de iconos que se asocian a acciones genéricas de diseño, desarrollan y proponen su plan de diseño. En un segundo espacio de trabajo (espacio de discusión y argumentación) tiene lugar la discusión asíncrona y organización de las propuestas de cada uno de los participantes, para así, consensuar una solución de grupo. El trabajo en ambos espacios es guiado por el sistema de acuerdo con el conocimiento experto sobre el dominio que el propio profesor puede incorporar cuando propone el problema. De este modo, se pretende ayudar y enriquecer el proceso de aprendizaje de los alumnos, ya que de otra forma, un entorno de diseño y simulación utilizado a distancia puede suponer el desconcierto de sus usuarios.

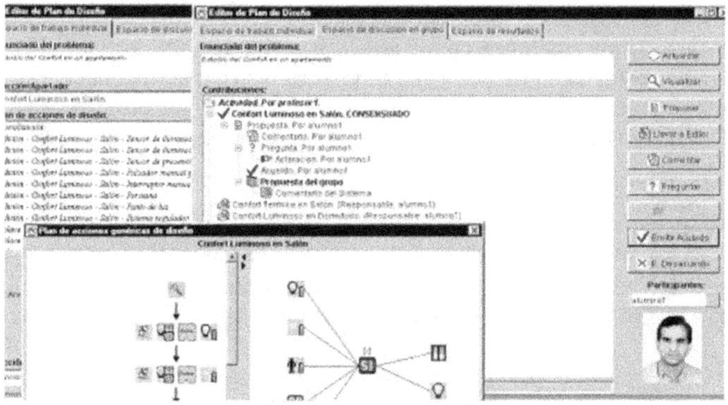

*Figura 10.14. Planificación del diseño con Domosim*

Una vez realizada la planificación del diseño, el grupo puede implementarlo de forma síncrona. El sistema monitoriza y comprueba que el diseño se corresponde con el plan trazado con anterioridad.

El sistema puede simular el comportamiento del diseño realizado. La simulación se lleva a cabo de forma síncrona. Todos y cada uno de los alumnos pueden intervenir en la misma, generando eventos distribuidos que afectan al proceso de simulación como incidencias externas.

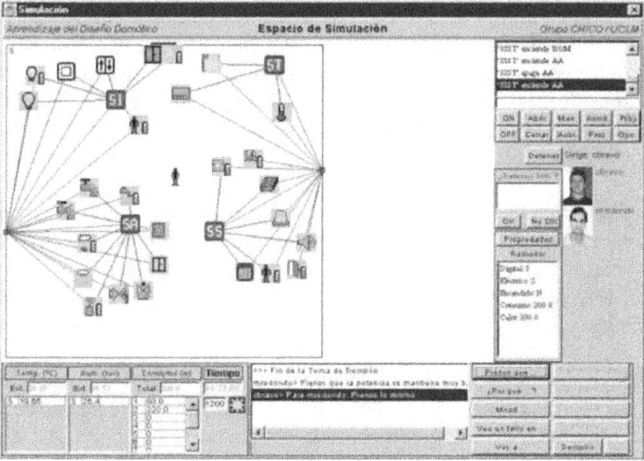


*Figura 10.15. Simulación del diseño con Domosim*

Para facilitar este proceso, se cuenta con diversas herramientas de comunicación, tanto síncronas como asíncronas (irc o *chat*, *e-mail*, sistemas de votación, agenda de sesiones, tablón de ultimas noticias, etc.), lo cual constituye un grupo de herramientas de coordinación, accesibles tanto por profesores como por alumnos, pero donde la información se clasifica de acuerdo al concepto de grupo de trabajo.

El sistema ofrece al coordinador, dentro del espacio de profesorado, un análisis cuantitativo y cualitativo, fruto de la reconstrucción del razonamiento seguido por los alumnos y del diálogo practicado por los mismos a lo largo de la actividad. Estas intervenciones se almacenan en una base de datos estructurada.

Todas y cada una de las características son accesibles a distancia, empleando para ello cualquier navegador web con soporte para código Java, es decir, que incorpore una máquina virtual java versión 1.2 o superior (JVM 1.2).

DomoSim-TPC constituye un caso de estudio en el que se llevan a la práctica distintas teorías, relacionadas con: tutores inteligentes, colaboración en tareas de grupo, aprendizaje por descubrimiento y a distancia, lenguajes de resolución intermedios y simulación con eventos distribuidos. Todo ello en el marco del aprendizaje a distancia.

### 10.3.2 DOMOSOFT

El *software* DOMOSOFT ha sido desarrollado por el grupo de Domótica de la Universidad Pública de Navarra junto con la empresa Ingeniería Domótica S.A.L. Es un *software* que facilita al usuario el diseño de instalaciones domóticas sencillas e intuitivas en su manejo. Además, realiza un estudio comparativo de varios sistemas domóticos existentes hoy en día en el mercado en cuanto a precio total del diseño y número de componentes necesarios del mismo (EIB, SimonVis, LonWorks, X-10 y Amigo).

La herramienta es capaz de calcular presupuestos reales y de realizar un estudio comparativo de los sistemas domóticos implementados en cuanto a dos aspectos: precio y número de elementos (sensores, actuadores y dispositivos domóticos). De esta manera se pretende optimizar el diseño eligiendo el sistema que más se ajusta al proyecto.

Existen dos posibles formas de trabajo con Domosoft. La primera de ellas con la ayuda el plano del inmueble y la segunda mediante teclado. Antes de detallar las funciones que se quieren implementar en el diseño, se ha de rellenar una serie de datos relacionados con el cliente, como son su nombre y un número de teléfono de contacto, y los relacionados con el inmueble: número de plantas de la vivienda, tipo de vivienda, etc. La pantalla de petición de datos del inmueble es la que se puede observar en la siguiente figura.

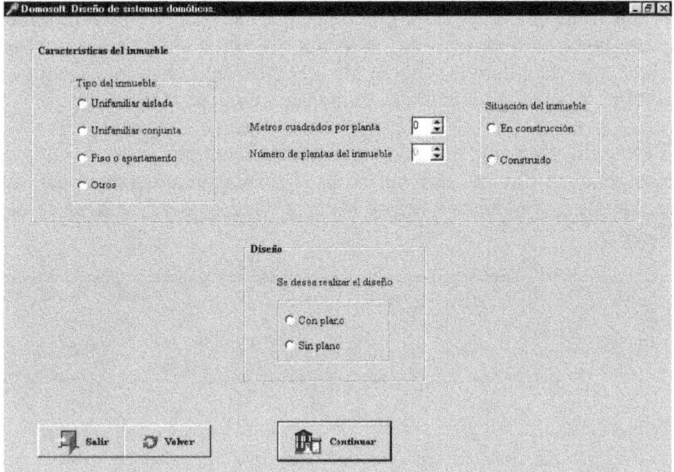


*Figura 10.16. Pantalla de petición de datos característicos del inmueble*

Tras introducir los datos necesarios en las pantallas de petición de datos del cliente y petición de características del inmueble, se llega a la pantalla de diseño mediante plano. En la siguiente figura se observa el diseño realizado de acuerdo con las funciones que se han detallado anteriormente.

*Figura 10.17. Diseño realizado mediante plano*

En la figura se muestra el aspecto de la pantalla de diseño con plano. Ésta posee una barra de herramientas con diferentes tipos de iconos, un bloc de notas con tantas pestañas como número de plantas tenga el inmueble (en este caso el inmueble consta de una sola planta), botones que facilitan la apertura y cierre del plano y los botones que realizan el zoom del mismo. Además, existen dos componentes que facilitan la opción de deshacer eliminando el último icono colocado sobre el plano y la opción de comenzar de nuevo el diseño.

El diseño mediante teclado se realizará cumplimentando una serie de formularios relacionados con los cuatro aspectos domóticos (seguridad, confort, ahorro energético y comunicaciones) y las necesidades que el usuario desee cubrir en su vivienda.

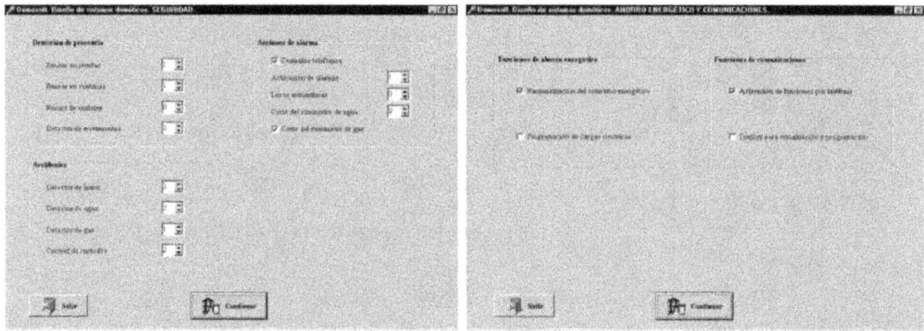

*Figura 10.18. Pantalla de seguridad y ahorro energético y comunicaciones*

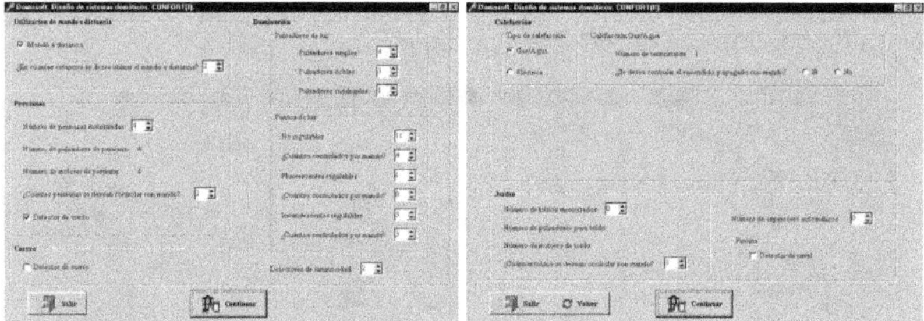

*Figura 10.19. Pantallas de confort*

Una vez que se ha realizado la completa selección de todas las funciones domóticas que se desean implementar mediante el diseño sin plano, o se ha completado la realización del diseño mediante el asistente con plano, se accede a la tercera parte del programa. Los resultados obtenidos tras la realización del diseño se observan en la pantalla de acceso a la base de datos que está visible en la figura 8. En la tabla que aparece en dicha pantalla se detallan los dispositivos necesarios para la implementación del sistema elegido, como pueden ser los módulos de entradas, de salidas, de alimentación, etc. Además, también se pueden ver los diferentes sensores y actuadores que se han colocado sobre el plano.

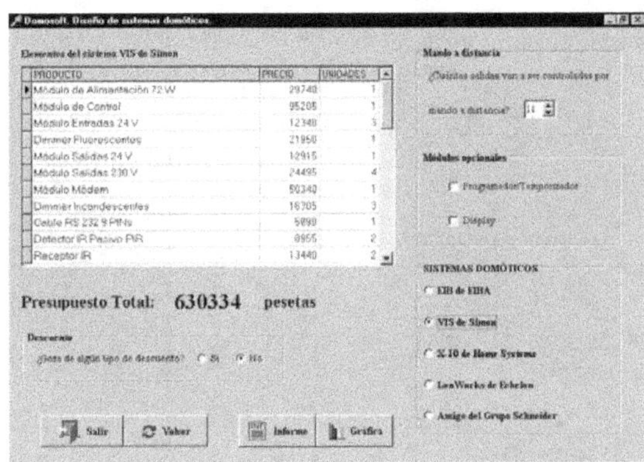


*Figura 10.20. Pantalla de acceso a la base de datos*

Si se accede a la pantalla de comparación gráfica de Domosoft, en este caso concreto se puede observar lo siguiente:

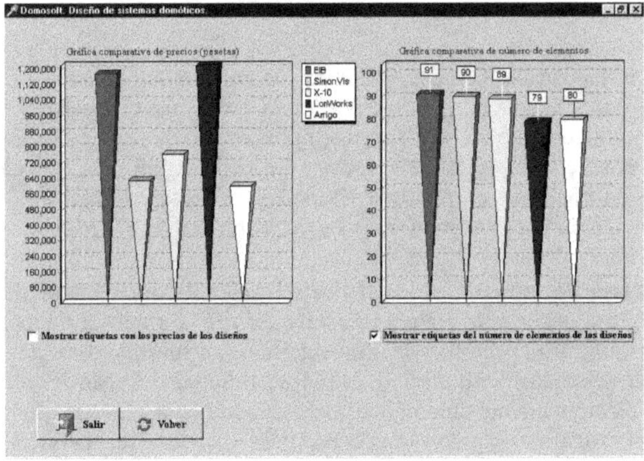


*Figura 10.21. Pantalla de comparación de los diferentes sistemas*

Finalmente, Domosoft ofrece como resultado un informe detallado de los dispositivos necesarios en el diseño así como del presupuesto final del mismo. La pantalla donde se visualiza tiene el siguiente aspecto.

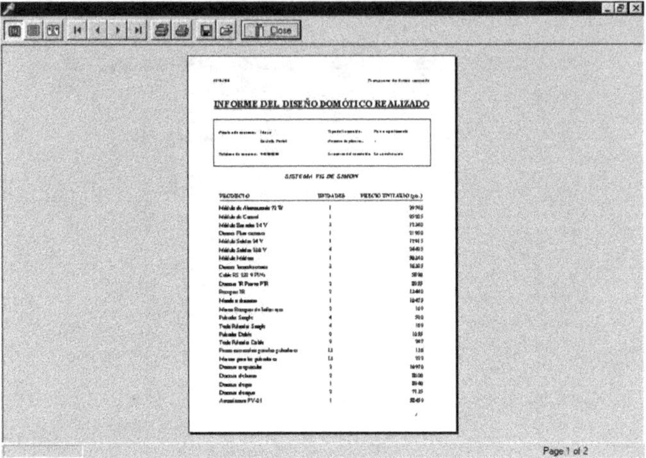


*Figura 10.22. Pantalla de informe de la instalación*

## 10.3.3 SIMÁTICA

El *software* Simática ha sido desarrollado por el grupo Genia de la Universidad de Oviedo, propiedad de Siemens, y disponible en http://www.isa.uniovi.es/genia/spanish/app/prog/simatica.htm, es un programa que permite diseñar y desarrollar proyectos domóticos, que incluyan por ejemplo control de la iluminación eléctrica, alarmas técnicas, control de la calefacción, riego de jardín, etc. Muchas de estas funciones están presentes en nuestras viviendas, negocios u oficinas. SIMÁTICA ha sido desarrollado por el grupo GENIA y es propiedad de SIEMENS.

- **Direccionamiento**: el instalador seleccionará las distintas funciones de control que existirán en la vivienda, elegirá la arquitectura más adecuada (arquitectura centralizada, descentralizada o híbrida) y las direcciones de las distintas entradas y salidas (también existe posibilidad de direccionamiento automático) para así, en pocos minutos, poder disponer del programa de control necesario para el control de la vivienda y para la gestión de los mensajes en los displays TD-200.

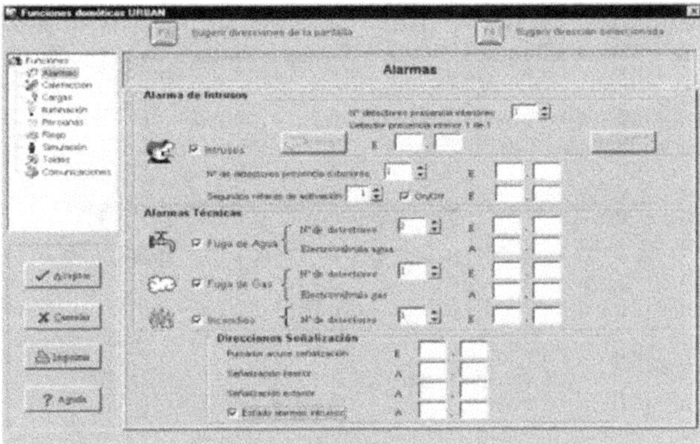


*Figura 10.23. Direccionamiento con Simática*

- **Programa de control SIMÁTICA**: genera automáticamente el programa de control para la CPU seleccionada, siendo posible elegir entra las siguientes: 214, 215, 216, 222, 224 y 226 todas ellas de la familia de autómatas S7-200 de SIEMENS. Para las arquitecturas descentralizadas e híbridas la aplicación utilizará como bus la red AS-i y los componentes necesarios para la misma, también de SIEMENS.

- **Arquitectura**: SIMÁTICA admite arquitectura centralizada (todas las entradas y salidas conectadas a las entradas del PLC o a los módulos de expansión), descentralizada (entradas y salidas conectadas a módulos AS-i) e híbrida (una mezcla de las dos anteriores). En la siguiente gráfica se muestra la arquitectura centralizada.

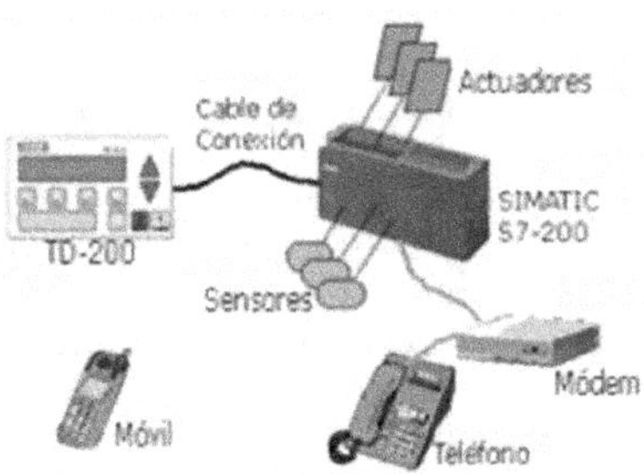


*Figura 10.24. Arquitectura de Simática*

- **Esquemas eléctricos**: para facilitarle el trabajo al instalador de viviendas inteligentes, SIMÁTICA genera para cada proyecto domótico los esquemas eléctricos necesarios para llevar a cabo la instalación. Estos esquemas estarán disponibles en pantalla así como en papel si se utiliza la opción de impresión.

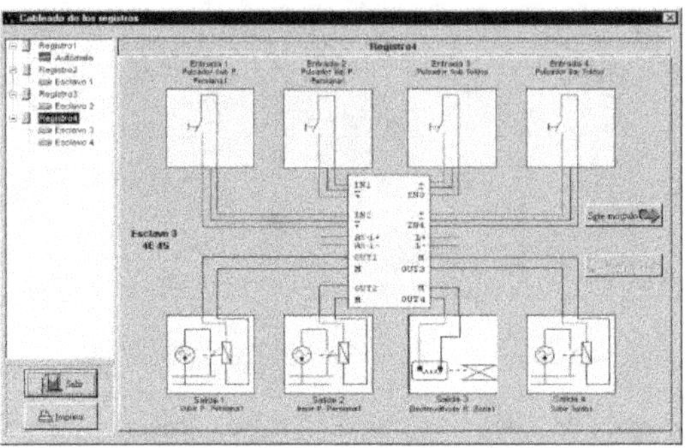

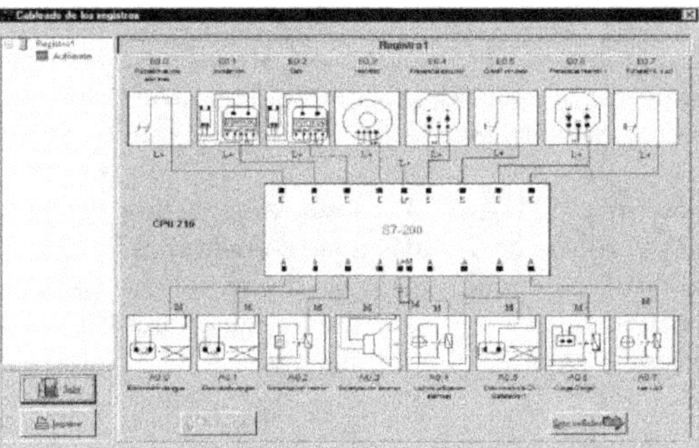

*Figura 10.25. Esquemas eléctricos de Simática*

- **Gestión de Componentes y Presupuestos**: esta aplicación permite el mantenimiento de una base de datos de componentes domóticos así como la generación automática de presupuestos. El instalador podrá crear, modificar y borrar componentes y fabricantes de la base de datos. Para cada proyecto domótico se creará automáticamente el presupuesto tanto en formato SIMÁTICA como en formato EXCEL.

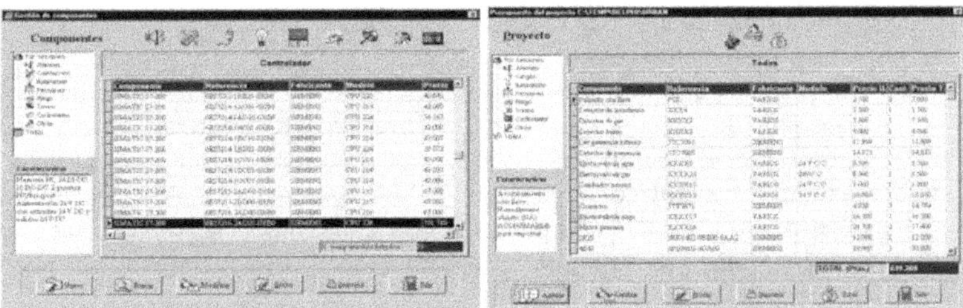

*Figura 10.26. Gestión de Componentes y Presupuestos de Simática*

### 10.3.4 VISIR

El *software* Visir es un Simulador de Instalaciones Domóticas desarrollado también por el grupo Genia de la Universidad de Oviedo y disponible en http://www.isa.uniovi.es/genia/spanish/app/prog/visir.htm. VISIR es una aplicación *software* para Windows que permite diseñar instalaciones domóticas y efectuar la simulación del comportamiento de las mismas en conexión directa con los autómatas programables de las series SIMATIC S5 y SIMATIC S7-200 de SIEMENS, encargados del control de la instalación dada. En la página web sobre este libro se encuentra una versión de VISIR.

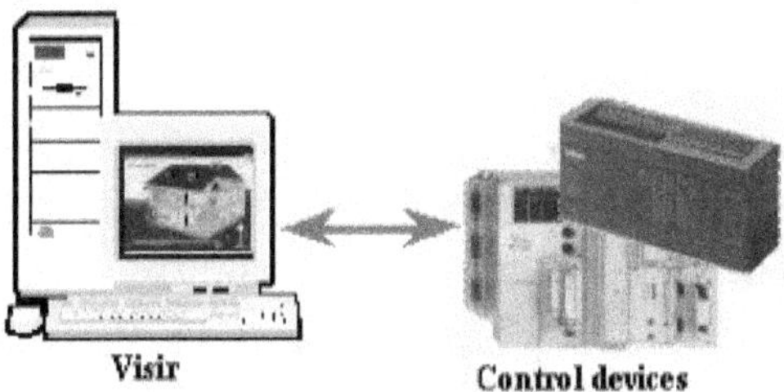


*Figura 10.27. Arquitectura de VISIR*

Para un diseñador, Visir permite representar el comportamiento del edificio y puede detectar fácilmente los errores de programación reduciendo el tiempo de desarrollo de aplicaciones. Además permite una independencia del sistema real, muy útil para simular el proyecto de automatización sin disponer del edificio. Para un profesor de control de procesos y automatización, Visir proporciona un conjunto de herramientas simples y flexibles para configurar un número infinito de instalaciones domóticas con una gran cantidad de elementos con los que puede trabajar el alumno.

Visir está formado por tres módulos principales:

- **Módulo de edición**. Se diseña la instalación a simular mediante la selección de objetos dinámicos, organizados en grupos: detección de inundaciones, incendio, escapes de gas, seguridad, iluminación, toldos y persianas, control de cargas, etc. Se configuran tamaños y posición de objetos, modos de comportamiento, conexiones y representaciones gráficas, sin necesidad de programación. Adicionalmente se puede incorporar un dibujo de fondo.

*Figura 10.28. Entorno de Edición de VISIR*

Visir dispone de una paleta de objetos dinámicos agrupados en nueva categorías: instalación de agua, instalación de gas, irrigación, fuego, intrusos, luz, enchufe, sol y comunes.

*Figura 10.29. Paleta de objetos dinámicos de VISIR*

La parametrización de los comportamientos de los objetos se realiza mediante simples cajas de diálogo.

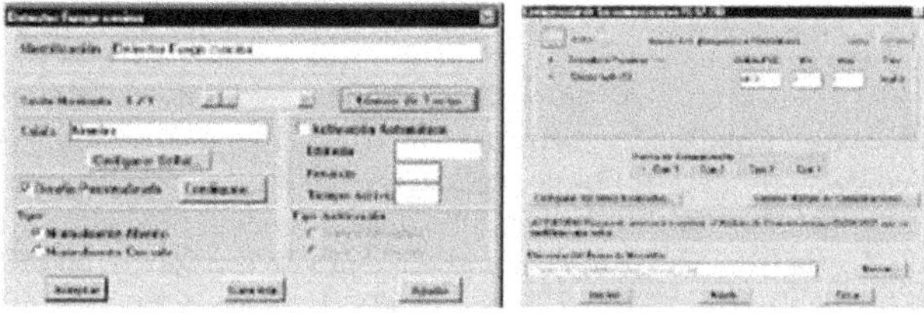

*Figura 10.30. Diálogos de configuración de objetos de VISIR*

- **Módulo de dibujo**. Es una herramienta auxiliar que permite hacer y utilizar imágenes de fondo para propósitos estéticos del proyecto de simulación desarrollado en el entorno de edición.

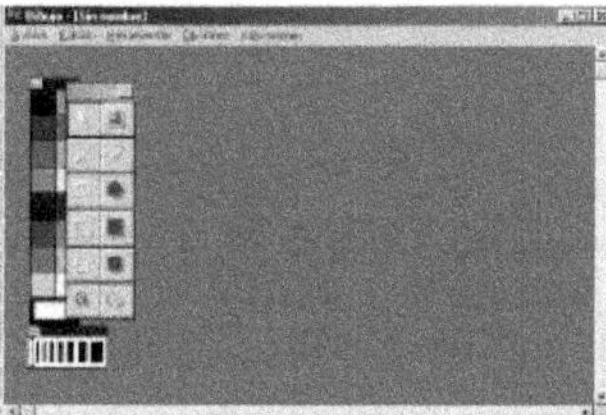

*Figura 10.31. Entorno de dibujo de VISIR*

- **Módulo de simulación**. Permite la conexión al autómata a través del cable serie de programación y se pueden comprobar las reacciones de la instalación domótica controlada por el programa de control real en el PLC. Incluye drivers de comunicación: S5 y S7-200.

*Figura 10.32. Entorno de dibujo de VISIR*

### 10.3.5 EIBUCO

El *software* EIBUCO ha sido desarrollado por el grupo de investigación EATCO (http://www.uco.es/~in1romoc/Software/eibflash.html) de la Universidad de Córdoba. Este *software* permite interactuar desde un interfaz web con sistemas basados en EIB (European Installation Bus). En este *software* la interactividad se ha desarrollado de forma fácil y agradable, con tecnología Flash de Macromedia (*software* dedicado al desarrollo de aplicaciones interactivas y animadas para Internet). Para su utilización, el usuario debe disponer de un ordenador conectado a Internet y al sistema EIB. Este ordenador actúa tanto de servidor Web (para control remoto) como de servidor EIB (control local). Para controlar remotamente el edificio sólo hace falta un ordenador con navegador web y el *plug-in* Macromedia Flash. En la página web sobre este libro se encuentra una versión demo de EIBUCO.

El objetivo principal es la realización de la aplicación de monitorización específica para un sistema de automatización de edificios basado en tecnología EIB (European Installation Bus). Se ha desarrollado una aplicación Cliente/Servidor interactiva, que, de forma segura, permite el control remoto (desde Internet) de ciertos elementos eléctricos de un entorno conocido mediante una interfaz de comunicación a través de RS-232 con el bus EIB. La aplicación servidor es un programa desarrollado en lenguaje C, el cual se conecta con la aplicación cliente mediante Windows API Sockets y con el Bus EIB mediante las librerías de comunicación con Bus EIB suministradas por la herramienta "eteC Falcon". Esta aplicación debe estar continuamente ejecutándose en el PC que esté conectado al bus EIB, que será el PC servidor web donde se encuentra el software EIBUCO (aplicación cliente). Hay que reseñar que este ordenador, que alberga la aplicación servidor, tiene que tener conexión permanente a Internet para posibilitar la comunicación entre cliente y servidor.

El usuario podrá controlar el sistema desde la aplicación cliente. Para su correcto funcionamiento basta con conectarse a la Web donde se encuentra EIBUCO a través de un navegador web con *plug-in* Flash e introducir el número de puerto TCP y la dirección IP del servidor de páginas web (que es donde está la aplicación servidor ejecutándose). La aplicación cliente comienza con una presentación. A continuación debe validar los campos de usuario y contraseña a fin de no permitir la entrada a usuarios no autorizados, que comunica con la página principal.

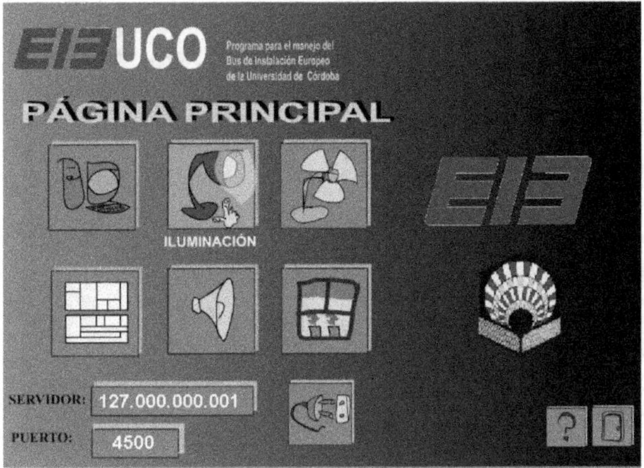


*Figura 10.33. Página principal de EIBUCO*

Desde la siguiente pantalla principal se podrá acceder a:

- **Interactuar con cualquier dispositivo EIB dependiendo de la función de control domótico que se quiera realizar**: control de Iluminación, Control de Temperatura, Control de Alarmas y Control de Persianas. Las cuatro opciones requieren rellenar un campo donde se especifique la dirección de grupo del objeto de comunicación del dispositivo EIB, la prioridad de la comunicación, que se realiza con la aplicación servidor mediante *sockets*, y el *routing count*. Además se tiene una ventana de estado que informa sobre el estado de la comunicación (éxito o fallo) y la función realizada. Antes de enviar cualquier instrucción al programa servidor existe la posibilidad de comprobar si existe o no comunicación para cerciorarse de si el programa servidor esta ejecutándose o de si la dirección IP del servidor y el puerto TCP son correctos.

  - **Control de iluminación**. Esta ventana permite las siguientes opciones: Encender/apagar una luz de tipo *on/off*. Graduar el nivel de intensidad de una luz de tipo *dimmer*. Escribir el valor en tanto por ciento. Dispone de botones específicos para 0-25-50-75-100%. Comprobar el estado en que se encuentran cualquiera de los dos tipos de luces anteriores (*on/off* o *dimmer*).

*Figura 10.34. Página de iluminación de EIBUCO*

- **Control de temperatura**. Esta ventana permite las siguientes opciones: leer la temperatura del sensor. Escribir el Setpoint de temperatura deseada. Leer la temperatura actual del termostato. Leer los modos de operación. Elegir el modo de operación.

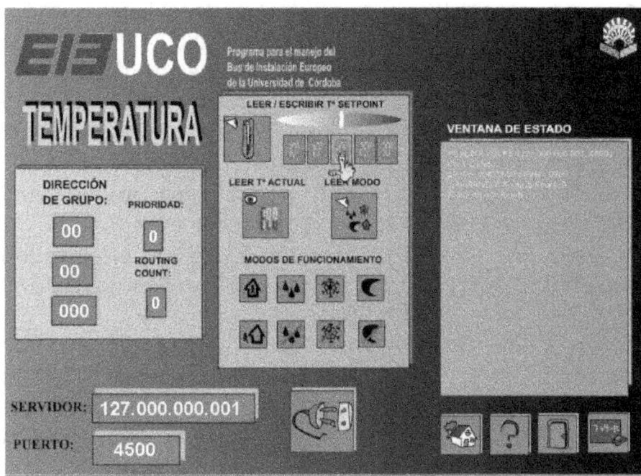


*Figura 10.35. Página de temperatura de EIBUCO*

- **Control de alarmas**. Esta ventana permite las siguientes opciones: encender/apagar una alarma. Comprobar el estado en que se encuentra una alarma.

- **Control de persianas**. Esta ventana permite las siguientes opciones: subir/bajar persianas y abrir/cerrar lamas.

- **Interactuar con un laboratorio domotizado del Departamento de Informática y Análisis Numérico en la UCO**. En esta opción las direcciones de grupo, prioridades y routing counts ya han sido introducidas en el propio programa y se corresponden con las que se les asignó a los objetos de comunicación de los dispositivos EIB al programarlos con ETS, lo cuál hace que cualquier usuario inexperto pueda utilizar el programa. Permite también las cuatro funciones de control domótico: iluminación, temperatura, alarmas y persianas.

*Figura 10.36. Página laboratorio de EIBUCO*

- **Información sobre el proyecto de domotización del Área de Automática de la UCO con los correspondientes esquemas de componentes EIB**. Se trata de un mapa virtual del laboratorio en el que, al pulsar sobre un componente EIB, aparecen las opciones de control de este dispositivo, se pueden modificar según las exigencias del usuario.

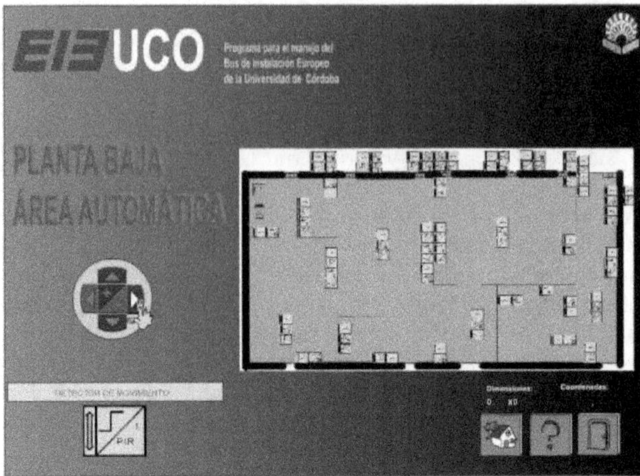


*Figura 10.37. Página de Información de EIBUCO*

## 10.3.6 Casactiva.com

Casactiva.com es un *software* desarrollado por el grupo de investigación EATCO de la Universidad de Córdoba junto con la empresa española Home Systems (http://www.casactiva.com). Es una aplicación comercial basada en páginas web para el control remoto de dispositivos y cámaras X-10. En la página web sobre este libro se encuentra una versión demo de Casactiva.com.

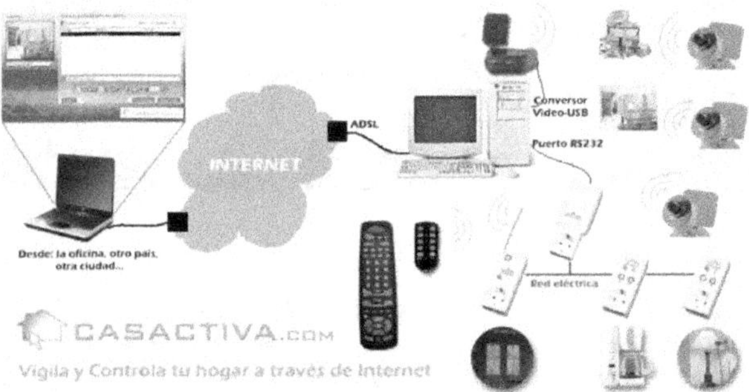


*Figura 10.38. Esquema de conexionado de Casactiva.com.*

Casactiva.com es un *software* complementario al ActiveHome que se incluye en los *kits* domóticos de Home Systems, y aporta el control domótico desde páginas web. Mediante este *software*, el usuario podrá controlar su casa desde Internet y monitorizar el estado de las distintas variables.

*Figura 10.39. Página web de entrada Casactiva.com*

Desde una página web, el usuario debe autentificarse inicialmente como usuario válido (escribiendo su login y pasword) y entonces podrá acceder a un listado con los dispositivos disponibles de su casa, con los que podrá interactuar (encender, apagar o regular) desde un simple botón. Además incluye una lista de cámaras webs disponibles en su casa para poder elegir cuál se desea visualizar desde la página web. Para poder visualizar imágenes de su hogar desde las *webcam* X.10 controladas por el sistema es necesario un servidor de *web-cam*. El cliente, para poder acceder a su casa desde Internet, deberá previamente arrancar el servidor en modo local (desde su propio PC que actúa de servidor) y dejarlo a la escucha de peticiones. Al arrancar el servidor aparecerá una ventana que indica la dirección IP de su equipo en Internet.

*Figura 10.40. Ventana de IP de Casactiva.com*

Una vez que el servidor haya sido arrancado y esté activo, se podrá acceder a la ventana de control de su hogar desde cualquier ordenador con conexión a Internet. Simplemente hay que abrir un navegador web y conectarse a la dirección web del servidor. Aparecerá una pantalla de validación de usuario, donde se deberá introducir el identificador y el password o clave obtenidos durante el registro de la aplicación.

*Figura 10.41. Ventana de entrada de Casactiva.com*

Una vez que haya sido correctamente validado por el sistema, se podrá acceder a la pantalla de control de dispositivos. Desde esta pantalla se tendrá acceso a todos los dispositivos controlados por el sistema y que aparezcan en el fichero X10 que seleccionó en el registro de la aplicación.

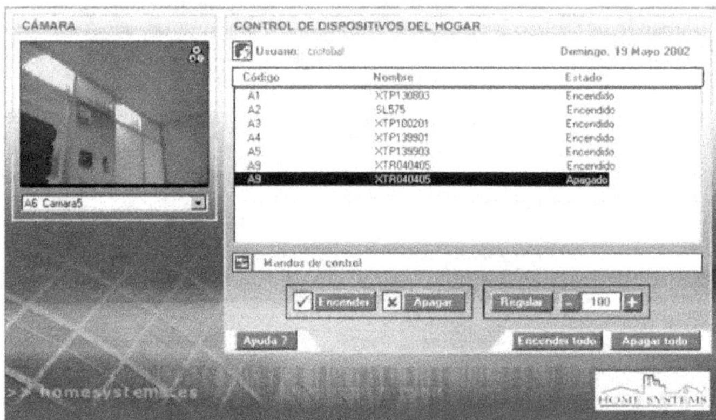


*Figura 10.42. Ventana de control de Casactiva.com*

Esta pantalla se encuentra dividida en las siguientes secciones:

- **Cámaras**. En la parte superior izquierda se encuentra el componente que proporciona la visualización de las distintas cámaras que el usuario haya instalado previamente en su equipo servidor. En el supuesto de que disponga de más de una *web-cam* instalada en su casa, podrá seleccionar la que desee ver en cada momento mediante la lista desplegable que aparece bajo el vídeo.

- **Dispositivos**. A la derecha se encuentra la parte fundamental de la aplicación, desde donde se controlarán los dispositivos configurados en el hogar del usuario. En primer lugar aparece la lista de dichos dispositivos, la cual informa del código de cada uno junto con su nombre descriptivo. Por último muestra el estado del mismo en el formato encendido/apagado. En principio, el estado estará no definido hasta que el dispositivo correspondiente sea manipulado mediante uno de los controles disponibles. Los controles aparecen bajo la lista de dispositivos. Con ellos se pueden encender y apagar los dispositivos independientemente, pulsando sobre los botones "Encender" y "Apagar" respectivamente. Además se podrán controlar todos los dispositivos en conjunto para actuar sobre ellos mediante los botones "Encender todo" y "Apagar todo", con lo que todos los dispositivos del grupo (código de casa A-P) del dispositivo seleccionado se encenderán o apagarán, respectivamente. Para los componentes que se correspondan con dispositivos de luz, además se puede cambiar la intensidad de la misma pulsando sobre el botón "Dimmer". A la derecha de este control, nos encontramos con una etiqueta que contiene el valor actual de luminosidad del dispositivo seleccionado, representado en unidades de porcentaje. Para modificar el valor de este control bastará con pulsar sobre los botones con los signos "+" y "-" para aumentar y disminuir la intensidad, respectivamente. Estos valores varían en intervalos de cinco unidades.

El programa Casactiva.com también dispone de un módulo para configurar alarmas. Estas alarmas se activan al recibir determinados códigos X10. Mediante las alarmas se pueden enviar avisos por correo electrónico, grabar secuencias de fotografías e incluso enviar estas imágenes por el correo. Desde la pantalla de configurar alarmas aparecen enumeradas todas las alarmas definidas (inicialmente ninguna), y se pueden añadir nuevas, así como modificar y borrar las ya creadas.

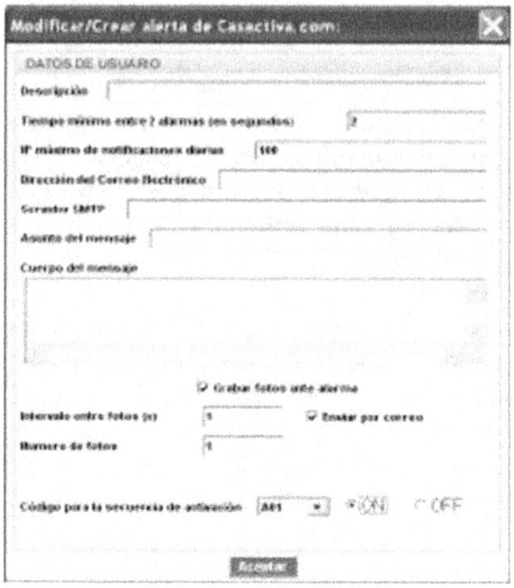

*Figura 10.43. Ventana de configuración de alarmas de Casactiva.com*

Capítulo 11

# EJEMPLOS DE EDIFICIOS

## 11.1 INTRODUCCIÓN

Hasta hace unos años eran muy pocos los edificios que incorporaban servicios de automatización de la gestión técnica de edificios y eran considerados como algo de lujo y futurista. Pero esta idea está cambiando. Actualmente se están construyendo cada vez más edificios con sistemas de automatización, de forma que llegará un futuro no muy lejano en el que se verá la automatización como un servicio básico más que debe incorporar todo edificio. El *boom* de las comunicaciones e Internet también ha afectado a la edificación, de tal forma que hoy día se está convirtiendo en un servicio casi básico de toda vivienda y muchos electrodomésticos ya disponen de conexión directa a Internet. Finalmente, la tendencia a la protección del medio ambiente también se está viendo reflejada en los nuevos edificios inteligentes, que cumplen con criterios de ecología y sostenibilidad.

En este capítulo se describen algunos de los edificios más significativos, tanto de España como del resto del mundo, que poseen algún tipo de automatización o gestión técnica del edificio o de la vivienda. Se van a ver pequeñas viviendas particulares, medianos y grandes edificios de viviendas o dedicados a oficinas, bancos, hoteles, etc. y hasta futuros proyectos de lo que podrá ser la vivienda o incluso la ciudad del futuro.

# 11.2 EDIFICIOS Y VIVIENDAS EN ESPAÑA

### 11.2.1.1 PLAZA DE TOROS DE NAVALCARNERO

Los productos de ISDE basados en tecnología LonWorks han servido para equipar el sistema de control de iluminación y climatización de la plaza de toros Félix Colomo de Navalcarnero (Madrid). La solución es capaz de ahorrar más de un 35% de energía a la vez que asegura la celebración de eventos sin depender de la climatología. la plaza de toros del municipio madrileño de Navalcarnero no sólo está concebida para la realización de eventos taurinos sino que también se utiliza para celebrar espectáculos deportivos, musicales y como centro de convenciones.

Fuente: http://domotica-online.com/.

*Figura 11.1. Plaza de toros de Navalcarnero*

## 11.2.2 Casa inteligente para discapacitados en San Fernando

El CRMF ha realizado un proyecto en una antigua vivienda de San Fernando (Cádiz) de transformación de hogar inteligente habitado por una persona discapacitada. Se ha instalado un sistema de control electrónico integral de energía limpia mediante placas de energía solar fotovoltaica, así como un control del encendido y apagado de las luces, control de electrodomésticos desde un punto central, gestión de persianas, toldos y puertas individualmente desde cada habitación o por temporización y control de alarmas técnicas. Todos los controles se pueden realizar también por voz y se indican mediante un sonido o luz de confirmación.

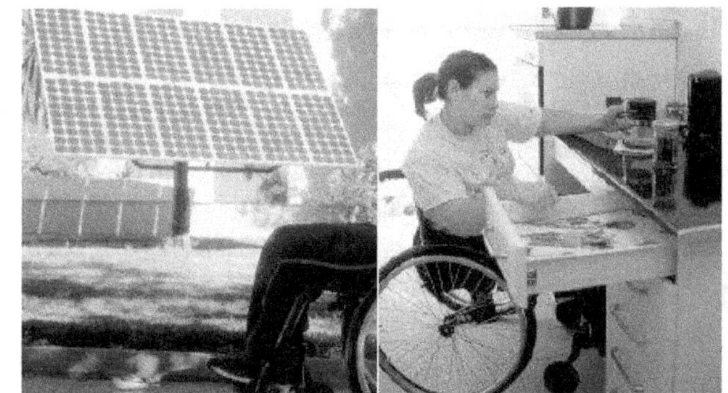

Fuente: Revista *MinusVal* número *142*.

*Figura 11.2. Casa Inteligente para discapacitados en San Fernando*

## 11.2.3 Barrios inteligentes en Madrid

La empresa española Home Systems ha automatizado 450 viviendas en Madrid, 150 se encuentran en Velilla de San Antonio y las 300 restantes en Cienpozuelos, ambos en Madrid y que forman parte de dos urbanizaciones construidas por la promotora Esprode. La solución domótica tiene unas funciones básicas en la primera instalación, pero pueden sumarse nuevos módulos posteriormente a petición del usuario. Se ha utilizado el sistema X-10 para la gestión de cinco elementos: seguridad, control, detección de fuga de gas y agua e iluminación. El sistema domótico X-10 permite encender y apagar luces, electrodomésticos, activar toldos o persianas, ya sea en modo local o remoto, mediante el teléfono.

Fuente: *El mundo de la domótica* número 35.

*Figura 11.3. Barrios inteligentes en Madrid*

### 11.2.4 Viviendas de la calle Serrano de Madrid

La empresa Hedo & Montero ha domotizado una de las promociones más lujosas en pleno corazón de la capital madrileña. La decena de viviendas que promueve Indegesu y ha construido en rehabilitación Proiescon, cuenta con un completo sistema domótico Vivimat, que integra la domótica con las alarmas y la videoportería, todo ello centralizado además en conserjería.

*Figura 11.4. Viviendas de la Calle Serrano de Madrid*

### 11.2.5 Gran Hotel Bali en Benidorm

El Gran Hotel Bali con sus 220 metros de altura era hasta hace poco tiempo el edificio más alto de España y el sexto de Europa. Cuenta con 52 plantas, 18 ascensores, 776 habitaciones, cuatro piscinas, dos restaurantes, seis bares y cafeterías, cibercafé, discoteca, etc. Además es un hotel inteligente con un sistema inmótico que controla la iluminación, ascensores, climatización, agua caliente y sanitaria, instalación antiincendio, piscinas, etc. En concreto la empresa Temper Clima ha instalado equipos de última generación de la serie DDC3000 de KIEBACK&PETER. Se han utilizado trece centrales DDC3200 unidas mediante un bus, y toda la instalación se gestiona y supervisa desde un ordenador de gestión GLT con la última versión de la aplicación QNX.

Fuente: Revista *Tecnológica* Marzo 2004.

*Figura 11.5. Gran Hotel Bali*

## 11.2.6 Hotel Hesperia en Alicante

El Hotel Hesperia de Alicante de cinco estrellas y 156 habitaciones dispone de un control integral, centralizado y flexible. En concreto el sistema Robot R-5000, que gestiona las instalaciones de servicios, las instalaciones de las habitaciones y dispone de toda la información acerca de los clientes y empleados del mismo. Los principales servicios automatizados han sido la producción y acumulación de agua caliente sanitaria, climatización, alumbrado, contadores de suministro, detección de presencia, etc.

Fuente: *El mundo de la domótica* número 42.

*Figura 11.6. Hotel Hesperia en Alicante*

### 11.2.7 Complejo Actio en Valencia

El complejo Actio son tres edificios bioclimáticos modélicos situados en Alborache (Valencia). Uno destinado para alojamiento de jóvenes, otro para taller y actividades educativas y finalmente un ecomuseo. Son 100% sostenibles y sus principales características son: consume el 10% de la energía que otro edificio de tamaño similar, utiliza todos los residuos que genera, calefacción por suelo radiante, sistema de ventilación y refresco a base de captores de viento, emplea la energía solar y la biomasa como fuentes de apoyo, etc. Uno de los edificios dispone de un sistema domótico para regular el consumo de la poca energía que necesita, además de regular las cristaleras y paneles para lograr un control total sobre los dispositivos bioclimáticos del edificio.

*Figura 11.7. Complejo Actio en Valencia*

### 11.2.8 Vivienda del Futuro en Valencia

El proyecto de vivienda del Futuro (PVF) es un ambicioso proyecto del arquitecto Luis de Garrido y de la asociación ANAVIF de 4 prototipos de viviendas pensadas para adaptarse a influencias sociales y necesidades de los próximos años. Por ello integra todo tipo de altas tecnologías de control y telecomunicaciones, siguiendo diversos parámetros medioambientales, saludables y sostenibles. Algunas de las innovaciones utilizadas en la construcción son: sistemas industrializados de falsos techos, sistemas flexibles de ventanas, sistema de iluminación de bajo consumo, electrodomésticos inteligentes y ecológicos, sistemas inteligentes de control domótico, sistema integral de seguridad, etc.

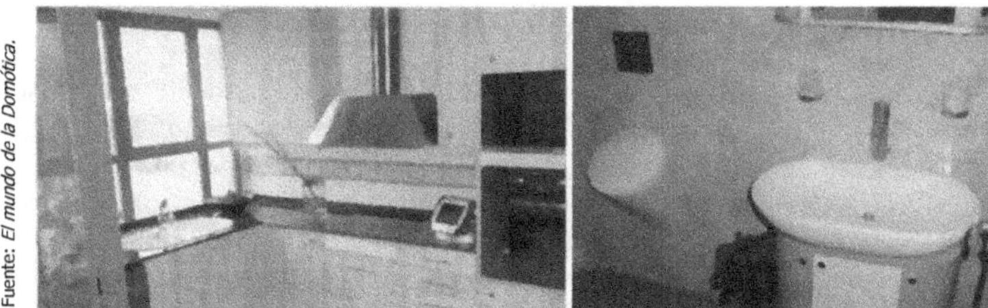

Fuente: *El mundo de la Domótica.*

*Figura 11.8. Vivienda del Futuro en Valencia*

## 11.2.9 Ciudad Ros Casares en Valencia

CIUDAD Ros Casares, es un vanguardista complejo empresarial, conceptualmente único y pionero en España, situado en el polígono Vara de Quart, a sólo cinco minutos del centro de la ciudad de Valencia. Tiene instalada una red local LAN, la última generación de inmótica y el más moderno sistema de seguridad anti-intrusión, puerta acorazada y una instalación completa de sistema de detección y extinción de incendios. La empresa Miniatec aporta los sistemas de de videoportería seguridad, confort y comunicación.

Fuente: *http://www.proyectosdomotica.com/.*

*Figura 11.9. Ciudad Ros Casares en Valencia*

### 11.2.10 Edificio central del Metro de Bilbao

La firma bilbaína Logical Design ha terminado recientemente la instalación del control centralizado del edificio central del Metro de Bilbao. Este edificio emblemático, construido y terminado con unos materiales de una calidad sin precedente en la comunidad autónoma vasca, será el núcleo de control de todas las líneas del nuevo metropolitano vizcaíno. El objeto del control inteligente es gestionar de manera óptima las instalaciones del edificio, poniendo especial énfasis en conseguir tres objetivos: confort, ahorro energético y ahorro de recursos humanos. Los sistemas sujetos a control son los siguientes: control del sistema de producción de frío y calor, control de la climatización local, control de la iluminación general, control de las persianas, control de las puertas, sistema contra incendios, sistema antirrobo, etc.

Fuente: http://www.conleac.com/obras.htm.

*Figura 11.10. Edificio central del Metro de Bilbao*

### 11.2.11 Palacio de Justicia de Bilbao

El complejo judicial de Albia, compuesto por tres edificios, dispone de un sistema de control de Metasys de Johnson Controls que logra un óptimo nivel de confort con un consumo mínimo de energía. El sistema monitoriza los sensores de incendio y el acceso al edificio, controla las luces y lleva un registro de las horas de funcionamiento de los equipos. Además gestiona las instalaciones de calefacción, aire acondicionado y agua caliente, las instalaciones electromecánicas, el sistema de detección de CO, el circuito cerrado de televisión, el consumo y generación de energía eléctrica, etc.

*Figura 11.11. Palacio de Justicia de Bilbao*

## 11.2.12 Edificio Agbar de Barcelona

El edificio de la firma a firma Agbar, Sociedad General Aguas de Barcelona, dispone de una instalación del sistema KNX de Jung con más de 300 componentes, repartidos en 15 líneas y dos áreas para control de toldos, iluminación, clima y presencia. KNX gestiona integralmente la instalación eléctrica de este edificio, convirtiéndolo en un espacio inteligente por su capacidad de regular, accionar, controlar, mostrar y vigilar las funciones de iluminación, toldos motorizados, control de presencia, monitorización y control desde un puesto central, etc.

*Figura 11.12. Edificio Agbar de Barcelona*

## 11.2.13 Sede de la autoridad portuaria de Pasajes

La multinacional Unisys ha terminado recientemente la implantación de un control inteligente en un edificio singular: la sede de la autoridad portuaria del puerto de Pasajes. Unisys ha efectuado una instalación informática basada en cableado estructurado que permite el control del edificio desde cualquier punto de la red. La infraestructura de cableado llega no sólo hasta las rosetas de datos, audio y vídeo, sino también a los sensores de temperatura, de presencia y de incendio. Alcanza ,asimismo, a los mandos de iluminación, de música, de seguridad, puertas, etc. El sistema de control utilizado es el sistema Conleac de la compañía española Logical Design, S.A., que se caracteriza por su capacidad para integrarse en una red de área local o ancha, y funcionar bajo servidores NT de Microsoft o Netware de Novell.

Fuente: *http://www.conleac.com/obras.htm.*

*Figura 11.13. Sede de la autoridad portuaria de Pasajes*

## 11.2.14 Casa de la Paca en Asturias

Es un hotel del siglo XIX equipado con tecnología Domaike. Este pequeño hotel rural de 20 habitaciones, situado en el barrio de Pito en Cudillero, tiene implementado el control y la gestión de los sistemas de calefacción, iluminación y seguridad. La iluminación de la fachada y del jardín está controlada mediante una célula crepuscular y programación horaria. Dispone de riego automático de los jardines. Hay un control individual de la calefacción de cada habitación dependiendo de si está libre u ocupada y de la hora del día. Está equipada con sistemas de detección de intrusos mediante detectores volumétricos y detectores magnéticos en puertas y ventanas. Dispone de sondas de inundaciones y humo en las habitaciones. El control de toda la instalación se lleva a cabo desde una pequeña consola instalada en la recepción y también puede ser gobernado por un PC y es posible desarrollar programas de gestión a medida.

Fuente: *http://www.conleac.com/obras.htm.*

*Figura 11.14. La casa de la Paca en Asturias*

## 11.2.15 Casa laboratorio Domolab en Álava

La casa laboratorio Domolab esá instalada en el parque tecnológico de Álava y ha sido desarrollada por Ikerlan y la Fundación Enerlan. Domolab es un laboratorio de experimentación de tecnologías domóticas y energéticas de la vivienda del futuro. Consta de dos plantas con una superficie de 183 $m^2$. Dispone de cableado multimedia y estructurado para transmisión de vídeo, audio y datos en todas las habitaciones. El sistema domótico controla la gestión de los electrodomésticos, sistemas de anti-intrusión, fugas de agua y gas, simulación de presencia y consumos, etc. Incorpora tres sistemas de distribución de frío y calor: suelo radiante, conductos de aire e instalación hidrónica para radiadores.

Fuente: *El mundo de la domótica* número 36.

*Figura 11.15. Casa laboratorio Domolab en Álava*

## 11.2.16 Apartahotel para la tercera edad en la Costa Brava

La domotización de un apartahotel para la tercera edad en la Costa Brava es un proyecto que ha realizado Simon siguiendo el modelo Armonia Resort, que se basa en la conjunción de un área de habitabilidad de carácter privado, con otra común. En un sector en auge como el de las residencias privadas para la tercera edad, la domótica muestra sus grandes prestaciones, tanto en seguridad y confort para el usuario como en la gestión centralizada. El sistema domótico utilizado ha sido el sistema centralizado SimonVIS, que dispone de un módulo central del que se deriva una serie de módulos periféricos, que forman una topología de estrella. Sus principales prestaciones son: iluminación, simulación de presencia, seguridad, y climatización.

Fuente: *El mundo de la domótica* número 43.

*Figura 11.16. Apartahotel para la tercera edad en la Costa Brava*

## 11.2.17 Edificio El Paseo de Córdoba

La promotora Noriega ha construido en Córdoba uno de los edificios más modernos y avanzados de los realizados hasta ahora en la ciudad. El edificio "El Paseo" constituido por 53 viviendas reune una alta calidad constructiva junto a los conceptos más innovadores de domótica y sostenibilidad, buscando además las soluciones más ecológicas en la arquitectura. Las viviendas van equipadas con un sistema de control domótico X-10, proporcionado por Home Systems, con sistema de alarma para detección de inundaciones en baños y cocina, y humos. A través de la pantalla táctil "eyeTOUCH", se pueden manejar todos los servicios domóticos, las instalaciones de aire acondicionado, la climatización a distancia, la iluminación, etc.

Fuente: *http://domotica-online.com/*.

*Figura 11.17. Edificio El Paseo de Córdoba*

## 11.2.18 Diputación de Barcelona

En el año 1998 se reemplazó el sistema de control centralizado de la diputación de Barcelona por uno basado en el sistema EIB para la gestión de las instalaciones, implementándose el sistema de supervisión y control labVISU. El objetivo es posibilitar la gestión distribuida en los equipos de climatización y contar con un *software* con mayor potencia. El departamento de mantenimiento consta de 25 personas y de una sala de control desde la que se supervisan las instalaciones de los tres edificios que conforman la diputación.

Fuente: *El mundo de la domótica* número 40.

*Figura 11.18. Diputación de Barcelona*

## 11.2.19 Parque empresarial de Barcelona

En la zona franca de Barcelona existe un parque empresarial de seis edificios corporativos con un sistema de gestión técnica que destaca por la posibilidad de intercomunicación entre ellos. El sistema instalado ha sido el EY3600 de Sauter, que es un sistema distribuido mediante estaciones remotas situadas cerca de los cuadros eléctricos desde donde se interconectan todas las señales de mando. El control se realiza sobre las siguientes instalaciones que conforman un total de 1.600 puntos por edificio: climatización/calefacción, producción/distribución, iluminación, ascensores, ventilación/extracción, incendios, etc.

Fuente: *El mundo de la domótica* número 37.

*Figura 11.19. Parque empresarial de Barcelona*

## 11.2.20 Palacio del Condestable de Pamplona

La rehabilitación del edificio ha permitido incorporar avanzados sistemas de inmótica para la automatización, monitorización, gestión y mantenimiento. Tradición y modernidad se conjugan en el Palacio del Condestable de Pamplona, cuyo proceso de rehabilitación ha permitido incorporar al inmueble un equipamiento tecnológico que otorga un plus de funcionalidad y confort a este emblemático edificio del siglo XVI, además de la posibilidad de optimizar su gasto energético. La empresa de servicios domóticos Dointec Sistemas Avanzados ha aplicado tecnología EIB-KNX para el control de funciones desde un ordenador central.

*Figura 11.20. Palacio del Condestable de Pamplona*

## 11.2.21 La Casa del Gastrónomo de Sevilla

La supercasa Gastrum es una domotización integral de la empresa Inmomatica con KNX de una vivienda de un edificio histórico en el centro de Sevilla. Se trata de una casa de cinco plantas más casetón de cubierta, en la que el propietario, reconocido gastrónomo, ha definido un conjunto de espacios tecnológicos integrados con la vivienda: una supercocina de ultima generación, una bodega ultramoderna, mas un aula de gastronomía y una sala de catas, despacho y salas de audiovisuales. La cocina es el corazón de la casa y está totalmente domotizada. Completa el proyecto un elevado numero sistemas motorizados controlados domóticamente, que hacen de esta vivienda un autentico espectáculo de sincronización y movimiento.

*Figura 11.21. La Casa del Gastronomo de Sevilla*

### 11.2.22 Casa Port de Pollença en Mallorca

La empresa NORD ARBONA PIZÀ ha integrado la domótica, seguridad y acceso en una exclusiva vivienda unifamiliar de diseño vanguardia, confortable y energéticamente eficiente. Se ha integrado los sistemas de control domótico bajo el estándar europeo de edificios inteligentes Eib Konnex con la tecnología de Berker. La iluminación de todas las estancias y la climatización pueden controlarse con gestos tan simples como utilizar un mando a distancia o directamente con los pulsadores interiores.

Fuente: http://www.casadomo.com/.

*Figura 11.22. Casa Port de Pollença en Mallorca*

### 11.2.23 Super Casa en Madrid

Un chalet de lujo que se encuentra en una urbanización privada en Villaviciosa de Odon (Madrid) ha sido dotado con lo último y más avanzado en tecnologías de domótica, seguridad, multimedia y telecomunicaciones por la empresa INMOMÁTICA. El proyecto de integración de sistemas de Hogar Digital de la vivienda se ha realizado diseñando la conectividad e integración de subsistemas independientes: bus KNX/EIB, cableado estructurado de CAT 6, red de seguridad y red de audio/vídeo.

Fuente: http://www.casadomo.com/.

*Figura 11.23. Super Casa en Madrid*

### 11.2.24 Viviendas en Torrelodones

La empresa integradora Ingeniería Domótica S.L. ha realizado la instalación de un sistema de domótica de Dinitel en 16 viviendas unifamiliares de la promotora UTE Torrelodones SA en la Calle Prado del Estudiante en Torrelodones Madrid. Además ha recibido Ingeniería Domótica S.L. por esta instalación el "Premio a la Mejor Instalación Domótica", otorgado por la Dirección General de Industria de la Comunidad de Madrid. Las prestaciones implementadas buscan cubrir cuatro pilares fundamentales como son: Ahorro energético, Comunicaciones, Seguridad y Confort. Es importante destacar que en el proyecto no se buscaron prestaciones independientes, sino una integración entre todas.

Fuente: *http://www.casadomo.com/.*

*Figura 11.24. Viviendas en Torrelodones*

## 11.3 EDIFICIOS INTELIGENTES EN EL EXTRANJERO

### 11.3.1 Rascacielos gemelos de París

En el distrito parisino de La Défense se han levantado dos rascacielos gemelos y tres edificios de oficinas. Todos tienen un sistema de gestión de edificio multifuncional basado en el standard LonWorks, cuyos componentes cumplen las especificaciones LonMark. El sistema incluye más de 15.000 dispositivos distintos interconectados de los cuales 8.000 son reguladores de frío y calor y 4.000 son controladores de iluminación. El control se realiza con 22 ordenadores conectados en red LNSTM (LonWorks Network System) escalables, que permiten un acceso local y remoto. El sistema de gestión en cada edificio se conecta a un banco común de datos, de modo que es posible un control independiente por edificio o un control común.

Fuente: *El mundo de la domótica* número 34.

*Figura 11.25. Rascacielos gemelos de París*

## 11.3.2 Modelo de casa japonesa HII en Francia

Situada en un pueblecito francés, El Rosellón, se encuentra el modelo de casa japonesa HII (Home Information Infrastructure) de la empresa Matsushita Electric Industrial. Está conectada a una red digital y dispone de varios aparatos conectados también a la red. Desde un terminal instalado en el propio hogar puede obtenerse información de índole diversa: mensajes de otros miembros de la familia, el estado de cuentas del banco, los consumos de agua, gas, electricidad, teléfono, etc. A través de la red también se dispone de un servicio de mantenimiento de los electrodomésticos y podrán recibirse informes de su estado de funcionamiento, incluso de la conveniencia o la necesidad de revisarlos o repararlos. El sistema de control del ambiente y de la energía del hogar se encarga de que el aire acondicionado, la ventilación y la iluminación sean los adecuados.

Fuente: *http://ne.nikkeibp.co.jp/english/2001/01/0112matsu_d-ce.html*

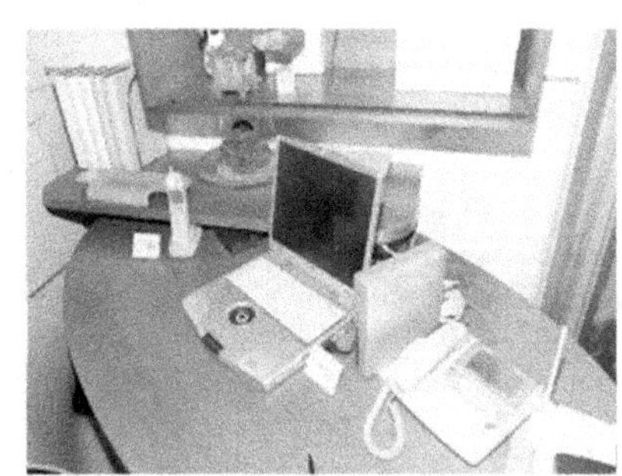

*Figura 11.26. Modelo de casa japonesa HII en Francia*

## 11.3.3 Ma M@isonnet en Francia

Los miembros de LONMARK, Honeywell, Philips y Sony han suministrado productos a Ma M@aisonnet, la primera casa Internet disponible en el mercado francés. Ma M@isonnet, con sus 170 m2, ha sido construida teniendo en cuenta las cinco características más pedidas por el consumidor: confort, comunicación, ahorro energético, seguridad y calidad del tiempo libre pasado en el hogar. Ma M@isonnet emplea productos de Echelon, el desarrollador de la tecnología de red LonWorks. Además el servidor Internet i.LON 1000 de Echelon conecta la red de control con una red de datos IP.

Fuente: *http://www.cisco.com/warp/public/3/fr/mamaisonnet/pages/1maison/*

*Figura 11.27. Ma M@isonnet en Francia*

## 11.3.4 La catedral de Múnich en Alemania

La catedral de Múnich, el Liebfrauendom, ha sido modernizada por miembros LONMARK, asociación de fabricantes de LonWorks. Con la ocasión de mejoras y ampliación de la sacristía, se decidió que en el proceso de las renovaciones también debía ser modernizada la técnica de la catedral. Con la modernización de la calefacción se puede operar y monitorizar todos los componentes nuevos y existentes (el control de la luz, el sistema de alarma, la vigilancia por cámara y el control de las campanas) desde un punto central. La integración de los distintos componentes y sistemas en un panel de comando compacto fue lograda con dos monitores paralelos de 19” con pantallas de contacto instalados en la sacristía.

Fuente: http://www.teamone.de/.

*Figura 11.28. La catedral de Múnich en Alemania*

## 11.3.5 Innoventions Dream Home

Innoventions Dream Home es una casa dotada de los últimos avances tecnológicos situada en el Disnyeland Resort de California. Esta original instalación está dedicada a las atracciones futuristas. Entre las empresas que han participado en este proyecto encontramos firmas de la talla de Microsoft, Hewlett Packard o Lifeware, que han puesto en manos de la constructora Taylor Morrison los sistemas y productos tecnológicos más novedosos. Los visitantes podrán comprobar las prestaciones que las innovaciones informáticas y domóticas pueden ofrecerles: desde ocio audiovisual tanto para los padres como para los niños hasta los distintos sistemas que facilitan las tareas domésticas, siendo la cocina de la Dream Home un buen ejemplo.

Fuente: http://gizmodo.com/photogallery/innoventionshome/.

*Figura 11.29. Innoventions Dream Home*

## 11.3.6 InHaus en Alemania

InHaus es un proyecto de hogar inteligente en Duisburg (Alemania) desarrollado por investigadores del IMS de Duisburg y varios fabricantes industriales como Honeywell, Merten, Miele, Sony, Viessman, etc. Es un objetivo ambicioso de cómo serían 20 millones de casas en Europa si se equipasen con estas tecnologías en los próximos cuatro años. En la propuesta han desarrollado tres modelos de servicios. El primer servicio es una red doméstica con conexión de aparatos de gestión. Un segundo servicio se orienta al almacenamiento automático y a la gestión de *stocks*, y en tercer lugar se encuentran los teleservicios alimentarios. Además integra domótica e Internet, creando una Intranet doméstica que permite accionar cualquier electrodoméstico o aparato mediante un terminal ya sea PC, pantalla táctil, TV interactiva, etc.

Fuente: *El Mundo de la domótica* num 42.

*Figura 11.30. InHaus en Alemania*

## 11.3.7 Edificio Eurotheum de Frankfurt

El Eurotheum es un edificio de 32 plantas de oficinas y viviendas en el centro de Frankfurt que dispone de un alto nivel de equipamiento. La automotización la han realizado las empresas Newton y Phoenix Contact utilizando el sistema de bus de campo Interbus. Las estaciones descentralizadas de entradas/salidas se pueden distribuir a voluntad y conectar y ampliar de forma sencilla utilizando la red de comunicaciones Ethernet. También se utiliza el estándar OPC (OLE for Process Control) y el sistema Hercon. Los sistemas que se han controlado son la calefacción, el alumbrado y la protección contra incendios.

*Figura 11.31. Edificio Eurotheum de Frankfurt*

## 11.3.8 Estación de ferrocarril del futuro de Frankfurt

La estación de Frankurt es la planta piloto de las denominadas estaciones del futuro que la compañía alemana de ferrocarriles ha puesto en marcha, es una estrategia para que todas las estaciones de pasajeros se adapten a un único estándar sobre automatización de edificios, sistemas de comunicaciones y de gestión de las mismas. La tecnología elegida como base fundamental de todos los edificios ha sido LonWorks. En la estación de Frankfurt el sistema está dividido en tres grandes subsistemas: uno para el control de los equipos de calefacción y ventilación, otro para el equipamiento de expulsión mecánica del humo y ventilación artificial y otro para la distribución eléctrica y el control y regulación de la iluminación. La red LonWorks está formada aproximadamente por 1.000 dispositivos y el bus es de una longitud de unos 2,4 km.

*Figura 11.32. Estación de Ferrocarril del Futuro en Frankfurt*

## 11.3.9 Living Tomorrow en Bruselas

Es un complejo belga formado por una vivienda, una oficina y varias áreas funcionales incluido un jardín. El Living Tomorrow hace un especial énfasis en el teletrabajo. El resultado es que se vivirá más tiempo en el propio domicilio, sin olvidar que asímismo son necesarias soluciones orientadas para la gente mayor y para las personas que necesitan apoyo debido a alguna discapacidad. Todas estas condiciones han sido tenidas en cuenta en el proyecto. Comodidad y comunicación son los aspectos principales.

Fuente: *Revista el mundo de la domótica* num 36.

*Figura 11.33. Living Tomorrow en Bruselas*

## 11.3.10 Internet Home en Italia

El proyecto Internet Home es una iniciativa italiana de apartamento proyectado en Milán, en la que participan empresas de primera fila como Cisco Systems, Grupo Pirelli, Merloni, Bticino, Milano Centrali y Fastweb, donde se funden la visión tecnológica y la arquitectónica. Se basa en dos aspectos clave: la apertura hacia Internet y la utilización de fibra óptica. Dispone de una red doméstica que conecta el ordenador personal, el lector de audio MP3, la WebDVD para el servicio de "Video On Demand", todos los sistemas de control doméstico y el acceso a Internet a través de banda ancha. Los electrodomésticos pueden comunicarse entre ellos y con el mundo exterior gracias a la utilización de la tecnología WRAP (Web Ready Appliances Protocol).

Fuente: *Revista el mundo de la domótica* num 40.

*Figura 11.34. Internet Home en Italia*

## 11.3.11 Twin Towers de Viena

Las Twin Towers de Viena son dos torres de 138 y 126 m consideradas como uno de los edificios más representativos del recientemente inaugurado barrio de Wienerberg. Las instalaciones del edificio están integradas con el sistema LonWorks, de forma que la interoperatividad LonMark asegura una comunicación abierta entre los dispositivos suministrados por múltiples compañías y no existe la necesidad de un controlador central a la vez que permite realizar conexiones a cualquier punto de la red (control distribuido). De esta forma, tanto el sistema de iluminación de Philips Lighthing, como el control de las persianas de Gesytec y el sistema de HVAC de Jhonson Controls pueden comunicarse fácilmente entre sí.

Fuente: *Revista el mundo de la domótica* num 37.

*Figura 11.35. Twin Towers de Viena*

## 11.3.12 La nueva casa del futuro de Disney

La "Casa del futuro", una vivienda extravagante, toda de plástico, cerró sus puertas una década después. Ahora Disney se apresta a inaugurar una nueva morada en Tomorrowland (La tierra del mañana), esta vez en sociedad con gigantes tecnológicos del siglo XXI. Las luces se encenderán automáticamente cada vez que alguien entre en una habitación. Los armarios ayudarán a escoger la vestimenta adecuada para una fiesta. Las cocinas encimeras serán capaces de identificar las provisiones colocadas sobre ellas y hacer sugerencias para el menú. La casa de 15 millones de dólares es una colaboración de The Walt Disney Co., Microsoft Corp., Hewlett-Packard Co., la fabricante de programas de computación LifeWare y la constructora Taylor Morrison.

Fuente: en.wikipedia.org/wiki/Tomorrowland.

*Figura 11.36. La nueva casa del futuro de Disney*

## 11.3.13 La casa de Bill Gates en Estados Unidos

Una de las casas domóticas más famosas del mundo es la de Bill Gates que, aparte de tener teatro, oficinas, embarcadero, garaje para 14 coches, piscina, casa de invitados, sala de conferencias, incluso estuario para cría de salmones, está completamente cableada con fibra óptica. En cada habitación hay pantallas táctiles para control de iluminación, música y climatización. Además los visitantes llevan un "pin" electrónico que controla dónde están en cada momento.

Fuente: http://www.usnews.com/usnews/tech/billgate/gates.htm.

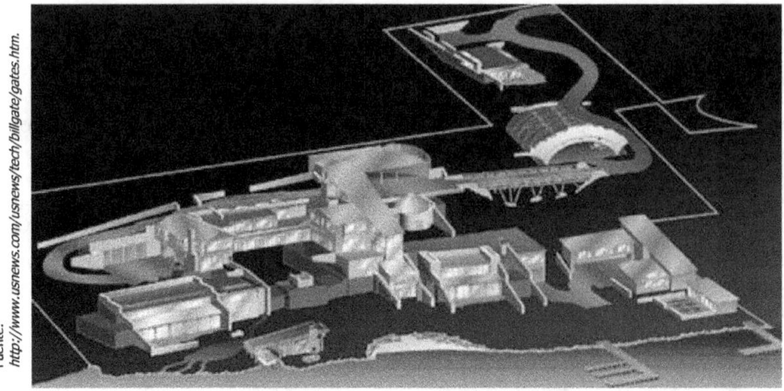

*Figura 11.37. La casa de Bill Gates en Estados Unidos*

## 11.3.14 La casa de Crevier en Wisconsin

Scott Crevier es un americano fanático de la automatización del hogar y en especial de los dispositivos X-10. Además ha desarrollado una aplicación web desde la que tiene control y visualización de luces y puertas, así como control por voz de su propia casa. El usuario puede activar o desactivar los aparatos con un simple clic de ratón desde una página web. También dispone de cámaras *web-cam* X-10 que permiten seleccionar la que se desea visualizar de entre un conjunto de cámaras.

Fuente: http://www.x10.crevier.org/house/.

*Figura 11.38. La casa de Crevier en Wisconsin*

## 11.3.15 Arcosanti en Estados Unidos

La construcción de Arcosanti, que es un prototipo de ciudad con eficiencia energética que combina conceptos arquitectónicos y ecológicos, la comenzó en 1970 el arquitecto Paolo Soleri. Esta localizada en el desierto alto de Arizona, a 70 millas de la ciudad metropolitana de Phoenix, ubicada en 4.060 Ha de tierra preservada por la Fundación Cosanti y por la cual es conocida a nivel mundial. Arcosanti está basada en la teoría de la Arcología, combinación de Arquitectura, Ecología y Planeamiento Urbano; los modelos de ciudad propuestos por Soleri se llaman Arcologías. Éstas son tridimensionales, compactas, a diferencia de las ciudades tradicionales que se extienden bidimensionalmente. Gracias a su forma compacta, la ciudad ocupa tan sólo el 2% del terreno comparada con una ciudad del mismo número de habitantes. Mediante sencillos sistemas de invernaderos se obtiene la materia prima vegetal para la subsistencia de los habitantes. Las Arcologías se abastecen energéticamente a través de fuentes de energía naturales no contaminantes: sol, vientos, etc.

Fuente: *http://www.arcosanti.org.*

*Figura 11.39. Arcosanti en Estados Unidos*

## 11.3.16 Laboratorio Residencial en Estados Unidos

En Georgia, una familia vive en una casa llena de cámaras, micrófonos y miles de sensores, diseñada por el Instituto Broadband para realizar un estudio científico sobre como mejorar el futuro diseño tecnológico de los hogares. Es una casa de tres pisos y de unos 500 m$^2$. Se pretende determinar los modelos de actividad típicos de una familia. Los sensores son capaces de detectar los objetos que tocan, donde están, qué hacen, con quién hablan, etc. El objetivo final es diseñar hogares inteligentes a medida de cada familia, en los que la tecnología lo permita todo: paredes que escuchan y ejecutan órdenes, sistemas que detectan presencia y ponen en marcha climatizadores o luz, un ordenador capaz de llamar al electricista o a la pizzería, incluso la incorporación de la nueva generación de sistemas capaces de percibir gestos y expresiones e interpretar su significado y tomar decisiones por ellos mismos.

Fuente: http://www.broadband.gatech.edu/.

*Figura 11.40. Laboratorio Residencial en Estados Unidos*

## 11.3.17 Petronas Twin Towers

Las torres Petronas, en Malasia, con sus 452 metros de altura eran las más altas del mundo. Son dos torres gemelas de 88 pisos unidas por un puente entre las plantas 41 y 42. Disponen de un sistema de control de la empresa Andover Controls que proporciona un manejo central y monitorización del aire acondicionado, de la iluminación, de la energía, del enfriamiento del agua, etc. Como medio de comunicación del sistema utiliza una red local basada en una estructura de dos capas, la red primaria enlaza los controladores con el centro de comandos y la red secundaria comunica con los dispositivos finales.

Fuente: http://www.klcc.com.my/Showcase/PTT/ps ptt overview.htm.

*Figura 11.41. Petronas Twin Towers en Malasia*

## 11.3.18 Taipei 101

El rascacielos de oficinas Taipei 101, construido en Taiwán, con sus 509 m de altura, era hasta hace muy poco tiempo el edificio más alto del mundo. Es considerado uno de los edificios más seguros, capaz de resistir un terremoto de siete grados en la escala de Richter y un ataque terrorista como el sufrido por las Torres Gemelas de Nueva York. Tiene 34 ascensores que alcanzan los 60 km/h y pueden ir desde la planta baja a la 90 en sólo 37 segundos. Durante su construcción se han integrado las tecnologías más avanzadas de todo el mundo. Es un edificio altamente automatizado con facilidades de estado actual y infraestructura de las comunicaciones.

*Figura 11.42. Taipei 101 en Taiwan*

## 11.3.19 Burj Dubai

El Burj Khalifa, tambien conocido como Burj Dubai, se ha convertido en el edificio más alto realizado por el hombre, con sus 828 metros de altura. El Burj Dubai es un ejemplo de ciudad vertical, que cuenta con seis niveles mecánicos en donde se sitúa la maquinaria que regirá los sistemas del edificio. Dentro del edificio se encontrará el primer hotel de la marca Armani (en las primeras 39 plantas), 700 apartamentos privados de lujo (plantas de la 45 a la 108), un mirador (planta 123), un observatorio (planta 124) y oficinas (resto de las plantas hasta la planta 156). El edificio cuenta con 58 ascensores (los más rápidos del mundo) que viajan a una velocidad de 10 m/s. Se han empleado 31.400 toneladas de acero en su construcción y 28.261 paneles de cristal. Un millón de litros de agua son los necesarios para abastecer a toda la población del edificio.

*Figura 11.43. Burj Dubai*

## 11.3.20 Hogar *on-line* tradicional en Japón

La Asociación de las Industrias de la Tecnología Electrónica y de la Información (JEITA) ha dirigido el proyecto de la nueva casa tradicional japonesa, desplegando más de cincuenta aplicaciones, basadas en el establecimiento de una red distribuida por todo el hogar. Algunas de las compañías que han participado son Matsushita, Hitachi, Sony, Sharp, etc. Las características menos tradicionales de la vivienda son el explorador de huella digital para identificación de personas, la mascota Aibo, que recibe y juega con los visitantes, control telefónico y desde el televisor, luces, aire acondicionado y de todos los dispositivos, ya que todos ellos disponen de una dirección IP privada.

Fuente: *El mundo de la domótica* núm 42.

*Figura 11.44. Hogar on-line tradicional en Japón*

## 11.3.21 Casa TRON en Japón

La casa TRON (The Real Time Operating System Nucleus) es una casa piloto desarrollada en Japón por Ken Sakamura con el apoyo de compañías japonesas, que intenta ofrecer la visión de lo que será la forma de vida del futuro. El objetivo de la casa es proporcionar el máximo confort y seguridad a sus ocupantes mediante la computerización de todos los sistemas con más de 400 microprocesadores. La posición de las ventanas es controlada según la insolación, la velocidad y dirección del viento, la lluvia y la polución atmosférica. La iluminación se regula en función de la luz solar recibida. Dispone de 7 cámaras de vídeo, 32 monitores, 24 teléfonos y tres docenas de altavoces. Posee un centro de diagnosis que mide el pulso y la presión sanguínea, los contenidos de azúcar y de albúmina en la orina.

Fuente: *http://www.tron.org/*.

*Figura 11.45. Casa TRON en Japón*

## 11.3.22 Torre biónica en Hong Kong

El prototipo de Bionic Vertical Space es un proyecto de los arquitectos españoles Eloy Celaya, Javier Gómez Pioz y Mª Rosa Cervera. Será una torre ciudad vertical con 1.228 m de altura, de forma que será la más alta del mundo. El tronco de los árboles es la inspiración de la torre biónica que tendrá una estructura de anillos y raíces. Se emplazará en la bahía de Hong Kong y contará con oficinas, guarderías, colegios, etc. para las cien mil personas que podrán vivir en ella. Alrededor de la ciudad biónica se disponen edificaciones, lagos, vías de comunicación y un enlace con la ciudad tradicional.

Fuente: http://www.torrebionica.com/bvs/bvs.htm.

*Figura 11.46. Torre biónica en Hong Kong*

## 11.3.23 Rascacielos Torre La Llum en Japón

El proyecto Torre La Llum es un rascacielos inteligente, ecológico y bioclimático de 501 m de altura que inicialmente se ha diseñado para la ciudad de Valencia, pero es más probable que se construya en Japón. Es un edificio inteligente que puede anticiparse a las condiciones medioambientales que actúan sobre él, puede cambiar su color, su configuración envolvente, su orientación, su estructura espacial interna. Doce ordenadores testean las acciones exteriores para dar respuesta estructural a las sobreoscilaciones que pudieran actuar sobre el edificio.

*Figura 11.47. Rascacielos Torre La Llum en Japón*

## 11.3.24 Ciudades del futuro en Malasia

El proyecto de las ciudades del futuro en Malasia de Putrajaya y Ciberjaya está promovido por el gobierno malayo junto con algunos de los mayores fabricantes estadounidenses de ordenadores para levantar, a unos 35 km al sur de Kuala Lumpur, dos ciudades inteligentes. La primera ciudad se llamará Putrajaya y está destinada a ser el futuro centro administrativo del país. En la segunda, Ciberjaya, se instalarán centros de enseñanza. Putrajaya y Ciberjaya estarán conectadas entre sí por medio de un tren de alta velocidad y una superautopista. El paraíso de la alta tecnología dispondrá de un Super Corredor Multimedia, que tendrá un montaje de alta velocidad de transmisión de señales ópticas, acústicas y datos a través de Internet.

*Figura 11.48. Putrajaya y Ciberjaya las ciudades del futuro en Malasia*

## 11.3.25 E-Home vivienda del siglo XXI

La empresa Next Home Generation ha desarrollado una vivienda, que, además de integrar todas las áreas que componen este tipo de vivienda, es capaz de interactuar con el entorno y con los habitantes de la casa. El resultado es la primera vivienda inteligente que se comercializa en el mundo. Dispone de un sistema operativo denominado NeuroHome que se actualiza automáticamente en función de las nuevas tecnologías y realiza estadísticas basadas en el uso de los habitantes. El primer modelo de este tipo de vivienda es el e-Home 4.0, que es una vivienda unifamiliar de 85 m$^2$ que es posible ampliar hasta los 250 m$^2$.

*Figura 11.49. E-Home vivienda del siglo XXI*

## 11.3.26 Casa próxima futura de Philips

La casa próxima futura de Philips mezcla imaginación y diseño. En la cocina/comedor, un delantal inteligente permite al usuario utilizar los diferentes aparatos domésticos ubicados en la estancia sin necesidad de utilizar las manos, utilizando sólo la voz. El mantel interactivo permite utilizar todo tipo de aparatos domésticos sin necesidad de cables y sin que la temperatura del mantel varíe. Los platos de cerámica mantienen la comida caliente. En el salón/cuarto de estar, una librería incorpora un sistema de conexión a Internet, un cargador de libros interactivos y una impresora. También dispone de reproductor de audio de cerámica, un teléfono con pantalla y un bloc de notas electrónico. En el dormitorio, la mesita de noche es un centro de control del resto de las habitaciones de la casa. El cuarto de baño tiene un espejo con acceso a todas las posibilidades recreativas y de información.

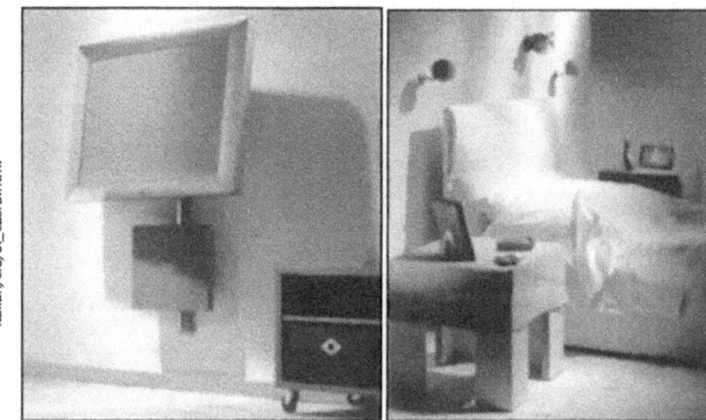

Fuente: *http://www.casa-futura.it/italian/cf3/3i_casfu.htm.*

*Figura 11.50. Casa Próxima Futura de Philips*

## 11.3.27 Mansiones y villas de lujo en Europa

Viviendas de alto *standing* disponen del sistema domótico TELETASK. Estas viviendas se encuentran repartidas por toda Europa, especialmente Paises Bajos, Alemania y España. El sistema Teletask se ha instalado en viviendas que van desde pisos de tamaño medio (100-120 m$^2$) hasta villas de lujo que se asemejan a las *châteaux* franceses. En españa las viviendas se encuentran en Calpe (Alicante), Puerta de Hierro (Madrid), Marbella, Huelva y Palma de Mallorca.

Fuente: *Revista CEDOM* número 1.

*Figura 11.51. Mansiones y Villas de lujo en Europa*

Capítulo 12

# INFORMACIÓN ADICIONAL

## 12.1 INTRODUCCIÓN

En este capítulo se recopila un conjunto de información de interés y relacionada con los edificios inteligentes, tales como: normativa específica sobre automatización de viviendas y edificios, organismos y empresas nacionales e internacionales, libros en castellano y en inglés, electrodomésticos y dispositivos de última generación y direcciones webs relacionadas con la domótica y la inmótica. Finalmente se describe el contenido del CD-ROM que viene junto al libro, y que contiene manuales, software de gestión, simulación y enseñanza de la inmótica y la domótica.

## 12.2 NORMATIVA

Una norma es un documento de aplicación voluntaria que contiene especificaciones técnicas basadas en los resultados de la experiencia y el desarrollo tecnológico. A la hora de elaborar una norma, debe existir un consenso entre todas las partes interesadas en la actividad objeto de la misma. De un modo esquemático, en la siguiente tabla se representan los distintos organismos de normalización, distinguiéndose por su ámbito de aplicación y el sector en el que trabajan.

| | General | Eléctrico | Telecomunicación |
|---|---|---|---|
| Internacional | ISO | IEC | ITU |
| Europeo | cen | CENELEC | ETSI |
| Nacional | AENOR | | |

Con respecto a la normativa europea, se ha aprobado varias partes de la norma EN 50090 relacionada con Los Sistemas Electrónicos en Viviendas y Edificios (HBES). Además existen dos directivas europeas que afectan a la domótica.

- Directiva 2006/95/CE del Parlamento Europeo y del Consejo, relativa a la aproximación de las legislaciones de los Estados miembros sobre el material eléctrico destinado a utilizarse con determinados límites de tensión.

- Directiva 89/336/CEE sobre compatibilidad electromagnética, que ha sido sustituida, en diciembre de 2004, por la nueva directiva 2004/108/CE que se aplicará de forma obligatoria a los aparatos, componentes, subsistemas e instalaciones a partir del 20 de julio de 2009.

Con respecto a la normativa Española, hasta hace muy poco tiempo no existía una normativa específica para la gestión técnica de edificios, pero esto ha cambiado con la inclusión de la I.T.C. (Instrucción Técnica Complementaria) número 51 dentro del Reglamento de Baja Tensión (R.B.T.). Además de esta normativa específica existen otras normas que afectan en mayor o menor media en la gestión técnica de edificios y son referentes a electricidad, telecomunicaciones, servicios, seguridad, etc. Algunos ejemplos de estos reglamentos que están relacionados con la gestión técnica de edificios son el propio R.B.T., el Reglamento de Instalaciones Técnicas en Edificios (R.I.T.E.), el Reglamento sobre las Infraestructura Común de Telecomunicaciones (I.C.T.), el Reglamento de Instalaciones de Gas en Locales destinados a usos domésticos, colectivos o comerciales (R.I.G.L.O.), el Reglamentos sobre Infraestructuras Comunes en Edificios (R.I.C.E.), la Ley de Ordenación de Edificación (L.O.E.), el Reglamento de Protecciones contra Incendios, el Reglamento de Instalaciones de Calefacción, Climatización y Agua Caliente Sanitaria, etc.

## 12.2.1 ITC-BT-51

Debido a su importancia y especificidad, a continuación se va a transcribir la ITC-BT-51, denominada instalación de sistemas de automaticzación, gestión técnica de la energía y seguridad para viviendas y edificios, tal y como aparece en el BOE número 224 del miércoles 18 de septiembre de 2002 desde la página 207 a la 209.

### 12.2.1.1 OBJETO Y CAMPO DE APLICACIÓN

Esta instrucción establece los requisitos específicos de la instalación de los sistemas de automatización, gestión técnica de la energía y seguridad para viviendas y edificios, también conocidos como sistemas domóticos.

El campo de aplicación comprende las instalaciones de aquellos sistemas que realizan una función de automatización para diversos fines, como gestión de la energía, control y accionamiento de receptores de forma centralizada o remota, sistemas de emergencia y seguridad en edificios, entre otros, con excepción de aquellos sistemas independientes e instalados como tales que puedan ser considerados en su conjunto como aparatos, por ejemplo, los sistemas automáticos de elevación de puertas, persianas, toldos, cierres comerciales, sistemas de regulación de climatización, redes privadas independientes para transmisión de datos exclusivamente y otros aparatos, que tienen requisitos específicos reunidos en las Directivas europeas aplicables conforme a lo establecido en el artículo 6 del Reglamento Electrotécnico para Baja Tensión.

Quedan excluidas también las instalaciones de redes comunes de telecomunicaciones en el interior de los edificios y la instalación de equipos y sistemas de telecomunicaciones a los que se refiere el Reglamento de Infraestructura Común de Telecomunicaciones (I.C.T.), aprobado por el R.D. 279/1999. Igualmente están excluidos los sistemas de seguridad reglamentados por el Ministerio del Interior y Sistemas de Protección contra Incendios, reglamentados por el Ministerio de Fomento (NBE-CPI) y el Ministerio de Industria y Energía (RIPCI). No obstante, a las instalaciones excluidas anteriormente, cuando formen parte de un sistema más complejo de automatización, gestión de la energía o seguridad de viviendas o edificios, se les aplicará los requisitos de la presente Instrucción además los requisitos específicos reglamentarios correspondientes.

### 12.2.1.2 TERMINOLOGÍA

- **Sistemas de Automatización, Gestión de la Energía y Seguridad para Viviendas y Edificios**: son aquéllos sistemas centralizados o descentralizados, capaces de recibir información proveniente de unas entradas (sensores o mandos), procesarla y transmitir órdenes a unos actuadores o salidas, con el objeto de conseguir confort, gestión de la energía o la protección de personas animales y bienes. Estos sistemas pueden tener la posibilidad de accesos a redes exteriores de comunicación, información o servicios, como por ejemplo, red telefónica conmutada, servicios INTERNET, etc.

- **Nodo**: cada una de las unidades del sistema capaces de recibir y procesar información comunicando, cuando proceda con otras unidades o nodos, dentro del mismo sistema.

- **Actuador**: es el dispositivo encargado de realizar el control de algún elemento del Sistema, como, por ejemplo, electroválvulas (suministro de agua, gas, etc.), motores (persianas, puertas, etc.), sirenas de alarma, reguladores de luz, etc.

- **Dispositivo de entrada**: sensor, mando a distancia, teclado u otro dispositivo que envía información al nodo. Los elementos definidos anteriormente pueden ser independientes o estar combinados en una o en varias unidades distribuidas.

- **Sistemas centralizados**: sistema en el cual todos los componentes se unen a un nodo central que dispone de funciones de control y mando.

- **Sistema descentralizado**: sistema en que todos sus componentes comparten la misma línea de comunicación, cada uno de ellos de funciones de control y mando.

### 12.2.1.3 TIPOS DE SISTEMAS

Los sistemas de Automatización, Gestión de la energía y Seguridad considerados en la presente instrucción se clasifican en los siguientes grupos:

- Sistemas que usan en todo o en parte señales que se acoplan y transmiten por la instalación eléctrica de Baja Tensión, tales como sistemas de corrientes portadoras.

- Sistemas que usan en todo o en parte señales transmitidas por cables específicos para dicha función, tales como cables de pares trenzados, paralelo, coaxial, fibra óptica.

- Sistemas que usan señales radiadas, tales como ondas de infrarrojo, radiofrecuencia, ultrasonidos, o sistemas que se conectan a la red de telecomunicaciones.

Un sistema domótico puede combinar varios de los sistemas anteriores, debiendo cumplir los requisitos aplicables en cada parte del sistema. La topología de la instalación puede ser de distintos tipos, como anillo, árbol, bus o lineal, estrella o combinaciones de éstas.

#### 12.2.1.4 REQUISITOS GENERALES DE LA INSTALACIÓN

Todos los nodos, actuadores y dispositivos de entrada deben cumplir, una vez instalados, los requisitos de Seguridad y Compatibilidad Electromagnética que le sean de aplicación, conforme a lo establecido en la legislación nacional que desarrolla la Directiva de Baja Tensión (73/23/CEE) y la Directiva de Compatibilidad Electromagnética (89/336/CEE). En el caso de que estén incorporados en otros aparatos se atendrán, en lo que sea aplicable, a lo requisitos establecidos para el producto o productos en los que vayan a ser integrados.

Todos los nodos, actuadores y dispositivos de entrada que se instalen en el sistema deberán incorporar instrucciones o referencias a las condiciones de instalación y uso que deban cumplirse para garantizar la seguridad y compatibilidad electromagnética de la instalación, como, por ejemplo, tipos de cable a utilizar, aislamiento mínimo, apantallamientos, filtros y otras informaciones relevantes para realizar la instalación. En el caso de que no se requieran condiciones especiales de instalación, esta circunstancia deberá indicarse expresamente en las instrucciones.

Dichas instrucciones se incorporarán en el proyecto o memoria técnica de diseño según lo establecido en la ITC-BT-04.

Toda instalación nueva, modificada o ampliada de un sistema de automatización, gestión de la energía y seguridad deberá realizarse conforme a lo establecido en la presente Instrucción y lo especificado en las instrucciones del fabricante, anteriormente citadas.

En lo relativo a la Compatibilidad Electromagnética, las emisiones voluntarias de señal, conducidas o radiadas, producidas por las instalaciones domóticas para su funcionamiento, serán conformes a las normas armonizadas aplicables y, en ausencia de tales normas, las señales voluntarias emitidas en ningún caso superarán los niveles de inmunidad establecidos en las normas aplicables a los aparatos que se prevea puedan ser instalados en el entorno del sistema, según el ambiente electromagnético previsto.

Cuando el sistema domótico esté alimentado por muy baja tensión o la interconexión entre nodos y dispositivos de entrada este realizada en muy baja tensión, las instalaciones e interconexiones entre dichos elementos seguirán lo indicado en la ITCBT-36. Para el resto de los casos, se seguirán los requisitos de instalación aplicables a las tensiones ordinarias.

### 12.2.1.5 CONDICIONES PARTICULARES DE INSTALACIÓN

Además de las condiciones generales establecidas en el apartado anterior, se establecen los siguientes requisitos particulares.

- **Requisitos para sistemas que usan señales que se acoplan y transmiten por la instalación eléctrica de baja tensión**. Los nodos que inyectan en la instalación de baja tensión señales de 3 kHz hasta 148,5 kHz cumplirán lo establecido en la norma UNE-EN 50.065 -1 en lo relativo a compatibilidad electromagnética. Para el resto de frecuencias se aplicará la norma armonizada en vigor y en su defecto se aplicará lo establecido en el apartado 4.

- **Requisitos para sistemas que usan señales transmitidas por cables específicos para dicha función**. Sin perjuicio de los requisitos que los fabricantes de nodos, actuadores o dispositivos de entrada establezcan para la instalación, cuando el circuito que transmite la señal transcurra por la misma canalización que otro de baja tensión, el nivel de aislamiento de los cables del circuito de señal será equivalente al de los cables del circuito de baja tensión adyacente, bien en un único o en varios aislamientos. Los cables coaxiales y los pares trenzados usados en la instalación serán de características equivalentes a los cables de las normas de la serie EN 61.196 y CEI 60.189 -2.

- **Requisitos para sistemas que usan señales radiadas**. Adicionalmente, los emisores de los sistemas que usan señales de radiofrecuencia o señales de telecomunicación, deberán cumplir la legislación nacional vigente del “Cuadro Nacional de Atribución de Frecuencias de Ordenación de las Telecomunicaciones”.

### 12.2.2 EN50090

En el año 2003 fue ratificada por el CENELEC (Comité Europeo de Normalización Electrotécnica) la aprobación de varias partes de la Norma Europea EN 50090 (Home & Building Electronic Systems) en las cuáles el KNX ha sido adoptado como parte integrante de las mismas. Esta norma ha sido desarrollada por el TC205, perteneciente al CENELEC, con la participación española. Esta integración es fruto del acuerdo firmado en su día entre el CENELEC y KONNEX para contribuir a la redacción de la normativa referente a los sistemas Domóticos e Inmóticos de aplicación en Europa y en cada uno de los países miembros a través de la transposición de la EN 50090 como norma nacional.

La reciente aprobación de las diversas partes de la Normativa EN 50090 supone un paso crucial para el sector. La aprobación de la Norma no supone en ningún caso la obligatoriedad de la misma, mientras que un documento legislativo nacional (p.e. REBT) no haga referencia a la misma. En ese caso, las empresas del sector deberán seguir las pautas dictadas en la Norma, la cual ha adoptado el KNX como parte integrante de la misma en las partes arriba comentadas.

Las empresas fabricantes de producto que deseen adaptarse al sistema KNX deberán cumplir con: ISO 9000:1, EN 50090-2-2 y Certificación KONNEX. Para ello la Asociación KONNEX facilita las "Especificaciones KNX" así como todo el soporte y asesoramiento necesarios para facilitar la transición hacia el KNX. De la misma forma, la asociación facilita a empresas integradoras de sistemas, instaladoras o proyectistas, la información necesaria (*software*, listado empresas y profesionales, etc.) para poder trabajar siguiendo las directrices del estándar KNX. De esta forma podrán adelantarse a la obligatoriedad de la Norma, en proceso de traducción y ya vigente en estos momentos. La Asociación Konnex trabaja para colaborar en su proceso de adaptación.

En la siguiente tabla se muestra un resumen del estado actual normativo EN50090.

**EN 50090-1.** Estructura del Estándar
Desarrollado por el WG2. Próxima reunión Mayo 2004.

**ARQUITECTURA Y REQUERIMIENTOS DEL HARDWARE**

**EN 50090-2.** Generalidades del Sistema

**EN 50090-2-1.** Arquitectura
Documento Aprobado (Disponible como UNE)

| | | |
|---|---|---|
| | **EN 50090-2-2.** Requisitos Técnicos Generales<br>Documento Aprobado. (Disponible como UNE)<br>**EN 50090-2-3.** Seguridad Funcional "Normal"<br>Voto pendiente Mayo 2004<br>**EN 50090-2-4.** Seguridad Funcional "Seguridad Relacionada"<br>Trabajo WG13. No iniciado. | |
| **EN 50090-3.** Aspectos de Aplicación | **EN 50090-3-1.** Introducción<br>Documento Aprobado - Aportación KNX<br>**EN 50090-3-2.** Proceso Usuario<br>Documento Aprobado. (Disponible como UNE)<br>**EN 50090-3-X.** Interconexión<br>Documento Pendiente - Aportación KNX | **APLICACIÓN** |
| **EN 50090-4.** Medio Independiente | **EN 50090-4-1.** Capa de Aplicación<br>Documento Aprobado - Aportación KNX<br>**EN 50090-4-2.** Capa de Transporte, Red y Partes Generales de la Capa de Unión de Datos para HBES Clase 1.<br>Documento Aprobado - Aportación KNX | **COMUNICACIÓN** |
| **EN 50090-5.** Medio Dependiente | **EN 50090-5-1.** Corrientes Portadoras<br>Pendiente Voto Mayo 2004 - Aportación KNX<br>**EN 50090-5-2.** Par Trenzado, Clase1<br>Documento Aprobado - Aportación KNX<br>**EN 50090-5-3.** Cable Coaxial<br>Documento en redacción.<br>**EN 50090-5-4.** Infrarrojos<br>En Borrador – Aportación KNX<br>**EN 50090-5-5.** Radio Frecuencia<br>En Borrador – Aportación KNX | |
| **EN 50090-6.** Interfaces | **EN 50090-6-1.** Interface Universal<br>En redacción.<br>**EN 50090-6-2.** Proceso de Interface<br>En redacción.<br>**EN 50090-6-3.** Interface del Medio<br>En proceso. | |

| | | |
|---|---|---|
| | **EN 50090-6-4.** Pasarelas Residenciales<br>Pendiente de ser desarrollada como Especificación Técnica (ISO) | |
| **EN 50090-7.** Gestión del Sistema | **EN 50090-7-1.** Procedimientos de gestión<br>Documento Aprobado – Aportación KNX | |
| **EN 50090-8** Evaluación de la Conformidad de los Productos | **EN 50090-8-1.** Conformidad<br>Documento Aprobado. (Disponible como UNE)<br>**EN 50090-8-2.** Perfiles de Dispositivos.<br>Pendiente de Finalización – Aportación KNX | **CERTIFICACIÓN** |
| **EN 50090-9.** Requerimientos de Instalación | **EN 50090-9-1.** Par Trenzado Clase 1 Cableado<br>Documento Aprobado.<br>**EN 50090-9-2.** Inspección<br>Pendiente de ser implementado como Especificación Técnica. | **INSTALACIÓN** |

## 12.2.3 Otras normativas y trabajos actuales

Como en cualquier sector emergente, que se encuentra inmerso en un desarrollo continuo, la tarea de normalización del sector de la domótica no ha hecho más que comenzar y existen diversas iniciativas que esperan ver la luz en los próximos años, en forma de normas que faciliten la interoperabilidad entre sistemas y sobre todo, ayuden a extender la información necesaria entre todos los agentes implicados para que el sector vaya asentándose con seguridad.

De entre estas iniciativas, podemos destacar la Guía Técnica de Aplicación sobre instalaciones de sistemas de Automatización, Gestión técnica de la energía y seguridad para viviendas y edificios, editada recientemente por el Ministerio de Industria, Turismo y Comercio. En ella se hace referencia a la terminología básica que se emplea, así como diversos tipos sistemas domóticos, abordando los requisitos que debe cumplir una instalación.

Del mismo modo, la Comisión Multisectorial del Hogar Digital, englobada dentro de ASIMELEC, trabaja en el desarrollo del Sello de Calidad del Hogar Digital, que pretende proporcionar confianza a los usuarios y profesionales relacionados con el sector, garantizando que la vivienda reúne las capacidades necesarias para prestar los servicios domóticos que la propia comisión prescriba como necesarios, entre los que se destacan Seguridad, Confort, Ahorro Energético,

Comunicaciones y Ocio. Para ello, la citada comisión reúne a Fabricantes de Electrónica y Material Eléctrico, Instaladores de Telecomunicaciones, Empresas de Ingeniería, Universidades, Colegios Oficiales y otros actores que entran en escena cuando se habla de Hogar Digital y Domótica.

Otro de los objetivos a corto plazo de la CMHD es la definición de lo que piensan será el sustituto de la ICT, el proyecto de IHD o Infraestructura del Hogar Digital. Más que suceder, lo que tratará de cubrir será el vacío que deja la ICT en lo que a servicios domóticos se refiere garantizando la prestación de los mismos sin necesidad de ampliar las infraestructuras. No en vano, los Colegios Oficiales de Telecomunicaciones ya sugieren incluir en la ICT los proyectos y servicios de Hogar Digital, posibilitando así su visado por el Colegio. Según la comisión, el proyecto de IHD tendrá una conexión unívoca con el Sello de Calidad del Hogar Digital.

El Libro Blanco del Hogar Digital, también entre las tareas en proceso de la CMHD, pretende recoger los servicios definidos por la CMHD, indicando las tecnologías e infraestructuras que los soportan además de incluir aquello que se considere necesario, para llevar hacia adelante el proceso de normalización de la actividad.

En período de desarrollo también se encuentran, dentro del Cenelec, la serie de normas EN 50491, que pretenden establecer los requisitos generales que deba cumplir cualquier sistema domótico, en lo que a seguridad eléctrica, compatibilidad electromagnética, etc se refiere, con independencia del protocolo empleado para las comunicaciones.

Por su parte, el subcomité de normalización de AENOR SC205 "Sistemas Electrónicos en viviendas y edificios", en su colaboración con el CEDOM, ha publicado recientemente la norma técnica EA 0026 "Instalaciones de Sistemas Domóticos en Viviendas. Prescripciones generales de instalación y evaluación", en la que se establecen los mínimos que deben cumplir las instalaciones domóticas para su correcto funcionamiento y evaluación.

Por último, y como una guía o documento de apoyo más, el CEDOM ha desarrollado el "Cuaderno de Divulgación Domótica" que intenta aunar las informaciones más generales con los consejos de buenas prácticas a la hora de instalar. En este cuaderno, encontramos de especial interés la Tabla de Niveles de Domotización, que permitirá conocer cómo de capaz es un sistema domótico.

## 12.3 ORGANISMOS

Existe multitud de organismos específicos o muy relacionados con la gestión técnicas de los edificios. A continuación se listan los principales organismos, tanto nacionales como internaciones, existentes actualmente.

### 12.3.1 Nacionales

**AFME**. Asociación de Fabricantes de Material Eléctrico.

http://www.afme.es/

**AIDA**. Asociación de Inmótica y Domótica Avanzada.

http://www.e-aida.org/

**ANAVIF**. Asociación Nacional para la Vivienda del Futuro.

http://www.anavif.com/

**ANIEL**. Asociación Nacional de Industrias Electrónicas y de Telecomunicación.

http://www.aniel.es/

**CEDOM**. Comité Español para la Gestión Técnica de Edificación y Viviendas.

http://www.cedom.org/

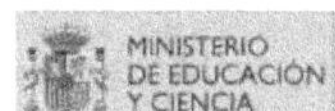

**CIEMAT**. Centro de Investigaciones Energéticas, Medioambientales y Tecnológicas.

http://www.ciemat.es/

**FENITEL**. Federación de Instaladores de Telecomunicaciones.

http://www.fenitel.es/

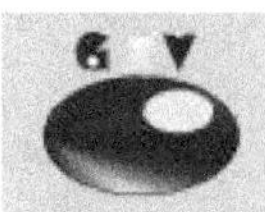

**G2V**. Grupo de Empresas de construcción e instalaciones domóticas e inmóticas.

http://www.g2v.com/

**IDEA**. Instituto para la Diversificación y Ahorro de la Energía.

http://www.idae.es/

**MCYT**. Ministerio de Ciencia y Tecnología.

http://www.mcyt.es/

**SEDISI**. Asociación Española de Empresas de Tecnologías de la Información.

http://www.sedisi.es/

## 12.3.2 Internacionales

**1394 Trade Association**. Asociación del estándar multimedia 1394.

http://www.1394ta.org

**ADDI**. Desarrollo de la Domótica y la Inmótica Francesa.

http://www.addi.org/

| | |
|---|---|
|  | **BACnet**. Página oficial del ASHRAE SSPC 135.<br><br>http://www.bacnet.org/ |
|  | **BCI**. BatiBUS International Club.<br><br>http://www.batibus.com/ |
| 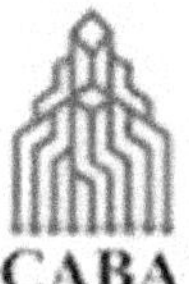 | **CABA**. Continental Automated Buildings Association.<br><br>http://www.caba.org/ |
|  | **CEA**. CEATechHome Consumer Electronics Association.<br><br>http://www.techhome.org/ |
|  | **CENELEC**. European Committee for Electrotechnical Standardization.<br><br>http://www.cenelec.org/ |
|  | **Digital Home Working Group**. Grupo de Trabajo del Hogar Digital (DHWG).<br><br>http://www.dhwg.org/ |
|  | **e-amra**. Asociación Europea de E-business y AMR.<br><br>http://www.e-amra.com |

| | |
|---|---|
|  | **EHSA**. EHS Association.<br>http://www.ehsa.com/ |
|  | **EIBA**. Asociación del Bus de Instalación Europeo.<br>http://www.eiba.com/ |
|  | **EIBG**. European Intelligent Building Group.<br>http://www.eibg.org/ |
|  | **ETSI**. Instituto de Estándares de comunicación Europeos.<br>http://www.etsi.org/ |
|  | **HAVi**. Organization HAVi.<br>http://www.havi.org/ |
|  | **HiperLAN2**. Foro Global HiperLAN2.<br>http://www.hiperlan2.com/ |
|  | **Home Automation Org**. Directorio de sitios web sobre Automatización del Hogar.<br>http://www.home-automation.org/ |
|  | **HomePlug**. HomePlug Powerline Alliance.<br>http://www.homeplug.com/ |

**HomePNA**. Home Phoneline Network Aliance.

http://www.homepna.org/

**IMEI**. Instituto Mexicano del Edificio Inteligente.

http://www.imei.org.mx/

**Konnex**. Asociación Konnex.

http://www.konnex.org/

**LonMark**. Interoperability Association.

http://www.lonmark.org/

**OSGI**. Alianza OSGI.

http://www.osgi.org/

**PLCForum**. Asociación para comunicación con línea de potencia.

http://www.plcforum.com/

**TheApplicationHome**. Iniciativa de Aplicaciones para el hogar.

http://www.theapplicationhome.com/

**UPnP Forum**. Foro de la tecnología UPnP.

http://www.upnp.org/

**VESA**. Video Electronics Standards Association.

http://www.vesa.org/

**WECA**. Wireless Ethernet Compatibility Alliance.

http://www.wirelessethernet.org/

**ZigBee Alliance**. Alianza de compañías ZigBee.

http://www.zigbee.org/

## 12.4 EMPRESAS

En la actualidad existe un gran número de empresas que se dedican en mayor o menor medida a la automatización de la edificación, incluso algunas de ellas se dedican en exclusiva a ello. A continuación se muestra una lista de empresas, tanto españolas como internacionales, que fabrican o venden sistemas domóticos e inmóticos.

**ABB**

http://www.abb.com/

**AIKE tecnologies de l'hàbitat, S.L.**

http://www.aike.com/

**Albeldo Design S.L.**

http://www.albedo.biz/

| | |
|---|---|
|  | **Aldea Domótica S.L.**<br>http://www.aldeadomotica.com/ |
|  | **Andover Controls**<br>http://andovercontrols.com/ |
|  | **Automatic Logic Corporation**<br>http://www.automatedlogic.com/ |
|  | **BJC, Fábrica Electrotecnia. Josa, S.A.**<br>http://www.bjc.es/ |
|  | **BOVESTREET**<br>http://www.bovestreet.com/ |
|  | **BTICINO QUINTELA**<br>http://www.bticinoquintela.com/ |
|  | **CAMBA**<br>http://www.camba.com/ |
|  | **CARLO GAVAZZI S.A.**<br>http://www.carlogavazzi.com/ac/es/ |

| | |
|---|---|
| 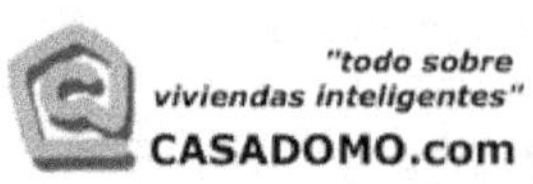 | **CASADOMO SOLUCIONES S.L.**<br>http://www.casadomo.com/ |
|  | **CEAG Nortem S.A.**<br>http://www.ceag.de/ |
|  | **Concelac. Logical Desing S.A.**<br>http://www.conleac.com/ |
|  | **DELTA CONTROLS**<br>http://www.deltacontrols.com/ |
|  | **DELTA DORE ELECTRÓNICA, S.A.**<br>http://www.deltadore.com/ |
|  | **DILARTEC**<br>http://www.lartec.es/ |
|  | **DINITEL S.A.**<br>http://www.dinitel.es/ |
|  | **DINUY, S.A.**<br>http://www.dinuy.com/ |
|  | **DISTEC-WIT S.L.**<br>http://www.distec.org/ |

| | |
|---|---|
|  | **Doelectric S.L.**<br>http://www.doelectric.com/ |
| 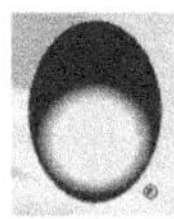 | **Dominnova.com**<br>http://www.dominnova.com/ |
|  | **Domitel**<br>http://www.domitel.com/ |
|  | **DomoDesk**<br>http://www.domodesk.com/ |
|  | **Domogenio**<br>http://www.domogenio.es/ |
| 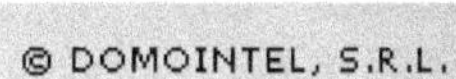 | **Domointel**<br>http://www.domointel.com/ |
|  | **DOMOLLUM**<br>http://www.domollum.com/ |
|  | **Domomarket**<br>http://www.domomarket.es/ |
| 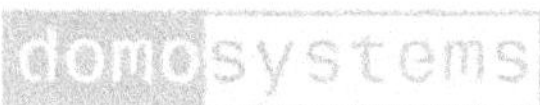 | **domosystems**<br>http://www.domo-systems.com/ |

| | |
|---|---|
|  | **DOMÓTICA.NET**<br>http://www.domotica.net/ |
|  | **Domótica Viva**<br>http://www.domoticaviva.com/ |
| 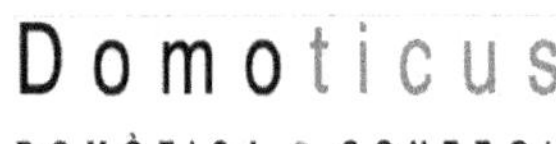 | **Domóticus**<br>http://www.domoticus.com/ |
|  | **DOMOVAL ELECTRONIC, S.L.**<br>http://www.domoval.com/ |
|  | **Echelon**<br>http://www.echelon.com/ |
| 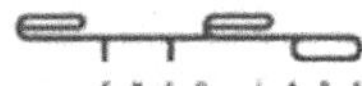 | **ENEO Labs.**<br>http://www.eneo.com/ |
|  | **EUSKATEL, S.A.**<br>http://www.euskaltel.es/ |
|  | **FAGOR S. Coop.**<br>http://www.fagor.com/ |
|  | **FERMAX.**<br>http://www.fermax.es/ |
|  | **Foresis, S.A.**<br>http://www.foresis.info/ |

**FreeDom**

http://www.freedomingenieria.com/

**Futurasmus**

http://www.futurasmus.es/

**GEWISS IBÉRICA, S.A.**

http://www.gewiss.com/

**GUIJARRO HNOS., S.A.**

http://www.guijarro-hnos.es/

**HAGER SISTEMAS, S.A.**

http://www.hager.es/

**HIMEL, S.A.**

http://www.himel.es/

**Hedo & Montero**

http://www.hedoymontero.com/

**Hogar Digital**

http://www.hogardigital.com/

**Home Controls**

http://www.homecontrols.com/

**HomeFutura**

http:// www.homefutura.com/

| | |
|---|---|
|   | **HOME SYSTEMS**<br>http://www.home-systems.com/ |
|   | **HomeTech**<br>http://www.hometech.com/ |
|   | **Honeywell**<br>http://europe.hbc.honeywell.com/ |
|   | **Ineli**<br>http://www.ineli.com/ |
|   | **Ingeniería Domótica**<br>http://www.uritec.net/ingdomo/ |
|   | **Ingenium S.L.**<br>http://www.ingeniumsl.com/ |
|   | **inmomática**<br>http://www.inmomatica.com/ |
|   | **Inmotiza**<br>http://www.inmotiza.com/ |
|   | **ISDE. Ingeniería de Sistemas Domóticos y Electrónicos.**<br>http://www.isde-ing.com/ |
|   | **JUNG ELECTRO IBÉRICA S.A.**<br>http://www.jung.de/ |

| | |
|---|---|
|   | **Kraulin**<br>http://www.proyectosdomotica.com/ |
|   | **Larestel**<br>http://www.larestel.com/ |
|   | **LEGRAND ESPAÑOLA, S.A.**<br>http://www.legrand.es/ |
|   | **LG Electronics**<br>http://www.lge.es/ |
| 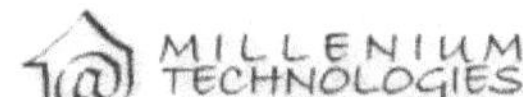  | **Millenium Technologies**<br>http://www.lacasadelfuturo.com/ |
|   | **Miniaturas Tecnológicas S.A.**<br>http://www.miniatec.com/ |
|   | **next home generation**<br>http://www.nexthomegeneration.com/ |
|   | **OMRON ELECTRONICS, S.A.**<br>http://www.omron.es/ |
|   | **ORBIS TECNOLOGIA ELÉCTRICA S.A.**<br>http://www.orbis.es/ |
|   | **Robotiker**<br>http://www.robotiker.es/ |

**SACI, S.A.**

http://www.saci.es/

**Samsung Electronics**

http://www.samsung.es/

**SCHNEIDER ELECTRIC ESPAÑA S.A.**

http://www.schneiderelectric.es/

**Secant**

http://www.secant.com/

**SIEMENS, S.A.**

http://www.siemens.es/ps/

**SIMON, S.A.**

http://www.simon-sa.es/

**SistControl**

http://www.sistcontrol.com/

**Somersen**

http://www.somersen.com/

**SOMFY ESPAÑA, S.A.**

http://www.somfy.com/

**Super Inventos**

http://www.superinventos.com

| | |
|---|---|
| 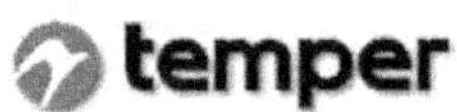  | **TEMPER, S.A.**<br>http://www.temper.es/ |
|   | **VISDEL INSTALACIONES ELÉCTRICAS S.L.**<br>http://www.visdel.com/ |
|   | **WIELAND ELECTRIC S.L.**<br>http://www.wieland.es/ |
|   | **Wintel Telegestion**<br>http://www.winteltelegestion.com/ |
|   | **WonderHome**<br>http://www.wonderh.com/ |
| ZAPPING | **Zapping**<br>http://www.zapping-online.com |
| 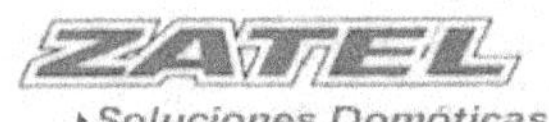  | **Zatel**<br>http://www.zatel.com/ |

## 12.5 PUBLICACIONES

Aunque en principio se pueda pensar que apenas existe bibliografía específica sobre los edificios inteligentes, esto no es del todo cierto. En la actualidad existe una serie de libros y revistas, tanto en lengua inglesa como en castellano, que tratan los principales estándares y sistemas comerciales existentes. A continuación se enumeran las una selección de publicaciones.

### 12.5.1 Publicaciones en castellano

- **Boletín del CEDOM**. Asociación Española de Domótica. (http://www.cedom.org).

- **Clasificación y Proyectos de Edificios Inteligentes**. Jorge Edo. Juan, José Antonio Magallón, Rafael Riera y Juan Pedro Zálzez. Servicio Publicaciones de la Universidad Politécnica de Valencia, 1995. ISBN: 84-772-1322-4.

- **Cuaderno de Buenas Prácticas en Instalaciones Domóticas dirigido a Promotores y Constructores 2º edición**. Cedom y Aenor Publicaciones. 2008.

- **Cuaderno de divulgación domótica 2ª edición**. Cedom y Aenor Publicaciones. 2008.

- **Domótica Edificios Inteligentes**. J. Manuel Huidobro Moya y Ramón Millán Tejedor. Editorial Cre. Copyright. 2004. ISBN: 84-933-3369-7.

- **Domótica. Los mejores trucos**. Gordon Meyer. ANAYA MULTIMEDIA C.B. 2005. ISBN: 8441518289.

- **Domótica y Hogar Digital**. Stefan Junestrand, Xavier Passaret, Daniel Vázquez. Editorial Paraninfo. 2004. ISBN: 84-283-2891-9.

- **Edificios Inteligentes y domótica. Instalaciones Automatizadas en Viviendas y Edificios**. Santos F. Laserna. Logical Design, S.A., 1999. ISBN: 84-930-4310-9.

- **Edificios Inteligentes**. Setrag Khoshafian, A Brad Baker, Razmik Abnous, Kevin Shepherd. Paraninfo, 1994. ISBN: 84-283-2104-3.

- **El mundo de la domótica: Revista de control y gestión de edificios**. Cetisa Editores, S.A. (http://www.cetisa.com/domotica/index.html).

- **Instalaciones automatización de viviendas y edificios**. José Moreno, Elías Rodríguez y David Lasso. Paraninfo, 1999. ISBN: 84-283-2491-3.

- **Instalaciones automatizadas en viviendas y edificios**. Leopoldo Molina y José Manuel Ruiz. McGraw-Hill, 1999. ISBN: 84-481-2224-0.

- **La Ingeniería en edificios de alta tecnología**. Criterios de diseño, proyectos y puesta en servicio. José Carlos Diaz. McGraw-Hill, 1999. ISBN: 84-481-2490.

- **La Vivienda Domótica**. Guía de la Fundación Privada Institut Cerdá. Año: Enero 2000. (http://www.icerda.es/esp/publicaciones.html).

- **Montajes domóticos**. Christian Tavernier. Paraninfo,1995. ISBN: 84-283-2182-5.

- **Libro Blanco del Hogar Conectado**. Visión eNeo del paradigma del "Ambient Intelligent". Construmat 03. (http://www.eneo.com/pdf/libro_blanco_eneo.pdf).

- **Libro Blanco del Hogar Digital y las Infraestructuras Comunes de Telecomunicaciones**. Telefónica. (http://www.fundacion.telefonica.com/ publicaciones/libro_blanco/libro_blanco.htm).

- **Recomendaciones Prácticas para Instalaciones Domóticas**. Institut Cerdá. 2001. (http://www.icerda.es/esp/publicaciones.html).

- **Sistemas de control para viviendas y edificios: Domótica**. José Mª Quinteiro, Javier Lamas y Juan D. Sandoval. Paraninfo, 1998. ISBN: 84-283-2515-4.

- **Técnicas Inteligentes para Viviendas y Edificios, con el estándar de aplicación universal EIB**. Gunter G. Seip. Editorial Marcombo. 2001. ISBN: 8426712924.

- **Técnicas y Procesos en las Instalaciones Automatizadas en los Edificios**. Juan Millán. Paraninfo, 2001. ISBN: 84-2832801-3.

## 12.5.2 Publicaciones en inglés

- **Approaching Home Automation**. Bill Berner, Craig Elliott. Approaching, Inc, 1996. ISBN: 1881911012.

- **Build Your Own Smart Home**. Robert C. Elsenpeter, Toby J. Velte, Anthony Velte. McGraw-Hill Osborne Media, 2003. ISBN: 0072230134.

- **Electronic House (MAGAZINE)**. EH Publishing, Inc. ASIN: B00005U5ED.

- **Home Automation & Wiring**. James Gerhart. McGraw-Hill/TAB Electronics, 1999. ISBN: 0070246742.

- **Home Automation (MAGAZINE)**. EH Publishing, Inc ASIN: B00005U5EE.

- **Home Automation Handbook**. Brian Feller. McGraw-Hill/TAB Electronics, 2000. ISBN: 0071427368.

- **Home Networking Technologies and Standards**. Theodore B. Zahariadis, 2003. ISBN: 1580536484.

- **Intelligent Building Systems**. Albert Ting-pat So, Wai Lok Chan. Kluwer Academic Publishers, 2000). ISBN: 0792384911.

- **Smart Homes for Dummies**. Danny Briere y Patrick Hurley. Dummies, 2003 ISBN: 0764518011.

- **This Wired Home: The Microsoft Guide to Home Networking, Third Edition**. Alan Neibauer. Microsoft Press, 2002. ISBN: 0735614946.


## 12.6 ELECTRODOMÉSTICOS Y DISPOSITIVOS

Cada día están apareciendo más electrodomésticos, robots y aparatos para el hogar de última generación, también denominados inteligentes, que disponen de características como capacidad de comunicación con otros dispositivos del hogar, autocontrol en su propio funcionamiento, conexión a Internet, nuevos interfaces de interacción hombre/máquina, etc. Aunque muchos de ellos en principio no están pensados para integrarse dentro de una red domótica, otros en cambio sí forman ya su propia red, o tienen la capacidad para comunicarse con una red domótica. La tendencia es que en un futuro próximo todos formen parte de la misma red domótica del hogar.

A continuación se muestran algunos de estos nuevos electrodomésticos y dispositivos para el hogar, que tienen en mayor o menor medida relación con los sistemas domóticos.

**Ambrosio**. Es un robot autónomo y ecológico de última generación preparado para el cuidado y mantenimiento del césped. Los niños y mascotas están totalmente seguros con Ambrosio; al levantar el aparato apaga la cuchilla de corte. Respetuoso con el medio ambiente al no generar residuos y además su consumo es muy inferior al de un cortacésped convencional.

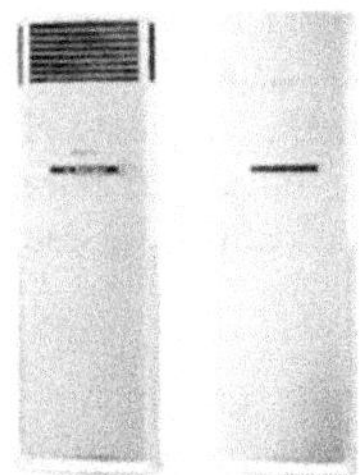

**Aire Acondicionado LG**. Internet Air Conditioner es un producto de aire acondicionado que utiliza tecnología de control remoto. Permite encender y apagar el aparato por Internet y controlar varias de las funciones, como configurar nivel de enfriamiento. La función de monitoreo remoto puede revisar las condiciones de operación del aparato cuando está lejos de casa, mientras que la capacidad de autodiagnóstico permite al dispositivo identificar la existencia de fallos directamente al centro de servicio, a través de Internet.

**Aspiradora DC06**. Desarrollado por Dyson, la aspiradora DC06 es el primer electrodoméstico para el hogar completamente autónomo. Cuenta con 50 sensores que transmiten información y aspira toda partícula sospechosa con sólo pulsar el botón de "go". Está controlado por tres microprocesadores.

**Bañera Visión Whirpool**. De la empresa Jacuzzi, lleva incorporada una pantalla delgada de televisión de 10", con un reproductor de CD, DVD, AM/FM, cuatro altavoces surround, control remoto flotante y luces bajo el agua.

**Cafetera Lavazza**. De la compañía Lavazza es una máquina de café operada con monedas que puede enviar y recibir correos electrónicos. Desarrollada en asociación con eDevice. La máquina tiene la capacidad de decir a la compañía proveedora si se ha descompuesto y cuánto café ha sido usado enviando un correo electrónico.

**Cámara Boligrafo**. Diminuta microcámara inalámbrica con sonido oculta en un bolígrafo de aspecto normal, que resulta totalmente indetectable. Tiene cuatro canales y un alcance de 30-50 m en interiores y hasta 100 en exteriores. Es la primera cámara en bolígrafo totalmente inalámbrica del mundo.

**Cámara Cuadro**. Cámara color espía inalámbrica oculta en cuadro, sistema ideal para realizar tomas ocultas en oficinas y otros establecimientos comerciales. Conecte el receptor a un televisor u ordenador con capturadora para poder ver las imagenes que está tomando la cámara en ese momento.

**Cámara Reloj**. Cámara espía oculta en reloj de pared que le permite colocar una cámara color en cualquier parte sin que nadie sospeche de que está siendo observado. La cámara es inalámbrica (hasta 30-50 m) lo que facilita su colocación en cualquier sitio de forma rápida y sencilla.

**CONECT@ de Fagor**. Generación de electrodomésticos Fagor capaces de comunicarse los unos con los otros y con el mundo exterior. Electrodomésticos que permitirán nuevos usos, que facilitarán a su propietario las labores cotidianas del hogar y que le permitirán un mayor control de todo lo que sucede a su alrededor. El centro de control es el M@ior-Domo® Fagor.

**Contador de electricidad**. El contador instantáneo de electricidad inalámbrico de eLite permite medir tanto el consumo como saber en todo momento cuanto pagarás en euros. El sistema incluye un sensor amperimétrico que mide la intensidad de la corriente eléctrica que circula por la caja de conexiones en el interior de la casa (pinzando sobre el cable de fase y sin intervenir en la instalación con ninguna conexión eléctrica).

**Escoba electrónica Karcher**. Escoba inteligente de Millenium Technologies que a medida que barre se encarga de meter en su depósito las partículas de polvo y suciedad que encuentra a su paso. Permite acceder fácilmente a cualquier hueco y se acompaña de serie de un soporte mural y un cargador de batería.

**Frigorífico LG**. Frigorífico con conexión a Internet que lee la escritura autógrafa y dispone de teclado virtual. Dispone de televisor TFT LCD de 15,1" con pantalla táctil, semi basculante y control remoto inteligente, reproducción MP3 y radio FM y descarga de archivos MP3 desde Internet, álbum de fotos digital, mensajes de vídeo, audio, dibujos y texto, programa de actividades y libreta de teléfonos e información sobre los alimentos.

**Frigorífico Screenfridge**. Frigorífico de Elextrolux que permite llevar a cabo una gestión de los alimentos de la nevera. Dispone de un ordenador conectado a Internet, con radio y televisión, recuerda los alimentos que faltan y los que van a caducar. Además, se puede hacer la compra desde casa y es capaz de proponer recetas.

**Gateway Connected Touch Pad**. De la empresa Gateway es un web-pad de pantalla táctil para uso doméstico, está pensado para la cocina. Permite correo electrónico y páginas web y está ligado al servicio de Internet que ofrece AOL.

**Home Hub Beyond**. El Home Hub Beyond ayuda a organizar y simplificar la vida cotidiana con información vital como las cotizaciones de la bolsa, noticias y recordatorios de la agenda familiar. Puede incluso avisar cuando el café está listo mientras se está todavía en la cama. Provee al resto de electrodomésticos Beyond con recetas y la hora exacta.

**Horno microondas Leonardo**. De la empresa italiana Ariston Digital, dispone de un monitor interactivo y multimedia con conexión a Internet, correo electrónico, agenda, bloc de notas, calendario, lista de compras, datos sobre los electrodomésticos de la casa, y posibilidad de descargar recetas y programas de cocción de Internet. Aprende los ciclos de cocción, decidiendo el tiempo y temperatura de cada plato. Utiliza tecnología WRAP.

**iCEBOX CounterTop**. La iCEBOX CounterTop de la empresa Beyond, agrupa todas sus modalidades de entretenimiento favoritas (televisión, Internet, DVD/CD, Radio FM, videovigilancia doméstica, pantalla táctil, mando a distancia y teclado lavables e inalámbricos) en un dispositivo lleno de encanto.

**iPronto**. Sistema inteligente y portátil de Philips para controlar toda la casa desde un solo mando/dispositivo. Es capaz de obtener la información necesaria sobre la programación a través de Internet mostrándola en su pantalla táctil LCD.

**Inodoro Neorest**. La empresa japonés Toto ha desarrollado Neorest, que está controlado electrónicamente por medio de una configuración automática o control remoto inalámbrico. Las dos tapas pueden configurarse para que se eleven automáticamente por medio de sensores en un lado del inodoro, sin necesidad de tocarlos. Dispone de desodorante, un secador de aire caliente y opciones para regular la temperatura y la presión del agua e incluso masajes.

**Inodoro y Bidé**. Nuevo concepto de inodoro/WC-bidé, que va a hacer las delicias de los más sibaritas. Dispone de función de lavado de las zonas íntimas con diferentes modos de expulsión del agua por las boquillas, función de secado, tapa automática y calefactada, desodorizador con siete años de vida y mando remoto y mando fijo.

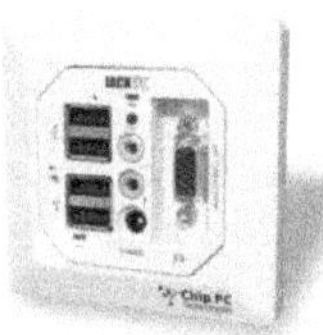

**JackPC**. Es un ordenador que cabe donde cabe un enchufe. Con su salida VGA, sus altavoces, su micro, sus USB's. Cuenta con 64 MB de memoria flash, 128 MB de memoria RAM y un procesador AMD RISC de hasta 500 MHz. Su sistema operativo: Windows CE.

**Lavadora LG**. La nueva lavadora Internet Turbo Drum Washing Machine es lo suficientemente inteligente como para bajar programas de lavado desde Internet para diferentes cargas de ropa. La nueva lavadora digital de LG Electronics combina línea blanca con información y comunicaciones.

**Lavadora que navega Margherita 2000**. Fue la primera lavadora con conexión a Internet. Es la lavadora inteligente de Ariston Digital, se puede activar desde un teléfono móvil o a través de Internet. Elige los ciclos de lavado para cada prenda. Utiliza la tecnología WRAP.

**Lavavajillas Hi-Sense**. Lavavajillas de Siemens que toma las decisiones por sí mismo, sólo es necesario pulsar un botón y se autoprograma con las necesidades requeridas. Tiene un sistema de sensores inteligentes que controlan la temperatura, la cantidad del agua, el tiempo y el abrillantador para un lavado perfecto.

**Live-In de Zanussi**. Es el sistema de Zanussi para el control de los electrodomésticos. Permite controlar todos los aparatos electrodomésticos desde cualquier punto de la cocina con un sencillo mando a distancia y una pantalla plana de vídeo de cristal líquido.

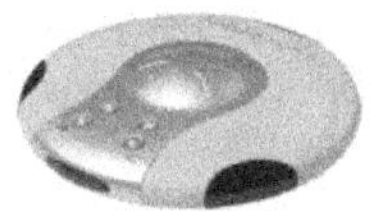

**Mando por voz**. Mando universal de telecontrol con reconocimiento de voz. Con este mando comandado por voz, los electrodomésticos del salón (TV, SAT, vídeo, DVD, CD, Hi-Fi, Aire Acondicionado, etc.) pueden ser fácilmente mejorados al poder comandarlos mediante voz.

**Mantel interactivo**. El mantel interactivo de Philips permite utilizar todo tipo de aparatos domésticos sin necesidad de cables y sin que la temperatura del mantel varíe. Además de mantener el café caliente y el jugo de naranja frío, le permite al usuario echarle un vistazo a Internet, así como enviar y recibir correos electrónicos mediante la pantalla colocada frente a él.

**Maiordomo de Fagor**. Electrodoméstico de Fagor concebido como una pantalla de manejo táctil o por reconocimiento de voz para el control de toda la vivienda y de sus sistemas eléctricos, incluidos los electrodomésticos. Permite disfrutar de prestaciones de seguridad, gestión energética y control de los electrodomésticos desde el teléfono móvil o a través de Internet.

**MediaScreen**. Es un prototipo de Nokia de dispositivo multifunción que integra televisión, radio, Internet, telefonía móvil, etc. Este nuevo concepto ha nacido en el marco de la DVB@air, un proyecto conjunto de Nokia, la emisora de TV alemana ZDF y la operadora de telefonía Deutsche Telekom.

**Microhondas LG**. Internet Microwave es un horno que integra un puerto de comunicaciones para enlazarse directamente a Internet, así como una gran pantalla de cristal líquido (LCD) para soportar una conexión a la computadora personal que le permita bajar nuevas recetas.

**Mirror TV**. Espejo de pared de Philips con el que se puede acceder a todo tipo de posibilidades recreativas y de información. Mirror TV es una pantalla LCD integrada a un espejo, lo que significa que el usuario puede navegar por canales de TV, Internet, o ver su presión sanguínea.

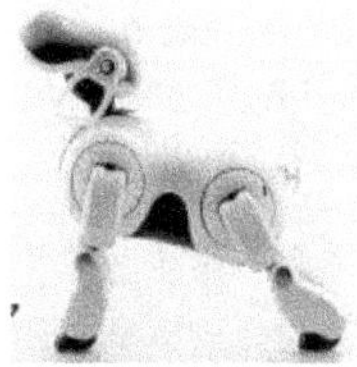

**Robot AIBO**. Perro robot de la empresa SONY que tiene sus propias emociones e instintos y puede cambiar sus propios modelos de comportamiento a través del contacto con las personas. Puede expresar sus emociones, alegría, tristeza y cólera, mediante movimientos, sonidos e iluminación en sus ojos. Puede moverse hacia delante, atrás, darse la vuelta, golpear con el pie, sujetar cosas con la boca y soltarlas.

**Robot Cye**. Es un robot de la empresa estadounidense Probotics, es el primero para uso doméstico y de oficina que es económicamente asequible. De pequeño tamaño casi como un coche de juguete, se controla normalmente a través de un interfaz gráfico de PC. Es capaz de traer el desayuno al sillón, pero no de hacer la cama o planchar.

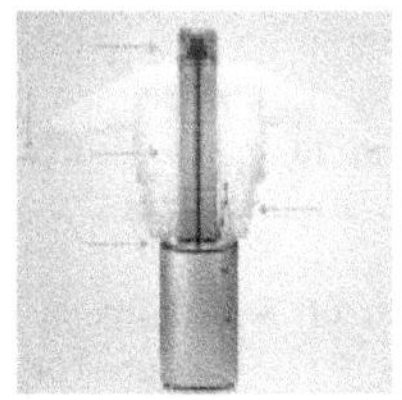

**Robot Dressman**. Siemens ha desarrollado el robot planchador y secador de camisas y blusas Dressman. Tan sólo hay que colocar la camisa recién salida de lavadora sobre el maniquí hinchable que lleva incorporado y seleccionar el programa adecuado al tipo de tejido. El maniquí se infla con aire caliente y en siete minutos la prenda está lista para usar.

**Robot Valerie**. De la empresa Android Publications, Valerie es una señorita de 1,75 de altura, pelo moreno, ojos verdes y turbadora figura. Es una androide para el hogar que dispone de multitud de capacidades como la síntesis y el reconocimiento del habla, además de varios métodos de aprendizaje de inteligencia artificial.

**Robot Rovio**. Es un robot con cámara de vídeo y audio, control de telepresencia y conexión WIFI. Rovio permite interactuar con tu familia, controlar la oficina y hablar con compañeros de trabajo, circular por tu casa para observar las mascotas, visitar a parientes ancianos, etc.

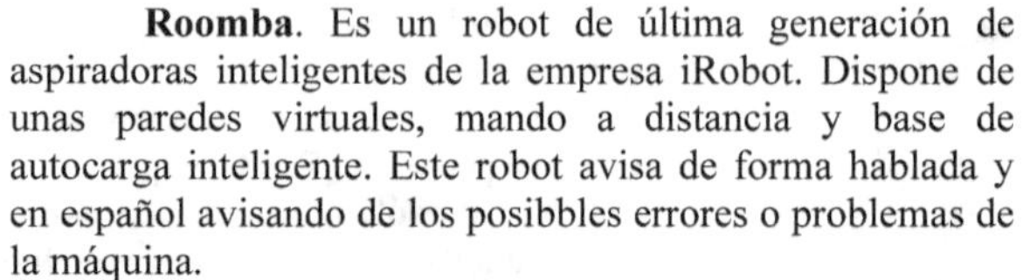

**Roomba**. Es un robot de última generación de aspiradoras inteligentes de la empresa iRobot. Dispone de unas paredes virtuales, mando a distancia y base de autocarga inteligente. Este robot avisa de forma hablada y en español avisando de los posibbles errores o problemas de la máquina.

**Scooba**. La empresa iRobot añade la inteligencia robótica de última generación al servicio de lavado de suelos, olvídate de la fregona porque Scooba lo hace todo de forma automática y sin dolores de espaldas ni perdidas de tiempo. El Robot esta diseñado para dejar los pisos ultralimpios.

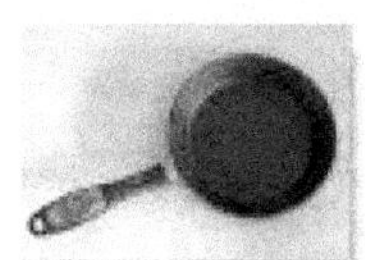

**Sartén Inteligente**. La empresa Millenium Technologies ha desarrollado la primera sartén inteligente del mercado. Un utensilio de cocina capaz de detectar la temperatura de los alimentos que se preparan en ella, avisa cuando el aceite está listo para freír. Incorpora una pequeña pantalla digital en el mango. Desde la pantalla se selecciona el tipo de alimento a freír de entre 10 programas distintos.

**SmartBox de Brivo Systems**. Buzón SmartBox de la empresa Brivo Systems Inc, que permite la gestión por control remoto de la recepción de productos. Posibilita la aceptación de envíos de paquetes proporcionando un contenedor seguro y portátil. Utiliza un código de una sola utilización y se conecta de manera inalámbrica a Internet para hacer una notificación en tiempo real al propietario, al receptor y a la persona que realizó el envío.

**Televisión Ariston**. Televisión que permite controlar los electrodomésticos mediante un mando a distancia. Permite encender y apagar los electrodomésticos Ariston mientras se ve una película, controlar en qué punto se encuentra la carne, comprobar si la lavadora o el lavavajillas han terminado, recibir un mensaje corto en la TV para informar de que el ciclo de lavado ha terminado o avisar que la puerta del frigorífico se ha quedado abierta.

**Tenedor inteligente**. El tenedor inteligente de Millenium Technologies detecta si la comida se está haciendo al gusto de cada uno con tan sólo pincharla, tanto durante el proceso de preparación, como una vez cocinado y se puede controlar lo que se cuece desde cualquier lugar de la casa.

## 12.7 DIRECCIONES WEB

Actualmente existe una cantidad creciente de direcciones web relacionadas directamente con los edificios inteligentes, y además están apareciendo constantemente nuevos portales que tratan en mayor o menor medida este nuevo campo. A continuación de muestran algunas de estas direcciones web.

### 12.7.1 En castellano

**Agenda21**. Agenda de la construcción sostenible.

http://www.apabcn.es/sostenible/

**Canal Nuevas Tecnologías**. Área de Domótica y Tecnologías de Telefónica Paginasamarillas.es

http://nt.paginasamarillas.es/scripts/index_dom.asp

CASADIGITAL

**Casa Digital**. Revista sobre domótica e inmótica.

http://www.ideaseditoriales.com/casadigital/

**Casadomo**. Portal español sobre domótica.

http://www.casadomo.com/

| | |
|---|---|
|   | **CEINT**. Centro de Domótica Integral.<br><br>http://www.cedint.org/ |
|   | **DomoDesk**<br><br>http://www.domodesk.com/ |
|   | **DomoPrac**<br><br>http://www.domoprac.com/ |
|   | **Domotica Networks**. Una de las primeras comunidades virtuales sobre Domótica en lengua castellana.<br><br>http://www.domotica.net/ |
|   | **Domótica**. La vivienda inteligente de Camba.<br><br>http://www.camba.com/domo/domo.htm |
|   | **Domótica-online**. Portal sobre Domótica.<br><br>http://domotica-online.com/ |
|   | **DomoWiki**. Enciclopedia de la domótica.<br><br>http://www.domowiki.es/domowiki/ |
| 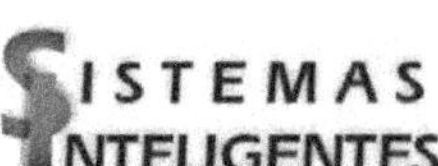  | **El hogar Inteligente**. Portal sobre sistemas domóticos en el hogar.<br><br>http://elhogarinteligente.8m.com/ |

**Institut Cerdá**. Fundación privada sobre domótica.

http://www.icerda.es/

**Proyectos Domótica**. Portal sobre Domótica y Hogar Digital.

http://www.proyectosdomotica.com/

**REEA**. Revista de Electricidad, Electrónica y Automática.

http://www.reea.6x.to/

**Sólo Arquitectura**. Información sobre Arquitectura, Construcción y Diseño.

http://www.soloarquitectura.com/

**Top Domótica**. Portal dedicado a empresas del sector de la Domótica.

http://www.topdomotica.com/

**UMTS Forum**. Portal sobre tecnología UMTS.

http://www.umtsforum.net/

## 12.7.2 En inglés

**AutomatedBuildings**. La revista de ideas de la casa inteligente.

http://www.automatedbuildings.com/

| | |
|---|---|
|  | **Construction Education**. Centro de Investigación de construcciones inteligentes.<br><br>http://www.constructioneducation.com/ |
|  | **Domotique.news**. Revista francesa sobre domótica.<br><br>http://www.domotique-news.com/ |
|  | **Electronic House**. Fuente de información y revista sobre electrodométicos del hogar.<br><br>http://www.electronichouse.com/ |
| Home Automation FAQ | **Home Automation FAQ**.<br><br>http://www.automationfaq.com/ |
|  | **Home Automation Forum**. Foro sobre automatización del hogar.<br><br>http://www.homeautomationforum.com/ |
| **Home Automation Index** | **Home Automation Index**. Enlaces sobre con Automatización del Hogar.<br><br>http://www.homeautomationindex.com/ |
|  | **HomeAutomation**. Revista de Automatización del hogar.<br><br>http://www.homeautomationmag.com/ |
|  | **Home Power**. Revista sobre instalaciones eléctricas domésticas.<br><br>http://www.homepower.com/ |

**Hometoys**. Una guía muy completa de domótica.

http://www.hometoys.com/

**SmartHome**. Portal sobre Automatización de la Edificación.

http://www.smarthomeforum.com/

**TAHI**. The Application Home Initiative.

http://www.theapplicationhome.com/

## 12.8 CONTENIDO DEL CD-ROM

En la página web del libro dentro del portal de RA-MA (www.ra-ma.es) se puede descargar contenido adicional que acompaña a este libro. Concretamente se proporcionan manuales y versiones de evaluación de diferente *software* (la mayoría sólo para entornos Windows) de gestión, simulación y enseñanza de la inmótica y la domótica. Este contenido se puede estampar en un CD-ROM que dispone de auto-arranque tipo Microsoft Windows que abre una página HTML desde la que se puede acceder a todo el contenido del CD.

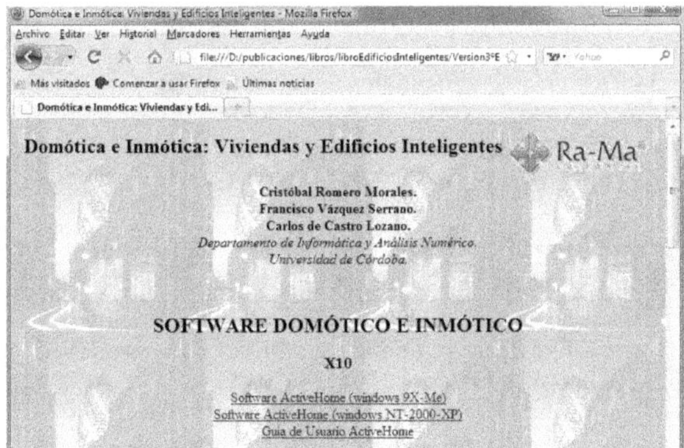


*Figura 12.1. Página HTML con el contenido del CD-ROM*

La estructura de esta página agrupa el *software* y los manuales dentro del tipo de sistema domótico/inmótico. A continuación se detalla dicha estructuración:

### 12.8.1 X-10

Aplicaciones *software* y manuales del sistema X-10.

- **Software Active Home (windows 9X-Me)**. Versión completa del *software* de control en modo local de sistemas X-10 para Microsoft Windows versión 9X y Me, de x10.com.

- **Software Active Home (windows NT-2000-XP)**. Versión completa del *software* de control en modo local de sistemas X-10 para Microsoft Windows versión NT, 2000 y XP, de x10.com.

- **Guia de Usuario Active Home**. Guía de usuario del *software* ActiveHome en formato Acrobat PDF, de HomeSystems.

- **Software Casactiva.com**. Versión demo del *software* cliente-servidor Casactiva.com para control a través de Internet de instalaciones X-10, de HomeSystems.

- **Manual de usuario de Casactiva.com**. Manual de usuario del *software* Casactiva.com en formato Acrobat PDF, de HomeSystems.

- **Catálogo X-10.** De 2007 de la empresa Home-Systems.

### 12.8.2 EIB

Aplicaciones *software* y manuales del sistema EIB.

- **Software ETS2 Demo**. Versión demo del *software* ETS2 de control en modo local de instalaciones EIB, de EIBA.

- **Guía de Usuario de ETS2**. Manual de usuario del *software* ETS2 en formato de Acrobat PDF, de EIBA.

- **Software ETS3 Demo**. Versión demo del *software* ETS3 de control en modo local de instalaciones EIB, de EIBA.

- **Base de datos ETS3**. Denominada PDB_Siemens_Aug_2008_ ETS3.VD4, es una base de datos de componentes de Siemens para EIB. Se puede cargar en ETS3.

- **Software iETS Cliente Demo**. Versión demo del *software* cliente iETS para control de instalaciones EIB a través de Internet, de EIBA.

- **Software iETS Servidor Demo**. Versión demo del *software* servidor iETS para control de instalaciones EIB a través de Internet, de EIBA.

- **Software iETS Grabador de Telegramas Demo**. Versión demo del *software* gradador de telegramas iETS para control de instalaciones EIB a través de Internet, de EIBA.

- **Software WinSwitch Demo**. Versión demo del *software* simulador de instalaciones EIB WinSwitch, de Aston.

- **Manual de WinSwitch**. Manual de usuario del *software* WinSwitch en formato Acrobat PDF, de Aston.

- **Demo de Software Flash de EIBUCO**. Versión demo del *software* cliente-servidor EIBUCO en Macromedia Flash, de control de instalaciones EIB a través de Internet, de la Universidad de Córdoba.

### 12.8.3 LonWorks

Manuales del sistema LonWorks.

- **Seminario Técnico de LonWorks**. Seminario técnico de LonWorks de Echelon en formato Acrobat PDF.

- **Catálogo de Productos LonWorks de Echelon**. Catálogo de productos LonWorks de Echelon en formato Acrobat PDF, de Echelon.

- **Guía de Programación de Neuron C**. Guía de programación de Neuron C en formato Acrobat PDF, de Echelon.

### 12.8.4 Simon

Aplicaciones *software* y manuales de los sistemas Simon.

- **Catálogo General de Simon**. Catálogo de 2009. La carpeta incluye catálogos de la mayoría de las gamas comercializadas por la empresa SIMON.

- **Sistemas Simon VOX.2**. En esta carpeta se incluye el catálogo de SIMON VOX2 de 2009, varios manuales de usuario e instalación, así como un vídeo y una presentación del sistema.

- **Sistemas Simon VOX.BASIC**. En esta carpeta se incluye el catálogo de SIMON VOX.BASIC de 2009, así como varios manuales de usuario e instalación

- **Sistemas Simon VIT@**. En esta carpeta se incluye el catálogo de SIMON VIT@ de 2009, un manual completo de usuario e instalación, así como un vídeo de presentación del sistema.

### 12.8.5 PLCs

Aplicaciones *software* y manuales de distintos sistemas PLCs.

- **Emulador S7-200**. Versión demo del *software* Winss7 y manual de programación del autómata SIMATIC S7-200, de la Universidad de Oviedo.

- **LOGO SOFT demo**. Versión demo del *software* de programación y simulación de microautómatas LOGO de SIEMENS, catálogo y manual.

- **MicroWin S7-200**. Versión demo del *software* MicroWin de programación del autómata STEP7, de SIEMENS y catálogo.

- **Software ZEN de Omron**. Versión demo del *software* de programación del microautómata ZEN de Onrom y manual de operación.

### 12.8.6 Otros

Aplicaciones *software* que no están orientadas para ningún sistema en concreto.

- **Sistema de Aprendizaje DomoSim-TCP**. Versión completa del sistema de aprendizaje de instalaciones domóticas DomoSim-TCP, de la Universidad de Castilla la Mancha.

- **Emulador Domótico de Nuevas Tecnologías de Páginas Amarillas**. Versión demo en Macromedia Flash del Emulador domótico de Nuevas Tecnologías de Páginas Amarillas.

Capítulo 13

# CERTIFICACIÓN DE INSTALACIONES DOMÓTICAS

## 13.1 INTRODUCCIÓN

En este último capítulo se va a describir la certificación de instalaciones domóticas con el sello AENOR. Mediante el certificado AENOR podemos aportar un valor añadido a las instalaciones domóticas. En este reglamento se recopilan todos los requisitos que debe cumplir la instalación Domótica para poder ostentar la Marca AENOR, trasladando a un documento práctico las especificaciones establecidas en la EA0026:2006 para instalaciones domóticas.

La Especificación AENOR EA0026: 2006 "Instalaciones de sistemas domóticos en viviendas. Prescripciones generales de instalación y evaluación", publicada en noviembre de 2006, fija unas reglas de juego comunes para el sector, y promociona el uso de las buenas prácticas en las instalaciones domóticas. Además, la EA0026 sigue las directrices ya fijadas en la Instrucción Técnica Complementaria (ITC) 51 del Reglamento Electrotécnico para Baja.

La certificación de instalaciones domóticas es una iniciativa de CEDOM en colaboración con FENIE (Federación Nacional de Empresarios de Instalaciones Eléctricas y Telecomunicaciones de España) que se ha llevado a cabo en el Comité de Certificación de AENOR AEN/CTC 030 Aparamenta y pequeño material eléctrico para instalaciones de baja tensión.

Esta iniciativa, pretende ser un punto de inflexión para la introducción de la domótica en la nueva construcción. Gracias a este proyecto, cualquier empresa instaladora y/o integradora podrá certificar las instalaciones domóticas que realice, lo cuál otorga la confianza a los usuarios de que la vivienda que adquieren dispone de un sistema domótico acorde con lo especificado en la memoria de calidades y con una serie de servicios que aseguran la correcta instalación.

Con una certificación AENOR en una instalación domótica no sólo se aporta un valor añadido tangible sino que se lleva a cabo una excelente labor comercial y de marketing. En la actualidad un gran número de clientes potenciales no instalan domótica en sus viviendas atendiendo a razones de desconfianza tanto en la propia tecnología como en el servicio técnico posterior recibido. En esta línea, las ventajas que generará la Certificación son:

- Generar confianza en los promotores y/o constructores al certificar una tercera entidad independiente la instalación domótica.
- Permitir que las empresas responsables de la instalación se diferencien así de su competencia otorgando un valor añadido a su trabajo.
- Garantizar el uso adecuado de la palabra "domótica" en las viviendas asegurando que la instalación cumpla, como mínimo, con el nivel básico de domotización, de acuerdo a los tres niveles definidos en la EA0026:2006.
- Garantizar a los usuarios que adquieren una vivienda con un sistema domótico que este último sea acorde con lo especificado en la memoria de calidades, y también con una serie de servicios que aseguren su correcta instalación y funcionamiento, además de los servicios de mantenimiento y atención al cliente.

La certificación, garantizará también el uso adecuado de la palabra Domótica ya que la instalación debe cumplir como mínimo con el nivel básico de domotización de acuerdo a los tres niveles definidos en la EA0026:2006.

Las empresas que deseen obtener el certificado AENOR e incorporar la marca "N" en sus instalaciones de sistemas domóticos en viviendas, pueden consultar el procedimiento en el apartado de Normativa de la web de CEDOM.

## 13.2 ESPECIFICACIÓN AENOR EA0026

La especificación AENOR EA0026 establecece los requisitos mínimos que deben cumplir las instalaciones de sistemas domóticos para su correcto funcionamiento y las prescripciones generales para la evaluación de aptitud en viviendas. Este documento es la base para la Certificación de Sistemas Domóticos en Viviendas (AEN/CTC030 de AENOR). Sus principales objetivos son:

- Impulsar el desarrollo del mercado.
- Aclarar la confusión en el mercado (un detector de gas por si solo no es un sistema domótico).
- Establecer unos requisitos mínimos que debe cumplir un sistema domótico.
- Certificación de instalaciones domóticas (en la siguiente figura se muestra el sello de producto certificado AENOR).

### 13.2.1 Documentación para la solicitud

La documentación de solicitud del certificado es la que se indicada a continuación y deberá de presentarse en castellano y por duplicado.

- Solicitud: impreso modelo Anexo A.
- Acreditación de la formación de la empresa solicitante:
  - Carnet oficial de instalador eléctrico de categoría especialista, o documento según la legislación vigente, sólo en el caso que la empresa ejecute las tareas de instalación. Si subcontrata dichas tareas a una empresa instaladora, será esta última la que deba proporcionar dicha acreditación a la empresa solicitante. La empresa solicitante deberá también aportar el contrato que le vincula con la empresa instaladora y la oferta descriptiva del trabajo que contrata.
  - Acreditación de la formación por parte de un fabricante o de una Asociación o entidad formadora acreditada por el fabricante para la instalación de los sistemas domóticos que usan los tipos de protocolos de comunicación solicitados.
- Relación de los equipos utilizados en el ensayo e inspección de las instalaciones domóticas.

- Cuestionario de información general de la empresa, Anexo C.

## 13.2.2 Tramitación de la solicitud

La Secretaría del Comité acusará recibo de la solicitud al solicitante y le indicará cualquier observación que considere necesaria para completar la información presentada.

Para cada instalación, el solicitante enviará a AENOR un cuestionario descriptivo según Anexo D debidamente cumplimentado conjuntamente con el Manual de usuario (según definición de la EA0026), la Memoria técnica de diseño de la instalación y, para cada producto instalado, un certificado que acredite su conformidad con las Directivas que le son de aplicación. En el caso de que AENOR ya disponga del certificado de conformidad de un producto en su base de datos, ya sea porqué el fabricante se lo haya enviado directamente o porqué lo haya hecho el solicitante con anterioridad, no será necesario enviarlo de nuevo.

La instalación domótica debe alcanzar como mínimo el nivel uno de domotización, según la tabla 1 del Anexo D.

En el plazo máximo de un mes, AENOR devolverá el cuestionario al solicitante, indicando, si todo está conforme, el número de registro para la marca N de esa instalación particular.

La inspección preliminar será realizada por los Servicios de AENOR. En esta inspección se realizarán, de acuerdo con el informe AENOR de inspección, las actividades siguientes:

- Verificación de que el sistema de aseguramiento de la calidad de la empresa está conforme con los requisitos especificados en el Anexo B y que está implantado al menos con tres meses de antelación y para al menos dos instalaciones domóticas. Nota: en caso que la empresa esté certificada UNE-EN ISO 9001 se podrían hacer coincidir las dos verificaciones con el fin de ahorrar costes a la empresa solicitante.

- Comprobación de una instalación y su control. Se realizará la comprobación del Apdo. 7.2 de la EA0026, para cada tipo de protocolo de comunicación, en las fases de proyecto y proyecto terminado.

El equipo inspector emitirá un informe sobre todo lo anterior y dejará una copia a la empresa.

En una primera fase de aplicación de este reglamento, todas las propuestas de concesión serán evaluadas por un Grupo de Trabajo de evaluación, que estará compuesto por el Secretario del AEN/CTC-030, un representante de FENIE, un representante de AFME y un representante de AENOR. A este grupo se le encomiendan las funciones de evaluar y proponer directamente a la Dirección Técnica de Certificación las propuestas de concesión de marca, informando paralelamente al comité.

Pasada esta fase, cuya duración adecuada será decidida por el comité, se aplicará el siguiente procedimiento: La secretaría, a la vista de la documentación aportada por la empresa y del informe de inspección de AENOR, emitirá un informe a la Dirección Técnica de Certificación con la propuesta de concesión del Certificado. Pueden presentarse dos casos:

- El expediente está claro y la Dirección Técnica de Certificación considera que no hay ninguna particularidad que discutir: la Dirección Técnica de Certificación procederá a la emisión de certificado. Se informará de estas concesiones al comité en cada reunión.

- En el expediente hay algún problema de interpretación: se evaluará por el comité. En caso de que el comité acuerde denegar la concesión, se comunicarán al solicitante las razones de la misma.

Lo anterior aplica tanto a licenciatario de la marca como a nuevos licenciatarios.

Las modificaciones del campo de aplicación del certificado se comunicarán a la secretaría del comité, con una justificación adecuada, aportando la documentación que se considere suficiente. La secretaría comunicará al peticionario, en el plazo de quince días, si se requiere nueva documentación. Si en dicho plazo no se recibe notificación de la secretaría, el licenciatario queda autorizado a realizar las modificaciones solicitadas, quedando bajo su responsabilidad el cumplimiento de todas las exigencias establecidas en los reglamentos.

### 13.2.3 Mantenimiento del certificado

El período de validez del certificado AENOR de Producto será de cinco años, salvo en el caso de que la vigencia de las normas o los reglamentos aplicados sea inferior a estos cinco años. La fecha de caducidad se indica en el propio certificado. Transcurrido este período, se procederá de acuerdo con el capítulo 6 del Reglamento General de la Marca.

Si durante el período de validez del certificado se producen cambios en las disposiciones legales vigentes, la secretaría informará al licenciatario sobre las nuevas condiciones de validez.

Durante el período de validez del Certificado AENOR, los servicios de AENOR efectuarán una visita anual, en la que realizarán, de acuerdo con el Informe AENOR de inspección, las actividades siguientes:

- Verificación de que el sistema de aseguramiento de la calidad de la empresa está conforme con los requisitos especificados en el Anexo B. Este punto se considerará parcialmente cumplido para las empresas que tengan certificado su sistema de calidad con la UNE-EN ISO 9001, siendo necesario verificar que los procedimientos aplicados cumplen con los requisitos de la EA0026.

- Comprobación de un mínimo de dos instalaciones y su control, según el Apdo. 7.2 de la EA0026.

El número de instalaciones a inspeccionar se determinará en función del número de instalaciones realizadas desde la fecha de la inspección anterior y el tipo de protocolos utilizados.

El equipo inspector emitirá un informe sobre todo lo anterior y dejará una copia al licenciatario.

### 13.2.4 Marcado de las instalaciones domóticas certificadas

Las instalaciones de sistemas domóticos que tengan concedido el Certificado AENOR deberán llevar, al menos en el manual de instrucciones del usuario, el logotipo de la marca AENOR, que tendrá una dimensión mínima de: 20 mm ( 18 A > 20 mm).

Las empresas que hayan obtenido el Certificado AENOR no podrán utilizarlo para instalaciones que no sean de las características para las que se otorgó el derecho de uso de la marca. La empresa solicitante debe asegurarse del correcto uso de la marca.

### 13.2.5 Anexo A: solicitud de concesión del certificado

SOLICITUD DE CONCESIÓN DEL CERTIFICADO AENOR PARA EMPRESAS QUE REALIZAN INSTALACIONES DE SISTEMAS DOMÓTICOS EN VIVIENDAS.

SOLICITANTE: Empresa: Dirección: Persona de contacto: CIF: Telf.: Fax: e-mail:

REPRESENTANTE DE (si procede): Empresa: Dirección: Persona de contacto: CIF: Telf.: Fax: e-mail:

DIRECCIÓN DE FACTURACIÓN (si difiere de la del solicitante): Empresa: Dirección: Persona de contacto: CIF: Telf.: Fax: e-mail:

LICENCIATARIO (si difiere del solicitante): Empresa: Dirección: Persona de contacto: DNI: CIF: Telf.: Fax: e-mail:

En caso de nuevo licenciatario: Persona que firmará el contrato con AENOR: DNI/Pasaporte: Cargo dentro de la empresa:

EXPONE:

1. Que conoce y acepta el Reglamento General de la Marca AENOR de productos y servicios, así como el Reglamento Particular de la Marca RP 30.24, y los compromisos que en ellos se indican.

2. Que se compromete a pagar los gastos que le correspondan según viene establecido en el Régimen Financiero RF 30.00.

3. Que se compromete a acatar, sin reserva, las decisiones que tome el Comité Técnico de Certificación AEN/CTC-030 de AENOR, con respecto a la tramitación de esta solicitud y de las verificaciones y controles posteriores que se hagan en consecuencia.

SOLICITA:

Le sea concedido el Certificado AENOR para instalaciones de sistemas domóticos conforme a la especificación AE0026:2006

Lugar: Fecha:

FIRMA Y SELLO DEL SOLICITANTE

### 13.2.6 Anexo B: cuestionario de información

CUESTIONARIO DE INFORMACIÓN GENERAL DE LA EMPRESA

Nombre de la empresa: Razón social: Telf.: Fax: E-mail: Persona de contacto: Representante de la Dirección: Número aproximado de empleados:

Tipo de protocolo de comunicación para el/los cual/es se solicita el certificado AENOR:

Describa detalladamente y haga referencia a la documentación (pueden adjuntarse copias), las inspecciones en recepción de los componentes, las inspecciones y/o verificaciones durante y al final de la instalación:

¿Tiene la empresa un sistema de aseguramiento de la calidad evaluado y certificado? Por favor, detállese la respuesta. En caso afirmativo, adjuntar copia del certificado:

Mostramos nuestra conformidad para que el inspector de AENOR pueda entrar en los lugares de la empresa necesarios para llevar a cabo la inspección y establecer la conformidad de la realización de las instalaciones.

Firmado por la empresa: Nombre y cargo: Lugar y Fecha:

### 13.2.7 Anexo C: cuestionario descriptivo

CUESTIONARIO DESCRIPTIVO PARA CADA INSTALACIÓN DOMÓTICA

Empresa: Razón Social:

Medio de transmisión del sistema domótico instalado:

- Sistema que usa en todo o en parte señales que se acoplan y transmiten por la instalación eléctrica de baja tensión, tal como sistemas de corrientes portadoras.

- Sistema que usa en todo o en parte señales transmitidas por cables específicos para dicha función, tales como cables de pares trenzados, paralelos, coaxiales o fibra óptica.

- Sistema que usa señales radiadas, tales como ondas de infrarrojo, radiofrecuencia, ultrasonidos.

- Sistema que se conecta a la red de telecomunicaciones.

Topología del sistema domótico instalado:

- Sistema centralizado.

- Sistema descentralizado.

- Sistema híbrido.

Nivel de domotización del sistema instalado:

- Nivel 1.

- Nivel 2.

- Nivel 3.

Dispositivos: Sistema.

### 13.2.8 Tabla de niveles de domotización

A continuación se presenta la tabla recomendada por AENOR, para medir el nivel de una instalación domótica. Para AENOR, la presente tabla de niveles de domotización pretende ser uno de los pilares fundamentales en la certificación de una instalación domótica. El empleo de la tabla es muy sencillo, y siguiendo las puntuaciones indicadas en la columna de referencia, el usuario deberá rellenar la columna "Puntuación", en función de lo que le permita, o no le permita hacer el sistema domótico. Una vez hecho esto, conoceremos el nivel de domotización de nuestra vivienda, y seremos capaces de evaluar la domótica que nos han colocado en nuestra vivienda de nueva construcción o comparar los diversos sistemas existentes en el mercado antes de decantarnos por uno u otro y arrepentirnos posteriormente de su elección, por no ser lo suficientemente capaz.

| **Aplicación domótica** | **Dispositivos** | **Columna de referencia** | | **Usuario** |
|---|---|---|---|---|
| | | **Nº dispositivos o condición a cumplir** | **Puntuación** | **Puntuación** |
| **Alarma de intrusión** | Detectores de presencia. | 2 | 1 | |
| | | 1 cada 20 $m^2$ | 2 | |
| | | 1 por estancia | 3 | |
| | Teclado codificado, llave electrónica o equivalente. | 1 | 1 | |
| | Sirena interior. | No | 0 | |
| | | Sí | 1 | |
| | Contactos de ventanas y/o impactos. | En puntos de fácil acceso | 1 | |
| | | En todas las ventanas | 2 | |
| | Sistemas de mantenimiento de alimentación en caso de fallo de suministro eléctrico. | No | 0 | |
| | | Sí | 2 | |

| | | | | |
|---|---|---|---|---|
| | Módulo de habla/escucha, destinado a la escucha en caso de alarma. También se admite cualquier tipo de control que permita conocer si realmente existe un intruso (cámaras web...). | No | 0 | |
| | | Sí | 3 | |
| | Sistema conectable con central de alarmas. | No | 0 | |
| | | Sí | 3 | |
| **Suma parcial Alarma intrusión** | | | | |
| **Alarmas técnicas** | Detectores de inundación necesarios en zonas húmedas (baños, cocina, lavadero, garaje). | Los necesarios [1)] | 1 | |
| | Electroválvula de corte de agua con instalación para *bypass* manual. | Las necesarias [1)] | 1 | |
| | Detectores de concentraciones de gas butano y/o natural en zonas donde se prevea que habrá elementos que funcionen con gas. | Los necesarios [1)] | 1 | |
| | Electroválvula de corte de gas con instalación para *bypass* manual. | Las necesarias [1)] | 1 | |
| | Detector de incendios. | 1 en cocina | 1 | |
| | | 1 cada 30 $m^2$ | 2 | |
| | | En todas las estancias | 3 | |

| | | | | |
|---|---|---|---|---|
| **Suma parcial Alarmas técnicas** | | | | |
| **Simulación de presencia** | | No | 0 | |
| | | Relacionada con las persianas motorizadas o los puntos de luz | 2 | |
| | | Relacionada con las persianas motorizadas y los puntos de luz | 3 | |
| **Suma parcial Simulación de presencia** | | | | |
| **Videoportero** | | No | 0 | |
| | | Sí | 1 | |
| **Suma parcial Videoportero** | | | | |
| **Control de persianas** | Motorización y control de persianas. | Todas las de superficie superior a 2 $m^2$ | 1 | |
| | | Todas | 2 | |
| **Suma parcial Control de persianas** | | | | |
| **Control de iluminación** | Regulación lumínica con control de escenas. | No | 0 | |
| | | En dependencias dedicadas al ocio | 2 | |
| | | En salón y dormitorios | 3 | |

| | | | | |
|---|---|---|---|---|
| | En jardín o grandes terrazas mediante interruptor crepuscular o interruptor horario astronómico. | No | 0 | |
| | | Sí | 2 | |
| | Conexión/desconexión general de iluminación. | Un acceso | 1 | |
| | | Todos los accesos | 2 | |
| | Control de puntos de luz y tomas de corriente más significativas. | No | 0 | |
| | | 50% puntos de luz | 2 | |
| | | 80% puntos de luz + 20% tomas de corriente | 3 | |
| **Suma parcial Control de iluminación** | | | | |
| **Control de clima** | Cronotermostato. | 1 en salón | 1 | |
| | | Zonificando la vivienda en un mínimo de dos zonas | 2 | |
| | | Zonificando la vivienda por estancias | 3 | |
| **Suma parcial Control de clima** | | | | |
| **Programaciones** | Posibilidad de realizar programaciones horarias sobre los equipos controlados. | No | 0 | |
| | | Sí | 2 | |
| | Gestor energético. | No | 0 | |
| | | Sí | 2 | |

| **Suma parcial Programaciones** | | | | |
|---|---|---|---|---|
| **Interfaz de usuario** | Consola o equivalente. | No | 0 | |
| | | Sí | 2 | |
| | Control telefónico bidireccional. | Sí | 1 | |
| | | Interacción mediante SMS | 2 | |
| | Equipo para control a través de Internet, Wap o equivalente. | No | 0 | |
| | | Sí | 3 | |
| **Suma parcial interfaz de usuario** | | | | |
| **Dispositivos conectables a empresas suministradoras a través de redes de comunicación** | | 1 | 1 | |
| | | 2 | 2 | |
| | | 3 o más | 3 | |
| **Suma parcial Dispositivos conectables a empresas suministradoras** | | | | |
| **Red Multimedia** | Tomas satélite y tomas multimedia. | No | 0 | |
| | | 3 SAT + 3 multimedia | 2 | |
| | | 3 SAT + 1 multimedia en todas las estancias, incluido terraza | 3 | |
| | Punto de acceso inalámbrico. | No | 0 | |
| | | Wi-Fi | 1 | |

| **Suma parcial Red Multimedia** | |
|---|---|
| **SUMA TOTAL** | |
| **Número de aplicaciones domóticas cubiertas** [2)] | |

- **Nota 1)**: se entiende por "los necesarios", el mínimo número de dispositivos que hacen posible la aplicación domótica, siempre y cuando exista la correspondiente instalación. Por ejemplo, si no hay instalación de gas en la vivienda, no es necesario ningún detector de gas y los puntos asignados serían cero; en caso de existir cocina a gas en dos estancias, los detectores necesarios serían dos (puntos asignados uno) y sin embargo las válvulas de corte podrían ser uno ó dos (en ambos casos los puntos asignados serían uno).

- **Nota 2)**: además de la puntuación total alcanzada, para conocer el nivel de domotización de la instalación evaluada, también se debe tener en cuenta el número de aplicaciones domóticas cubiertas. Se deben contabilizar el número de aplicaciones en las que se ha obtenido puntuación distinta de cero.

Resultados de la evaluación de la instalación:

- **NIVEL 1** - Instalaciones domóticas con nivel mínimo de dispositivos y/o aplicaciones domóticas.

  Suma mínima = 13 puntos

  Número mínimo de aplicaciones cubiertas = 3.

- **NIVEL 2** - Instalaciones domóticas con nivel medio de dispositivos y/o aplicaciones domóticas.

  Suma mínima = 30 puntos

  Número mínimo de aplicaciones cubiertas = 3.

- **NIVEL 3** - Instalaciones domóticas con nivel alto de dispositivos y/o aplicaciones domóticas.

  Suma mínima = 45 puntos

  Número mínimo de aplicaciones cubiertas = 6.

## 13.3 CÁLCULO DEL COSTE DEL CERTIFICADO

En esta sección se va a describir como calcular el coste de tanto la solicitud como el mantenimiento del certificado de una instalación domótica. En la siguiente figura se muestra un resumen de cómo realizar este cálculo.

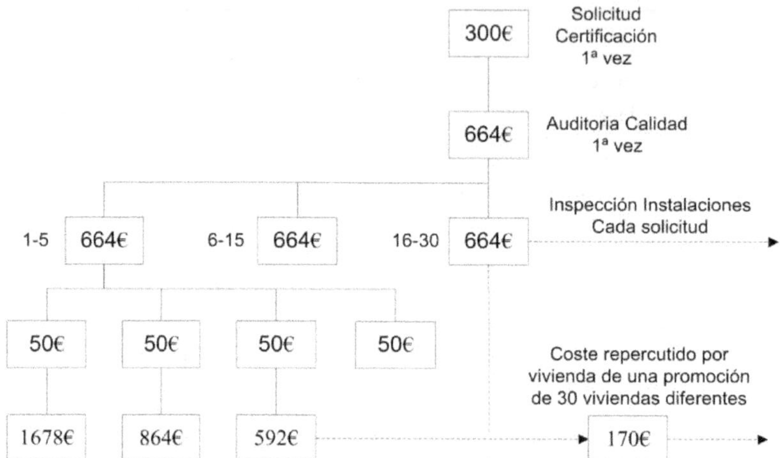


Con respecto al coste de la solicitud:

- Tarifa de solicitud: 300 €.
- Auditoria inicial del sistema de calidad de la empresa solicitante: (coste auditor 664 €/día + gastos de viaje).
- Inspección de la instalación: (coste inspector 664 €/día + gastos de viaje).
- Se inspeccionará la primera instalación que quiera certificar una empresa por cada protocolo de comunicación. Para el resto de instalaciones se inspeccionará una de las comprendidas entre los tramos: 1, 5, 15, 30, 50, 75, 105, 140, 180, 225, y así sucesivamente según la fórmula: $i = (i\text{-}1) + [(i\text{-}1) - (i\text{-}2) + 5]$ siendo *i*, *i*-1 un tramo. Por cada tramo que se supere se inspeccionará una vivienda más.

Con respecto al coste de la solicitud del número de registro para protocolos con certificado vigente:

- Por cada instalación solicitada: 50 €.
- En caso de haber varias instalaciones similares se pueden agrupar en una misma solicitud de nº de registro. En este caso, el precio será progresivo en función del número de instalaciones similares que se quiera certificar según la fórmula: 50 €**N**(0,975)*N*, siendo *N* el número de instalaciones similares.
- Si la empresa solicitante cree que dos o más instalaciones del mismo expediente se pueden considerar como similares, deberá presentar una declaración de desviaciones entre estas instalaciones al Grupo de Trabajo de evaluación. Este será el encargado de decidir si finalmente se consideran como similares o no.

Con respecto al coste del mantenimiento:

- Tarifa de mantenimiento por empresa: 200 €.
- Auditoria anual del sistema de calidad de la empresa licenciataria: (coste auditor 664 €/día + gastos de viaje).
- Las inspecciones de seguimiento se cubrirán con las inspecciones de instalaciones nuevas, siendo el número mínimo de instalaciones a inspeccionar dos.
- Los costes de viaje oscilarán entre un mínimo de 80 € a un máximo de 300 €.
- Se intentará que el auditor encargado de la inspección esté cerca de la empresa y de las instalaciones a inspeccionar de manera que los gastos de viaje sean los mínimos posibles.
- También se intentará, en caso que la empresa disponga de la certificación UNEEN ISO 9001, hacer coincidir esta auditoría con la inicial o anual del sistema de calidad, con el fin de ahorrar costes a la empresa solicitante.

Finalmente, se muestra un ejemplo de cálculo para una promoción de 30 viviendas similares:

- Solicitud Certificación: 300 €.
- Auditoria calidad: 664 €/día + gastos viaje.
- Inspección instalación: 664 €/día + gastos viaje.
- Solicitud Registro: 50 €*30*(0,975)30 = 701,82 € (similares).
- TOTAL: 2329,82 €.
- Coste por vivienda: 77,66 €.
- Coste Mantenimiento: (Renovación+auditoria calidad) 864 €/año/empresa.

## 13.4 PREGUNTAS FRECUENTES

A continuación se listan algunas de las preguntas más frecuentes sobre la certificación de instalaciones domóticas, junto con sus respuestas.

- **¿En qué se basa la certificación de las instalaciones domóticas?** La certificación de las instalaciones domóticas, como toda certificación de cualquier producto, está basada en un documento normativo, en este caso en la Especificación AENOR EA0026: 2006 "Instalaciones de sistemas domóticos en viviendas. Prescripciones generales de instalación y evaluación", elaborada y aprobada por el Subcomité SC205, Sistemas electrónicos en viviendas y edificios, perteneciente al Comité Técnico AEN/CTN202, Instalaciones Eléctricas, de AENOR, ambos secretariados también por AFME.
- **¿Qué establece la EA0026: 2006?** Establece los requisitos mínimos que deben cumplir las instalaciones domóticas, para su correcto funcionamiento y los requisitos generales para su evaluación. ¿Qué niveles de domotización existen? o, ¿cómo se clasifican las instalaciones? Una clasificación de tres niveles de domotización que se han definido basándose en el principio de alcanzar un nivel considerado "básico" o Nivel 1, "intermedio" o Nivel 2 y el que se corresponde con "excelente" o Nivel 3. Esta clasificación coincide actualmente con la tabla de niveles de CEDOM.

- **¿Qué instalaciones pueden ser certificadas?** Únicamente podrán certificarse las instalaciones que alcancen como mínimo el nivel uno de domotización.

- **¿Quién puede solicitar la certificación de una instalación domótica?** Las empresas o autónomos, instaladoras o integradoras de instalaciones domóticas.

- **¿Dónde debe enviar la solicitud de certificación?** AENOR, C/Génova, 6, 28004 MADRID, teléfono 91 432 6047 y fax 91 310 4683 o bien a: AFME, Av.Diagonal, 477 12B, 08036 BARCELONA, teléfono 93 405 0725 y fax 93 439 4217.

- **¿Qué documentación debe presentar para la solicitud?** Según el reglamento de Certificación de Instalaciones Domóticas, que puede consultar en el apartado de Normativa de la web de CEDOM, para obtener el certificado, las empresas deberán presentar: el impreso de solicitud según el modelo del Anexo A del mencionado reglamento; acreditación de la formación recibida por la empresa solicitante, según el tipo de protocolo de comunicación que se solicite; relación de los equipos utilizados por la empresa solicitante de la certificación para la verificación del funcionamiento de las instalaciones domóticas; y cuestionario de información general de la empresa según el modelo del Anexo C del reglamento. Para cada instalación, el solicitante enviará a AENOR un cuestionario descriptivo según el modelo del Anexo D del reglamento conjuntamente con: el manual de usuario (según definición de la EA0026), la memoria técnica de diseño de la instalación y para cada producto instalado, un certificado que acredite su conformidad con las Directivas que le son de aplicación.

- **¿Quién puede realizar instalaciones domóticas?** Sólo pueden realizar instalaciones domóticas el instalador con certificado de especialista según REBT ITC03 artículo tres, autorizado para realizar, mantener y reparar las instalaciones de sistemas de automatización, gestión técnica de la energía y seguridad para viviendas.

- **Si la certificación la solicita la empresa integradora, ¿debe acreditar que el instalador está autorizado?** Sí, pero el instalador debe estar autorizado no sólo por requerimiento del reglamento de Certificación de Instalaciones Domóticas, si no porque así lo determina el REBT.

- **¿Qué requisitos debe cumplir la empresa o autónomo que solicite la certificación de una instalación domótica?** El sistema de calidad de la empresa debe cumplir con los requisitos especificados en el Anexo B del reglamento de Certificación de Instalaciones Domóticas y que debe estar implantado al menos con tres meses de antelación, o bien estar certificada según la UNE-EN ISO 9001, no siendo obligatorio estarlo.

- **¿Cuánto cuesta certificar una instalación domótica?** El coste dependerá de factores como el número de viviendas que cuenten con las instalaciones domóticas, o de si se trata de instalaciones distintas.

- **¿Cuánto tiempo dura el proceso de certificación desde que se solicita hasta que se obtiene la marca N de la instalación domótica?** Para la primera instalación será un mínimo de cuatro semanas y un máximo de diez, las siguientes instalaciones domóticas que certifique la empresa implicarán entre dos y tres semanas si se trata de instalaciones similares y si se trata de una instalación diferente, serían cuatro semanas.

- **¿Cuál es el período de validez de la certificación?** Cinco años, salvo en el caso de que la vigencia de las normas o los Reglamentos aplicados sea inferior a estos cinco años. La fecha de caducidad se indica en el propio certificado. Durante los cinco años de vigencia de estos certificados, AENOR realizará inspecciones para comprobar que las instalaciones domóticas siguen cumpliendo los requisitos recogidos en la especificación de referencia.

- **¿Qué ventajas ofrece la certificación?**

  - **Para promotores y constructores**: tener la confianza de que una tercera entidad independiente avalará que se ha seguido un código de buenas prácticas durante la ejecución y el mantenimiento posterior, pudiendo incluirlo en la memoria de calidades de la vivienda.

  - **Para las empresas responsables de la instalación**: les permitirá diferenciarse de su competencia otorgando un valor añadido a su trabajo.

  - **A los usuarios**: les garantiza que al adquirir una vivienda con una instalación domótica certificada hay un tercero que ha verificado que esa instalación cumple con la legislación vigente, además de disponer de un manual de uso y un servicio de mantenimiento.

Anexo

# FUTURO DE LA DOMÓTICA

## A.1 INTRODUCCIÓN

En la actualidad, continúa sin llegar el *boom* de la domótica tras esfuerzos de empresas, asociaciones y administraciones públicas. Algunas de las razones que frenan su avance se han discutido a lo largo de este libro. Su despegue sigue sin aparecer, sobre todo si se la compara con otras tecnologías que comparten el mismo espacio y tiempo, y que han nacido en las mismas fechas (léase telefonía móvil, por ejemplo). Sin embargo, sigue siendo una línea de investigación activa. Fruto de esta actividad han aparecido una serie de conceptos nuevos, más cercanos a la ciencia ficción que a la realidad, que posiblemente den que hablar durante los próximos años, y que se van a presentar a lo largo de las siguientes líneas.

Dos de los conceptos más difundidos son el de inteligencia ambiental (*ambient intelligence*) y el de computación ubicua (*pervasive computing*) que plantean un entorno rodeado de sistemas con los que el individuo interacciona de forma natural y sin esfuerzo. Para conseguir un ambiente inteligente es necesario que los sistemas del entorno dispongan de interfaces inteligentes, basados en tecnologías informáticas y en redes de comunicaciones integradas en los objetos de la vida cotidiana del usuario (como dispositivos, muebles, ropa, vehículos, carreteras, etc.). A través de estas interfaces, el entorno es capaz de distinguir la presencia de un usuario, así como su perfil, y logra adaptarse a sus necesidades, es capaz de responder a peticiones de voz o gestuales, e incluso establecer un diálogo con el usuario. Ambos conceptos, ambiente inteligente y computación ubicua, están imbricados, siendo el segundo el conjunto de elementos que de alguna forma facilitan el primero. El objetivo de la computación ubicua es la creación de tecnología con capacidad de cálculo y comunicación, siempre integrada con los usuarios.

## A.2 ALGUNAS DEFINICIONES

A continuación se definen los conceptos anteriores, ambiente inteligente y computación ubicua, así como otros conceptos relacionados que nos podemos encontrar en la bibliografía especializada.

- **Computación Ubicua** (*Pervasive Computing*), como se ha descrito en la introducción, permite y facilita el acceso a gran cantidad de información y el procesamiento de la misma independientemente de cuál sea la ubicación del usuario. Esto implica la existencia de una gran cantidad de elementos de computación disponibles en unos determinados entornos físicos y constituidos en redes. Los elementos están empotrados o embebidos en enseres, mobiliario y electrodomésticos comunes y comunicados en red inalámbrica. Su objetivo último consiste en proporcionar una ayuda personalizada a los usuarios objeto de su atención. La principal misión de estos equipos pasa pues por identificar al usuario, averiguar su ubicación, inferir sus deseos y necesidades, y en función de ello actuar. Por tanto, su actuación será diferente cuando, por ejemplo, infieran que el usuario se dispone a estudiar, o cuando se dispone a descansar, o desea un rato de esparcimiento. Para discernir correctamente, en la medida de lo posible deberán aprender del error, con el uso de la estadística y los métodos bayesianos de aprendizaje, de forma que se reduzca al mínimo la necesidad de emisión consciente de órdenes por parte del usuario. Una vez inferido el deseo del usuario, deberán actuar de forma proactiva anticipándose a las necesidades de todo tipo que se le van a presentar al usuario, entrando ahí en juego el acondicionamiento de todos los aparatos controlados por la red de procesadores en función de la necesidad detectada. Por ejemplo, si el sistema detecta que el sujeto de su atención finaliza el descanso y va a comenzar a trabajar, cambiará la iluminación y la música ambiental, a la vez que inicia en el PC las aplicaciones que habitualmente utiliza; en caso contrario, además de modificar la luz ambiental, pasará a hacer copia de seguridad de los ficheros utilizados y pasará el ordenador a un estado de latencia, mientras presenta en la pantalla un menú con las opciones de ocio disponibles. De acuerdo con la Ley de Moore, se espera que los dispositivos electrónicos continúen reduciendo su tamaño y precio en el futuro. Ello es aplicable por igual a cualquier componente, sean procesadores, dispositivos de almacenamiento o sistemas de comunicación. Por tanto, es previsible que en un futuro próximo, sea económica y físicamente factible, incorporar dispositivos digitales a cualquier objeto de uso común, lo que les dotará de lo que se ha dado en llamar sensibilidad, o la propiedad, a modo de camaleones digitales, de cambiar su comportamiento de acuerdo con las circunstancias ambientales que le rodean. Las posibilidades que se presentan con esta capacidad de cambio de comportamiento de los objetos, cuando estos cambios se pueden llevar a cabo de modo coordinado entre diversos aparatos, son precisamente lo que se explora en estos momentos en los laboratorios de computación ubicua. Como su nombre indica se buscan conseguir acciones realizadas de forma coordinada por procesadores situados en multitud de objetos pertenecientes a la vida cotidiana. Por ello, también se les domina procesos de Inteligencia Ambiental. Para hacer posible esta interacción, se necesitará que estos pequeños y baratos procesadores estén conectados a sensores y actuadores colocados en objetos del entorno del usuario y que se encuentren formando una red que soporte el que entran en juego mediante procesos distribuidos, donde cada procesador, aparte de modificar el comportamiento de un objeto, interactúa e intercambia información con los demás para conseguir un objetivo que precisa del trabajo coordinado de todos ellos. Igualmente, es necesario el concurso de la computación móvil, pues parte de los procesos acompañen al individuo en sus desplazamientos, tanto próximos, como el deambular por un edificio, como lejanos, como los desplazamientos en un vehículo. Ello exige que algunos de estos dispositivos sean de fácil transporte y que tengan la capacidad de conectarse automáticamente a las redes existentes, allá donde se les traslade.

- **La Inteligencia Ambiental** (*Ambient Intelligence*) describe entornos en los que las personas están envueltas y asistidas por interfaces inteligentes e intuitivos, empotrados en objetos cotidianos que se encuentran en comunicación entre sí, y que conformarán un medio ambiente electrónico que reconocerá y responderá a la presencia de los individuos inmersos en él de una forma invisible y anticipatoria. Según el capítulo 8 del *Libro Blanco del Hogar Digital y las Infraestructuras Comunes de Telecomunicaciones*, las dos áreas básicas que están permitiendo la realización del ambiente inteligente son los sistemas distribuidos y la movilidad, que han posibilitado una alta capacidad de comunicación remota, tolerancia a fallos, alta disponibilidad y seguridad. Con estas tecnologías, el ambiente inteligente no se encuentra limitado por ningún espacio físico concreto, sino que se encuentra donde lo esté el usuario, respondiendo a sus necesidades de forma natural. El concepto de ambiente inteligente pretende mostrar una visión de la sociedad de la información donde se enfatiza la facilidad de uso, el soporte eficiente de los servicios y la posibilidad de mantener interacciones naturales con el usuario.

- **La Inteligencia Perceptual** (*Perceptual Intelligence*) pretende que las máquinas sean concientes de su entorno. Su meta es hacer sistemas con capacidades preceptuales fiables y capaces de aprender respuestas simples.

- **Los Entornos Inteligentes** (*Intelligent Enviroments*) consisten en un conjunto de entidades con capacidad de computación compartiendo un mismo espacio físico, y que son capaces de interaccionar con el mundo físico, sus habitantes y entre ellas.

- **La Computación Afectiva** (*Affective Computing*) trata del reconocimiento, expresión y generación de emociones por parte de los ordenadores. Es una herramienta para mejorar la interfaz hombre-máquina, incluyendo las connotaciones afectivas o emocionales, para mejorar el rendimiento del ordenador y la productividad del usuario.

- **La Computación Móvil** (*Mobile Computing*) permite el desarrollo de aplicaciones que se adaptan a los cambios de localización y ubicación de los usuarios y de los sistemas móviles que éstos transporten.

- **La Computación Invisible** (*Disappearing Computing*) ofrece independencia física concreta y las capacidades de computación sobre las que se desarrollan las aplicaciones de Inteligencia Ambiental y se empotra (embebe) en los objetos más normales y cotidianos (mesas, paredes, lámparas, bolígrafos, tarjetas de crédito, etc.). Conforme las tecnologías implicadas vayan aumentando su grado de miniaturización y sofisticación, se crearán nuevos elementos integrados de manera robusta en los objetos de uso doméstico.

- **La Computación Llevable** (*Wearable Computing*) busca la forma de incorporar los microordenadores a las personas, de forma que los puedan llevar puestos encima como si se tratara de ropa o abalorios. Es una nueva interfaz hombre/máquina en la que el usuario incorpora en su indumentaria, de forma no intrusiva, capacidades de computación siempre accesible y accionada. Los ordenadores "llevables" son algo más que simples versiones miniaturizadas de los PC. Son además elementos que integran servicios e información lo más cerca posible del usuario, de forma no intrusiva.

- **Los Sistemas de Personalización** (*Personalization Systems*) son aplicaciones o infraestructuras *software* que en base a una entrada de datos de reconocimiento de usuarios generan automáticamente comunicaciones, informaciones, interfaces y recomendaciones personalizadas para cada usuario.

- **La Biométrica** (*Biometric*) consisten en el reconocimiento/identificación en tiempo real de los usuarios que ocupan un entorno mediante el análisis de características biométricas (modulación de la voz, rostro, altura, iris, gestos habituales, huella digital, etc.). Uno de los grandes objetivos del futuro hogar inteligente estará en detectar y conocer qué individuo se encuentra en cada momento en él y qué clase de actividad está realizando.

- **Los Sistemas de Localización** (*Localization Systems*) informan de la ubicación tanto de personas como dispositivos basados en tecnologías como pueden ser RFID y WI-FI. La identificación automática se realiza con diversas tecnologías: tarjetas de identificación, identificación por radiofrecuencia, identificación mediante biometría, etc.

- **Los Sistemas Distribuidos** (*Distributed Systems*) surgieron de la unión de los ordenadores personales (PC) y las redes de área local (LAN). Tienen una capacidad de comunicación remota, gran tolerancia a fallos, una alta disponibilidad y seguridad.

- **Los Sistemas Basados en Agentes** (*Agent-based Systems*) son una arquitectura *software* distribuida que implementa estrategias de comunicación, permitiendo tener un entorno uniforme para integrar la gran diversidad de dispositivos y con una gran diversidad de plataformas *hardware/software*.

- **Los Sistemas Sensibles al Contexto** (*Context-Aware Systems*) utilizan la información contextual del usuario (localización, intereses, características del entorno, etc.) como un aspecto esencial para conseguir sistemas que aprendan y se adapten al mismo. Actualmente, se está investigando en el modelado y en el reconocimiento de dicho contexto mediante técnicas de aprendizaje automático.

- **Las Interfaces Multimodales** (*Multimodal Interfaces*) son aquéllas en las que su entrada es múltiple y natural, el ordenador procesa la entrada del habla, los gestos o el tacto, y responde con una salida también múltiple, por voz, táctil o visualmente.

- **La Interacción Natural** (*Human-like interaction*) va más allá de los tradicionales teclados y ratones con el objetivo de mejorar la interacción humana con la tecnología haciéndola más intuitiva, eficiente y segura. Utiliza la voz en las comunicaciones hombre/máquina y como activador de acciones a control remoto y nuevas interfaces como interfaces tangibles (un bolígrafo, un libro, un borrador, etc.).

## A.3 EJEMPLOS DE APLICACIONES UBICUAS E INTELIGENCIA AMBIENTAL

Desde finales de los años 80 han aparecido multitud de aplicaciones ubicuas de muy distintos tipos. A partir de los años 90 del siglo XX comenzaron a aplicarse en las viviendas dando lugar a los ambientes inteligentes. A continuación se van a describir algunas de las aplicaciones pioneras tanto en computación ubica como en inteligencia ambiental:

- **ParcTab**. Es un prototipo desarrollado por Xerox Parc en el año 1992 para explorar las capacidades de los ordenadores móviles en un entorno de oficina. Consiste en un ordenador móvil del tamaño de una PDA que se comunica de forma inalámbrica mediante infrarrojos con aplicaciones basadas en estación de trabajo.

*Figura A.1. ParcTab de Xerox*

- **ParcPad**. Diseñado por Xerox Parc, fue el precursor de los TabletPC y obtuvo una breve popularidad a mediados de los años 90. Tenía una pantalla de 640*480 con un lápiz de entrada y disponía de comunicación tanto en red como inalámbrica.

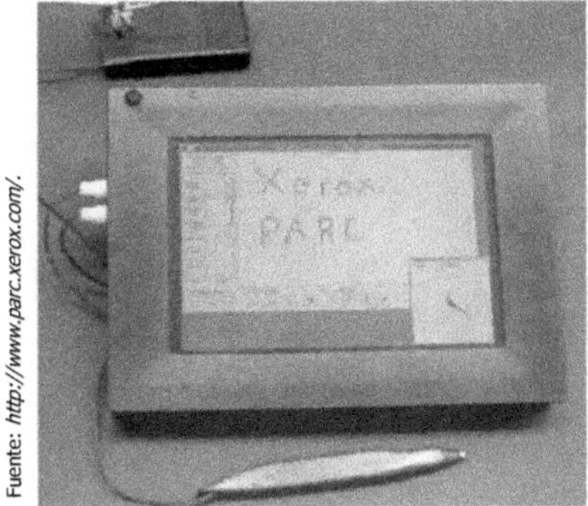


Fuente: *http://www.parc.xerox.com/.*

*Figura A.2. ParcPad de Xerox*

- **LiveBoard**. Se trata de una gran pantalla interactiva desarrollada en los años 90 por Xerox Par. Dispone de un sistema de dibujo que soporta colaboración entre varias pantallas y utiliza en lugar de teclado un lápiz como método de entrada de datos.

Fuente: *http://www.parc.xerox.com/.*

*Figura A.3. LiveBoard de Xerox*

- **Ubi-comp**. El sistema Ubi-comp de Xerox Parc es un sistema pionero desarrollado en 1992. Utiliza una red de ordenadores y aplicaciones ubicuas para poder localizar al personal dentro de un laboratorio de trabajo. Este proyecto redefinió la relación entre personas, trabajo y tecnología.

Fuente: *http://www.parc.xerox.com/.*

*Figura A.4. Interfaz del sistema Ubi-comp de Xerox*

- **Active Badge**. El sistema Active Badge desarrollado en los años 90 del siglo XX por Olivetti, era un sistema novedoso que permitía identificar y monitorizar al personal de una oficina. Los usuarios debían portar una tarjeta que transmitía señales que proporcionaban información sobre su localización a un servicio central de localización mediante una red de sensores.

Fuente: *http://www.cl.cam.ac.uk/.*

*Figura A.5. Active Badge de Olivetti*

- **Proyectos de espacios inteligentes**. Los proyectos E21, 835 y Ki/o del grupo de investigación Aire están orientados a los espacios inteligentes. Utilizando computación ubicua han desarrollado una habitación de conferencias inteligente, un espacio de trabajo inteligente y un espacio de tránsito y reunión inteligente.

Fuente: *http://aire.csail.mit.edu/projects.shtml#835.*

*Figura A.6. Espacio de trabajo inteligente de aire*

- **Easy Living**. El proyecto Easy Living del grupo Vision de Microsoft Research está orientado a la computación ubicua. Están desarrollando un prototipo de arquitectura y tecnologías para la construcción de entornos inteligentes.

Fuente: *http://research.microsoft.com/easyliving/.*

*Figura A.7. Proyecto Easy Living de Microsoft*

- **The Aware Home**. Este proyecto del Instituto Tecnológico de Georgia desarrolla un entorno doméstico que es consciente de las actividades y la localización de sus ocupantes. El hogar construido proporciona servicios a sus residentes para potenciar su calidad de vida y ayudarlos con independencia de su edad.

Fuente: *http://www.awarehome.gatech.edu/*.

*Figura A.8. Proyecto The Aware Home*

- **iRoom**. El proyecto iRoom de la Universidad de Stanford está orientado a los espacios de trabajo interactivos. Utilizan computación ubicua, junto con modelos de interacción y de localización, además de enfatizar la utilización de grandes pantallas táctiles.

Fuente: *http://iwork.stanford.edu/*.

*Figura A.9. Proyecto iRoom Stanford*

- **The Adaptive House Boulder**. El proyecto ha sido desarrollado por Michael Mozer en Colorado. Consiste en un prototipo de casa equipada con una gran cantidad de sensores y actuadores, así como de un sistema de control basado en técnicas de aprendizaje por refuerzo y predicción con redes neuronales.

Fuente: http://www.cs.colorado.edu/~mozer/house/.

*Figura A.10. Proyecto The Adaptive House Boulder*

- **Prima**. Los proyectos Prima y Prima II han sido desarrollados por los laboratorios Gravir y el Instituto Inria para la percepción y reconocimiento de acciones humanas en entornos inteligentes. Para la integración utiliza un modelo arquitectónico basado en control inteligente de sistemas reactivos distribuidos.

Fuente: http://www-prima.inrialpes.fr/.

*Figura A.11. Proyecto Prima*

# ÍNDICE ALFABÉTICO

## A



## B



## C

## D



## E



## F



## G



## H

## X



## Z

www.ingramcontent.com/pod-product-compliance
Lightning Source LLC
LaVergne TN
LVHW061217100826
845148LV00004B/785

* 9 7 8 1 6 8 1 6 5 7 7 1 4 *